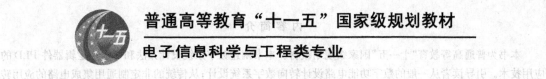

普通高等教育"十一五"国家级规划教材

电子信息科学与工程类专业

数字系统设计与 PLD 应用

（第三版）

臧春华　蒋　璇　编著

电子工业出版社

Publishing House of Electronics Industry

北京·BEIJING

内容简介

本书为普通高等教育"十一五"国家级规划教材。本书阐述数字系统设计方法和可编程逻辑器件 PLD 的应用技术。引导读者从一般的数字功能电路设计转向数字系统设计；从传统的非定制通用集成电路的应用转向用户半定制的 PLD 的应用；从单纯的硬件设计转向硬件、软件高度渗透的设计方法。从而了解数字技术的新发展、新思路、新器件，拓宽软、硬件设计的知识面，提高设计能力。本书是编者在汇总了多年从事数字系统设计和 PLD 应用技术教学及科研成果的基础上编写的，取材丰富，概念清晰，既有较高的起点和概括，也有很好的实用和参考价值。书中软、硬件结合恰当，有一定的前瞻性和新颖性。全书文字流畅，图、文、表紧密结合，可读性强。

本书共 8 章，每章之后均有丰富的习题供读者选做。第 8 章提供 10 个上机实验题，供不同层次教学需求和读者选用。书末有附录，简明介绍各种 HDPLD 典型器件和一种典型 PLD 开发工具，供读者参考。

本书可作为高等学校电子信息类、电气信息类、计算机类各专业的教科书，同时也是上述学科及其他相关学科工程技术人员很好的实用参考书。

未经许可，不得以任何方式复制或抄袭本书之部分或全部内容。
版权所有，侵权必究。

图书在版编目（CIP）数据

数字系统设计与 PLD 应用/臧春华，蒋璇编著. —3 版. —北京：电子工业出版社，2009.5
ISBN 978-7-121-08727-1

Ⅰ. 数… Ⅱ.①臧…②蒋… Ⅲ.①数字系统—系统设计—高等学校—教材②可编程序逻辑器件—系统设计—高等学校—教材 Ⅳ.TP271 TP332.1

中国版本图书馆 CIP 数据核字（2009）第 065534 号

责任编辑：陈晓莉　　特约编辑：杨晓红　李双庆
印　　刷：北京京师印务有限公司
装　　订：北京京师印务有限公司
出版发行：电子工业出版社
　　　　　北京市海淀区万寿路 173 信箱　邮编 100036
开　本：787×1092　1/16　印张：27.25　字数：700 千字
版　次：2001 年 1 月第 1 版
　　　　2009 年 5 月第 3 版
印　次：2019 年 8 月第 7 次印刷
定　价：45.00 元

凡所购买电子工业出版社图书有缺损问题，请向购买书店调换。若书店售缺，请与本社发行部联系，联系及邮购电话：(010)88254888。
质量投诉请发邮件至 zlts@phei.com.cn，盗版侵权举报请发邮件至 dbqq@phei.com.cn。
服务热线：(010)88258888。

第三版修订说明

本书第二版修订至今,已四年有余。在此期间,数字技术和 PLD 技术又有了长足的发展,最主要的表现是 Verilog HDL 的使用和 SOPC 技术的应用日益广泛。2006 年本书又荣幸地被选定为普通高等教育"十一五"国家级规划教材。在此背景下,为更好地反映本书所涉领域的新发展、新面貌,以满足读者多方面的需求,我们对本书又进行了修订和增补。

修订的主要工作包括对第二版内容进行了适当的精简,同时新增了目前应用较多的新内容。具体有:

1. 第 1、2 章,在夯实基础理论的前提下,删节了现今较少使用的以移位寄存器设计控制单元的方法,并进一步规范了数字系统设计的一些词语和释义。

2. 第 3 章,新增了硬件描述语言 Verilog HDL 及其应用,详细介绍了 Verilog HDL 的基本概念、语法特征和应用方法。它与 VHDL 一道供读者选用。

3. 第 5 章,更新了 PLD 开发平台的介绍。列举出当前各 PLD 厂家主流设计软件的特点,以方便读者选择。

4. 第 6 章,新增了两个用 Verilog HDL 的设计实例。一是在原有"FIFO"设计实例采用经典设计方法的基础上,讨论了用 Verilog HDL 的设计方法;二是将"可编程脉冲延时系统"的设计实例更换为"UART 接口设计",新设计实例更实用,且基于 Verilog HDL。

5. 第 7 章,内容全部更换。原有的"全定制集成电路设计技术简介"与全书的核心内容存在一定距离,而被删去。取而代之的是基于 FPGA、应用日益广泛的"可编程单片系统 SOPC"。在讨论典型 SOPC 组成结构的基础上,以一个应用实例为线索,介绍了 SOPC 系统的设计方法。

6. 第 8 章,对原有内容进行梳理,删去 3 个实验课题,增加了与第 6 章新增设计实例相对应的实验课题。

7. 附录 A,更新了 PLD 业界市场占有率最高的几家公司的 PLD 产品,包括 2008 年推出的新品。

8. 附录 B,将"MAX + plus Ⅱ"使用说明更改为"Quartus Ⅱ"使用说明。Quartus Ⅱ 支持 Altera 公司的全部 PLD 器件,功能更完善。本书介绍 2008 年新发布的 V8.0 版。

经上述修订后,本书的内容更加新颖、全面、完整和连贯,涵盖了数字系统设计方法(功能分解、算法描述)、数字系统设计手段(原理图、VHDL、Verilog HDL)、数字系统实现方式(CPLD、FPGA),以及软硬件混合设计(SOPC)等各个方面。其前瞻性、新颖性、系统性和实用性得到进一步的提高。

本次修订版由臧春华任主编,蒋璇、臧春华共同完成。第 1、2、4 章由蒋璇编著,第 3、7 章及附录由臧春华编著,第 5、6、8 章由蒋璇和臧春华共同编著。

修订过程中从 Altera、Xilinx、Lattice 和 Actel 等公司网站得到大量最新资料,对这些公司表示衷心感谢。

南京航空航天大学的常青龙同学和王德刚同学对文中的一些例题进行了上机验证,石烽、钱梅雪、戴慧、朱海霞、刘佳等同志对本书的修订给予大力协助,在此一并表示感谢。

本书前两版出版八年来,受到许多院校和广大读者的关心与爱护,不少同仁还热情地提出一些修改建议。在此,我们谨表示诚挚的谢意。

由于作者水平有限,书中难免存在错误和不当之处,恳请读者批评指正。

作者
于南京航空航天大学西苑
2008年11月

第二版修订说明

本书出版三年多来,得到许多院校应用,承蒙广大读者厚爱,对内容和编排提出了宝贵建议。考虑到数字技术和 PLD 应用的迅速发展,并总结几年教学和科研实践,以便更好满足教学和读者自学自练的需求,特对本书进行较多的增补和修订。

修订工作主要表现在:

1. 对第 1,2 章进行了修改和补充,许多实例不再仅说明某个概念,而是贯穿整个系统设计的两章。就功能确定、系统描述、算法设计、结构选择和电路实现等五个方面给出完整的阐述,更有利于读者全面、深入地理解。

2. 改写了第 3 章硬件描述语言 VHDL,更加周密地把基本概念和应用方法结合起来。

3. 第 5 章 HDPLD 及其应用中,在原有器件和软件开发系统的基础上,增添了当前最新的 HDPLD 产品和新颖软件开发系统的介绍。

4. 第 6 章增写了一个规模较大的用 HDPLD 设计的数字系统实例——简单处理器的设计。该系统与原版本章中各实例的主要区别,不仅在于难度的提升,而且该例是个算法可编程的系统,用 HDPLD 实现有独特方面。从而拓展读者在数字系统设计领域的知识面。

5. 修订版增写了第 8 章上机实验题,提供了 12 个实验项目。内容由易到难,由单层次设计到多层次设计(包括图形输入和文本输入方式),由算法固定到算法可编程。不少实验项目与各章内容相结合,为 PLD 实践教学和读者自行上机提供方便,也为不同层次实验增加便利条件。

6. 附录 A 中,把尽力收集到的现今各 PLD 公司的主要产品和性能,尤其是新器件充实进去,为读者了解和选用器件提供较新较全面的参考资料。

修订版由蒋璇任主编,蒋璇、臧春华共同完成。其中第 1,2,4,8 章由蒋璇编著,第 3,7 章由臧春华编著,第 5,6 章由蒋璇、臧春华编著。

修订过程中得到 ALTERA,Lattice,XILINX 等公司的支持并提供器件资料,表示衷心感谢。

附录 B 参考了宋万杰教授主编的"CPLD 技术及其应用"中的资料,在此表示诚挚谢意。

南航大光亮同学和王金菊同学协助编程和上机验证。石烽、钱雪梅和胡昆等同志给予大力协助,在此一并表示感谢。

虽然作者对全书进行了认真的补充和修订,但是,由于作者水平有限,书中难免仍有错误和不妥之处,敬请广大读者批评指正。

作者
于南京航空航天大学
2004 年 7 月

前 言

本书是《数字电路与逻辑设计》专业基础课后续必修或选修课程的教材,主要阐述数字系统设计方法和 PLD 应用技术,目的是引导学生和读者从功能电路设计转向系统设计;由传统的通用集成电路的应用转向可编程逻辑器件的应用;从硬件设计转向硬件、软件高度渗透的设计,从而拓宽数字技术知识面和设计能力。

现今 VLSI 技术发展迅速,采用专用集成电路 ASIC 实现系统已成趋势。作为 ASIC 的一个重要分支——PLD,它在数字系统研制阶段或小批量生产中有着设计灵活、修改快捷、使用方便、研制周期短和成本较低等优越性,是一种有现实意义的系统设计途径。大部分高等院校均把 PLD 纳入相关课程的教学计划,为此探讨较好的设计方法和应用技术有其必要性和实用性。对于广大正在探讨和应用 PLD 的电子设计人员和其他科技工作者也有很好的参考价值。

随着 PLD 技术的进展和软件开发系统的日益完善,设计人员的主要任务已成为:如何把由文字说明的系统功能转换为逻辑描述(即算法),进而采用一定的描述工具(算法流程图、VHDL 语言等)建立系统描述模型,并选择适当的 PLD 器件、采用相应的软件开发系统来实现待设计系统。本书正是致力于上述内容的讨论,力求提高读者的系统逻辑设计和工程设计能力。

本书分为数字系统设计和 PLD 应用技术两大部分,全书共 7 章。

第 1 章介绍数字系统基本模型、基本结构和设计步骤,重点介绍了系统设计的基本方法。还介绍了数字系统描述的一种最常用的工具——算法流程图。

第 2 章讨论系统的算法设计和算法结构。在介绍若干种算法设计方法时,既借鉴软件设计中的算法推导方法,又详述硬件设计中算法设计的特征。本章还详细讨论了组成系统的两大部分:数据处理单元和控制单元的设计和采用通用集成电路的实现方法。

第 3 章简明介绍数字系统描述工具——VHDL 语言的基本概念、语法特征和应用实例。使读者对 VHDL 有大致的了解。

第 4 章阐述 PLD 原理和应用。主要内容为简单 PLD(SPLD)的原理、组成和应用,包括 PROM、PLA、PAL 和 GAL 等。本章之末给出采用 GAL 实现系统的实例。

在第 4 章的基础上,第 5 章介绍了高密度 PLD(HDPLD)及其应用。给出了 HDPLD 分类方法,详述了 HDPLD 的组成,包括阵列扩展型 CPLD、单元型 CPLD、SRAM 型 FPGA 和多路开关型 FPGA 等。还介绍了 HDPLD 的主要编程技术:isp、icr 和 Antifuse 技术等。对各种软件开发系统进行了综述,期盼给读者较全面的 HDPLD 应用知识。

第 6 章给出了 7 个采用 HDPLD 设计数字系统的实例,这些实例由简到繁、由易到难,均来自于科研,并在教学实践中得到成功应用,有很好的参考价值。

第 7 章简明介绍全定制集成电路设计技术,作为引导广大读者了解全定制 ASIC 设计的入门知识。

本书各章有大量实例和习题,可供读者实践和思考。附录 A 提供 PLD 主要生产商的最新典型器件的介绍，包括 Lattice、Altera、Xilinx 和 Actel 公司的各种 CPLD 和 FPGA 产品。附录 B 是典型软件开发系统 MAX+plus Ⅱ 的简明介绍，为读者了解软件开发系统提供方便。

编者在撰写本书时，力求内容充实，重点突出，尤其注重引导初学者尽快入门，通过由浅入深、循序渐进的阐述，理论、习题与实例的紧密结合，使读者获得基本技术和技能的训练。

本书是高等院校电子类、计算机类和相关专业的本科教学的教材或参考书，也可作为研究生相关教学的参考书，同时也适用于广大的电子设计人员和科技工作者。

本书由蒋璇任主编。蒋璇、臧春华共同完成。其中第 1、2、4、5 章由蒋璇编写，第 3、7 章由臧春华编写，第 6 章由蒋璇、臧春华编写。

本书承西安电子科技大学傅丰林教授和北京邮电大学赵尔沅教授审阅，并提出了许多宝贵的修改意见，在此表示最衷心的感谢。

在编写本书过程中，得到了南京航空航天大学许多老师和同学的支持和帮助。国家教委电子线路教学指导小组成员、南航沈嗣昌教授自始至终全力支持，具体帮助，对全书内容不仅给予关键性的指导，而且提出了详尽的修改意见。研究生范渊、董乔忠、周小林、戎舟、李岳衡、李明等同学参加课题研究和实验，范渊和董乔忠同学还协助绘图和整理资料；曹蓉琛、钱梅雪、石烽、余慧敏等同志均给予大力协助，在此表示最诚挚的谢意。

在成书过程中，还获得 Lattice、Altera、Xilinx 和 Actel 等公司有关机构的热情支持，在此一并表示感谢。

由于编者水平所限，书中的疏漏和错误在所难免，恳请读者批评指正。

作　者

于南京航空航天大学

2000 年 9 月

目 录

第1章 数字系统设计方法 ... 1
1.1 绪言 ... 1
1.1.1 数字系统的基本概念 ... 1
1.1.2 数字系统的基本模型 ... 3
1.1.3 数字系统的基本结构 ... 7
1.2 数字系统设计的一般步骤 ... 8
1.2.1 引例 ... 8
1.2.2 数字系统设计的基本步骤 ... 10
1.2.3 层次化设计 ... 13
1.3 数字系统设计方法 ... 15
1.3.1 自上而下的设计方法 ... 15
1.3.2 自下而上的设计方法 ... 16
1.3.3 基于关键部件的设计方法 ... 16
1.3.4 信息流驱动的设计方法 ... 17
1.4 数字系统的描述方法之一——算法流程图 ... 19
1.4.1 算法流程图的符号与规则 ... 19
1.4.2 设计举例 ... 21
习题1 ... 24

第2章 数字系统的算法设计和硬件实现 ... 29
2.1 算法设计 ... 29
2.1.1 算法设计综述 ... 29
2.1.2 跟踪法 ... 30
2.1.3 归纳法 ... 32
2.1.4 划分法 ... 35
2.1.5 解析法 ... 36
2.1.6 综合法 ... 38
2.2 算法结构 ... 42
2.2.1 顺序算法结构 ... 42
2.2.2 并行算法结构 ... 43
2.2.3 流水线算法结构 ... 45
2.3 数据处理单元的设计 ... 47
2.3.1 系统硬件实现概述 ... 47
2.3.2 器件选择 ... 47
2.3.3 数据处理单元设计步骤 ... 48

·IX·

2.3.4　数据处理单元设计实例 …………………………………… 49
2.4　控制单元的设计 ……………………………………………………… 53
　　　2.4.1　系统控制方式 ……………………………………………… 53
　　　2.4.2　控制器的基本结构和系统同步 …………………………… 55
　　　2.4.3　算法状态机图(ASM 图) …………………………………… 58
　　　2.4.4　控制器的硬件逻辑设计方法 ……………………………… 60
习题 2 …………………………………………………………………………… 75

第 3 章　硬件描述语言 VHDL 和 VerilogHDL …………………………… 81
3.1　概述 …………………………………………………………………… 81
3.2　VHDL 及其应用 ……………………………………………………… 83
　　　3.2.1　VHDL 基本结构 …………………………………………… 83
　　　3.2.2　数据对象、类型及运算符 …………………………………… 87
　　　3.2.3　顺序语句 …………………………………………………… 91
　　　3.2.4　并行语句 …………………………………………………… 94
　　　3.2.5　子程序 ……………………………………………………… 101
　　　3.2.6　程序包与设计库 …………………………………………… 104
　　　3.2.7　元件配置 …………………………………………………… 106
　　　3.2.8　VHDL 描述实例 …………………………………………… 109
3.3　VerilogHDL 及其应用 ……………………………………………… 116
　　　3.3.1　VerilogHDL 基本结构 ……………………………………… 116
　　　3.3.2　数据类型、运算符与表达式 ………………………………… 119
　　　3.3.3　行为描述语句 ……………………………………………… 126
　　　3.3.4　并行语句 …………………………………………………… 133
　　　3.3.5　结构描述语句 ……………………………………………… 136
　　　3.3.6　任务与函数 ………………………………………………… 142
　　　3.3.7　编译预处理 ………………………………………………… 147
　　　3.3.8　VerilogHDL 描述实例 ……………………………………… 149
习题 3 ………………………………………………………………………… 153

第 4 章　可编程逻辑器件 PLD 原理和应用 ……………………………… 155
4.1　PLD 概述 …………………………………………………………… 155
4.2　简单 PLD 原理 ……………………………………………………… 157
　　　4.2.1　PLD 的基本组成 …………………………………………… 157
　　　4.2.2　PLD 的编程 ………………………………………………… 157
　　　4.2.3　阵列结构 …………………………………………………… 158
　　　4.2.4　PLD 中阵列的表示方法 …………………………………… 159
4.3　SPLD 组成和应用 …………………………………………………… 161
　　　4.3.1　只读存储器 ROM …………………………………………… 161
　　　4.3.2　可编程逻辑阵列 PLA ……………………………………… 165
　　　4.3.3　可编程阵列逻辑 PAL ……………………………………… 167
　　　4.3.4　通用阵列逻辑 GAL ………………………………………… 171

4.3.5　GAL 应用举例 …………………………………………………………… 174
　4.4　采用 SPLD 设计数字系统 ……………………………………………………… 181
　　　4.4.1　采用 SPLD 实现系统的步骤 ……………………………………………… 181
　　　4.4.2　设计举例 ………………………………………………………………… 181
　　　4.4.3　采用 SPLD 设计系统的讨论 ……………………………………………… 184
　习题 4 ……………………………………………………………………………… 185

第5章　高密度 PLD 及其应用 ……………………………………………………… 192
　5.1　HDPLD 分类 …………………………………………………………………… 192
　5.2　HDPLD 组成 …………………………………………………………………… 193
　　　5.2.1　阵列扩展型 CPLD ………………………………………………………… 193
　　　5.2.2　现场可编程门阵列(FPGA) ……………………………………………… 204
　　　5.2.3　延迟确定型 FPGA ………………………………………………………… 210
　　　5.2.4　多路开关型 FPGA ………………………………………………………… 216
　5.3　HDPLD 编程技术 ……………………………………………………………… 220
　　　5.3.1　在系统可编程技术 ………………………………………………………… 220
　　　5.3.2　在电路配置(重构)技术 …………………………………………………… 220
　　　5.3.3　反熔丝(Antifuse)编程技术 ……………………………………………… 224
　5.4　HDPLD 开发平台 ……………………………………………………………… 224
　　　5.4.1　HDPLD 开发系统的基本工作流程 ……………………………………… 226
　　　5.4.2　HDPLD 开发系统的库函数 ……………………………………………… 228
　5.5　当前常用可编程逻辑器件及其开发工具 ……………………………………… 229
　　　5.5.1　Lattice 公司的 CPLD/FPGA 与开发软件 ……………………………… 229
　　　5.5.2　Altera 公司的 CPLD/FPGA 及开发工具 ……………………………… 230
　　　5.5.3　Xilinx 公司的 CPLD/FPGA 和开发平台 ……………………………… 232
　　　5.5.4　用于 CPLD/FPGA 的 IP 核 ……………………………………………… 233
　习题 5 ……………………………………………………………………………… 233

第6章　采用 HDPLD 设计数字系统实例 ………………………………………… 237
　6.1　高速并行乘法器的设计 ………………………………………………………… 237
　　　6.1.1　算法设计和结构选择 …………………………………………………… 237
　　　6.1.2　器件选择 ………………………………………………………………… 237
　　　6.1.3　设计输入 ………………………………………………………………… 237
　　　6.1.4　芯片引脚定义 …………………………………………………………… 239
　　　6.1.5　逻辑仿真 ………………………………………………………………… 239
　　　6.1.6　目标文件产生和器件下载 ……………………………………………… 240
　6.2　十字路口交通管理器的设计 …………………………………………………… 240
　　　6.2.1　交通管理器的功能 ……………………………………………………… 240
　　　6.2.2　系统算法设计 …………………………………………………………… 241
　　　6.2.3　设计输入 ………………………………………………………………… 242
　6.3　九九乘法表系统的设计 ………………………………………………………… 245
　　　6.3.1　系统功能和技术指标 …………………………………………………… 245

· XI ·

6.3.2	算法设计	246
6.3.3	数据处理单元的实现	246
6.3.4	设计输入	248
6.3.5	系统的功能仿真	254

6.4 FIFO(先进先出堆栈)的设计 256
    6.4.1 FIFO 的功能 256
    6.4.2 算法设计和逻辑框图 256
    6.4.3 数据处理单元和控制器的设计 257
    6.4.4 设计输入 261
    6.4.5 用 VerilogHDL 进行设计 261
    6.4.6 仿真验证 262

6.5 数据采集和反馈控制系统的设计 263
    6.5.1 系统设计要求 263
    6.5.2 设计输入 264

6.6 FIR 有限冲激响应滤波器的设计 268
    6.6.1 FIR 结构简介 268
    6.6.2 设计方案和算法结构 269
    6.6.3 模块组成 270
    6.6.4 FIR 滤波器的扩展应用 274
    6.6.5 设计输入 275
    6.6.6 设计验证 278

6.7 UART 接口设计 280
    6.7.1 UART 组成与帧格式 280
    6.7.2 顶层模块的描述 282
    6.7.3 发送模块设计 282
    6.7.4 接收模块设计 283
    6.7.5 仿真验证 284

6.8 简单处理器的设计 285
    6.8.1 系统功能介绍 286
    6.8.2 处理器硬件系统 286
    6.8.3 处理器指令系统 288
    6.8.4 处理器硬件系统的设计和实施 291
    6.8.5 设计输入 298
    6.8.6 系统功能仿真 303

习题 6 304

第7章 可编程片上系统(SOPC) 306

7.1 概述 306
7.2 基于 MicroBlaze 软核的嵌入式系统 306
    7.2.1 Xilinx 的 SOPC 技术 306
    7.2.2 MicroBlaze 处理器结构 307

    7.2.3 MicroBlaze 信号接口 ·········· 314
    7.2.4 MicroBlaze 软硬件设计流程 ·········· 318
  7.3 基于 NiosⅡ软核的 SOPC ·········· 321
    7.3.1 Altera 的 SOPC 技术 ·········· 321
    7.3.2 NiosⅡ处理器 ·········· 321
    7.3.3 Avalon 总线架构 ·········· 327
    7.3.4 NiosⅡ软硬件开发流程 ·········· 327
  7.4 设计实例 ·········· 329
    7.4.1 设计要求 ·········· 329
    7.4.2 运行 QuartusⅡ并新建设计工程 ·········· 330
    7.4.3 创建一个新的 SOPCBuilder 系统 ·········· 330
    7.4.4 在 SOPCBuilder 中定义 NiosⅡ系统 ·········· 331
    7.4.5 在 SOPCBiulder 中生成 NiosⅡ系统 ·········· 336
    7.4.6 将 NiosⅡ系统集成到 QuartusⅡ工程中 ·········· 337
    7.4.7 用 NiosⅡIDE 开发软件 ·········· 337
  习题 7 ·········· 340

第 8 章 上机实验 ·········· 342
  实验 1 逻辑门实现组合电路 ·········· 342
    一、实验目的 ·········· 342
    二、实验内容 ·········· 342
    三、注意事项 ·········· 343
  实验 2 数据选择器或译码器实现组合电路 ·········· 343
    一、实验目的 ·········· 343
    二、实验原理 ·········· 343
    三、实验内容 ·········· 344
    四、注意事项 ·········· 345
  实验 3 码制变换器 ·········· 345
    一、实验目的 ·········· 345
    二、实验内容 ·········· 345
    三、注意事项 ·········· 347
  实验 4 序列发生器 ·········· 347
    一、实验目的 ·········· 347
    二、实验原理 ·········· 347
    三、实验内容 ·········· 348
    四、注意事项 ·········· 349
  实验 5 序列检测器 ·········· 349
    一、实验目的 ·········· 349
    二、实验原理 ·········· 349
    三、实验内容 ·········· 349
  实验 6 控制器的设计 ·········· 350

一、实验目的	350
二、实验原理	350
三、实验内容	350

实验7 脉冲分配器 350
一、实验目的	350
二、实验原理	351
三、实验内容	352

实验8 十字路口交通管理器 352
一、实验目的	352
二、实验内容	353
三、实验要求	357

实验9 UART 接口设计 357
| 一、实验目的 | 357 |
| 二、实验内容 | 357 |

实验10 简单处理器 VHDL 设计的完成 363
一、实验目的	363
二、实验内容	363
三、实验要求	377

附录 A HDPLD 典型器件介绍 378
A.1 器件封装形式说明	378
A.2 Altera 公司典型器件	379
A.3 Xilinx 公司典型器件	389
A.4 Lattice 公司典型器件	397
A.5 Actel 公司典型器件	400

附录 B PLD 开发软件 Quartus Ⅱ 8.0 简介 404
B.1 概述	404
B.2 用 Quartus Ⅱ 进行设计的一般过程	404
B.3 设计输入	405
B.4 编译	410
B.5 仿真验证	412
B.6 时序分析	414
B.7 底层图编辑	415
B.8 下载	417
B.9 "Settings" 对话框	417
B.10 Quartus Ⅱ 中的库元件	418

参考文献 422

第1章 数字系统设计方法

当前,数字技术已渗透到科研、生产和人们日常生活的各个领域。随着数字集成技术和电子设计自动化(Electronic Design Automation,EDA)技术的迅速发展,数字系统设计的理论和方法也在相应地变化和发展。

数字系统的实现方法经历了由 SSI、MSI、LSI 到 VLSI 的过程;数字器件经历了由通用集成电路到专用集成电路(Application Specific Integrated Circuits,ASIC)的变化过程。ASIC又分为用户全定制和用户半定制两类,前者把系统直接制造于一个芯片之中;后者是设计者自己或请制造厂商利用提供的各种工具,把系统构造于半成品中。可编程逻辑器件(Programmable Logic Device,PLD)是半定制 ASIC 中的重要分支,设计者可在现场对芯片编程,从而实现所需系统。

尽管实现数字系统的方法和器件多种多样,但基本概念、基本理论是设计人员必须掌握的。为此,本章首先讨论数字系统的基本概念、基本模型和基本结构,然后讨论数字系统设计的一般步骤和各种方法,并结合讨论给出若干设计实例。

1.1 绪言

1.1.1 数字系统的基本概念

数字系统是对数字信息进行存储、传输、处理的电子系统。可用图 1-1 来描述,其中输入量 X 和输出量 Z 均为数字量。

图 1-1 数字系统示意图

数字系统可以是一个独立的实用装置,例如一块数字表,一个数字钟,一台数字频率计,甚至是一台大型数字计算机等;也可以是一个具有特定功能的逻辑部件,例如频率计中的测试板,数字电压表中的主控板,计算机中的内存条等。但不论它们的复杂程度如何,规模大小怎样,就其实质而言仍是逻辑问题,即对数字量的存储、传输和处理。就其组成而言都是由许多能够进行各种逻辑操作的功能部件组成的。这类功能部件,可以是 SSI 逻辑门,也可以是各种 MSI、LSI 逻辑功能电路,甚至可以是相当复杂的 CPU 芯片。正是由于各功能部件之间的有机配合,协调工作,才使数字系统成为统一的数字信息处理机体。

组成数字系统的各个功能部件的作用往往比较单一,总要配置一个控制部件来统一指挥,使它们按一定程序有规则地各司其职,实现整个系统的复杂功能。此外,某些功能部件本身也是一个具有"小"控制部件的、担负局部任务的"小"系统,常称做子系统。由若干子系统合并组成"大"系统时,也必须有一个总的控制部件来统一协调和管理各子系统的工作。因此,往往用有没有控制部件作为区分数字系统和逻辑功能部件的重要标志。

与数字系统相对应的是模拟系统,如图 1-2 所示。其输入量 A 和输出量 B 均为模拟量,它是一个对模拟信号进行变换和处理的电子系统。

图 1-2 模拟系统示意图

与模拟系统相比,数字系统具有如下特点:

(1) 稳定性。数字系统所加工和处理的对象是具有离散电平(具体地说仅有高、低电平)的数字量,用来构成系统的电子元器件仅需对这种只有高、低电平的信号进行判别和变换,从而能以较低的元件质量(元件参数的漂移、参数准确度、对电源电压等因素的敏感性等)获得较高的工作稳定性,即能以较低的硬件开销来获取较高的性能。

(2) 精确性。在数字系统中,可以用增加并行数据的位数或串行数据的长度来达到数据处理和传输的精确度。

(3) 可靠性。在数字系统中,可采用检错、纠错和编码等信息冗余技术,利用多机并行工作等硬件冗余技术来提高系统的可靠性。

(4) 模块化。由于数字系统中用电平的高低来表示信息,因此可以把任何复杂的信息处理分解为大量的基本算术运算和逻辑操作。按一定规律完成这些操作,就可以实现预定的逻辑功能,因而可以用许多通用的模块来构成系统,从而使系统的设计、试制、生产、调试和维护都十分方便。

在现实生活中,许多物理量都是模拟量,如压力、温度、流量,还有文字、图像、音乐等。但考虑到数字系统具有上述许多优点,因此人们正在或已经把很多本应由模拟系统完成的信息处理任务改由数字系统来完成。例如,电视技术是一种传统的模拟系统,目前也在向数字电视过渡。新一代数字电视技术将比现有的经典的电视系统具有更优良的性能和更低廉的生产成本。

把模拟物理量的处理改由数字系统来完成的方法如图 1-3 所示。通过 A/D 转换器将各种模拟信号转换为数字信号,直接送入数字系统进行处理和存储,D/A 转换器又将数字系统输出的信息再转换为模拟信号。

图 1-3 典型的模拟信息数字化处理系统

数字系统的开发和应用方兴未艾,掌握数字系统的设计技术和知识是电子技术工作者的重要任务。本书将详细介绍数字系统逻辑设计方法及基本步骤;数字系统设计和描述工具;系统数据处理单元和控制单元的设计,还将详细讨论 PLD 及其在数字系统设计中的应用技术,期望通过实例和习题,把数字系统设计的基本理论、基本方法和设计课题紧密结合,以求提高读者设计数字系统的能力。

数字系统设计人员从事的工作可以分为三种:
(1) 选用通用集成电路芯片构成系统。
(2) 应用可编程逻辑器件实现数字系统。
(3) 设计专用集成电路(单片系统)。

随着 VLSI 集成技术和 EDA 技术的飞速发展,系统设计师的工作越来越向后两种转移,使系统设计工作具有硬件设计和软件设计高度渗透,CAD、CAE、CAT、CAM 等融合一体的特征。本书从内容选择到文字叙述都是以此为目标安排的,但也考虑到我国的具体情况,对基础性的设计工作也进行简明介绍。

1.1.2 数字系统的基本模型

为便于分析和设计数字系统,有必要选择适当的模型对系统进行描述。数字系统的动态模型和算法模型是两种基本的描述模型。

1. 数字系统动态模型

采用传统的数字电路描述方法建立的系统模型称为数字系统的动态模型。具体地说,用状态转换图、状态转换表、状态方程组、输出方程组、时序图、真值表、卡诺图等描述工具可以建立数字系统的动态模型。

某数字系统 DS 的示意图如图 1-4(a)所示。该系统输入为 X,输出为 Z,它们都是时间的函数,时钟信号为 CP,各信号相互关系如图 1-4(b)所示。

图 1-4(b)显示,该系统属于同步时序系统的范畴,输出函数仅在同步时钟 CP 所规定的离散时刻(这里响应 CP 的上升沿)才能发生变化。因此,连续时间变量被取值为 $0,1,2,3,\cdots$ 的整数时间变量所代替。输入、输出也只能取得对应时间变量的有限数目的离散值。

上述同步系统,在时刻 t 的输出 $Z(t)$ 不仅是当前输入 $X(t)$ 的函数,而且是过去的 $X(0)$、$X(1)$、$\cdots$、$X(t-1)$ 的函数,通常可用状态变量 $S(t)$ 来记录并表示 X 过去的有效输入,该状态变量也是时间的函数。现在,系统可以用两个方程来统一描述:

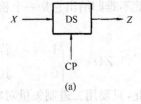
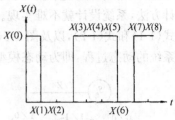
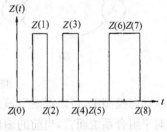
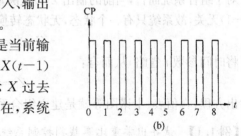

$$Z(t) = F_1[X(t), S(t)] \quad (1-1)$$
$$S(t+1) = F_2[X(t), S(t)] \quad (1-2)$$

式(1-1)称为输出函数方程,式(1-2)称为状态转换方程,又称次态方程。

图 1-4 某数字系统示意图和输入 X、输出 Z 及时钟 CP 波形图

分析图 1-4(b),可得出时钟 CP、输入 X 序列、相应的 Z 输出序列如下:

CP	1	2	3	4	5	6	7	8	9	$\cdots$
X	1	0	0	1	1	1	0	1	1	$\cdots$
Z	0	1	0	1	0	0	1	1	0	$\cdots$

根据"数字电路"课程中的同步时序电路分析方法,不难得到该系统的状态转换图和状态转换表如图 1-5(a)、(b)所示。其中状态 S_0 表示系统刚收到过一个 0,而状态 S_1 表示刚收到过一个 1。系统的初始状态假定为 S_1。

按照图 1-4(b)给定的 X 序列又可以得到 $X(t)$、$S(t)$ 和 $Z(t)$ 的相对关系如下所示:

$X(t)$	1	0	0	1	1	1	0	1	1	$\cdots$
$S(t)$	S_1	S_1	S_0	S_0	S_1	S_1	S_1	S_0	S_1	S_1	$\cdots$
$Z(t)$	0	1	0	1	0	0	1	1	0	$\cdots$

由此不难归纳出它是一个检测串行输入 X 的系统,当 X 发生变化时,输出 Z 为 1,否则 Z 为 0,即

$$Z(t) = \begin{cases} 1 & \text{若 } X(t-1) \text{ 到 } X(t) \text{ 发生 } 0 \to 1 \text{ 或 } 1 \to 0 \text{ 变化} \\ 0 & \text{其余情况} \end{cases}$$

至此,只要用二进制矢量对状态信息 $S(t)$ 和输入信息 $X(t)$ 进行编码,采用常规的时序电路设计方法,系统设计就不难实现。

式(1-1)和式(1-2),以及图 1-5(a)、(b)所示状态转换图和状态转换表都完整地描述了该数字系统的动态过程,即为动态模型。

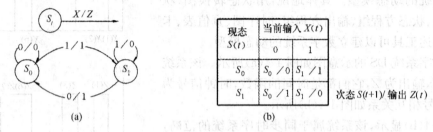

图 1-5　状态转换图和状态转换表

从动态模型中,可以观察出该系统是一个检测串行输入序列 X 有否变化的序列检测系统。

对于组合系统而言,当前的输出 $Z(t)$ 仅决定于当前的输入 $X(t)$,与过去的 $X(0)$、$X(1)$、…、$X(t-1)$ 无关,故系统只有一个状态,无状态转换可言,为此,仅用输出函数方程描述,记做:

$$Z(t) = F[X(t)]$$

且可将时间参数 t 省略,从而有:

$$Z = F(X) \tag{1-3}$$

则输出方程、真值表、卡诺图等就是建立组合系统动态模型的工具。

【例 1.1】　试导出举重比赛裁判控制系统的动态模型。

举重比赛有三位裁判,一位是主裁判 A,另两位是副裁判 B 和 C,运动员一次试举是否成功,由裁判员各自按动面前的按钮决定,只有两人以上,且其中必须有主裁判判定为成功时,表示成功的指示灯 L 才会点亮。

显然,这是个组合系统,可以用如图 1-6 所示的卡诺图和表 1-1 所示的真值表或方程(1-4)来描述,这些就是该组合系统的动态模型。

表 1-1　裁判控制系统真值表

A	B	C	L
0	0	0	0
0	0	1	0
0	1	0	0
0	1	1	0
1	0	0	0
1	0	1	1
1	1	0	1
1	1	1	1

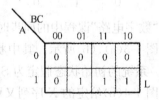

图 1-6　裁判控制系统卡诺图

$$L = AB + AC \tag{1-4}$$

【例 1.2】　某系统 S 有两个串行输入端 X_1 和 X_0,它们的输入取值为 00(表示 0)、01(表示

1)和 10(表示 2)。还有一个取值为 0、1 的串行输出端 Z。该输出函数定义为：

$$Z(t) = \begin{cases} 1 & \text{若输入序列 } X_1X_0 \text{ 有偶数个 2,且有奇数个 1 时} \\ 0 & \text{其余情况} \end{cases}$$

试建立该系统的动态模型。

根据题意,该系统应用 4 个状态:

S_0——系统收到过奇数个 1 和奇数个 2

S_1——系统收到过偶数个 1 和奇数个 2

S_2——系统收到过奇数个 1 和偶数个 2

S_3——系统收到过偶数个 1 和偶数个 2

系统的状态转换表和状态转换图如图 1-7(a)、(b)所示。这就是该系统的动态模型。

鉴于数字系统的动态模型在经典的"数字电路与逻辑设计"等课程中已有详细讨论,这里仅做了简要的回顾。

2. 数字系统的算法模型

设计数字系统的传统方法是建立在系统动态模型的基础上的,即用真值表、卡诺图、状态转换图、状态转换表、时序图、状态方程和输出函数方程来建立系统模型。显然,对于较复杂的数字系统,因其输入变量数、输出函数数和状态数的急剧增加,而使传统的分析设计方法难以适用,甚至根本无法进行。为此,数字技术人员现今普遍采用系统算法模型来描述和设计数字系统。本书将采用这一模型。

系统算法模型的基本思想是:将系统实现的功能看做是应完成的某种运算。若运算太复杂,可把它分解成一系列子运算(子功能)。如果子运算还较复杂,可以继续分解,直到分解为一系列简单运算。然后按一定的规律,顺序地或并行地进行这些简单的基本运算,从而,实现原来复杂系统的功能。算法就是对这种有规律、有序分解的一种描述。事实证明,任何一个系统都可以用算法模型来进行描述。

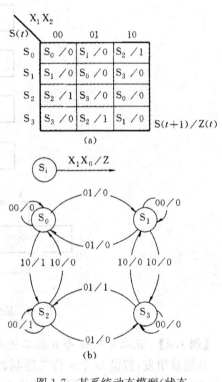

图 1-7 某系统动态模型(状态转换表和状态转换图)

系统的算法模型通常具有两大特征:

(1) 含有若干子运算,这些子运算实现对欲处理数据或信息的传输、存储或加工处理。

(2) 具有相应的控制序列,控制子运算按一定的规律有序地进行。

【例 1.3】 试给出图 1-5 所示序列检测系统的算法模型。

根据题意,实现该系统功能应有两个存储单元 R_1 和 R_2,分别存放输入信号 X 在 $(t-1)$ 和 t 时刻的数据,系统还应有一个比较器 COMP,用以对 $X(t-1)$ 和 $X(t)$ 的数值进行比较,按比较结果的不同使 Z 输出不同的值:

(1) 当 X(t-1)=X(t)时,输出 Z=0。
(2) 当 X(t-1)≠X(t)时,输出 Z=1。

每比较过一次,则将后进入的数据取代先进入的数据,又送进一个新的数据,此过程周而复始地进行。

上述算法可以用图1-8所示的流程图来描述。它形象地给出了需要进行的操作,以及进行这些操作的条件和顺序。它与软件设计中的流程图十分相似,称为算法流程图。下面还将进一步讨论算法流程图,并指出它与软件设计中的流程图的不同之处。

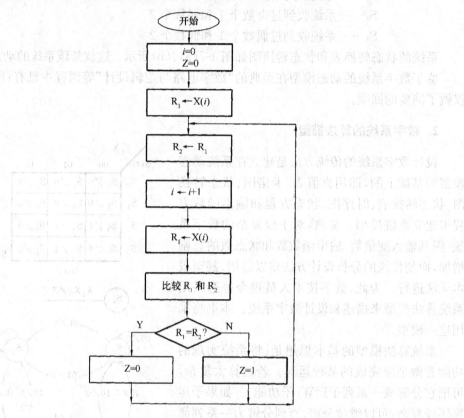

图1-8 某序列检测系统算法流程图

【例1.4】 试求导从 m 个 n 位二进制数中找出最大值和最小值系统的算法模型。

从题意出发,假设 m 个 n 位二进制数存放于一个存储器 STORAGE 中,该存储器的容量应大于(或等于)$m \times n$。运算结果的最大值存放于寄存器 MAX($1 \times n$)中;最小值存放于寄存器 MIN($1 \times n$)中。另外设置一个寄存器 TEMP($1 \times n$)、两个比较器 COMP1 与 COMP2 和一个计数器 COUNT,COUNT 用来记录重复运算的次数。实现这一系统要进行的基本操作有:

(1) SET   COUNT   设置计数器的初值(即计数器清零)
(2) READ FIRST   从存储器 STORAGE 中读取一个数,且将其存入 MAX 和
                      MIN 中
(3) READ NEXT   从存储器 STORAGE 中读取下一个数,且将其存入 TEMP 中
(4) COMPARE MAX   比较 MAX 和 TEMP
                      若 TEMP>MAX,则 COMP1 输出 1

若 TEMP≤MAX,则 COMP1 输出 0

(5) EXCHANGE MAX 若 COMP1=1,则用 TEMP 替换 MAX 的内容

(6) COMPARE MIN 比较 MIN 和 TEMP

若 TEMP<MIN,则 COMP2 输出 1

若 TEMP≥MIN,则 COMP2 输出 0

(7) EXCHANGE MIN 若 COMP2=1,则用 TEMP 替换 MIN 的内容

现在可以画出图 1-9 所示的数据判别系统的算法流程图,即系统算法模型。它完整地描述了该系统的功能和实现系统功能的过程。

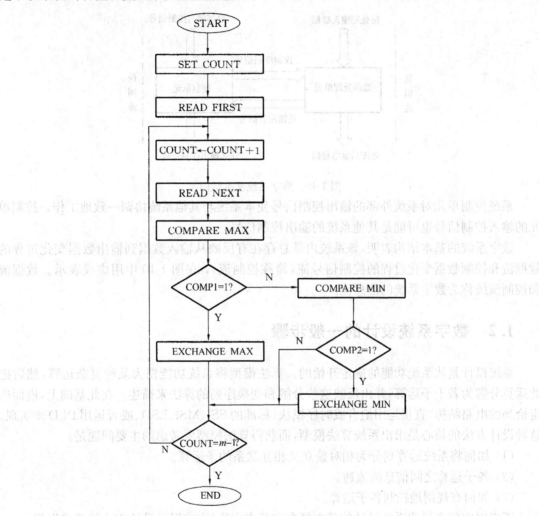

图 1-9 数据判别系统的算法流程图

1.1.3 数字系统的基本结构

从上节讨论中已知,为实现系统预定的功能,其算法模型总具有两个特征,即含有若干子运算和控制子运算有规律、有秩序进行的相应控制序列。因此系统的基本结构应保证完成两方面的工作:一是实现所有的子运算,即数据的传输、存储、加工和处理;二是产生特定的控制序列,对各子运算实施有效的管理和调度,使之按预定的次序进行操作。

上述两方面的工作使数字系统在结构上也分为数据处理单元(完成各个子运算的受控电路)和控制单元(产生控制序列的控制器)两大部分,如图 1-10 所示。这就是数字系统的基本结构。它的工作过程是:控制单元根据外部输入控制信号及反映数据处理单元当前工作状况的反馈应答信号,发出对数据处理单元的控制序列信号;在此控制信号的作用下,数据处理单元对待处理的输入数据进行分解、组合、传输、存储和变换,产生相应的输出数据信号,并向控制单元送去反馈应答信号,用于表明它当前的工作状态和处理数据的结果。控制单元在收到反馈应答信号后,再决定发出新的控制信号,使数据处理单元进行新一轮的数据处理。控制单元和数据处理单元密切配合、协调工作,成为一个实现预定功能的有机整体。

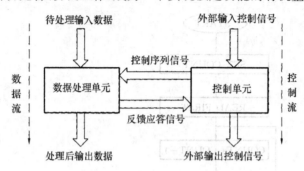

图 1-10　数字系统基本结构

系统控制单元对系统外部的输出控制信号使本系统与其他系统协调一致地工作。控制单元的输入控制信号也可能是其他系统的输出控制信号。

数字系统的基本结构表明,该系统内部总存在有反映从输入数据到输出数据变化过程的数据流和控制数据变化过程的控制信号流(简称控制流),在图 1-10 中用虚线表示。数据流和控制流统称为数字系统的信息流。

1.2　数字系统设计的一般步骤

系统设计是从系统功能的确定开始的。算法模型将系统功能视为某种复杂运算,然后把此运算分解为若干子运算,并由反映这些分解和变换序列的算法来描述。在此基础上,进而选定恰当的电路结构,直接运用组合或时序模块(标准的 SSI、MSI、LSI)、或者运用 PLD 来实现。这种设计方法的核心是求出系统算法模型,而获得算法模型要考虑的主要问题是:

(1) 如何将系统运算划分为相对独立又相互联系的子运算。
(2) 各子运算之间信息的流通。
(3) 如何有规则地控制各子运算。

下面以实例来说明系统设计的基本概念和基本方法,力求揭示设计方法的基本思想。

1.2.1　引例

试设计一个为图 1-11 所示的乘法电路 C,图中输入信号 $A=a_3a_2a_1a_0$,$B=b_3b_2b_1b_0$,它们都是 4 位二进制数,M 是输出乘积信号。

对于这样一个乘法电路,其逻辑功能可用下式描述:

$$M = A \times B \tag{1-5}$$

且 M 为一个 8 位二进制数。根据二进制数乘法的运算规则,运算过程为:

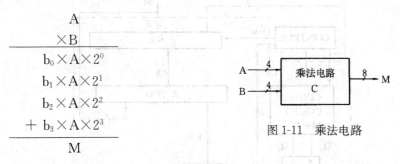

图 1-11 乘法电路

若 $A=1011, B=1101$,则运算过程和运算结果是:

$$
\begin{array}{r}
1011 \\
\times 1101 \\
\hline
1011 \\
0000 \\
1011 \\
+1011 \\
\hline
10001111
\end{array}
$$

上述运算过程中,$A\times 2^i$ 可用 A 的左移 i 位来实现。因此,乘法运算就转变为被乘数 A 左移及部分乘积求和的运算过程,并用图 1-12 所示算法流程图来描述。

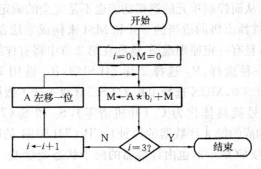

图 1-12　4 位二进制数相乘的算法流程图

在图 1-12 中,相乘运算的总功能已经分解成为逻辑与、累加和移位等子功能(子运算),而这些子功能均属基本的算术或逻辑运算。除此之外,尚有存数、比较和计数操作来控制各子运算的执行顺序和执行次数。

算法流程图中,各个子运算由数据处理单元来完成。图 1-12 中的存数、累加和移位分别选用存储器、加法器、移位寄存器和计数器等功能部件来实现,相应的逻辑框图如图 1-13 所示。图中虚线框内的电路就是系统的数据处理单元,其中:R_M 为 8 位寄存器,其输出即为乘积 M。R_A 为具有移位功能的 8 位移位寄存器,其初始状态 $R_A=0000a_3a_2a_1a_0$。MUX 是 4 选 1 数据选择器,COUNT 是模 4 计数器,ADD 是 8 位加法器,以上各功能部件组成了乘法器的数据处理单元。

乘法器控制器 CONTROL 产生必需的控制信号序列。图中 C_A、C_M 分别是 R_A 和 R_M 实现预定操作的控制信号;C_R 是控制器给 COUNT 的总清零信号,也是 R_M 的清零信号,CP 为时钟,信号 CON=3 是 COUNT 馈送给控制单元的运算反馈信号,此信号表征了电路当前的工作状态,供控制单元判别决策。

在逻辑框图中,每一个方框均为一个模块或功能块,这里仅规定了这些功能块的逻辑功

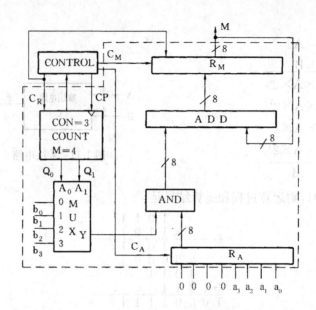

图 1-13 乘法器逻辑框图

能。因此,在它们的具体电路尚未决定之前,控制单元送出的控制信号 C_A、C_R 和 C_M 的极性和变化规律是不能确定的,从而控制单元的逻辑功能也不是完全的确定。

进一步的工作就是选择市售的适当的 SSI 和 MSI 来构成乘法器的具体逻辑电路。选择的方案可以有多种多样,且有一定原则遵循,这些在第 2 章中将有详细讨论。

这里,假设有如下一种选择:R_A 选择 2 片 74LS194,R_M 选用 74LS273,ADD 选择 2 片 7483,AND 选用 4 片 74LS00,MUX 选择 1 片 74LS153(双 4 选 1 数据选择器),COUNT 选用 74LS161。这样,控制信号就具体化为 C_R(开机清零),S_1 和 S_0(74LS194 功能控制),CP_1(74LS273 和 74LS161 构成的模 4 计数器的时钟),CP_2(74LS194 的时钟)等。数据处理单元给控制器的反馈应答信号 CON=3,也由计数器的两个状态变量 Q_1 和 Q_0 经 74LS00 相与运算而产生。

由此可得乘法器数据处理单元逻辑电路图如图 1-14 所示。根据已确定的具体电路,就可以画出控制单元各输出控制信号的时间关系图如图 1-15 所示。

至此,乘法器的算法设计和数据处理单元的硬件实现已基本完成,控制单元的设计将在第 2 章详述。

1.2.2 数字系统设计的基本步骤

由引例可见,数字系统的设计过程通常有如下几个步骤:功能的确定、系统的描述、算法的设计、结构的选择、电路的实现。

1. 系统逻辑功能的确定

逻辑功能的确定是设计的首要任务,即根据用户要求,经反复磋商和分析,明确"设计什么?""达到什么指标?"具体化为三个方面:

(1) 待设计系统有哪些输入、输出信息,它们的特征、格式及传送方式。

(2) 所有控制信号的作用、格式及控制信号之间、控制信号与输入、输出数据之间的关系。

(3) 数据处理或控制过程的技术指标。

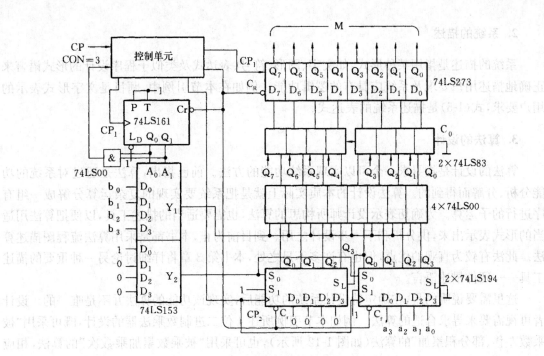

图 1-14　乘法器数据处理单元逻辑电路图

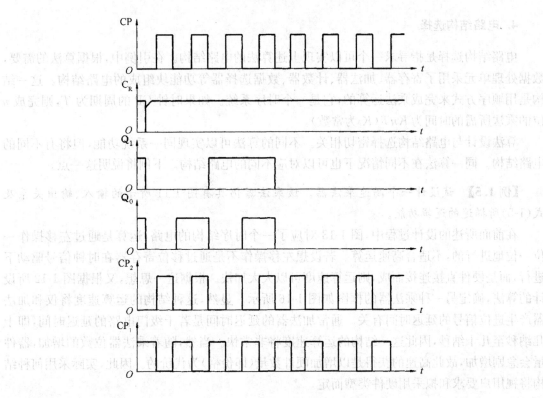

图 1-15　乘法器控制单元工作波形图

2. 系统的描述

系统的描述是指用某种形式,如文字、图形、符号、表达式及类似于程序设计的形式语言来正确地描述用户要求及系统应具有的逻辑功能。例如在本节引例中,题目是文字形式表示的用户要求,式(1-5)是描述系统的表达式。

3. 算法的设计

算法的设计是指寻求一个可以实现系统功能的方法。前已指出,算法是通过对系统的功能分析、分解而得到的。算法设计的本质实际上就是把系统要实现的复杂运算分解成一组有序进行的子运算。为确切表示设计师所构思的算法,也需要适当的描述工具,以便把算法用适当的形式表示出来,供分析和下一步设计之用。到目前为止,本书都是采用算法流程图描述算法。此法有较为直观的优点,但也有许多不足之处,本书第3章将详细讨论另一种重要的描述工具——硬件描述语言。

这里需要说明的是,在确定待设计系统的功能后,实现该功能的算法并不是唯一的。设计者可视需要来寻求合适的算法。例如本节引例所述4位二进制数乘法器的设计,既可采用"被乘数左移、部分积累加"的算法(如图1-12所示),也可采用"被乘数累加乘数次"的算法,相应算法流程图详见图2-1。它们各有利弊,按需要加以选择。

4. 电路结构选择

电路结构选择是指寻求一个可以实现上述算法的电路结构。在引例中,根据算法的需要,数据处理单元采用了寄存器、加法器、计数器、数据选择器等功能块组成的电路结构。这一结构是用顺序方式来完成乘法运算的,它是一个时序系统。如果时钟CP的周期为T,则完成n位的乘法所需的时间为KnT(K为常数)。

算法设计与电路结构选择密切相关。不同的算法可以实现同一系统功能,但将有不同的电路结构。同一算法在不同情况下也可以对应不同的电路结构。下例将说明这一点。

【**例 1.5**】 试设计一个高速乘法器。该乘法器仍具有图1-11所示的输入、输出关系及式(1-5)所描述的逻辑功能。

在前面所述的设计过程中,图1-13对应了一个时序结构的电路,运算是通过左移操作一位一位地进行的,不适合高速运算。若设想左移操作不是通过移位寄存器在时钟信号驱动下进行,而是硬件直接连接而成,则运算速度可以大大加快。根据这一思想,又根据图1-12所设计的算法,确定另一种乘法器的框图如图1-16所示。显然,这种结构的运算速度将仅和加法器产生进位信号的延迟时间有关。通常加法器的延迟时间是若干级门电路的延迟时间,即十几纳秒至几十纳秒,因此这一结构的运算速度将非常快。当然,随着乘法器位数的增加,器件量会急剧增加,故此高速的获得是以增加硬件数量(即价格)为代价的。因此,实际采用何种结构将视用户要求和拟采用硬件类型而定。

由此也可以看出,在数字系统设计中,不但要考虑用户对系统的逻辑功能的要求,而且要考虑许多非逻辑因素。除这里所说的运算速度和成本价格两个因素外,还有可靠性、可测试性、功耗、体积、工艺及其他许多非逻辑因素。有关这些内容,本书不可能详述,将在后面各章中结合设计做简要说明。

5. 电路的实现

本步骤即根据设计、生产的条件,选择适当的器件来实现电路。并导出详细的逻辑电路图。这里只采用传统的通用集成电路来实现,故逻辑电路图的导出过程通常归纳为两步:

(1) 选择适当的集成电路芯片实现各子运算,并连接成数据处理单元。

(2) 根据数据处理单元中各集成电路及其实现的运算,提出控制信号的变化规律。从而规定控制单元的逻辑功能,进而设计这个控制电路。控制单元的设计将在第 2 章中讨论。

从以上 5 个步骤的讨论中不难看出,一旦确定了待设计系统的逻辑功能,可以用不同的算法来实现;而每一种算法又可以选择不同的电路结构;进而同一种结构又可以采用不同的电路,最终设计结果是多种多样的,以满足实际需要和性能价格比。

上述设计过程通常称为数字系统的逻辑设计。图 1-17 描述了这个过程。它的任务是把用户的各种逻辑和非逻辑要求变换成一张实现这些要求的详细逻辑图。在此之后将是工程设计阶段——包括印制电路板的设计(印制板的布局、布线)、接插件的选择及形成整机的工艺文件。逻辑设计所提供的逻辑图应充分提供全部工程设计所需的信息。本书将主要讨论数字系统逻辑设计方法,有关印制电路板设计等工程设计问题请参考有关书籍。

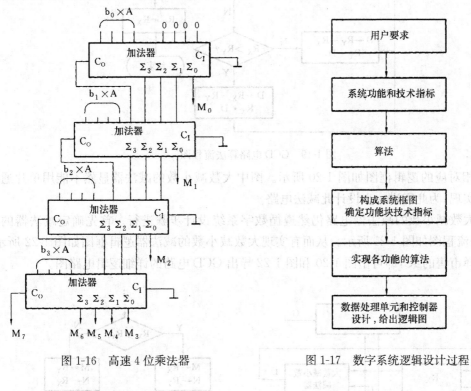

图 1-16 高速 4 位乘法器　　　　图 1-17 数字系统逻辑设计过程

1.2.3 层次化设计

在导出系统逻辑电路图的过程中,经常会遇到某些功能块仍然很复杂、不可能用单片通用集成电路来实现的情况。

【例 1.6】 设计一个如图 1-18 所示的最大公约数(GCD)产生电路。图中 X,Y 为二进制正整数,G 为 X、Y 的最大公约数。

由分析题意可知,该电路的逻辑功能可用下式描述:

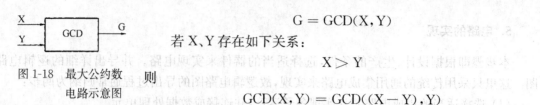

图 1-18 最大公约数电路示意图

$$G = \mathrm{GCD}(X, Y)$$

若 X、Y 存在如下关系：

$$X \geqslant Y$$

则

$$\mathrm{GCD}(X, Y) = \mathrm{GCD}((X - Y), Y)$$

由此可得 GCD 产生电路算法流程图如图 1-19 所示。其中用 R_X、R_Y 分别存放待处理数据 X 和 Y，R_G 存放运算结果 G，数据 M 为 X 和 Y 中的大者，N 为 X 和 Y 中的小者，且

$$D = M - N$$

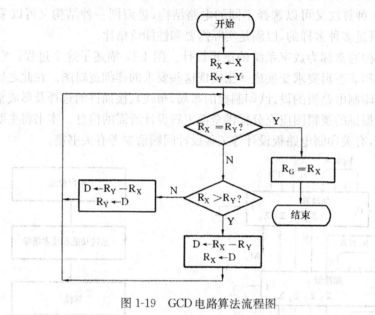

图 1-19 GCD 电路算法流程图

与此算法相对应的逻辑框图如图 1-20 所示。图中大数减小数的减法器显然不能用单片通用集成电路实现，为此需进一步设计此减法电路。

实现大数减小数的减法器电路仍然遵循数字系统设计步骤进行。首先确定减法器的算法，其算法流程图如图 1-21 所示。从而有实现大数减小数的减法器逻辑框图如图 1-22 所示，适当地选择市售的 IC，即可由图 1-20 和图 1-22 导出 GCD 电路的详细逻辑电路图。

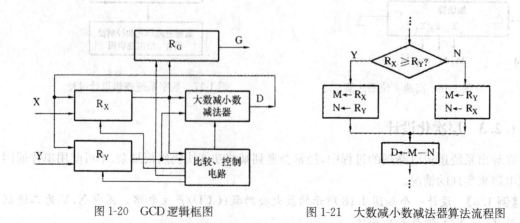

图 1-20 GCD 逻辑框图　　　　　图 1-21 大数减小数减法器算法流程图

由本例可见，实际数字系统的设计过程，可以用图 1-23 来表示。图中 S 为用户要求，经过

功能描述、算法设计、硬件结构选择等步骤后,确定系统将由 A、B、C、D 4 个子系统组成,并规定了各个子系统的详细技术指标。进而对各子系统进行逻辑设计,例如其中 D 又被确定为由 E、F、G 3 个模块组成。此后又对这些模块进行逻辑设计,这过程一直进行到详细的逻辑图 DLD 为止。这就是数字系统的层次化设计过程。

任何一个复杂的数字系统总可以通过上述途径,导出它的硬、软件实现方案。

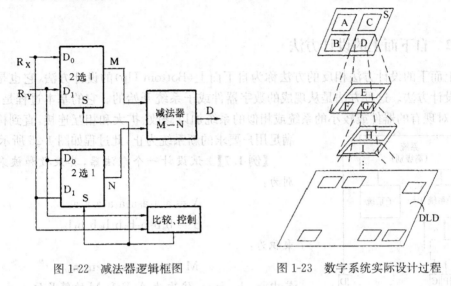

图 1-22 减法器逻辑框图　　　　图 1-23 数字系统实际设计过程

1.3　数字系统设计方法

1.3.1　自上而下的设计方法

上节引例的设计和图 1-17 所示的数字系统设计过程,即称为自上而下(Top-Down)的设计方法。根据这种设计方法,可以将系统设计分成几个不同的级别。在不同的级别中,对系统的描述,即反映的系统的特征也不一样。通常把对系统总的技术指标的描述称为系统级的描述,这是最高一级的描述。由此导出的算法也是系统功能的一种描述,由于它给出实现系统功能的方法,故亦称为算法级描述。逻辑框图说明了系统经分解后各功能模块的组成和相互联系,故称为功能级描述。最后,详细逻辑电路图称为器件级(门级)描述,它详细地给出了实现系统的各集成块及它们之间的连线。在逻辑设计阶段中,这是最低级别的描述。

因此,自上而下的设计过程表现为由最高一级(或最高层次)描述变换成最低一级(或最低层次)描述的过程,如图 1-24 所示。

实际的设计过程往往比图 1-17 和图 1-24 所示过程还要复杂。因为在把上一级描述变换成它的下一级描述的过程中,不能保证正确无误。为了能及时发现变换中的这些错误,减少不必要的返工,在每次变换之后,都要进行仔细的检查。如果发现错误,立即重新设计加以改正。为提高效率,这些检查常借助计算机完成,这种检查称逻辑验证。

由系统级到功能级的验证是为了检查在变换过程中是否发生了逻辑错误,即下一级的描述是否完全实现了上一级描述的全部逻辑功能。

图 1-24 自上而下设计描述过程

由功能级到器件级的验证除了验证是否发生逻辑错误外,还要验证严格的时间关系,即验证电路中各点波形是否与预期的完全一致,其中包括检验有无毛刺或险象。有关逻辑验证的原理和方法请参阅有关书籍。

总之,自上而下的设计方法是一种由抽象的定义到具体的实现,由高层次到低层次的转换,逐步求精的设计方法。由于本章前述各例大都按自上而下的方法设计,这里不再另外举例。

1.3.2 自下而上的设计方法

与自上而下的设计方法相反的方法称为自下而上(Bottom-Up)的设计方法,它也是一种多层次的设计方法。这种方法是从现成的数字器件或子系统开始的。它的基本过程是:根据用户要求,对现有的器件或较小的系统或相似的系统加以修改、扩大和相互连接,直到构成能满足用户要求的新系统为止,此过程如图1-25所示。

【例1.7】 试设计一个乘法器,其乘数和被乘数分别为:

$$A = a_s a_7 a_6 a_5 a_4 a_3 a_2 a_1 a_0$$
$$B = b_s b_7 b_6 b_5 b_4 b_3 b_2 b_1 b_0$$

乘积为:

$$M = m_s m_{15} m_{14} \cdots m_1 m_0$$

其中,a_s、b_s 和 m_s 依次为 A、B 和 M 的符号位。

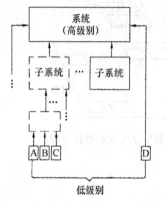

图1-25 自下而上的设计过程

显然,这一乘法器的功能比之前述1.2.1节引例中乘法器功能来得复杂,但利用已有的设计成果,并加以扩充,就可使之成为带符号位的8位乘法运算器,关键在于符号位 m_s 的产生电路和增加运算位数。

根据带符号位乘法的规则,同符号数相乘为正,不同符号数相乘为负,所以

$$m_s = a_s \oplus b_s$$

故加入一只异或门即可实现,位数增加引起电路的变化也不难做到,详细逻辑电路图请自行画出。

从例1.7中不难看出,自下而上和自上而下设计在子系统的选择和组合方面均无严格的规则可以遵循;在子系统的功能确定之后,用何种器件实现这些子系统也几乎全凭设计者的智慧和经验,一个有丰富经验的设计师常常乐于采用自下而上的设计方法。

自上而下的设计过程遵循"设计—验证—修改设计—再验证"的原则,通常认为所获得的设计结果将能与所要求的完全一致。但是,这种方法较难在设计之初预测所要采用的电路结构和何种器件;因此,为满足逻辑功能与运算速度、价格、功耗和可靠性等非逻辑约束因素,往往不得不反复地修改设计和权衡利弊。自下而上的设计方法是从具体的器件和部件开始的,这些器件和部件的逻辑性能和非逻辑特性都是已知的,设计者凭经验和知识加以修改,能够较快地设计出所要求的系统,因此设计成本较低,且可充分利用已有设计成果。但是,自下而上设计的系统结构有时不是最佳的,因为设计是从低级别开始,在这一级别上所做出的判别和决策,从全局或高级别来看未必是最佳的。

1.3.3 基于关键部件的设计方法

许多设计是从所谓关键部件开始进行设计的。因为对于一个有经验的设计者来说,往往

从设计的开始阶段就可以做出判断:待设计系统中,必然要配置某个决定整个系统性能和结构的关键或核心部件,这一部件的性能、价格将决定这种系统结构是否可行。

【例 1.8】 试设计一个复数乘法运算电路。它接收的被乘数 A 及乘数 B 为:

$$A = a_r + ja_i$$
$$B = b_r + jb_i$$

它的输出为:

$$M = A \times B$$

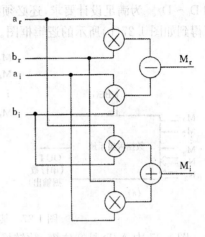

图 1-26 复数乘法运算电路的一种结构

应该指出,有多种不同的方案可实现复数的乘法运算。这里考虑的是比较直观的一种,如图 1-26 所示。

在这种方案中,需要 4 个乘法器。乘法器的性能和结构将决定整个运算电路的性能,因此,乘法器将是个关键部件。要实现乘法器,高速加法器又是关键,因此本例中当图 1-26 所示的总体结构决定之后,应精心地设计高速加法器。仅当高速加法器的结构和性能确定之后,才有可能讨论实现图 1-26 所示方案的具体电路结构。比如,如果有了一个低价且体积小的加法器,那么,就可能在此基础上用 6 个加法器实现此系统,其中用 4 个加法器构成 4 个乘法器。如果已有一个超高速的加法器,那么就可能会另外设计一个控制电路。在它的控制下依次完成 $a_r \times b_r$、$a_i \times b_i$、$a_i \times b_r$ 及 $a_r \times b_i$ 等 4 个乘法运算及产生 M_r 及 M_i 的减法、加法运算。这也就是说,如图 1-26 所示方案的实现,需根据系统的总体指标(包括价格、运算速度等)及加法器的性能、价格而定。

这种方法实际上是自上而下和自下而上两种方法的结合和变形。自上而下地考虑系统可能采用的方案和总体结构,在关键部件设计完成之后,配以适当的辅助电路及控制电路,从而实现整个系统。

1.3.4 信息流驱动的设计方法

在前面讨论的例子中,除图 1-16 所示的高速加法器为组合系统外,其余均是时序系统。事实上,复杂的数字系统都是时序系统,这种系统在结构上总可以分成数据处理单元和控制单元两部分,存在着数据流和控制流两种信息流。信息流驱动设计方法是根据数据处理单元的数据流或根据控制单元的控制流的状况和流向进行系统设计的总称。

1. 系统数据流驱动设计

所谓数据流驱动设计就是根据系统技术要求,分析为实现这一要求,待处理数据所需进行的各种变换,即以数据的流程为思路来推动系统设计的进行。数据采集系统的设计是一个典型的例子。

【例 1.9】 试设计一个如图 1-27(a)所示的数据采集系统,图中 M_1,M_2,…,M_8 是 8 路模拟量;N_1 和 N_2 是两路 8 位数字量;OUT 是系统的串行输出端,每 0.1s 输出一个记录。每个记录有 A_i、N_1 和 N_2 三个 8 位串行数字量组成,其中 A_i 与模拟量 M_i 对应。每 8 个记录依次输出 $M_1 \sim M_8$ 一次。

在设计这一数据采集系统时,首先考虑到的是依次把模拟量 $M_1 \sim M_8$ 信号经 A/D 转换成 8 位并行的数字量 $D_0 \sim D_7$。这样,采集系统就有了 24 路并行的输入信息:N_1(8 位),N_2(8 位)和 $D_0 \sim D_7$。为满足设计要求,还必须按规定的顺序将这些并行量转换为串行量依次输出,从而得到如图 1-27(b)所示的逻辑框图。

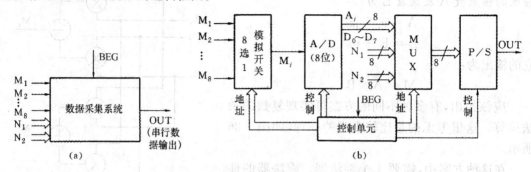

图 1-27　某数据采集系统示意图和逻辑框图

图 1-27 中 A/D 是 8 位模/数转换器,MUX 是 8 位 3 选 1 数据选择器,P/S 是 8 位并行/串行变换器,它们均在控制单元的控制下,实现各自的功能。至此,每 0.1s 输出一个记录也由控制器时钟速率来决定。

在这基础上,设计者就不难跟踪待处理数据的流动和被处理过程、一步一步地设计出这个数据采集系统的详细逻辑电路图。

2. 系统控制流驱动设计

所谓控制流驱动设计是以控制过程为系统设计的中心。设计者从用户要求出发,由控制单元应该实施的控制过程入手,确定系统控制流程。这种方法适用于控制类型的系统。

【例 1.10】　某医院有一台备用交流发电机,该机应该在市电突然发生停电故障时,立即启动并发电,以确保医院的有关部门继续供电。该发电机是以柴油为燃料的。

对发电机的控制过程是:在市电停电时自动启动,启动后两分钟测量发电机的转速,如果转速未达到规定值则告警。反之,进入正常发电阶段。此时,不断测量转速和输出电压,以此调整供油量,使该发电机给出一定频率和电压的交流电。如果转速或输出电压发生异常,则告警,并在三分钟内停机。试设计该发电机的控制电路。

题意详细地提供了所需实施控制过程,设计者直接由此出发,可以画出如图 1-28 所示该备用发电机系统的控制流程图。

由流程图,不难根据控制信号的要求和格式,逐步导出系统的实施方案。

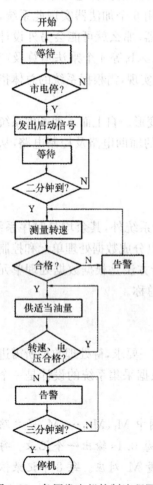

图 1-28　备用发电机控制流程图

1.4 数字系统的描述方法之一——算法流程图

前已指出,数字系统设计的过程表现为不同层次的描述间的转化,因此选用适当的描述方法对于简化和加速设计过程是十分重要的。适用于数字系统设计的描述方法通常应具有以下特征:

(1) 应有一组符号和规则,利用这些符号和规则可描述系统的各种运算或操作,以及进行这些操作的条件和顺序;可用以描述组成系统的部件(如功能块或市售的集成电路)及它们之间的连接关系。

(2) 应适用于不同的设计层次,使在整个设计过程中尽可能用同一种描述工具。

(3) 本层次的描述应为变换成下一层次的描述提供足够的信息。

(4) 描述方法应简明易学,使之成为设计人员之间的交流工具。

(5) 描述的结果应能为计算机所接受,以便在设计的各个阶段均能验证设计的正确性。

但是,一种描述工具同时具有上述特征是很不容易的,具有部分特征而又广泛使用的工具却不少,本书将介绍其中的两种:算法流程图和硬件描述语言。前者已在前面几节得到应用,这里进一步做出详细介绍。后者将在第 3 章详细讨论。

算法流程图是描述数字系统功能最普通且常用的工具。它用约定的几何图形、指向线(箭头线)和简练的文字说明来描述系统的基本工作过程,即描述系统的算法。

1.4.1 算法流程图的符号与规则

算法流程图由工作块、判别块、条件块、开始块、结束块及指向线组成。

1. 工作块

工作块是一个矩形块,如图 1-29(a)所示。块内用简要的文字来说明应进行的一个或若干个操作及应输出的信号。图示工作块表示将计数器 CNT 清零。工作块中的操作与实现这一操作的硬件有着良好的对应关系。与图示工作块对应的硬件电路如图 1-29(b)所示,这是通过复位端作用使计数器清零。但同一工作块规定的操作可对应不同的硬件实现方案。图示工作块所规定的操作也可通过图 1-29(c)所示电路加以实现。图中采用了置数达到清零的目的。显然同一工作块的操作可对应不同的硬件实现方法。

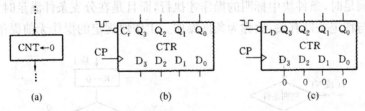

图 1-29 工作块与硬件实现的对应关系之一

图 1-30(a)、(b)给出另一个工作块和硬件实现的对应关系,图(a)工作块表示进行两个置数操作:B 存入 R_B 和 M 存入 R_M,而且在此工作块输出信号 TERM 为逻辑 1。图(b)是置数操作的对应硬件电路。

工作块内规定的操作,用时序部件实现时,未必在一个时钟周期内完成,也可以在若干个时钟周期内完成。由此可以联想到,同一算法流程图中,为完成不同工作块所需的时间是不相

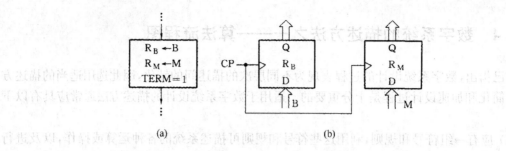

图 1-30 工作块与硬件实现对应关系之二

同的,这样做的好处是使算法流程图既简单明晰,又能对硬件设计提出明确的要求。

注意: 尽管系统设计中的算法流程图与软件设计中的流程图在形式上极为相似,但算法流程图与硬件(可以是抽象的逻辑模块,也可以是具体的器件)的功能有良好的对应关系,这是两者之间的显著区别。为此在求导算法流程图时也应充分考虑到各工作块在硬件实现时的可能性。

2. 判别块

判别块的符号为菱形,如图 1-31(a)、(b)所示。块内给出了判别变量及判别条件。判别条件满足与否决定系统将进行不同的后续操作,这称为分支。图(a)中判别变量是 CNT,判别条件为 CNT=8。有时,判别块中有多个判别变量,从而可能构成两个以上的分支,如图(b)所示。

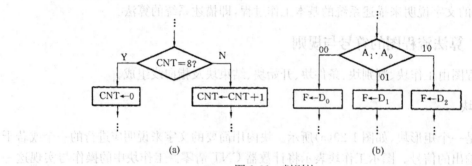

图 1-31 判别块

3. 条件块

条件块为一个带横杠的矩形块,如图 1-32(a)所示。条件块总源于判别块的一个分支。仅当该分支条件满足时,条件块中标明的操作才执行,而且是在分支条件满足时立即执行。条件块规定的操作与特定条件有关,故称为条件操作。工作块规定的操作无前提条件,故称为无条

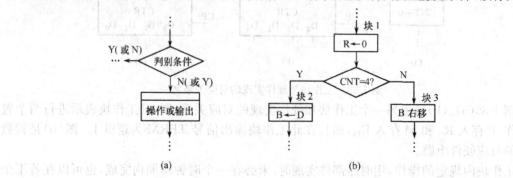

图 1-32 条件块

件操作。这是两者的不同之处。条件块是硬件设计中算法流程图所特有的,也是与软件流程图的主要区别之一。图 1-32(b)中,块 1 和块 3 内的操作均为独立的操作,当算法执行到块 1 和块 3 时,其块内操作将被执行。而块 2 内的操作仅相当于是块 1 的延伸,当执行到块 1 且 CNT=4 时,便执行块 2 内的操作。从时序上看,块 2 内的操作有可能与块 1 内的操作同时进行,而块 3 内的操作则只可能在块 1 内的操作完成后才进行。

4. 开始块和结束块

开始块与结束块的符号如图 1-33 所示,它们均是椭圆块,用于标注算法流程图的首、尾。当流程图的首、尾比较明确时,也可省略开始块和结束块。

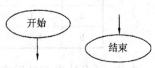

图 1-33 开始块与结束块

1.4.2 设计举例

【例 1.11】 试设计一个带极性位的 8 位二进制数的补码变换器,导出该变换器的算法流程图。

从前面已知,同一个系统,可以采用不同的算法加以实现,算法不同,算法流程图也将随之不同。这里给出一种移位变换型的算法。移位变换型算法遵循补码变换的基本规则:正数的补码等于原码;负数的补码其极性位不变,数值位是各位求反且最后位加 1。

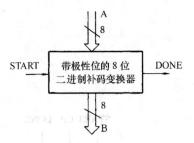

图 1-34 补码变换器示意图

图 1-34 给出补码变换器的示意图。其中待变换的数是原码 A,$A = a_s a_6 a_5 a_4 a_3 a_2 a_1 a_0$。变换后的补码是 B,$B = b_s b_6 b_5 b_4 b_3 b_2 b_1 b_0$。$a_s$ 和 b_s 均是极性位,$a_6 \sim a_0$ 和 $b_6 \sim b_0$ 是数值位。START 是外部对变换器的控制信号,当 START=1 时,送入数据有效,变换器开始对送入数据进行变换。DONE 是一次变换结束后对外部输出的标志信号。

移位变换型算法的具体做法如下:

若 a_k 是由低位到高位依次考察 A 的各数值位时第一次遇到的 1,则

$$b_i = \begin{cases} a_i & i \leqslant k \\ \bar{a}_i & i > k \end{cases} \quad (i = 6 \sim 0)$$

$$b_s = a_s$$

例如,　　　A=11011000
　　　　　　　　　　↑
　　　　　　　　　　$k=3$

则

　　　　　　B=10101000

因此,可利用移位寄存器按表 1-2 所示的步骤将 A 变成它的补码 B。

表 1-2 移位变换型补码变换的步骤

步骤	寄存器状态	注 释
1	11011000	置入 A
2	01101100	最右位未遇 1,寄存器循环右移一位
3	00110110	同上
4	00011011	同上

（续表）

步骤	寄存器状态	注　释
5	10001101	最右位刚遇1，操作同上
6	01000110	最右位已遇到过1，最右位求反并循环右移一位
7	10100011	同上
8	01010001	同上
9	10101000	极性位不求反，仅循环右移一位

由此，可设计出该补码变换器的算法，如图 1-35(a) 所示。由图可见，若 A 为正数，则不做任何变换，直接输出。

为实现数据寄存与循环右移，需采用 8 位的移位寄存器；为统计右移次数需要一个模 9 加法计数器；实现循环右移数据的求反与否，需采用一个异或门加以控制。实现图 1-35(a) 算法流程图的完整的逻辑框图如图 1-35(b) 所示。

在系统各工作步骤下，控制器需产生的内部控制信号在图 1-35(a) 中做了标注。

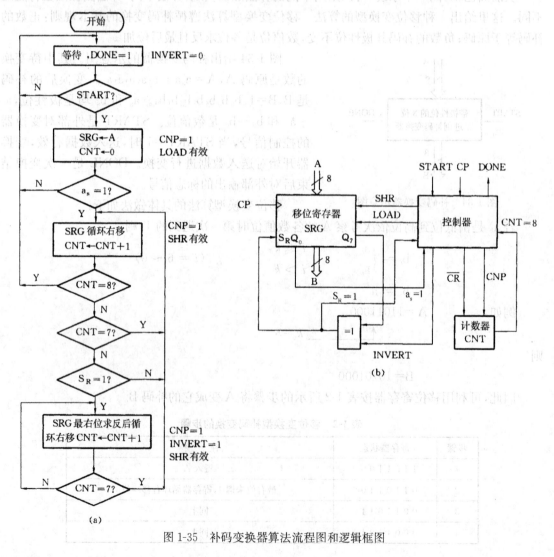

图 1-35　补码变换器算法流程图和逻辑框图

在上述逻辑框图中,尚未明确各功能部件选用何种具体型号的芯片,为此控制器和受控的数据处理单元之间相互作用信号的特征也未具体化,仅用 SHR、LOAD、$S_R=1$ 和 CNT=8 等分别表示移位寄存器右移与加载、右移中已接收到第一个 1 和计算器已计满的有效信号。只要设计选定了器件,上述抽象信号将转成具体的信号。

【例 1.12】 试导出前述例 1.9 数据采集系统的算法流程图和相应的逻辑电路图。

图 1-27 已给出某数据采集系统的示意图和逻辑框图,如果信号 BEG 是控制每 0.1s 输出一个符合要求记录的外部输入控制信号,则可以画出该系统算法流程图如图 1-36 所示。

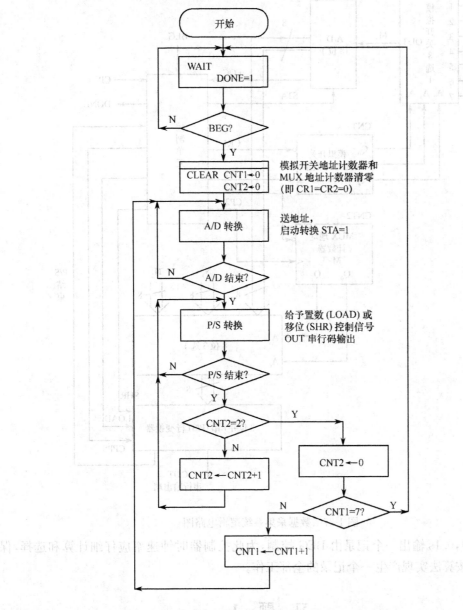

图 1-36 某数据采集系统算法流程图

图 1-36 中 DONE 是本系统对外部输出信号,表明系统刚上电或已送出一个完整记录后,等待 BEG 来启动新一轮记录的输出。

由于8路模拟量应轮流输出,为此设置模拟开关地址计数器CNT1,它由控制单元管理,是个模数M=8的加计数器,其状态变量Q_2、Q_1、Q_0分别控制模拟开关的地址端A_2、A_1和A_0。此外设置8位3选1 MUX地址计数器CNT2,其模数为3,从而使MUX依次选择三个信号:经A/D转换后的M_i对应的8位数字量,直接输入的数字量N_1及N_2。依次经并/串行变换器变换为串行码输出,实现一个完整且正确的记录的输出。数据采集系统的逻辑电路图如图1-37所示。

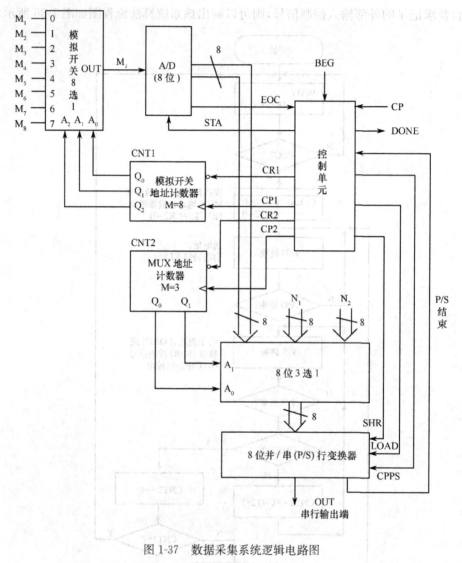

图1-37 数据采集系统逻辑电路图

本设计中,0.1s输出一个记录由BEG控制,为此控制器时钟速率应仔细计算和选择,保证在0.1s内按算法实现产生一个记录的全部工作。

习 题 1

1.1 某数字系统的输入X_1、X_0和输出函数Z的时间关系如图E1-1所示。试求:

(1) 用状态转换图、状态转换表建立系统的动态模型。

(2) 导出系统算法模型。

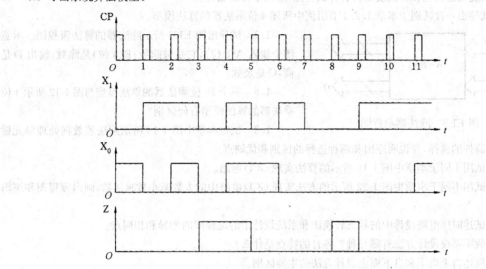

图 E1-1　某系统输入、输出波形图

1.2　试导出例 1-2 序列检测系统的算法模型。

1.3　某数字系统有表 E1-1 所示的状态转换表，试用流程图表达该系统的工作过程。

表 E1-1

PS \ X_1X_2	00	01	10	11
S_1	$S_1/0$	$S_5/0$	$S_2/1$	ϕ/ϕ
S_2	$S_3/1$	ϕ/ϕ	$S_2/1$	ϕ/ϕ
S_3	$S_3/1$	$S_4/1$	ϕ/ϕ	ϕ/ϕ
S_4	$S_1/0$	$S_4/1$	ϕ/ϕ	ϕ/ϕ
S_5	$S_6/1$	$S_5/1$	ϕ/ϕ	ϕ/ϕ
S_6	$S_6/1$	ϕ/ϕ	$S_7/1$	ϕ/ϕ
S_7	$S_1/0$	ϕ/ϕ	$S_7/1$	ϕ/ϕ

NS/Z

1.4　试将图 E1-2 所示某系统的莫尔型状态图改画为算法流程图。

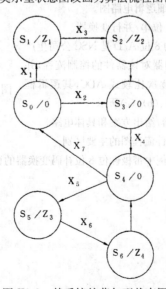

图 E1-2　某系统的莫尔型状态图

1.5 系统动态模型和算法模型各有什么特点,适用于什么场合?

1.6 试导出一种区别于本章1.2.1节引例中所述4位乘法器的算法模型。

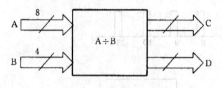

图E1-3 除法器示意图

1.7 试导出图E1-3所示除法器的算法流程图。示意图中输入A(8位),它是被除数;B(4位)是除数;输出D是商,C是余数。

1.8 一个16位乘法器的算法模型与图1-12所示4位乘法器的算法模型有何区别?

1.9 试对本章中图1-14所示乘法器数据处理单元做出不同种类器件的选择,并说明原因和两种选择的区别和优缺点。

1.10 试用不同于本章中图1-19所示的算法实现GCD电路。

1.11 试用不同于本章中图1-22所示的方法实现GCD电路中的大数减小数减法器,画出流程图和逻辑框图。

1.12 试述时序电路设计中的状态转换图和系统设计中的流程图的相异和相同点。

1.13 数字系统设计方法有哪几种?各自的特点是什么?

1.14 概述自上而下和自下而上设计方法的主要区别。

1.15 概述系统信息流驱动设计的主要内容和步骤。

1.16 导出下列逻辑运算的算法流程图。

(1) n 位串行数的奇偶检验。

(2) n 位自然二进制码转换为对应的 n 位Gray码。

(3) 二进制补码串行加法。

1.17 试画出例1.7带符号位乘法器的详细逻辑电路图。

1.18 图E1-4给出一个简易的十字路口交通管理器的示意图,其中R、Y、G和r、y、g分别是管理A道和B道的红、黄、绿交通指示灯。两个定时器分别确定通行(绿灯亮)和停车(黄灯亮)时间,C_1、C_2 是管理器对定时器的启动信号,W_1 和 W_2 是定时时间结束的反馈信号。试求:

(1) 选择一种设计方法来设计该系统。

(2) 画出系统算法流程图。

(3) 画出该系统数据处理单元详细逻辑电路图。

1.19 试设计本章中图1-27中8位串/并行变换器。

1.20 如果本章图1-27中采用的8位A/D是NSC公司生产的型号为ADC0809芯片,试给出控制器对该器件的控制流程,并画出时序图。NSC0809是8位单片逐次比较式ADC,其逻辑框图、引脚图和工作时序图如图E1-5(a)、(b)、(c)所示。

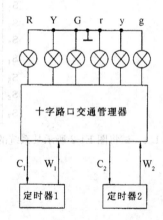

图E1-4 十字路口交通管理器示意图

1.21 试设计例1.10中的定时器,给出方案和具体电路。

1.22 试述系统算法流程图和软件流程图的主要区别。

1.23 改变本章1.4.2节设计举例中带极性位8位补码变换器的算法,并画出完整的算法流程图和相应的逻辑框图。

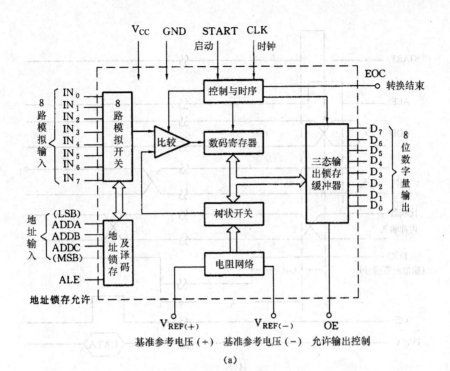

(a)

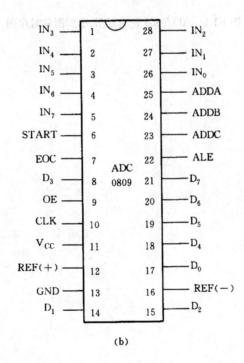

(b)

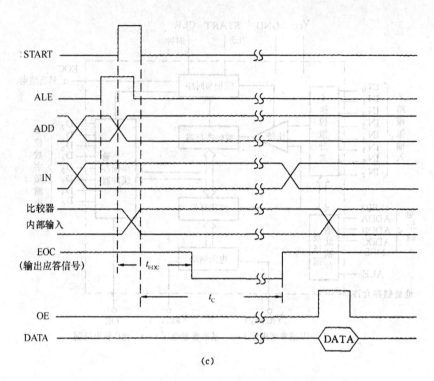

图 E1-5 ADC0809 逻辑框图、引脚图和时序图

第 2 章 数字系统的算法设计和硬件实现

数字系统设计的第一步，就是确定系统功能。设计人员必须仔细地研究和分析用户提出的要求，并与用户一起，制定出一张精确的、无二义性的系统设计任务书。该任务书详细规定了系统的逻辑功能和技术指标，它是设计人员进行设计、研制、测试及用户进行验收的依据。

在系统的逻辑功能确定之后，设计人员面临的任务就是考虑如何实现这些功能。本章将重点讨论如何导出实现逻辑功能的算法，以及采用通用集成电路实现系统的方法。

2.1 算法设计

由于待设计系统的逻辑功能是各种各样的，至今还没有找到可以导出各种算法的通用且严格的规则、方法和步骤。然而，甫 设计人员的技巧、经验和智慧，仍可按照常用的方法和途径来进行算法设计。

2.1.1 算法设计综述

1. 算法推导的主要考虑因素

算法设计之初，设计人员和用户协同对用户要求进行分析，并论证这些要求的可行性。在此阶段，设计者根据经验来确定实现该系统可能采用的技术路线，并依托对当前数字技术领域技术水平的了解，对系统功能要求做出判断和评价，由此向用户提出建议，从而一起确定设计者认为可行、用户可以接受的系统主要技术指标。总之，本阶段的中心任务是进行系统的可行性分析。

算法推导的主要考虑因素包括两部分内容：

(1) 逻辑指标。这是数字系统最重要的指标，表达系统应完成的逻辑功能。本章乃至本书将以逻辑指标为中心进行讨论。

(2) 非逻辑指标。系指逻辑功能以外的其他非逻辑约束因素，例如工作速度、系统功耗、可靠性、成本价格等。

合理地定义逻辑指标和非逻辑指标，直接关系到待设计系统能否设计和实现，并影响或决定了最终设计的性能/价格比。应该指出，两种指标往往是相互制约的，必须同时考虑，互相协调，寻找较佳的折中。

【例 2.1】 试给出区别于第 1 章所述多位乘法器算法模型的另一种算法流程图。

在第 1 章中，采用了被乘数左移、同乘数逐位相与，然后部分积累加的算法（如图 1-12 所示）。这里改用被乘数逐次累加的算法来实现乘法器，其算法流程图如图 2-1 所示。此算法同样可以实现两个多位二进制数的乘法，优点是硬件开销较少，价格较低；但其缺点是完成运算的速度较低。显然，在进行算法设计时，应同时考虑逻辑功能和速度要求等非逻辑因素，才能获得既满足用户要求的逻辑指标，又使性能/价格比优良的算法设计方案。

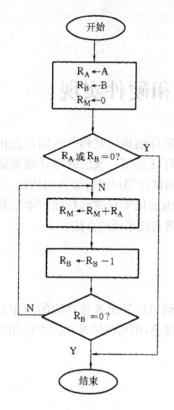

图 2-1 逐次累加实现乘法的算法流程图

2. 硬件结构对算法推导的影响

系统最终是要用硬件来实现的,因此采用何种硬件结构对算法推导有重要的影响,表现在以下两个方面:

(1) 采用不同规模、不同性质的器件时,将有不同的算法设计对策。在采用常规的 MSI、SSI 通用集成电路设计时,往往考虑硬件结构尽量简单,使用芯片尽量少;而在采用 PLD,尤其是 HDPLD 时,因器件的逻辑资源相当丰富,可采用"拼硬件"换取其他优越性的做法,为此算法设计不尽相同。这在后面几章的讨论中,将做进一步介绍。

(2) 系统算法设计与软件算法设计的区别。系统算法的目的是用硬件来实现,为此算法与硬件结构应有很好的对应性,即具有可实现性(也称可操作性)。为此算法流程图中的所有运算、操作、判别、输出均应有合适的器件来实现。而软件算法完全由计算机实现,某些运算或操作是硬件系统难以直接实现的,设计者应予重视。

例如,设计一个求 OUT$=\sqrt[3]{x}$ 的电路时,设计人员就不能像软件算法流程设计那样,直接运用求立方根的运算函数,而要寻求一种能用基本逻辑运算和基本算术运算(均有对应的器件)的有机组合来实现上述运算电路。

算法推导的典型方法有几种,常用的是跟踪法、归纳法、划分法、解析法及上述各种方法的组合——综合法。以下通过若干实例来说明这几种典型的推导方法。

2.1.2 跟踪法

跟踪法就是按照已确定的系统功能,由控制要求逐步细化、逐步具体化,从而导出系统算法。

【例 2.2】 试设计一个简易的 5 位串行码数字锁,该锁在收到 5 位与规定相符的二进制数码时打开,使相应的灯点亮。试导出该串行码数字锁的算法流程图。

假设数字锁的基本功能已在确定逻辑指标阶段给出,其示意图和简单算法流程图如图 2-2(a)、(b)所示。

其中,SETUP 和 START 是外部输入控制信号,灯 LT 在操作过程正确且输入 5 位串行码正确的情况下点亮,否则显示错误的灯 LF 点亮,且喇叭报警。

当设计者面对上述简单的逻辑流程时,会按照已定的初步思路进一步思考一连串的问题:

(1) 二进制代码如何送入?
(2) 该数字锁应规定怎样的正确使用规程?
(3) 如果用户送错了代码或者连续不断地送入代码,则锁电路应有何反应?
(4) 一次开锁过程结束后,无论正确与否,应如何进入下一次准备开锁状态?

这些问题将把基本的逻辑要求具体化,导出算法的过程也在逐步地进行。经设计人员和

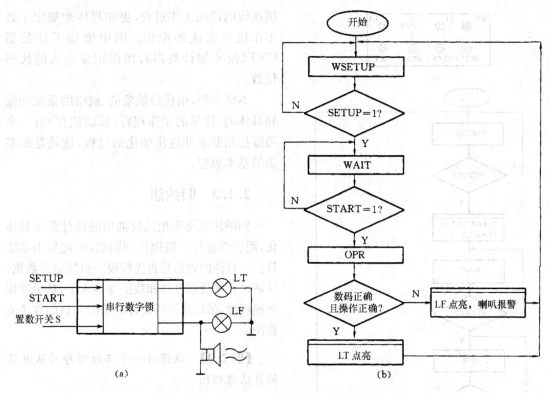

图 2-2 串行码数字锁示意图和简单算法流程图

用户反复磋商,假设选定了如下方案:

(1) 设置置数开关(乒乓开关)S 以便置 0 或置 1;又设置读数开关(按钮开关)READ;当用户按动一次 READ 时,即把当时 S 所置的二进制数送入数字锁。

(2) 设定正确使用数字锁的规程为:

① 该锁接通电源后,首先按下 SETUP 按钮,启动锁电路。

② 按下 START 按钮表示即将送入一组新的代码;未按 START 以前,送入的任何代码都是无效的。

③ 交替使用 S 和 READ,依次送入正确的代码(设正确代码为 $(11001)_2$)。

④ 按下另一个按钮 TRY,则锁打开,表示正确开锁的灯 LT 点亮。

(3) 在 START 和 TRY 之间,如果送入的代码与正确的代码不相符合,则表示错误的灯 LF 点亮,在此之后送入的任何数码都是无效的。

(4) 在按 START 之后,如果送入 5 个以上的数字,虽然前 5 个是正确的,但在第 6 次按 READ 时,灯 LF 点亮,表示操作程序出错。

(5) 一次操作过程结束后,无论操作正确与否,灯 LT 和 LF 中总只有一只点亮,这时按下 SETUP 按钮,则灯 LT 或 LF 熄灭,数字锁又自动进入等待开锁状态。

(6) 喇叭报警可按用户要求执行。此功能作为习题,请自行完成。

现在,画出串行数字锁操纵板示意图和详细算法流程图如图 2-3(a)、(b)所示。图 2-4(a)、(b)、(c)分别给出使用正确、输入串行码不正确和操作程序不正确三种情况下输入和输出各信号之间的时间关系图。

从图 2-3(b)所示详细算法流程图中可以看出,它比图 2-2(b)更加明确地描述了串行数字

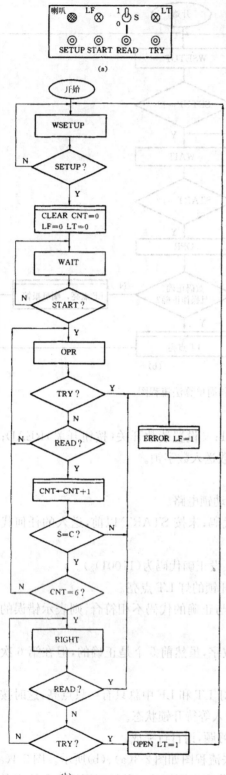

图 2-3 串行数字锁操纵板示意图和详细算法流程图

锁系统的详细工作过程,更加具体地规定了各工作块应完成的操作。图中增加了计数器 CNT(模 6 加计数器),用以记录送入的代码位数。

本例表明,由比较抽象的、概略的系统功能到具体的、详尽的工作规程(算法流程)有一个跟踪控制要求并逐步细化的过程,这就是跟踪法的基本思想。

2.1.3 归纳法

归纳法就是先把比较抽象的设计要求具体化,而后再进行一般规律的归纳,由此导出系统算法。具体的做法是首先假设一组特定的数据,从解决具体数据处理和数据变换入手,从中发现普遍规律,最后求导待设计系统的完整的算法流程图。

【例 2.3】 试设计一个正数顺序排队电路的算法流程图。

该排队电路的示意图如图 2-5 所示。其中 D 是一个输入序列,它是由 D_1、$\cdots$、D_n 组成的 8 位二进制数据流。在 START 信号作用下,D_1、D_2、$\cdots$、D_n 依次输入电路并按它们的数据大小存入电路中的 RAM。RAM 也由 n 个字组成,即 RAM(1)、RAM(2)、$\cdots$、RAM(n),它们均是 8 位,要求 RAM(1) 中存放 $D_1 \sim D_n$ 中的最小数,RAM(n) 中存放最大的数,其余按数的大小依次放入对应的 RAM(j)。

在数据存放完毕后,输出信号 DONE 有效(高电平),表示排队结束。这时,若地址 A(R 位)为 i,则在 WRITE 变低的情况下(即低有效),把 RAM(i) 中的内容送到输出端 OUT(8 位)。

分析上述题意,会发现还有些问题需要确定:

(1) 不论排队电路采用何种方案,D_i 从输入到存放于 RAM 中某个字,其处理过程总要经过一段时间,为保证仅当 D_i 已稳定存放在 RAM 中之后,D_{i+1} 才允许到来,从而使电路可靠地工作。为此,建议增加一个应答信号

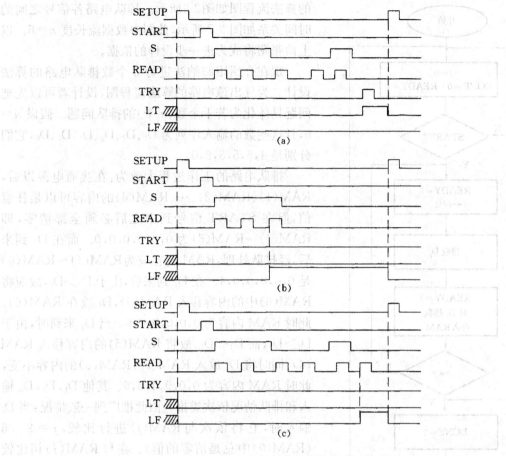

图 2-4 $(11001)_2$ 串行码数字锁简单时间关系图

READY。

当 START 到来后，READY 由高变低，接收 D_1，在处理 D_1 并存放于 RAM 过程中，READY 由低变高，此时外部信号源送来的数据信号是无效的。仅当 D_1 稳定存入 RAM，且 READY 由高变低时，才表示可以接收随后的 D_2，因此 READY 的状态成为输入数据信号源是否可以送入新数据的标志，也可以说是本系统与数据信号源的同步控制信号。如此重复 n 次，确保每一组数据均能稳定地放入 RAM。

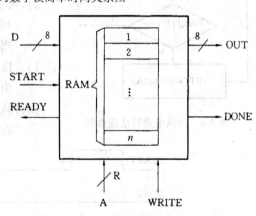

图 2-5 顺序排队电路示意图

(2) 在一组数据排队结束后，如果需要对另一组新的数据进行排队，系统应如何工作呢？设计者建议：一旦 DONE=1，首先判别 WRITE，只要 WRITE 为低，总将地址信息 A 指定的 RAM 的内容从 OUT 输出；只有在 WRITE 为高时，电路才判别 START，若 START 为高，则开始新一轮的数据流排队。

在用户确认了这两个要求之后，排队电路的技术指标才制定完毕，现在可以画出排队电路的算法流程图如图 2-6 所示。排队电路各信号之间的时间关系如图 2-7 所示,此图中数据流长度 $n=6$。以上两张图将成为进一步设计的依据。

现在介绍用归纳法进行 n 个数排队电路的算法设计。为导出该电路的算法流程图,设计者可以先把问题具体化为若干个数(n 个)的排队问题。假设 $n=6$,且这些数的输入序列为 D_1、D_2、D_3、D_4、D_5、D_6,它们分别是 4、6、5、8、9、0。

排队电路的工作过程大致为:在接通电源以后,$RAM(1)$、$RAM(2)$、…、$RAM(6)$ 的内容可以是任意值,但在 START 信号到来之后必须全部清零,即 $RAM(1) \sim RAM(6)$ 为 0,0,0,0,0,0。而在 D_1 到来后,经排队处理,RAM 内容应为 $RAM(1) \sim RAM(6)$ 是 0,0,0,0,0,4。在 D_2 到来后,由于 $D_2 > D_1$,故应将 $RAM(6)$ 中的内容移入 $RAM(5)$,D_2 放在 $RAM(6)$。此时 RAM 内容为 0,0,0,0,4,6。当 D_3 来到时,由于 $D_3 > D_1$,而 $D_3 < D_2$,故将 $RAM(5)$ 的内容移入 $RAM(4)$,同时将 D_3 放入 $RAM(5)$,$RAM(6)$ 的内容不变,此时 RAM 内容为 0,0,0,4,5,6。其他 D_4、D_5、D_6 输入和排队情况依次类推。由此推广到一般情况:当 D_i 输入时,它将依次与 $RAM(j)$ 进行比较,$j=2 \sim 6$($RAM(0)$ 中总是清零的值)。在与 $RAM(j)$ 相比较时,可能会遇到两种情况:

当 $D_i \leqslant RAM(j)$ 时,则将 D_i 放入 $RAM(j-1)$;

当 $D_i > RAM(j)$ 时,则 $RAM(j)$ 移入 $RAM(j-1)$。D_i 与 $RAM(j)$ 后面的数据继续比较。

由此一般规律,画出如图 2-8 所示排队电路中数据排队的算法流程图。

在本例中,首先把 n 个数具体为 6 个数,且均有

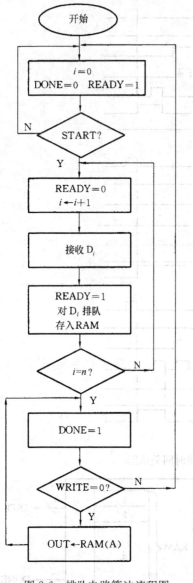

图 2-6　排队电路算法流程图

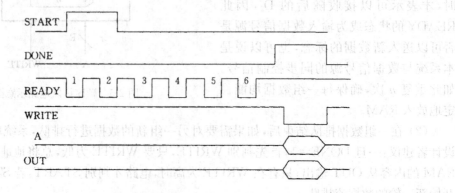

图 2-7　排队电路时间关系图

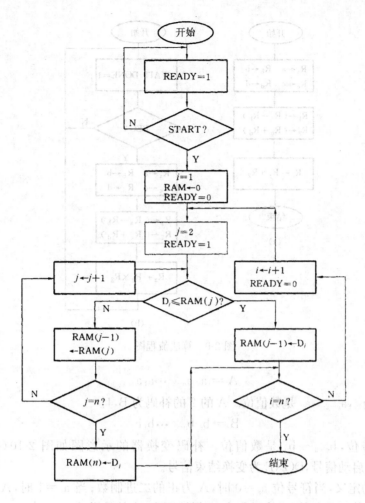

图 2-8 n 个数排队电路的算法流程图

确定的取值 4,6,5,8,9,0,然后找出它们之间排队的规律,再扩展推广到 n 个数排队的算法,并导出算法流程图,这就是由点到面,进而归纳出一般规律的方法,即归纳法。

2.1.4 划分法

划分法的基本原则,就是把一个运算比较复杂的系统划分成一系列简单的运算,而后通过基本的算术运算和基本的逻辑运算来完成。

【例 2.4】 试导出实现算式 $z=(a-b)\times(c+d)$ 的算法流程图。

这是一个较为简单而又典型的例子。算式 $(a-b)\times(c+d)$ 相对而言是较复杂的运算,它可以分解为 3 个基本运算 $-,+,\times$,它的算法流程如图 2-9(a)所示。该图仅说明了一组 a、b、c、d 的数据运算,如果 a、b、c、d 是连续的数据流输入,则算法流程图就如图 2-9(b)所示。请注意,当系统输入为连续不断的数据流时,总设有外部控制信号(如本例的 BEG 信号),使本系统与外系统正确配合,读取有效的待处理数据。

【例 2.5】 在 1.4.2 节中介绍了带符号的 8 位二进制数的补码变换器,该例采用了一种移位判别方式的算法。试设计另一种算法来实现带符号的 n 位补码变换器。

根据题意,设待变换的数为 A,且

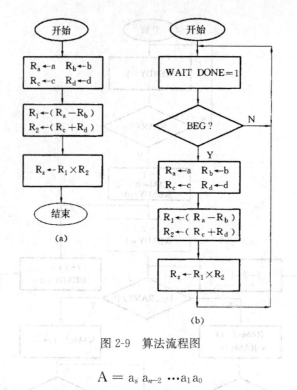

图 2-9 算法流程图

$$A = a_s a_{n-2} \cdots a_1 a_0$$

式中，a_s 是符号位，$a_{n-2} \sim a_0$ 是数值位。A 的 2 的补码为 B，且

$$B = b_s b_{n-2} \cdots b_1 b_0$$

式中，b_s 是符号位，$b_{n-2} \sim b_0$ 是数值位。补码变换器的示意图如图 2-10(a)所示。图中 START 为变换启动信号，DONE 为变换结束信号。

根据补码的定义，当符号位 $a_s=0$ 时，A 为正的二进制数；当 $a_s=1$ 时，A 为负的二进制数，无论 A 是正数还是负数，变换过程中 a_s 保持不变，也就是说，$b_s = a_s$。

$a_{n-2} \sim a_0$ 是 A 的数值位，当 A 为正数时，其补码与原码相同，不仅 $b_s = a_s$，而且满足 $b_i = a_i$ [$i=(n-2)\sim 0$]，总之 B＝A，不用变换，可以直接给出结果。当 A 为负数时，除了符号位 $b_s = a_s$ 外，数值位 $a_{n-2} \sim a_0$ 必须遵照补码变换规则：各数值位求反、且末位加 1，从而获得相应的补码数值位。

因此，补码变换划分成判别、寄存、求反、加 1 计数等基本逻辑运算，从而有图 2-10(b)所示补码变换器的算法流程图。

从上述两个举例可以看出，把较复杂的计算过程或控制过程分解成若干个简单的分量，或者说，任何一个复杂的过程总可以分解为若干个相互联系的子过程，这些子过程又可以进一步分解，这种导出算法的方法称为划分法，也称分解法。

事实上，在讨论跟踪法例 2.2 串行数字锁时，已经运用了划分的方法，把数字锁的开锁过程分解为判别(SETUP、START)、采样(READ)、比较、校核(TRY)、动作(开锁)等基本操作。因此，各种算法导出方法并不是孤立的，往往结合起来使用。

2.1.5 解析法

对于一些难以划分(分解)的计算过程，往往采用解析法来进行算法设计，这里首先举例说明。

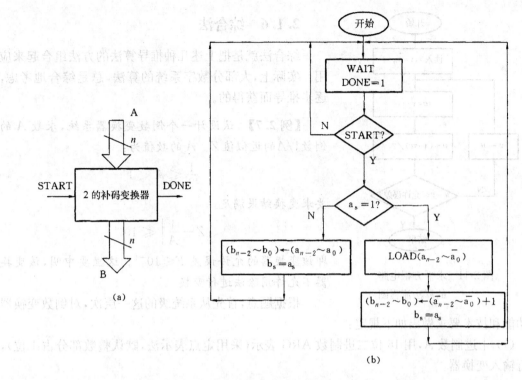

图 2-10 带符号的 n 位二进制数补码变换器示意图和算法流程图

【例 2.6】 试设计一个求平方根的电路,其输入为 x,输出 y 的算术表达式是:

$$y = \sqrt{x}$$

对于逻辑电路而言,这是一个比较复杂的运算,难以直接进行分解,如何求取 x 的平方根值呢？一种常用的方法是运用牛顿逐次逼近法。这种方法的核心是:如果给出一个 $\sqrt{x}$ 的估算值 y_0。且用子运算

$$y_1 = \frac{y_0 + x/y_0}{2}$$

求出 y_1,将可使 y_1 比 y_0 更接近实际值。用同样的方法,由 y_1 求 y_2,y_2 又比 y_1 更加逼近实际值。不断使用此法,即可求出 x 平方根值的近似值。只要规定了计算结果的误差要求,通过若干次迭代,总可求出足够精确的结果。

设 $x=3$,且令 $y_0=1$,则计算过程如下:

序号	y	$w=x/y$	$v=y+w$	$u=v/2$
0	1	3	4	2
1	2	1.5	3.5	1.75
2	1.75	1.714	3.464	1.7321
3	1.7321	1.73200	3.4641	1.73205

由此,通过解析,将平方根的计算转换成 $w=x/y$,$v=y+w$,以及 $u=v/2$ 三个基本运算,由此导出算法流程图如图 2-11 所示。

这种方法称为解析法,其特点是当遇到难以分解的计算过程时,则用数学分析对其进行数值近似,转换成多项式或某种迭代过程,进而画出其算法流程图。如果在算法流程图中仍然包括许多复杂的运算,那么解析过程可以继续进行。

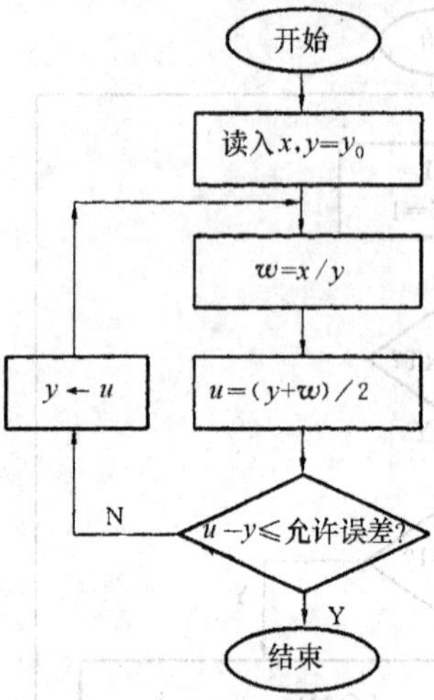

2.1.6 综合法

综合法就是把上述几种推导算法的方法组合起来应用。实际上，大部分数字系统的算法，总是综合地考虑，逐步推导而获得的。

【例 2.7】 试设计一个倒数变换器系统，求数 A 的倒数 $1/A$ 的近似值 Z。A 的数值为：

$$\frac{1}{2} \leqslant A < 1$$

要求变换结果满足

$$\left| Z - \frac{1}{A} \right| \leqslant 10^{-4}$$

即该变换器的允许误差 $E \leqslant 10^{-4}$。这里要申明，该变换器不允许用除法进行变换。

图 2-11 求平方根电路的算法流程图

根据题意，首先从系统级的这一层次，对倒数变换器的功能和技术要求做出如下规定：

(1) 十进制数 A，用 16 位二进制数 ARG 表示（采用定点表示法，默认整数部分占 1 位），并行输入变换器。

(2) 允许误差 E 也用 16 位二进制数 ERR 表示，并行输入变换器。

(3) A 的倒数 $1/A$，用 16 位二进制数 Z 表示，由变换器并行输出。

(4) 变换器在收到外部输入控制信号 START 后，开始工作；一旦变换结束，给出信号 DONE，此时从数据输出端获得变换结果。上述过程可由图 2-12(a)、(b)所示的倒数变换器示意图和简单算法流程图给出。

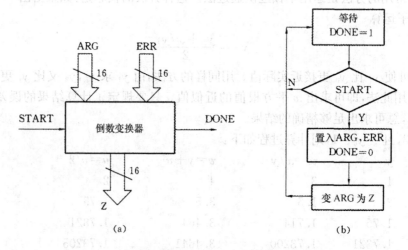

图 2-12 倒数变换器示意图和简单算法流程图

变换器的详细算法难以直接划分，这里首先采用解析法来寻求迭代运算公式。根据 NEWTON-RAPHSON 的迭代算法，该变换可按下式进行：

$$Z_{i+1} = Z_i(2 - AZ_i)$$

可由 Z_i 迭代计算 Z_{i+1}。

因为 Z 的最小值是 1, 最大值是 2, 为此令起始值 Z_0 = 1, 只要满足

$$|AZ_i - 1| \leqslant 0.5E$$

必有

$$\left|Z_i - \frac{1}{A}\right| \leqslant E, \quad 即 \left|Z_i - \frac{1}{A}\right| \leqslant 10^{-4}$$

根据解析式,进而采用划分法,把较复杂的算法分解为相乘、相减、比较等简单的子运算,从而有图 2-13 所示倒数变换器算法流程图。图中详细表明了各子运算的顺序及子运算结果的缓冲存储(存储器包括 A、E、Z、W、Y),因此使设计从系统级的描述变换为实现的细节,为后续数据处理单元和控制单元的设计提供了详尽的依据。

在以上各种算法推导方法的讨论中,所举实例均较简单,以便于理解基本方法和基本思路。事实上,实际的数字系统均有一定规模和一定难度。下面给出一个较复杂的数字系统的算法设计实例。

【例 2.8】 试设计一个人体电子秤控制装置的算法流程。该人体电子秤控制装置应能有序、正确地管理以下功能的实现:

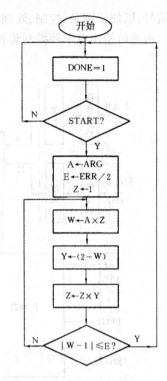

图 2-13 倒数变换器算法流程图

(1) 进行人体体重的测量,并能以 3 位十进制数字显示体重的千克数。

(2) 进行人体身高的测量,并能以 3 位十进制数字显示高度的厘米数。体重和身高显示器公用。

(3) 由体重和身高的实测信息,并根据被测对象的具体状况(男性或女性,成人或儿童等),自动计算并显示被测对象属于偏瘦、适中、偏胖 3 种类型的哪一种。

(4) 为简化设计,允许不考虑消除电子秤自重的功能(常称去皮重功能)。

设计按下列步骤进行:

(1) 导出逻辑框图。根据上述功能,在体重和身高测试中,所要检测的物理量是非电量,因此首先要将非电量转换为电量。图 2-14 是人体电子秤测量系统原理框图,它包括信息的获得、放大、转换、处理和显示。

图 2-14 中的虚线把测量系统划分为模拟、数字和打印三部分。显然,测量系统不是单纯的数字系统,事实上,各种实际的电气装置均极少为纯粹的数字电路,总是模拟和数字的混合系统,设计人员必须

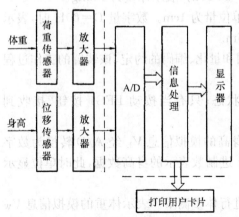

图 2-14 电子秤测量系统原理框图

具备模拟和数字电路设计的全面知识。如果测量系统欲配置打印用户卡片的功能,还需要具备打印机方面的知识。

现在简化模拟电路的设计,假设已配置适当的荷重传感器和位移传感器,用此把体重和身高转换为电信号(几毫伏至几十毫伏);并配用放大器,使传感器输出信号转变为一定比例的较

强信号,以便于记录、控制、处理和显示。

由此可给出电子秤控制装置逻辑框图如图 2-15 所示。

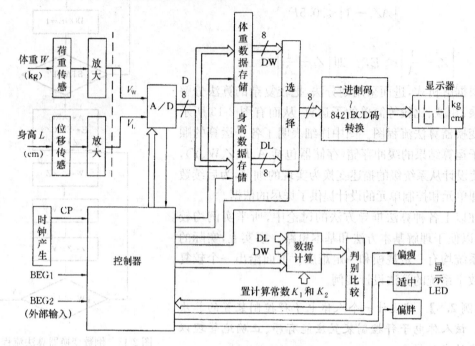

图 2-15　电子秤控制装置逻辑框图

(2) 模/数转换器量化和编码的约定。A/D 转换器实现把连续变化的模拟电压信号转换为数字信号,转换的过程包括量化和编码。本设计采用 8 位二进制码输出的 ADC(如 ADC0809),并做如下约定:

① 用 8 位二进制数字量表示体重信息,量化的单位量(即 A/D 最低有效位 LSB 代表的量值)为 1kg。数字量 D=00H 时,表示体重为 0kg;D=FFH 时,表示体重为 255kg。

② 用 8 位二进制数字量作为身高信息,量化的单位量为 1cm。数字量 D=00H 时,表示身高为 0cm;D=FFH 时,表示身高为 255cm,即 2.55m。

(3) 电子秤控制装置算法流程图。根据逻辑框图和量化、编码的约定,该装置的工作过程大致是:

① 电子秤未进行测量时,控制装置处于等待状态;只有当按动 BEG1 按钮、接收到 BEG1=1 信号时,开始一次人体身高和体重的测量。

② 接收到 BEG1=1 信号,首先测量身高,表示身高的模拟信息 V_L 经 A/D 转换为数字量,并经寄存、码制转换,由 8 段显示器显示出 3 位十进制数表示的身高数据,此时单位显示 cm(也可显示 m)。

③ 按动 BEG2 按钮,产生 BEG2=1 信号,系统进行体重测量。表示体重的模拟信息 V_W 经 A/D 转换为另一组数字量,经存储、码制变换和处理,显示 3 位十进制数表示的体重数据,此时单位显示 kg。

④ 对于上述测得的身高、体重两组数字量,进行数据计算和判别,由计算结果判别出被测对象胖、瘦程度,并正确显示偏胖、适中或偏瘦 3 种情况之一。

这里,计算被测对象体重和身高比例关系,并做出胖、瘦情况的判别应该有一定的规则可遵循。

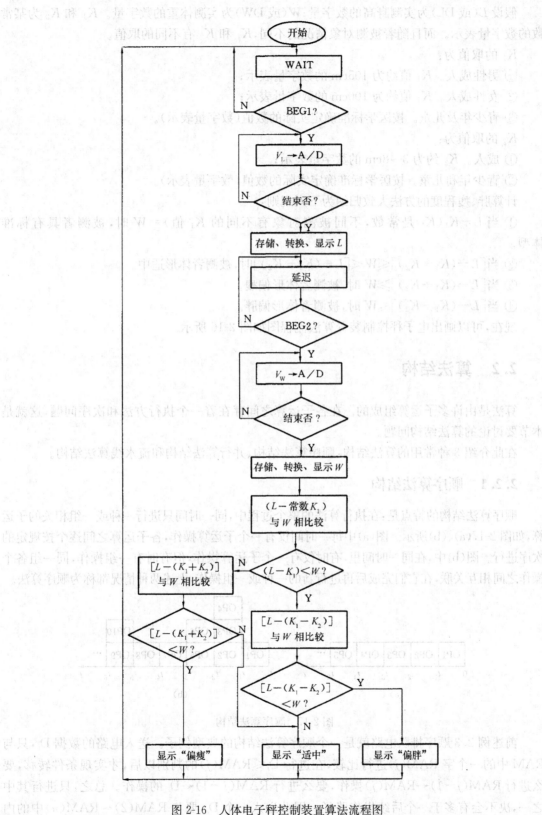

图 2-16 人体电子秤控制装置算法流程图

假设 L（或 DL）为实测身高的数字量；W（或 DW）为实测体重的数字量。K_1 和 K_2 为某常数的数字量表示。而且随着被测对象情况的不同，K_1 和 K_2 有不同的取值。

K_1 的取值为：

① 男性成人。K_1 值约为 105cm 的数字量表示；

② 女性成人。K_1 值约为 100cm 的数字量表示；

③ 青少年及儿童。按医学标准确定实际的数值（数字量表示）。

K_2 的取值为：

① 成人。K_2 约为 3~8cm 的数字量表示；

② 青少年和儿童。按医学标准确定实际的数值（数字量表示）。

计算胖、瘦程度的方法大致归纳为下列规则：

① 当 $L-K_1$（K_1 是常数，不同被测对象有不同的 K_1 值）$=W$ 时，被测者具有标准体型。

② 当 $[L-(K_1+K_2)] \leqslant W < [L-(K_1-K_2)]$ 时，被测者体形适中。

③ 当 $[L-(K_1+K_2)] \geqslant W$ 时，被测者体形偏瘦。

④ 当 $[L-(K_1-K_2)] \leqslant W$ 时，被测者体形偏胖。

现在，可以画出电子秤控制装置算法流程图如图 2-16 所示。

2.2 算法结构

算法是由许多子运算组成的。在各子运算之间存在着一个执行方法和次序问题，这就是本节要讨论的算法结构问题。

在此介绍 3 种常用的算法结构：顺序算法结构、并行算法结构和流水线算法结构。

2.2.1 顺序算法结构

顺序算法结构的特点是：在执行算法的整个过程中，同一时间只进行一种或一组相关的子运算，如图 2-17(a)、(b)所示。图(a)中每一时间仅有一个子运算操作，各子运算之间逐个按规定的次序进行。图(b)中，在同一时间里，有时仅有一个子运算操作，但有时有一组操作，同一组各个操作之间相互关联，在它们完成后再进行新的一种或一组操作，上述两种情况都称为顺序算法。

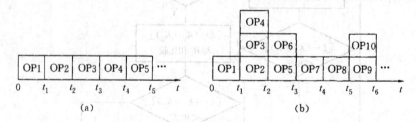

图 2-17 顺序算法结构

前述例 2.3 顺序排队电路就是一个顺序算法结构的典型例子。送入电路的数据 D_i，只与 RAM 中的一个字 RAM(j) 进行比较，在进行 $D_i \leqslant$ RAM(j) 的判别以后，才实现条件转移，要么进行 RAM($j-1$)←RAM(j) 操作，要么进行 RAM($j-1$)←D_i 的操作。总之，只进行其中之一，决不会有多于一个后续操作路径。因此送入一个 D_i，要与 RAM(2)~RAM(n) 中的内容按序比较一次，找到 D_i 的合适位置，完成 D_i 的排队。n 个数据排队就要经历 n 次这样逐一比较的排队过程。

在顺序算法结构中,如果待处理数据是单个元素 D(可以是若干位二进制数),假设它完成算法流程需经历 l 段,而每段平均时间为 Δ,则所需的运算时间为

$$\tau = l \cdot \Delta \tag{2-1}$$

但在许多数字系统中,待处理的数据是连续输入的数据流,数据流中的每个元素均完成同样的运算,必须对前一个数据元素计算完成后,再进入后一个数据元素的计算,则含有 n 个元素的数据流,其总的运算时间为

$$T_s = n \cdot \tau = n \cdot l \cdot \Delta \tag{2-2}$$

显然,顺序算法结构的工作速度不高。但是,顺序算法是最基本的算法结构,本书前面的举例几乎都属于此范畴。它最本质地反映了执行算法的结构。尽管执行速度较慢,但实现系统的硬件配置简单,成本较低。本书也主要讨论顺序算法的算法结构。

2.2.2 并行算法结构

并行算法的特点是:执行算法的同一时间有多于一条路径在进行运算,而这些同时执行的运算操作之间几乎没有依赖关系,如图 2-18 所示。图中 OP_1 操作之后有 3 个后继操作 OP_2、OP_3、OP_4 同时进行,这 3 个操作之间没有关联,这就是并行算法结构。请注意:这里由 OP_1 到 OP_2、OP_3、OP_4 的转移决不是顺序算法中的条件转移。条件转移由判别条件决定,总只有一个后继操作路径;此外,OP_2、OP_3、OP_4 也不是顺序算法中同时执行的一组操作,因为它们之间互不关联。图中 OP_5 和 OP_6,以及 OP_{10} 和 OP_{11} 却各自为顺序运算路径中的一组相互关联的操作。

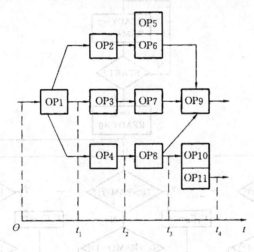

图 2-18 并行算法结构

为说明并行算法结构,仍用前述数据排队电路为例进行详细讨论。

【例 2.9】 改进例 2.3 所述 n 个数排队电路的算法,求出提高排队速度的并行算法。

为加快排队电路的工作速度,可以设想能否将 D_i 同时与 RAM 中的各个字进行比较。若

$$D_i > RAM(j)$$

则有

$$RAM(j-1) \leftarrow RAM(j)$$

但是,在此情况下,必然还有

$$RAM(j-2) \leftarrow RAM(j-1)$$

再若

$$RAM(j-1) < D_i \leqslant RAM(j)$$

则将有

$$RAM(j-1) \leftarrow D_i$$

因此对于 RAM($j-1$) 而言,其内容可以归纳为以下3种情况:

(1) $D_i > RAM(j)$ 时,则 $RAM(j-1) \leftarrow RAM(j)$。

(2) $RAM(j-1) < D_i \leqslant RAM(j)$ 时,则 $RAM(j-1) \leftarrow D_i$。

(3) $D_i \leqslant RAM(j-1)$ 时,则 $RAM(j-1) \leftarrow RAM(j-1)$。

以上情况可以选择如图2-19所示电路结构来实现,其中数据选择器MUX的控制信号 C_1、C_0 取值为:

(1) $D_i > RAM(j)$ 时,$C_1 C_0 = 00$。

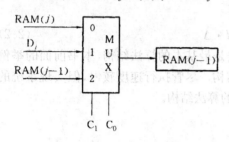

图 2-19 RAM($j-1$)的产生电路

(2) $RAM(j-1) < D_i \leqslant RAM(j)$ 时,$C_1 C_0 = 01$。

(3) $D_i \leqslant RAM(j-1)$ 时,$C_1 C_0 = 10$。

实现这个设想的算法流程图如图2-20所示。

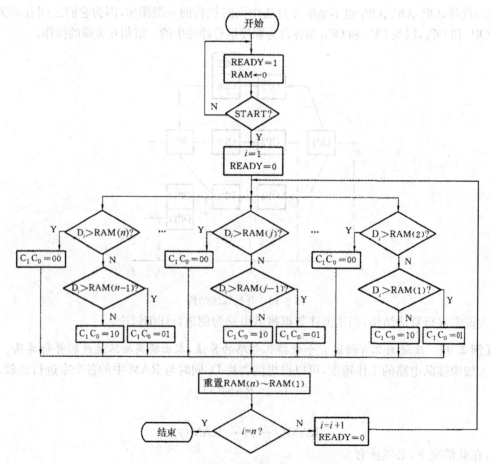

图 2-20 排队电路并行算法结构算法流程图

关于图 2-20 还要说明一点:对于存储器最后一个字 RAM(n) 而言,其硬件电路结构应如图 2-21 所示配置。

当 $D_i >$ RAM(n) 时,$C_1C_0 = 00$,则 RAM(n) ← D_i,因为原来 RAM(n) 中的数据已送至 RAM($n-1$)。

当 RAM($n-1$) < $D_i ≤$ RAM(n) 和 $D_i ≤$ RAM($n-1$) 两种情况时,也就是 C_1C_0 为 01 或 10 时,均有 RAM(n) ← RAM(n),也就是说 RAM(n) 中保持原来数据,它已经是 n 个数中的最大数。

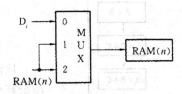

图 2-21 第 n 位电路结构

在这个例子中,D_i 与 RAM 中的每个字的比较是同时进行的,也几乎是同时完成的。比较结果同时驱动 n 个 MUX 工作,完成一个数的排队过程,因此属于并行算法结构。

在更为一般的情况下,同时进行一组互不相关的操作的算法是并行算法结构,显然这种算法执行速度较快,但是,它是以增加硬件成本为代价的。

在并行算法结构中,如果待处理数据是单个元素 D_i (若干位),它完成运算时间仍满足

$$\tau = l' \cdot \Delta \tag{2-3}$$

式中,l' 是并行算法流程经历的运算段数,这里的 l' 显然比同一系统的顺序算法流程的运算段数 l 要小得多,因此提高了速度。

含有 n 个元素的数据流输入时,并行结构算法总的运算时间为:

$$T_P = n \cdot \tau = n \cdot l' \cdot \Delta \tag{2-4}$$

【例 2.10】 试计算 R 个数据排队电路采用顺序结构算法和并行结构算法的运算时间。假设顺序结构中每个 D_i 与一个 RAM(j) 比较且存放需经历 h 段,每段平均时间为 Δ。

根据顺序算法结构的含义,可得输入一个 D_i 的最长运算时间为:

$$T_{s1} = R \cdot h \cdot \Delta = l \cdot \Delta \quad (l = R \cdot h)$$

输入 R 个数据元素总的运算时间为:

$$T_{SR} = R \cdot R \cdot h \cdot \Delta = R \cdot l \cdot \Delta$$

根据并行结构算法的特点,输入 R 个数据元素的总的运算时间为:

$$T_{PR} = R \cdot h \cdot \Delta = R \cdot l' \cdot \Delta \quad (l' = h)$$

显然,并行结构的工作速度比之顺序结构为高。但不难看出,并行算法也仅是缩短了一个数据元素运算时间 τ;仍然改变不了在完成一个数据元素的运算后才能进行下一个数据元素运算的基本结构。为此又提出了速度更快的流水线算法结构。

2.2.3 流水线算法结构

流水线算法结构是针对连续输入数据流的系统而言的。它的主要含义是把整个运算过程分解成若干段,系统在同一时间可对先后输入的数据流元素进行不同段的运算。假设,将某系统的运算过程分成七段,当系统在对输入的第 j 个数据元素进行第 i 段运算的同时,还在对第 $j+1$ 个数据元素进行 $i-1$ 段的运算,因此对于有 l 段运算的流水线结构,可以同时对 l 个数据元素进行不同段的运算,从而大大提高了运算速率。

【例 2.11】 试设计一个实现 $Z = \sqrt{AB+C}$ 运算的流水线操作算法。其中 A、B、C 均是数据流,长度为 m,且均是 n 位。

分析题意可知,给定数据流共有 m 个元素,它们是 (a_1、b_1、c_1),(a_2、b_2、c_2),…,(a_i、b_i、c_i),

…,$(a_m、b_m、c_m)$。

开始
A·B
A·B+C
√A·B+C

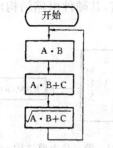

图 2-22　例 2.11 的简单算法流程图

其中：

$$a_i = a_i^1 a_i^2 \cdots a_i^n$$
$$b_i = b_i^1 b_i^2 \cdots b_i^n$$
$$c_i = c_i^1 c_i^2 \cdots c_i^n$$

从而这一运算的算法可用图 2-22 所示的算法流程图来表示，系统运算分解为“相乘”、“相加”、“开方”共三个运算段（为使问题简化，流程图中未给出取数、存数、判别数据流长度等辅助环节）。

本例若采用顺序算法结构，其时间关系图如图 2-23 所示，其中，Δ_1、Δ_2 和 Δ_3 分别是完成 $a_i \times b_i$，$a_i \times b_i + C_i$ 和 $\sqrt{a_i \times b_i + C_i}$ 运算所需的时间。

a1 b1
a1 b1 +c1
√a1 b1 +c1
a2 b2
a2 b2 +c2
√a2 b2 +c2
…
0
Δ1
Δ2
Δ3
Δ1
Δ2
Δ3
Δ1
Δ2
Δ3
t
t1
t2
ti

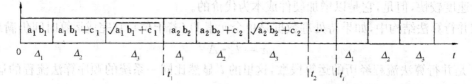

图 2-23　顺序算法结构时间关系

为便于分析，假设 $\Delta_1 = \Delta_2 = \Delta_3$。不难看出，第 i 个数据元素，在完成前两步运算之后，只有求平方根电路在工作，而乘法和加法电路均处在闲置的等待状态，待求平方根运算完成后再接受数据流中的下一个（即 $i+1$ 个）数据元素，因此完成整个运算的时间是 $3 \times m \times \Delta$。

为提高运算速度又不增加运算器硬件成本，可将图 2-23 所示顺序算法结构改为图 2-24 所示流水线算法结构，由图可见，完成全部数据计算所需的时间为：

$$3\Delta + (m-1)\Delta$$

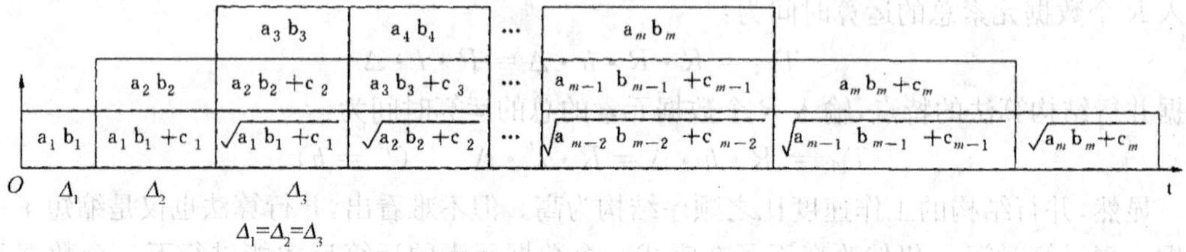

a3 b3
a4 b4
…
am bm
a2 b2
a2 b2 +c2
a3 b3 +c3
…
am-1 bm-1 +cm-1
am bm +cm
a1 b1
a1 b1 +c1
√a1 b1 +c1
√a2 b2 +c2
…
√am-2 bm-2 +cm-2
√am-1 bm-1 +cm-1
√am bm+cm
O
Δ1
Δ2
Δ3
t
Δ1=Δ2=Δ3

图 2-24　流水线算法结构时间关系

从上例可以推广到一般情况。若系统输入数据流的待处理数据元素为 m 个，每一元素运算共计 l 段，每段历经时间为 Δ，则流水线算法结构共需运算时间为：

$$T = l \cdot \Delta + (m-1)\Delta \tag{2-5}$$

显然，流水线算法结构比之顺序算法（或并行算法）结构所需运算时间 $m \cdot l \cdot \Delta$ 为少，且随着 l 的增加，流水线操作时间急剧减少（但控制运算稍微复杂）。

【例 2.12】 某系统待处理数据元素为 100 个，每个元素需进行 16 段运算，且每段所需运算时间为 0.2μs，试求顺序算法结构和流水线操作算法结构所需运算时间。

顺序算法结构共需时间

$$T_s = 100 \times 16 \times 0.2 = 320(\mu s)$$

若采用流水线算法结构，则需要时间

$$T = 16 \times 0.2 + (100-1) \times 0.2 = 23(\mu s)$$

2.3 数据处理单元的设计

2.3.1 系统硬件实现概述

在确定了系统的算法结构、并导出了相应的算法以后,面临的任务是选择适当的硬件、并辅以软件来实现系统。当前,实现系统的途径主要有4条:

(1) 用市售标准的 SSI、MSI、和 LSI 构成。

(2) 以微机为核心、辅以必要的辅助器件,在固化于存储器内的软件的控制下实现系统功能。

(3) 将整个系统配置在一片或数片 PLD 芯片内。

(4) 研制相应的 ASIC,构成单片系统。

上述4种方法中,第一种方法是最经典的方法,现仍为国内广大设计者所采用。第二种方法的价格便宜,实现方便,适用于运行速度要求不高的场合,也得到广泛应用。随着集成电路制造工艺的发展,第三种方法在 PLD 出现之后,越来越显示出它的潜力和优越性:价廉、运行速度高、体积小、易于修改设计等;第四种方法是系统设计师面临的新技术和新挑战,将得到越来越多的应用。本章将详细讨论最基础性的第一种方法。第三种方法将依次在第4、5、6章中介绍。而以微机为核心和 ASIC 的数字系统设计方法,请参阅有关书籍,本书不再详述。

正如第1章所述,数字系统由两大部分组成:数据处理单元和控制单元。就数据处理单元的设计而言,主要是根据已确定的算法,选择适当的市售通用集成电路芯片,实现算法规定的数据存储、传输和变换,且在此基础上导出为实现算法而必须加于实现数据处理单元的这些芯片的控制信号及它们的时序。在数据处理单元设计完成以后,与算法相适应的控制序列也就确定,这个控制序列也就是控制单元设计的依据。

本节后续部分将简要介绍数据处理单元的设计。2.4节将介绍控制单元(有时简称为控制器)设计的基本概念,讨论用经典法和以 MSI 时序部件为核心的控制器设计方法。

数据处理单元又称受控电路。系统算法已为它规定了明确的逻辑功能,这些功能概括起来有数据存储、算术和逻辑运算、数据传送和变换。事实上,集成电路制造厂商已经为此生产并提供了许许多多品种规格不同的通用集成电路芯片可供选择。设计人员的任务就是选择适当的芯片,实现规定的逻辑功能,且同时满足预定的非逻辑约束。

2.3.2 器件选择

在实现数据处理单元时,选择器件主要考虑如下两个方面的因素。

1. 易于控制

各受控电路的控制方式和控制信号要尽可能简单,从而使产生这些控制信号的逻辑也趋简单,以便于实现。

2. 满足非逻辑约束的要求

非逻辑约束要求主要是:

(1) 性能因素。系统性能除了前述的逻辑功能外,还有许多非逻辑因素影响着系统的性能。

① 运行速度。系统运行速度关系到能否在规定时间内实现预定的逻辑功能。设计时应充分考虑到不同工艺的集成电路有着不同的工作速度。总的来说，CMOS 电路速度较低，TTL 集成电路速度较高，而 ECL 集成电路的运算速度最高，可视具体情况选用不同规格的集成电路芯片，以满足运行速度的要求。

② 可靠性。系统功能的完善、运行速度的提高、系统容量的增加，通常会使系统更加复杂，甚至使元器件处于极限条件下运行，显然，这将会降低系统的可靠性。因此，必须在充分保证可靠性的条件下提高系统的其他性能。在选择器件时应注意这些芯片的工作延迟、脉冲工作特征、功耗、驱动能力，以及各器件之间的电平匹配等。如果器件选择不当，即使逻辑设计正确，系统也不能可靠工作。

此外，抗干扰性是可靠性的一个重要方面，这方面的内容请参考有关书籍。

③ 可测试性。随着系统的日益复杂，测试已成为设计工作的一个重要组成部分。在设计之初就应考虑到系统的可测试性，为日后的系统自检和被检做好准备。

(2) 物理因素。系统物理因素包括尺寸、重量、功耗、散热、安装和抗震等诸多方面。这些因素也影响着系统质量的优劣。除在逻辑设计阶段应充分考虑这些因素外，器件的集成度和制造工艺（通常 CMOS 芯片功耗较小）将是器件选择时应考虑的方面。

(3) 经济因素。成本是个复杂函数，包括设计成本、制造成本、维护成本和运行成本等。系统成本的下降取决于多方面的技术进步，也取决于设计人员的经验和水平。例如采用 SSI、MSI 器件，价格低廉，但印制板尺寸大，连线繁琐，维护困难，可靠性差。采用 LSI 或 VLSI 范畴的可编程逻辑器件，乃至全定制的 ASIC，则器件少（甚至单片系统），体积小，PLD 组成系统还便于修改设计和维护，但价格和技术支持要求颇高。

实现优良的性能/价格比指标，总是设计人员千方百计追求的目标。

2.3.3 数据处理单元设计步骤

采用通用集成电路进行数据处理单元设计时，其基本步骤大致可归纳为三步：组成数据处理单元逻辑框图，构成数据处理单元详细逻辑电路图和确定控制信号时序。

1. 组成数据处理单元逻辑框图

根据系统算法和结构选择方案，用抽象的逻辑模块组成数据处理单元逻辑框图，并由此明确它与控制单元之间必须交换的信息及规定这些信息之间的时间关系。但是，这一步骤中所规定的控制信号和应答信号还只是对抽象模块完成规定操作的约定信号，尚未具体确定各信号的特征和有效电平（或有效作用边沿）。

2. 构成数据处理单元详细逻辑电路图

选择具体型号的集成器件实现第 1 步中的抽象模块，且应力求模块数少，由此求得数据处理单元详细逻辑电路图。根据逻辑电路图中所用器件的特性，明确它们和控制器之间交换信息的全部特征，它包括信号名称、有效作用电平或有效作用边沿等。

3. 确定控制信号时序

在明确各控制信号的基础上，对它们进行排序，列出控制信号排序表，从而归纳并确定控制信号时序,作为对控制单元设计的技术要求,使系统正确执行算法流程。

有时,上述前面两步可以合并进行,亦即直接根据系统算法和结构选择具体牌号的集成器件实现,这决定于设计者的经验和技巧。

这里还要指出:在数据处理单元中,除了常用的各种 SSI、MSI 或 LSI 数字集成器件外,有时还会配置多种辅助电路,例如振荡器、定时电路、整形电路等脉冲和数字电路;有时还会用到 A/D 和 D/A 转换器、集成运算放大器、锁相环及其他辅助器件,这时应查阅有关书籍和手册,熟悉这些器件的使用方法。

2.3.4 数据处理单元设计实例

【例 2.13】 按照本章例 2.7 设计倒数变换器算法流程图(见图 2-13),设计其数据处理单元。

第一步,导出数据处理单元的逻辑框图。

(1) 存储器的选择。存储器是数据处理单元中的重要器件,用以存储待处理的数据、中间结果、输出数据及条件反馈信息等。由图 2-13 算法流程图可知,为实现倒数变换器各子运算,需选择和配置 5 个存储器,且应分别由相应的控制信号管理,它们是:

① A(16 位),存储待变换数据 ARG。控制信号 C_1,实现 A←ARG。

② E(16 位),存储规定误差数据 ERR。控制信号也是 C_1,实现 E←ERR/2。

③ Z(16 位),存储变换结果 Z。控制信号 C_1 实现 Z←1;控制信号 C_2 实现 Z←(Y×Z)。

④ W(16 位),存放运算的中间结果(A×Z)。控制信号 C_3 实现 W←(A×Z)。

⑤ Y(16 位),存放中间结果(2−A×Z)数据,控制信号 C_4 实现 Y←(2−A×Z)。

以上 5 个存储器均是 16 位存储器,可以分别选择 MSI 寄存器实现。

(2) 运算器的选择。运算器是完成系统算法中各个子运算器件的总称。运算器的设计和选择有若干种情况:第一种情况是子运算已属于基本的算术、逻辑运算,如逻辑与、逻辑或、逻辑非、异或、同或、加法、减法、比较、计数、移位等,则可直接采用相应的逻辑器件实现,也可以用一个或若干现成的多功能算术逻辑运算单元(ALU)芯片实现。第二种情况是子运算仍然是基本运算的组合,没有现成的器件供选用。这时子运算又将转化为子系统的设计。例如"乘法"运算。第三种情况是子运算中有若干功能相同的运算,则既可以用多个相同电路分别实现,也可以用一个电路、并辅以适当的控制电路分时实现,视系统算法结构而定。

倒数变换器算法流程图中,包括三种子运算:乘法运算、减法运算和比较运算。为此,运算器和相应的控制信号做如下选择和规定。

① 乘法器 MUL:用以实现(A×Z)或 Z×(2−A×Z)运算。由于用一个乘法器实现两组不同数据的乘法运算,因此用数据选择器 MUX 辅助,并选用控制信号 $C_2=0$ 时,选择 A×Z;$C_2=1$ 时,选择 Z×(2−A×Z)。

② 减法器 SUB1:完成(2−A×Z)运算,采用组合电路实现。

③ 减法器 SUB2:完成|A×Z−1|运算,同样采用组合电路实现。

④ 比较器 COMP:实现|A×Z−1|和 E 的比较,比较结果可由变量 K 标志,当 K=0 时,计算精度已达要求,则变换结束;当 K=1 时,迭代运算继续进行。

在以上选择模块的基础上,画出如图 2-25 所示倒数变换器数据处理单元的逻辑框图。图中均为抽象的模块,尚未涉及任何具体型号的集成芯片。

第二步,导出数据处理单元的逻辑电路图。

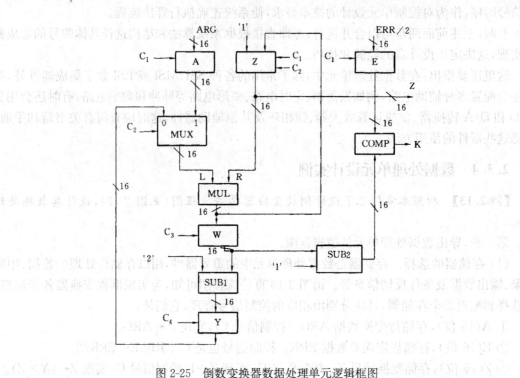

图 2-25 倒数变换器数据处理单元逻辑框图

根据上述逻辑框图,选择实现数据处理单元各模块的具体器件,表 2-1 给出了详细的器件清单。应该说明的是,可供选择的方案可能是多种多样的,这里仅是其中的一种。表 2-1 中的控制信号也因为器件的选择而具体化。

表 2-1 倒数变换器数据处理单元器件清单

序 号	功能模块名称	采用器件	数 量	控制信号	说 明
1	存储器 A	74LS273	2	CP_A	
2	存储器 E	74LS273	2	CP_E	
3	存储器 Z	74LS273	2	CP_Z	
4	存储器 W	74LS273	2	CP_W	
5	存储器 Y	74LS273	2	CP_Y	
6	乘法器 MUL	自行设计			
		自行设计			
7	MUX	74LS157	8	C_1,C_2	
8	SUB1	74LS283	4		
		74LS04	4		
9	SUB2	74LS283	4		
		74LS04	4		
10	比较器 COMP	74LS85	4		送出 K(即芯片 $F_{A>B}$ 输出端)

由已经做出的选择出发,画出倒数变换器数据处理单元逻辑电路图如图 2-26 所示。

第三步,控制信号时序的确定。

在画出数据处理单元逻辑电路图的基础上,列出如表 2-2 所示控制信号时序表。

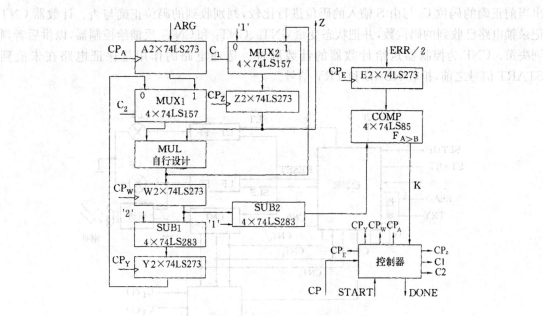

图 2-26 数据处理单元逻辑电路图

表 2-2 控制信号时序表

序号	操 作	控制信号
1	DONE←'1'	控制器送出 DONE=1
2	A←ARG	CP_A
	MUX2 选择	$C_1=0$
	Z←'1'	CP_Z
	MUX1 选择	$C_2=1$
	E←ERR/2	CP_E
	DONE←'0'	控制器送出 DONE=0
3	W←MUL(A,Z)	CP_W
4	Y←SUB1('2',W)	CP_Y
	Z←MUL(Y,Z)	CP_Z
5	MUX1 选择	$C_2=0$
	MUX2 选择	$C_1=1$

上述控制信号排序表,明确规定了数据处理单元要求控制单元提供的控制信号及正确时序,并将成为控制器设计的依据。

【例 2.14】 试导出例 2.2 中 5 位串行码数字锁的数据处理单元逻辑电路图。

(1) 导出逻辑框图。由图 2-3 所示串行数字锁算法流程图出发,导出锁电路数据处理单元逻辑框图如图 2-27 所示。图中 LT—FF 和 LF—FF 是两只 D 触发器,分别记忆并驱动 LT 和 LF,它们接收来自控制器的复位信号 RESET、置位 LT 的信号 SLT 和置位 LF 的信号 SLF。SEL 是代码选择电路,C_1、C_2、C_3、C_4、C_5 表示正确的解锁代码(如$(11001)_2$),由 SEL 选出当前正确的码位 C，与由 S 输入的码位进行比较，判别收到的码位正确与否。计数器 CNT 记录锁电路已收到的码位数，并把状态变量 CNT_0、CNT_1 和 CNT_2 反馈给控制器，以供后者判别决策。CNP 为控制器送给计数器的计数脉冲。选通电路的作用是保证电路在未放到 START 信号之前，拒收 READ 和 TRY 信号。

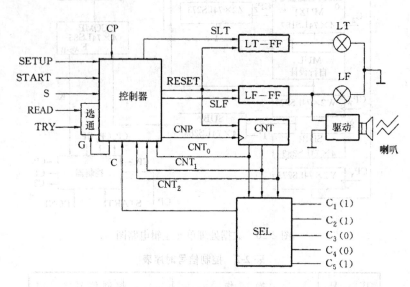

图 2-27　串行数字锁电路数据处理单元逻辑框图

(2) 选择器件。按照上述数据处理单元逻辑框图，即可进而对图中所示抽象逻辑模块进行具体设计。根据市售通用集成电路的情况，又根据对型号的熟悉程度，做出如下选择：

① 选用双 D 触发器 74LS74 组成 LT—FF 及 LF—FF，用它们驱动 LED 灯 LT 和 LF，SLT 和 SLF 分别加于 74LS74 的两个 D 端，当 SLT 或 SLF 为高电平时，可使相应的 Q 输出高电平，点亮相应的 LED。RESET 则低电平有效。

② 选用 74LS161。2-N-16 进制同步计数器组成模 6 计数器。这时 CNP 上升沿有效，该器件清零信号也是 RESET（低电平有效）。

③ 选用 74LS157。8 选 1 数据选择器实现 SEL，且规定 $S_2S_1S_0=001$ 时选择 C_1，$S_2S_1S_0=010$ 时选择 C_2，$S_2S_1S_0=011$ 时选择 C_3，$S_2S_1S_0=100$ 时选择 C_4，$S_2S_1S_0=101$ 时选择 C_5。

④ 由钮子开关产生异步输入信号 SETUP、START、READ、TRY，这些信号均经消抖动开关和同步化电路处理（同步化问题将在下面讨论），转变为正极性的且与系统时钟同步的正脉冲信号。

⑤ READ 和 TRY 的选通，采用 74LS00 构成选通闸门。当选通信号 G=0 时，电路禁止；G=1（高电平）时，电路选通。

由此得到串行数字锁数据处理单元详细逻辑电路图如图 2-28 所示。

(3) 串行数字锁控制信号序列的确定。算法流程图和已经确定的数据处理单元逻辑电路图提供了各个控制信号的具体名称、有效电平或有效作用沿，并且明确了各信号之间的时序关系。表 2-3 为串行数字锁操作——控制信号时序表。

以上用两个不同类型系统的数据处理单元设计为例，详细介绍了设计和实现过程。倒数变换器是数据处理类型的系统，串行数字锁属控制类型的系统，它们的数据处理单元带有各自的特点，只要理解了设计过程，就不难面对各种设计问题。

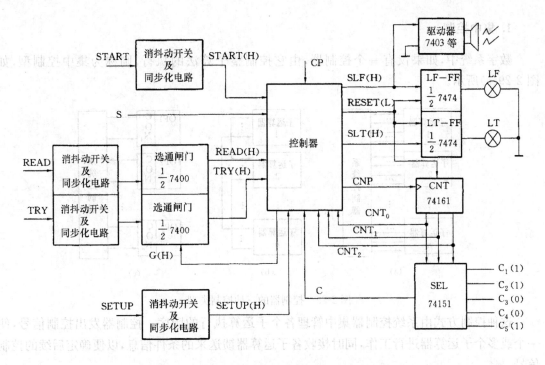

图 2-28 串行数字锁数据处理单元详细逻辑电路图

表 2-3 串行数字锁操作——控制信号时序表

次 序	操 作	控制信号	说 明
1	CNT=0	$\overline{RESET}$	条件操作,低电平有效
	LT−FF=0, LF−FF=0	$\overline{RESET}$	条件操作,低电平有效
	选通闸门禁止	$\overline{G}$	低电平禁止
2	选通闸门选通	G	高电平
	LF−FF=1	SLF	高电平
	CNT←CNT+1	CNP(↑)	上升沿有效
3	LT−FF=1	SLT	高电平
	LF−FF=1	SLF	高电平

2.4 控制单元的设计

前面讨论了数据处理单元的设计和硬件实现。数据处理单元正确有序地工作是在控制单元的正确有序的管理下进行的。在完成了数据处理单元的设计之后,相应的控制时序就已经确定。用硬件构成电路以生成上述的控制时序信号就是控制器设计人员要完成的任务。这里将详细讨论控制器的结构和硬件实现方法。

2.4.1 系统控制方式

系统控制的实质是控制系统中的数据处理单元以预定的时序进行工作。这种控制功能可集中于一个控制器执行,也可以分散于各数据处理单元内部进行,或者是两者的组合。因此,控制方式有三种类型:集中控制、分散控制和半集中控制。

1. 集中控制

数字系统中,如果仅有一个控制器,由它控制整个算法的执行,则称为集中控制型,如图 2-29(a) 所示。

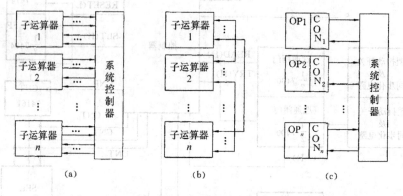

图 2-29 控制器的三种控制类型

这种控制方式由系统控制器集中管理各个子运算执行的顺序。控制器发出控制信号,使一个或多个子运算器进行工作,同时接收各子运算器馈送来的条件信息,以便确定后续的控制信号。

集中控制方式经常有一个同步时钟信号 CP。子运算的执行时间可能只需一个时钟信号的周期,也可能需要若干个时钟周期。在某些情况下,子运算执行时间并不固定,而由数据状态来决定。

在控制器控制下,同一时间可能只进行一种子运算,也可能同时进行若干个子运算,前者称为串行工作方式或顺序工作方式,这种控制器的设计较为简单,但运算速度较慢;后者称为并行工作方式,运算速度快,但电路较复杂。

2. 分散控制

系统中没有统一的控制器,全部控制功能分散在各个子运算中完成,称做分散控制型,如图 2-29(b) 所示。在这种控制方式中,各子运算器之间的输出、输入信号及系统信号相互关联。子运算可以同时进行,也可以在关联的控制信号作用下顺序地进行。

分散控制的时序可以是同步的,也可以是异步的。前者与集中控制类似,但各子运算间需交换有关运算进程的信息。

分散控制为异步时序时,没有统一的时钟信号,执行顺序由子运算器产生的进程信号或信息控制。

3. 半集中控制

系统中配有系统控制器,但对各子运算器又在各自的控制器控制下进行工作。系统控制器集中控制各子运算之间总的执行顺序。这是介于集中控制和分散控制之间的中间状况,称为半集中控制型或集散型控制器,如图 2-29(c) 所示。

图 2-30 是某系统算法流程图的局部,它给出了半集中控制方式的实例。图中子运算 3 可以分解为若干个更简单的子运算,因此,子运算 3 又成为一个子系统。该子系统就有自己的控

制器。这样的分解还可以多重地进行,算法流程图就会有多重的嵌套。这是在复杂系统中经常出现的情况。

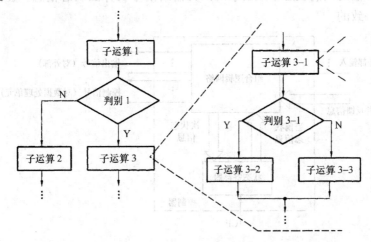

图 2-30 某系统算法流程图的局部(半集中控制型或集散控制型)

在工业控制中,集散型测控系统就是半集中控制型的一个典型例子。图 2-31 给出某工厂生产过程测控系统示意图。整个系统的中央控制器位于总调度室,它控制各车间生产现场的子控制器,然后各子控制器分别控制各自的数据采集器和受控部件,对现场的生产过程实现自动管理、测试和反馈控制。

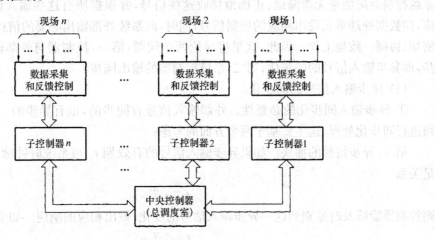

图 2-31 某工厂集散型测控系统示意图

根据前面讨论可知,顺序算法是系统设计中最常用的算法结构,这种算法仅需配置一个控制器,即集中控制型控制单元。为此这里仅详细讨论顺序算法的控制器。并行算法和流水线算法控制器的设计结合某些实例给予介绍,详情请参考有关书籍。

2.4.2 控制器的基本结构和系统同步

1. 控制器的基本结构

控制器的输入信号有:外部对系统的输入(即外输入信号)和数据处理单元所产生的条件反馈信息。控制器的输出信号有对数据处理单元的控制信号和对外部的输出。控制器的基本结构如图 2-32 所示。其中状态寄存器用以记录算法的执行过程。组合网络的作用是根据两类输入信号及算法的当前状态生成要求的两类输出信号及算法次态信息。显然,此结构与同步时序电路是一致的。

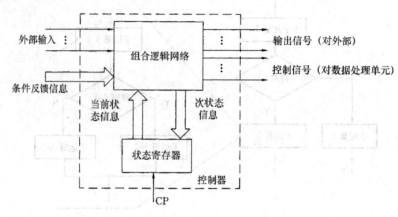

图 2-32 控制器的基本结构

2. 系统同步

系统同步是指控制器与外部输入信号和来自数据处理单元的反馈信号之间的同步问题。系统控制器应能毫无遗漏地、正确地接收这些信号,并根据所有这些输入信号做出正确的响应,向数据处理单元发出相应的控制信号,同时,向系统外部输出必要的信息,使整个系统配合密切、协调一致地工作。因此,这里将讨论两个问题:第一,控制器与外部输入信号之间的同步,即异步输入信号的同步化;第二,系统控制器的输出同步。

(1) 异步输入信号的同步化

① 异步输入同步化的必要性。外部输入信号有同步的,也有异步的。对于后者而言,必须进行同步化处理,这主要基于两个方面的考虑:

第一,异步信号的捕获。如果异步输入信号的有效期 t_p 与系统时钟脉冲周期 T_{CP} 之间满足关系

$$t_p \geqslant T_{CP}$$

则控制器能够及时鉴别到这一异步输入信号的变化,做出相应的响应。如果

$$t_p < T_{CP}$$

则此输入信号的变化可能未被控制器所觉察,而没有做出正确的响应,这种情况如图 2-33 所示。从图中看出,由于异步输入信号有效期与时钟周期相比较,只是一个很短暂的时间间隔,可能会被控制器所忽略,就像输入未发生一样,从而控制器没有进行本应进行的操作。尽管这是对短暂异步输入而言,实际上短暂的同步输入也会产生相同的问题。当然提高时钟频率,可以避免这样的遗漏,但是,单纯依靠这种办法是不实际的,有时是不可能做到的,因此要寻求途径捕获并保存这些短暂的异步输入信号,直至控制器做出响应。

第二,输入信号有变化时间。加到控制器的输入信号总要有个建立过程。显然,系统应在这一信号达到稳定值后才动作,否则会发生误动作;此外,系统的任何一个动作总要有一个动作时间,需要有从一个状态向另一个状态过渡的转换时间,外加信号仅允许在系统处于稳定状态时起作用。否则也会出现错误的动作,因此也必须对异步输入信号进行同步化处理。

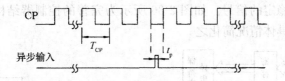

图 2-33 异步输入信号 $t_p < T_{CP}$

② 同步化电路。这里介绍两种实现异步信号同步化的电路。图 2-34(a)所示电路由门电路构成的基本捕获单元(基本 R-S 触发器)和 D 触发器组成。其工作波形如图 2-34(b)所示。图 2-35(a)、(b)给出另一种异步输入同步化电路和相应的工作波形。这两种电路的共同点是：

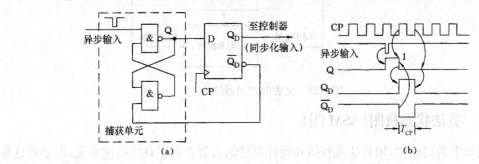

图 2-34 第一种异步信号同步化电路及工作波形

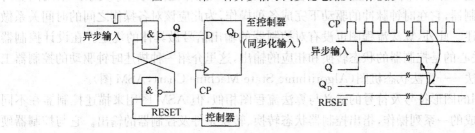

图 2-35 第二种异步信号同步化电路及工作波形

第一，异步输入信号是短暂的，$t_p < T_{CP}$，且与时钟脉冲无直接关系。

第二，输入信号的同步化时间发生在时钟的上升沿。

实际上，同步化时间也可以发生在时钟的下降沿。对于系统来讲，同步化和控制器状态变化可以分别发生在一个时钟脉冲的上、下跳沿(或下、上跳沿)，也可发生在接连两个时钟脉冲的对应跳变沿。这由设计者决定。

此外，当异步输入信号 $t_p \gg T_{CP}$ 时，仍然有同步化的问题，称为电平同步。这类信号有效期持续较长，但从时间关系而言，它与时钟仍然是异步的，为了同步化这类异步电平信号，可用 D 触发器或保持寄存器做同步电路，控制器从同步电路获得稳定的同步输入。

(2) 控制器输出同步

控制器的输出信号由组合网络生成，但是由于以下两个方面的原因，输出将会出现毛刺。

① 状态寄存器的各个状态变量不会同时改变，总是有先后的。对组合网络而言，先后变化的输入就可能引起瞬时的毛刺输出。

② 即使各个状态变量的变化同时发生，由于它们从组合网络的输入端到输出端所经途径不同，仍然会出现毛刺。

毛刺会引起数据处理单元的误动作，为此在控制器输出端增加输出保持寄存器和合适的输出选通信号，避开输出可能产生毛刺的不确定区间，而在输出稳定后，用选通信号更新输出保持寄存器,使它输出稳定的信号。如图 2-36 所示为完善的控制器结构模式,有时可依据系统功能及输入、输出的具体情况简化之。

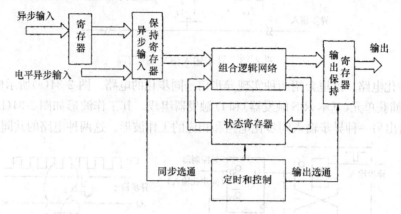

图 2-36 完善的控制器结构

2.4.3 算法状态机图(ASM 图)

在前面章节的讨论中,用算法流程图和硬件描述语言等多种工具来描述系统,但是在这些描述中仅规定了操作顺序,并未严格规定各操作的时间及操作之间的时序关系。采用同步时序结构的控制器,它在时钟脉冲的驱动下完成各种操作,为此应该对各操作之间的时间关系做出严格的描述。此外,算法流程图也没有对控制器的输出信号做具体的规定。在设计控制器时,设计师关心的是控制器的状态转换和相应的输出,这里介绍一种描述时钟驱动的控制器工作流程的方法——算法状态机图(Algorithmic State Machine Chart,ASM 图)。

ASM 图的图形符号及符号的意义与算法流程图相似,但 ASM 图用来描述控制器在不同时间内应完成的一系列操作,指出控制器状态转换、转换条件及控制器的输出。它与控制器硬件实现有很好的对应关系。

ASM 图与算法流程图除了应用场合不同外,主要差别有两点:

(1) 算法流程图是一种事件驱动的流程图,而 ASM 图已具体为时钟 CP 驱动的流程图。前者的工作块可能对应 ASM 图中的一个或几个状态块,即控制器的状态。

ASM 图状态块的名称和二进制代码分别标注在状态块的左、右上角。

(2) ASM 图是用以描述控制器控制过程的,它强调的不是系统进行的操作,而是控制器为进行这些操作应该产生的对数据处理单元的控制信号或对系统外部的输出。为此,在 ASM 图的状态块中,往往不再说明操作,只明确标明应有的输出。

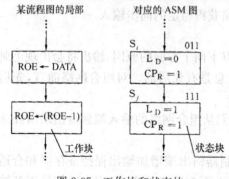

图 2-37 工作块和状态块

一旦数据处理单元设计完成后,对它的控制序列就完全确定,并已给出控制信号时序表,从而可以方便地从算法流程图和规定的控制信号导出控制器的 ASM 图。关键在于如何由算法流程图导出 ASM 图。

ASM 图和算法流程图的相互关系和转换规则可用图 2-37、图 2-38 和图 2-39 来说明。可以看出,两者之间工作块(状态块)、判别块、条件操作块(条件输出块)均一一对应。确切地说,算法流程图规定了系统应进行的操作及操作顺序,ASM 图规定了为完成这操作顺序所需的时间和控制器应输出的信号。其中图 2-39(a)所示的流程图的操作块,要求实现 RE←D,并将 RE 的内容增大 8 倍。图 2-39(b)是与之对应的控制器的 ASM 图,完成上述操作分解为两个状态,且需要 4 个时钟周期。图中当状态为 S_1 时,LOAD=0,在 CP 作用下,实现 RE←D,同时进入状态 S_2,经 3 个 CP 周期将 RE 的内容左移 3 次,使之扩大 8 倍。SHL=1 是 RE 左移的控制信号。

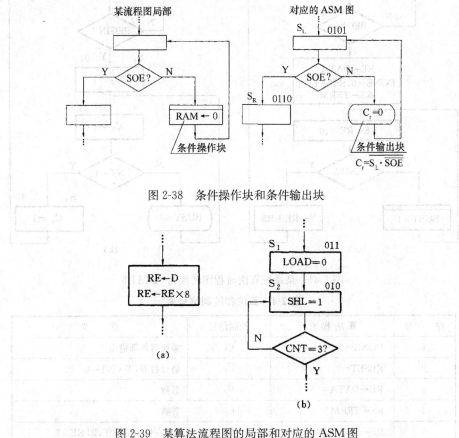

图 2-38 条件操作块和条件输出块

图 2-39 某算法流程图的局部和对应的 ASM 图

图 2-40(a)、(b)分别给出一个完整的算法流程图和相对应的 ASM 图。

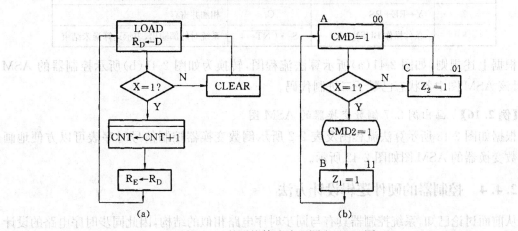

图 2-40 某系统算法流程图和 ASM 图

【**例 2.15**】 将图 2-41(a)所示某系统算法流程图转换为 ASM 图,图中 RE×16 用 RE 数据左移 4 次实现,并用计数器 CNT 记录移位次数。流程图对应的算法和控制信号表如表 2-4 所示。

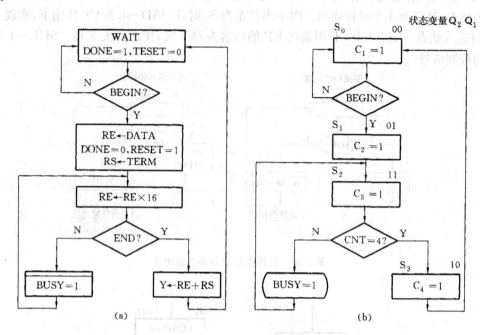

图 2-41 某系统算法流程图转换为 ASM 图

表 2-4 算法和控制信号表

序 号	算法操作	控制信号	意 义
1	DONE=1	C_1	系统对外部输出
2	RESET=0	$\overline{C_1}$	清计数器,即 CNT←0
3	RE←DATA	C_2	置数
4	RS←TERM	C_2	置数
5	RE←SHL(RE)	C_3	RE 左移一位操作,即 RE×2
6	CNT←CNT+1	C_3	计数器加 1 操作
7	Y←RE+RS	C_4	相加并寄存
8	条件操作 BUSY=1	$S_2 \cdot \overline{CNT=4}$	系统对外部输出,表示运算尚未结束

根据上述规则,如图 2-41(a)所示算法流程图,转换为图 2-41(b)所示控制器的 ASM 图,且该 ASM 图中各状态已赋予二进制代码。

【**例 2.16**】 画出例 2.7 倒数变换器的 ASM 图。

根据如图 2-13 所示算法流程图及表 2-2 所示倒数变换器控制信号时序表可以方便地画出倒数变换器的 ASM 图如图 2-42 所示。

2.4.4 控制器的硬件逻辑设计方法

从前面讨论已知,系统控制器具有与同步时序电路相似的结构,因此同步时序电路的设计方法应基本上适用于控制器的硬件设计,两者的差别表现在:

(1) 关于设计依据。同步时序电路用状态转换图（或状态转换表）设计逻辑电路。控制器的设计可以用本书介绍的各种描述工具，如算法流程图，硬件描述语言等，而以本章介绍的 ASM 图用得最为广泛。

(2) 关于状态化简。控制器设计是在反复优化算法结构、导出符合某些优化标准的描述模型后进行的，而且此时已经完成了数据处理单元的硬件实施，一般不再进行状态化简。

(3) 关于状态分配。如果施加于控制器的输入信号均为同步输入或者同步化以后的输入，则时序电路的状态分配规则原则上也适用于控制器描述模型的状态分配。

(4) 关于硬件实现。控制器硬件设计的途径有多种：传统的方法采用以触发器（寄存器）和 MSI 计数器为核心，并辅以 MSI 组合部件的实现；现今更多地采用 PLD 或 HDPLD 来实现。本章主要介绍前者，它对后者有借鉴作用，后者将在第 4、5、6 章中详述。

在已经确定了待设计系统算法结构及确定了数据处理单元硬件实现方案以后，控制器硬件设计步骤大致归纳如下：

(1) 把各种描述模型归一化为描述控制器工作过程的 ASM 图。明确系统的工作状态、判别分支、状态输出和条件输出。

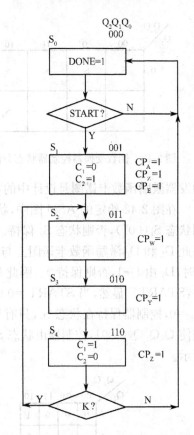

图 2-42 倒数变换器控制器的 ASM 图

有时，直接由算法流程图、用硬件描述语言编写代码来设计控制器也很方便，设计者可根据具体情况处理。

(2) 选择控制器硬件结构类型，包括状态寄存器的类型及次态激励电路和输出电路的类型。

(3) 状态分配。

(4) 导出激励函数和输出函数。

(5) 画出逻辑电路图。

以下简述几种控制器设计方法，并通过实例加以说明。

1. 典型时序电路设计方法在控制器设计中的应用

下面举例来说明如何从已知的 ASM 图出发，导出系统控制器的逻辑电路图。

【例 2.17】 导出如图 2-26 所示倒数变换器控制器的 ASM 图和相应的逻辑电路图。

(1) 导出倒数变换器控制器的 ASM 图。根据 2.3.4 节倒数变换器数据处理单元设计的详情和结果，可直接由图 2-26 数据处理单元逻辑电路图和表 2-2 所示控制信号时序表出发，画出倒数变换器控制器的 ASM 图，如图 2-42 所示。

(2) 对 ASM 图进行状态分配。参照时序电路状态分配的原则，用 3 位状态变量 Q_2、Q_1、Q_0 的二进制编码赋给 ASM 图中的 S_0、S_1、S_2、S_3 和 S_4 五个状态：

S_0——000

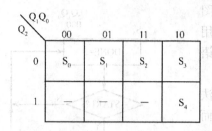

图 2-43 倒数变换器控制器状态分配图

S_1——001
S_2——011
S_3——010
S_4——110

上述分配情况已在 ASM 图中表明。倒数变换器控制器状态分配图如图 2-43 所示。

（3）填写激励表。若选择 D 触发器作为控制器的状态寄存器，则由编码 ASM 图填写三只 D 触发器激励函数卡诺图是设计中的重要步骤，在此简略介绍填写的方法。

在图 2-42 给定的 ASM 图中，状态 S_0(000)有状态分支：当 START 到来时，状态 S_0 转换到状态 S_1(001)，否则状态 S_0 保持。由此看出，无论 START 来到与否，Q_2 和 Q_1 总保持为 0，因此 D_2 和 D_1 激励函数卡诺图上与状态 S_0 对应的小方格中均填写 0，而 S_0 在满足 START=1 时，D_0 由 0→1，否则保持 0。因此 D_0 卡诺图上状态 S_0 对应的小方格中应填写 D_0 置 1 的条件：START。显然，当 START=0 时，由于 $D_2=D_1=D_0=0$，在下一个时钟作用下，$Q_2=Q_1=Q_0=0$，控制器保持在状态 S_0，只有当 START=1 时，下一时钟检查到 $D_2=D_1=0$，而 $D_0=1$，则使 $Q_2Q_1Q_0=001$，控制器由状态 S_0 转换为状态 S_1。D_2、D_1、D_0 的激励函数卡诺图如图 2-44 所示。

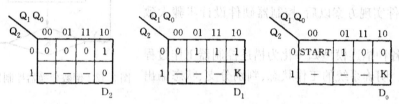

图 2-44 激励函数卡诺图

ASM 图中 $S_1→S_2$，$S_2→S_3$，$S_3→S_4$ 均为无判别条件的状态转换，只要时钟脉冲到来，自动按照激励信号进行变换，因此，于这些状态(S_1，S_2，S_3)相应的卡诺图小方格中，直接填入各自次态的二进制编码即可。

根据 ASM 图中状态 S_4(110)的分支情况，当满足条件 K=1 时，转换为状态 S_2(011)，即 Q_2 由 1→0，Q_1 保持为 1，Q_0 由 0→1，当满足条件 K=0 时，转换为状态 S_0(000)，亦即 Q_2 由 1→0，Q_1 由 1→0，Q_0 保持为 0，因此在 D_2 卡诺图上与状态 S_4 对应的小方格填写 0。因为无论 K 为什么逻辑值，次态 S_2 和 S_0 的 Q_2 均为 0，D_1 卡诺图上对应格填写 K，D_0 卡诺图上对应小方格上也填写 K。这些均已在图 2-44 中标明。

由卡诺图求得激励函数为：

$$D_2 = \overline{Q_2}Q_1\overline{Q_0}$$
$$D_1 = Q_2K + \overline{Q_2}Q_1 + Q_0$$
$$D_0 = \overline{Q_1}\overline{Q_0}START + \overline{Q_1}Q_0 + Q_2K = \overline{Q_1}START + \overline{Q_1}Q_0 + Q_2K$$

（4）输出函数方程。在 ASM 图中，每个状态块中表明了该状态的输出，条件输出由椭圆块表示。因此，从 ASM 图导出输出函数方程十分简便。这里应注意的是输出信号的极性问题，也就是输出信号是以高电平有效，还是以低电平有效。例如，进入 S_1 状态，$C_2=1$，说明 C_2 信号以高电平有效，进入 S_4 状态，$C_2=0$，表示 C_2 信号在此状态持续期间以低电平为有效等。

输出信号方程为：

$DONE = S_0 = \overline{Q_2} \overline{Q_1} \overline{Q_0}$

$C_1 = S_4 = Q_2 Q_1 \overline{Q_0}$

$C_2 = S_1 = \overline{Q_2} \overline{Q_1} Q_0$

$CP_A = S_1 = \overline{Q_2} \overline{Q_0} Q_0$

$CP_Z = S_1 + S_4 = \overline{Q_2} \overline{Q_1} Q_0 + Q_2 Q_1 \overline{Q_0}$

$CP_E = S_1 = \overline{Q_2} \overline{Q_1} Q_0$

$CP_W = S_2 = \overline{Q_2} Q_1 Q_0$

$CP_Y = S_3 = \overline{Q_2} Q_1 \overline{Q_0}$

本例中，所有输出均为无条件输出，信号持续时间只与状态有关。

(5) 逻辑电路图。本例控制器逻辑电路图如图 2-45(a)所示。图中 START 是系统外部的输入，已经过同步化处理，K 是数据处理单元送来的工作状况反馈信号。图中 Cr 信号为异步复位信号，开机复位，系统立即进入算法流程的初始状态。

为使 ASM 图的控制算法和控制器硬件结构有较明显的对应关系，采用了数据选择器(MUX)构成激励函数发生器，每个触发器配备一只适当容量的数据选择器，这种激励电路与控制算法一一对应，如果控制算法有所修改和变动，只要更改数据选择器有关通道的输入，不必更改激励电路硬件，为控制器设计提供了方便。

但是，该结构是以增加硬件成本为代价换取与算法对应这一特点的，不难设想，当控制器状态数增大时，作为次态激励电路的数据选择器的通道数就要急剧增加，有时也是难以实现的。

(6) 控制器工作波形图。导出控制器逻辑电路图以后，该控制器的工作波形图如图 2-45(b)所示，其中外部输入 START 信号已经同步化处理，保证 CP 脉冲的有效作用沿能够检查到它的变化。并设定状态发生器记忆元件均响应 CP 脉冲的上升沿（状态变化发生在 CP 的哪个作用沿可由设计者自定）。

【例 2.18】 求导第 1 章图 1-35 所示的移位变换方式补码变换器控制器的 ASM 图和逻辑电路图。

(1) 确定数据处理单元逻辑电路图

在已有的逻辑框图中，仅抽象地表示移位寄存器的加载和右移功能，控制信号 LOAD 和 SHR 也只是抽象的符号，因此，首先确定数据处理单元(即受控电路)中移位寄存器的具体器件及其实施加载、右移操作的具体控制信号。可供选择的方案多种多样，现选用两片 MSI 移位寄存器 74LS194 连接成如图 2-46 所示 8 位移位寄存器；用一片 74LS161 同步计数器连接成 M=9 的计数器；74LS86 异或门输出端给出 SR=1 信号，则原来的逻辑框图就具体化为如图 2-46 所示数据处理单元逻辑电路图。

(2) 导出控制器 ASM 图

根据算法流程图到 ASM 图的转换规则，从图 1-35(a)出发，并设定等待状态为 A，移位寄存器加载状态为 B，移位寄存器循环右移一位状态为 C，而移位寄存器最右位求反并循环右移 1 位状态为 D，则导出补码变换器控制器的 ASM 图如图 2-47 所示。

图 2-47 中 M_1、M_0 是移位寄存器 74LS194 的逻辑操作功能控制端($M_1 M_0$＝00 保持、01 右移 1 位、10 左移 1 位、11 并行置数)，$\overline{C_R}$ 和 CNP 是计数器的清零信号和时钟信号，INVERT

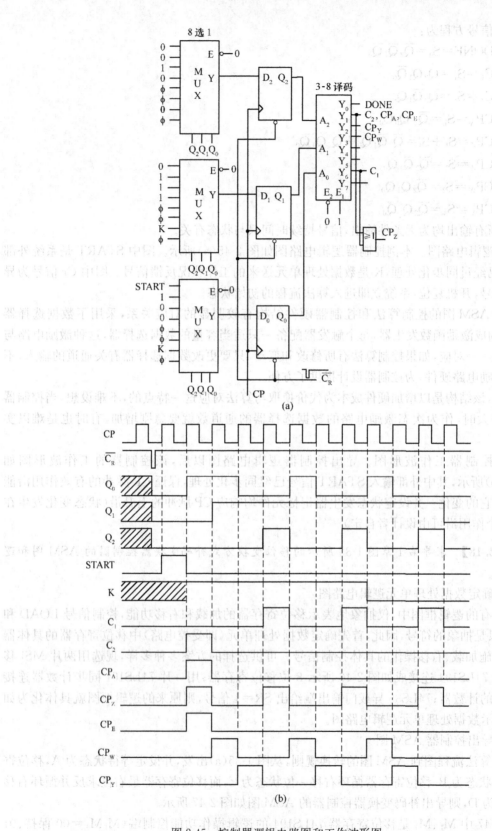

图 2-45 控制器逻辑电路图和工作波形图

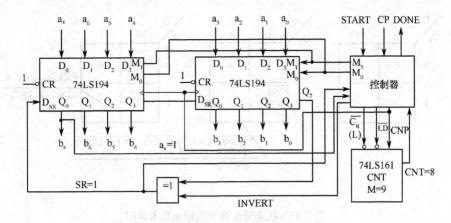

图 2-46 补码变换器数据处理单元逻辑电路图

是求反与否的控制信号,SR=1 是检验数据从右向左第一次为 1 的标志信号,CNT=8 则是计数器记满的标志信号,即表示移位寄存器已右移 8 位。

(3) 控制器设计

① 对 ASM 图进行状态分配:用两位状态变量 Q_1 和 Q_0 的二进制代码赋给 A、B、C、D 4 个状态:A 为 00,B 为 01,C 为 11,D 为 10,图 2-48(a)为状态分配图(并已在图 2-47 所示 ASM 图中标注。)

② 填写激励函数卡诺图:选择双 D-FF 74LS74 作为记忆元件,则它们的激励函数卡诺图如图 2-48(b)所示。由激励函数卡诺图求得 D_1 和 D_0 的逻辑表达式为

$D_1 = \overline{Q_1}Q_0 a_s + Q_1\overline{Q_0} + Q_1 Q_0 \overline{CNT=8}$

$D_0 = \overline{Q_1}\,\overline{Q_0} \cdot START + \overline{Q_1}Q_0 a_s + Q_1\overline{Q_0}(CNT=7) +$
$\quad Q_1 Q_0 (\overline{CNT=8}(CNT=7) +$
$\quad \overline{CNT=8} \cdot \overline{SR=1})$

③ 求输出函数方程:由 ASM 图中规定的所有输出信号的逻辑方程为

$DONE = \overline{Q_1}\,\overline{Q_0}$

$\overline{C_R} = \overline{Q_1}\,\overline{Q_0}$

$M_1 = \overline{Q_1} Q_0$

$M_0 = \overline{Q_1} Q_0 + Q_1 Q_0 + Q_1 \overline{Q_0} = Q_1 + Q_0 = \overline{\overline{Q_1}\,\overline{Q_0}}$

$INVERT = Q_1 \overline{Q_0}$

$CNP = \overline{Q_1} Q_0 \overline{CP} + Q_1 Q_0 \overline{CP} + Q_1 \overline{Q_0}\,\overline{CP}$
$\quad = \overline{\overline{Q_1}\,\overline{Q_0}} \cdot \overline{CP}$

$\overline{L_D} = \overline{Q_1} Q_0$

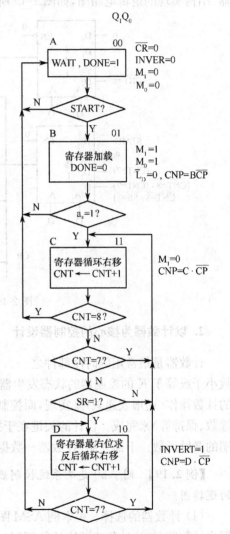

图 2-47 补码变换器控制器的 ASM 图

④ 控制器逻辑电路图:这里提供一张参考电路图,它是采用"数据选择器+D-FF+译码

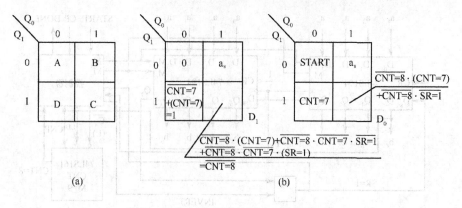

图 2-48 状态分配图和激励函数卡诺图

器"结构实现的逻辑电路图,如图 2-49 所示。

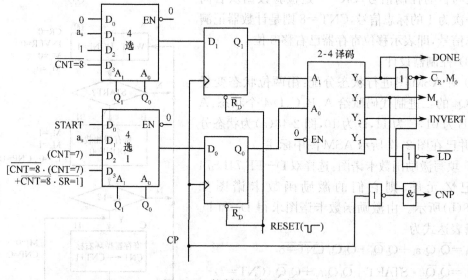

图 2-49 控制器逻辑电路图

2. 以计数器为核心的控制器设计

计数器是最常用的时序部件之一。一个模 K 的计数器具有 K 个状态,因此可用做状态数小于或等于 K 的控制器的状态发生器(状态寄存器)。这时,控制器的状态转换可用计数器的计数操作(递增或递减)来实现,而控制器的状态分支又可用计数器的各种逻辑操作(计数、置数、保持等)来完成。设计的关键在于按照控制器 ASM 图求出计数器各功能控制端和置数端的激励函数。下面介绍"计数器—数据选择器—译码器"结构的控制器设计。

【例 2.19】 图 2-50 是某系统控制器的 ASM 图,试导出以计数器为核心的该系统控制器的逻辑图。

(1) 计数器的选择。由本例 ASM 图可知,选择模数 $K \geqslant 7$,且具有计数和并行置数功能的同步计数器(加法计数或减法计数不限)即可满足要求,假设选择如图 2-51(a)所示的加计数器,它的逻辑功能如表 2-5 所示。

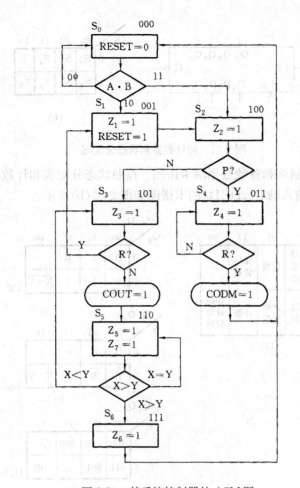

图 2-50 某系统控制器的 ASM 图

表 2-5 计数器功能表

输 入							输 出		
CE	CP	Cr	L_D	D_2	D_1	D_0	Q_2	Q_1	Q_0
φ	φ	0	φ	φ	φ	φ	0	0	0
1	↑	1	0	D_2	D_1	D_0	D_2	D_1	D_0
0	φ	1	φ	φ	φ	φ	保持		
1	↑	1	1	φ	φ	φ	加计数		

(2) ASM 图状态分配。状态分配的基本原则是：次态代码尽可能为现态代码加1(对于减法计数器为减1)。

对于有状态分支的现态和次态的代码分配，可利用计数、并行置数或保持等逻辑操作来区分不同代码。由此状态分配的结果如图 2-51(b)所示。

(3) 画出计数器操作图。为提供填写激励函数卡诺图的方便，常常画出如图 2-52(a)所示的计数器操作图。该图表示各个状态为实现状态转换或状态分支时，计数器所需进行的全部操作。

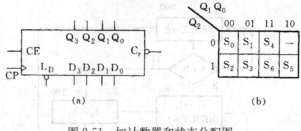

图 2-51 加计数器和状态分配图

(4) 计数器功能控制端和置数数据端卡诺图。按照状态分配表和计数器操作图填写各个控制端 CE、L_D 和数据输入端 D_2、D_1、D_0 的卡诺图如图 2-52(b)所示。

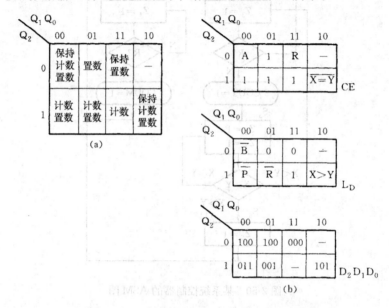

图 2-52 计数器操作图和激励函数卡诺图

在选用"计数器—数据选择器—译码器"结构的情况下,计数器各功能控制端和置数端的函数方程为:

$C_r = 1$

$CE = S_0 A + S_1 + S_4 R + S_2 + S_3 + S_5 (\overline{X=Y}) + S_6$

$L_D = S_0 \overline{B} + S_2 \overline{P} + S_3 \overline{R} + S_5 (X>Y) + S_6$

$D_2 = S_0 + S_1 + S_5$

$D_1 = S_2$

$D_0 = S_2 + S_5 + S_3$

(5) 控制器输出信号方程为:

$RESET = \overline{S}_0$(低电平有效)

$Z_1 = S_1$

$Z_2 = S_2$

$Z_3 = S_3$

$COUT = S_3 \cdot \overline{R}$（条件输出）

$Z_4 = S_4$

$CODM = S_4 \cdot R$（条件输出）

$Z_5 = Z_7 = S_5$

$Z_6 = S_6$

（6）控制器逻辑图。以计数器为核心，"计数器—数据选择器—译码器"结构的控制器逻辑电路图如图 2-53 所示。

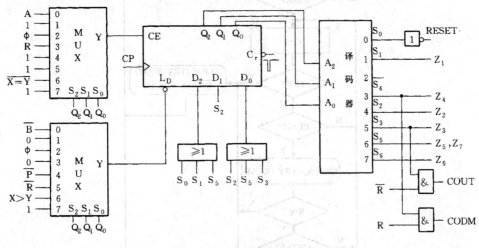

图 2-53 控制器逻辑电路图

【例 2.20】 导出例 2.2 所述 5 位串行码数字锁控制器的逻辑电路图。其算法流程图如图 2-3 所示，数据处理单元详细逻辑电路图如图 2-28 所示。要求设计以 MSI 计数器为核心的控制器电路。

根据已确定的算法流程图和数据处理单元的硬件配置，控制器和受控电路之间的交换信号已经明确，控制信号的时序也已确定，为此画出该锁的 ASM 图如图 2-54 所示。其中 S_0、S_1、S_2 和 S_3 共 4 个状态分别对应算法流程图中的 WSETUP、WAIT、OPR 和 RIGHT 4 个状态。图中还有 4 个条件输出块，块中表明了控制相应条件操作的条件输出。

（1）计数器的选择。在例 2.19 中，已讨论过以计数器为核心的控制器设计方法，该例中选择的计数器是一个抽象的逻辑符号，未涉及具体芯片和牌号。本例中改用 74 系列中具体的计数器芯片（MSI），使读者了解多种选择，而这恰好适应 VHDL 描述法和图形描述法。MSI 计数器种类颇多，这里选用一种常用且典型的 74LS161 2-n-16 进制同步计数器为例进行设计，其方法适用于各种 MSI 计数器。

74LS161 的逻辑符号、功能表和引脚图如图 2-55（a）、（b）、（c）所示。图（a）中 Q_3、Q_2、Q_1、Q_0 是 4 个触发器的输出端（4 个状态变量），Q_3 是 MSB，Q_0 是 LSB，$CO = Q_3 Q_2 Q_1 Q_0 \cdot CT_T$ 是进位输出端，仅当计数器状态为 1111，并且 $CT_T = 1$ 时，CO 端才变高，产生进位。

CP 是计数脉冲输入端，响应计数脉冲的上升沿。

$\overline{CR}$ 是异步清零端，低电平有效，它的作用优先于其他控制端。只有在 $\overline{CR} = 1$ 时，同步作用端方能起作用。

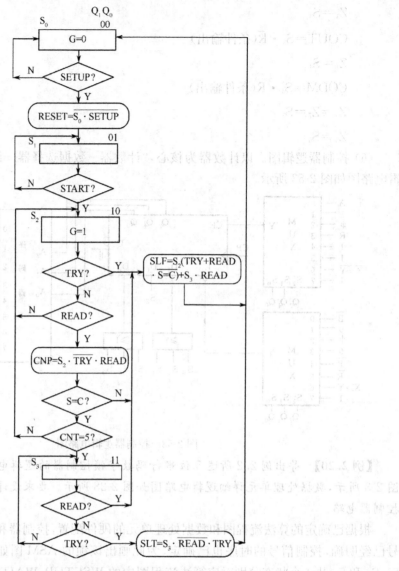

图 2-54 串行数字锁控制器 ASM 图

$\overline{LD}$ 是预置亦或加 1 计数控制端。当 $\overline{LD}=0$ 时,加于 D_3、D_2、D_1、D_0 4 个并行预置数据输入端的数据,在 CP 的上升沿来到时置入相应的触发器 Q_3、Q_2、Q_1、Q_0。

CT_P 和 CT_T 端为计数或保持控制端,有时简称为 P 或 T,如果 $\overline{CR}=1$,$\overline{LD}=1$,当 $T \cdot P = 0$ 时,计数器处于保持状态;只有在 $T \cdot P = 1$ 时,计数器才能正常行使加 1 计数功能。该器件的上述功能均已汇集在如图 2-55(b)所示的功能表中。

选择 74LS161 为控制器的状态储存器(状态发生器),设计者的主要工作在于确定 $\overline{CR}$、$\overline{LD}$、T、P 等控制端的函数。如果对它们加以适当的激励,就可实现所需的状态转换和状态分支。74LS161 有 16 个可能的状态,如果待设计控制器 ASM 图的状态数不超出此范围,则一个芯片就可实现,力求各状态含义明确,使电路与功能的对应关系清晰。当然在状态数超出 16 时,可用两片构成。

(2) 状态分配。考虑到 74LS161 能进行三种同步逻辑操作:加 1 计数、保持和并行置数,故状态分配尽可能遵循次态代码为现态代码加 1(即加 1 计数)的原则,对于状态分支则用加 1

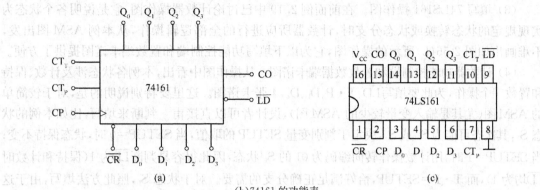

(b) 74161 的功能表

输			入					输			出		备 注
$\overline{CR}$	$\overline{LD}$	CT_P	CT_T	CP	D_0	D_1	D_2	D_3	Q_0^{n+1}	Q_1^{n+1}	Q_2^{n+1}	Q_3^{n+1}	CO	
0	×	×	×	×	×	×	×	×	0	0	0	0	0	清　零
1	0	×	×	↑	d_0	d_1	d_2	d_3	d_0	d_1	d_2	d_3		置数 CO=$CT_T \cdot Q_3^n Q_2^n Q_1^n Q_0^n$
1	1	1	1	↑	×	×	×	×		计	数			CO=$Q_3^n Q_2^n Q_1^n Q_0^n$
1	1	0	×	×	×	×	×	×		保	持			CO=$CT_T \cdot Q_3^n Q_2^n Q_1^n Q_0^n$
1	1	×	0	×	×	×	×	×		保	持		0	

图 2-55　74LS161 逻辑符号、功能表和引脚图

计数和保持或预置来区分及实现,图 2-54 中已根据上述原则标明状态分配,从而它也是一张编码 ASM 图。图 2-56(a) 是状态分配图。因为本 ASM 图仅有 4 个状态,为此确定用 74LS161 的两个低位状态变量,即 Q_1 和 Q_0。

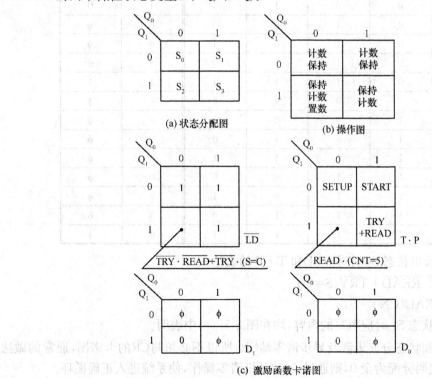

图 2-56　状态分配图、操作图和控制端、置数端激励函数卡诺图

(3) 填写 74LS161 操作图。在前面例 2.19 中已讨论计数器操作图,它是说明各个状态为实现规定的状态转换或状态分支时,计数器所应进行的全部逻辑操作,从本例 ASM 图出发,不难画出如图 2-56(b)所示的操作图,它为以下填写功能控制端和置数端卡诺图提供了方便。

(4) 计数器功能控制端和置数数据端卡诺图。从操作图中看出,本例各状态涉及计数、保持和置数三个操作,为此要填写 $\overline{LD}$、T·P、D_1、D_0。4 张卡诺图。这里要特别说明的是,对于较简单的 ASM 图(尤其是输入变量较少的 ASM 图),设计者可以直接甪 判断来填写,比如本例的状态 S_0,其次态可能为 S_1 或 S_0,决定于判别变量 SETUP 的取值,当 SETUP=0 时,状态保持不变;当 SETUP=1 时,用计数操作转向编码为 01 的 S_1 状态,因此很容易判断 $\overline{LD}$ 为 1(保持和计数时 $\overline{LD}$ 均为 1),而 T·P=SETUP,恰好满足正确分支的需要。对于状态 S_1,照此方法填写,由于这两个状态均无置数操作,故 D_1 和 D_0 的相应格均填 φ。这些均在图 2-56(c)中给出。

但状态 S_2 的分支比较复杂,相关的判别变量有 4 个:TRY,READ,S=C 和 CNT=5,涉及的操作有计数、保持和置数,$\overline{LD}$ 和 T·P 的表达式难以直接观察和判断,建议用基本的列出真值表的方法来求解 $\overline{LD}$ 和 T·P。根据 ASM 图的规定,列出 4 个判别变量和两个输出激励函数的真值表如表 2-6 所示。

表 2-6 状态 S_2 的 $\overline{LD}$ 和 T·P 激励函数真值表

序号	判别变量				激励函数	
	TRY	READ	S=C	CNT=5	$\overline{LD}$	T·P
0	0	0	0	0	1	0
1	0	0	0	1	1	0
2	0	0	1	0	1	0
3	0	0	1	1	1	0
4	0	1	0	0	1	φ
5	0	1	0	1	0	φ
6	0	1	1	0	1	0
7	0	1	1	1	1	1
8	1	0	0	0	0	φ
9	1	0	0	1	0	φ
10	1	0	1	0	0	φ
11	1	0	1	1	0	φ
12	1	1	0	0	0	φ
13	1	1	0	1	0	φ
14	1	1	1	0	0	φ
15	1	1	1	1	0	φ

由表 2-7 不难求出状态 S_2 时对应 $\overline{LD}$ 和 T·P 的表达式

$$\overline{LD} = \overline{TRY}\ \overline{READ} + \overline{TRY}(S=C)$$

$$T·P = READ(CNT=5)$$

同样方法可得状态 S_3 时应填写的内容,均在图 2-55(c)中表明。

鉴于状态转换和状态分支未涉及异步清零端 $\overline{CR}$,所以不必填写 $\overline{CR}$ 的卡诺图,通常的做法是:把初始状态的代码分配为全 0,则通过 $\overline{CR}$ 的开机清零操作,使系统进入正确循环。

(5)控制器的输出信号方程。在 ASM 图中,根据数据处理单元要求,对各输出信号的极性已有明确的规定,例如条件输出 RESET 已定义为低电平有效,而 G、CNP、SLF、SLT 均以

高电平有效,因此串行数字锁控制器的全部输出方程为

$$RESET = \overline{Q_1}\,\overline{Q_0} \cdot SETUP$$
$$G = Q_1\overline{Q_0} + Q_1Q_0 = Q_1$$
$$CNP = Q_1\overline{Q_0} \cdot \overline{TRY} \cdot READ$$
$$SLF = Q_1\overline{Q_0}(TRY + READ \cdot \overline{S=C}) + Q_1Q_0 \cdot READ$$
$$SLT = Q_1Q_0 \cdot \overline{READ} \cdot TRY$$

(6) 控制器逻辑电路图。以 74LS161 计数器为核心,以 MUX、DECODER 和集成门辅助的串行数字锁控制器逻辑电路图如图 2-57 所示。

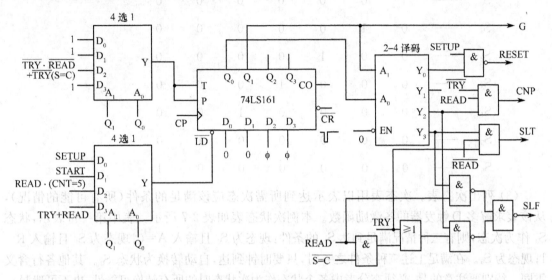

图 2-57 串行数字锁控制器逻辑电路图

移位寄存器也是一种常用的时序部件,以移位寄存器为核心的控制器,亦是重要的控制器结构模式。在这种结构中,移位寄存器用以存储现态和产生次态,并利用其各种基本逻辑操作——左移、右移、保持、并行置数等实现控制器的状态转换或状态分支,产生算法要求的控制信号序列。关于这种设计方法,本书不做详述。

3. "一对一"型控制器设计

前面介绍了各种用二进制编码表示状态的控制器设计方法,在那些方法中,n 个状态变量可以表示 2^n 个不同的工作状态。

这里将介绍一种用一个状态变量表示一个工作状态的设计方法。对于一个有 n 个状态的控制器,需要 n 个状态变量。当控制器处于状态 S_i 时,状态变量 $Q_i = 1$,其他状态变量均为 0,常称这种方法为"一对一"型设计。这种设计方法不进行传统的二进制编码的状态分配,而仅确定状态和状态变量的对应关系。值得指出的是:

(1) 为满足系统启动进入初始状态的要求,往往用异步清零或并行置数来实现。对前者而言,用状态变量全 0 作为初始状态。

(2) 必须保证系统在任何时刻只以一个状态变量的 1 表示控制器的一个状态,避免控制出错。"一对一"设计常采用多 D 触发器或带有并行置数功能的环形计数器作为核心器件。

【例 2.21】 试设计如图 2-50 所示 ASM 图的"一对一"结构控制器,要求用多 D 触发器作为现态寄存和次态发生的核心器件。

(1) 多 D 触发器的选择。ASM 图中有 7 个工作状态,选择常规的八 D 触发器实现,输出状态变量为 Q_0、Q_1、Q_2、Q_3、Q_4、Q_5、Q_6。

(2) 状态分配。"一对一"的基本思想是把一个状态和一个状态变量对应起来。但为简化初始化电路,假设:

状态	$\overline{Q_0}$	Q_1	Q_2	Q_3	Q_4	Q_5	Q_6
S_0	—	1	0	0	0	0	0	0
S_1	—	0	1	0	0	0	0	0
S_2	—	0	0	1	0	0	0	0
S_3	—	0	0	0	1	0	0	0
S_4	—	0	0	0	0	1	0	0
S_5	—	0	0	0	0	0	1	0
S_6	—	0	0	0	0	0	0	1

(3) 列出次态表。次态表用以表示达到所需次态应该满足的条件(所有可能的情况),从该表求解多 D 触发器的各激励函数。本例次状态表如表 2-7 所示。表中第一行表示,状态 S_0 作为次态,则有三种情况满足到达 S_0 的条件:现态为 S_0 且输入 $A=0$;现态为 S_4 且输入 $R=1$;现态为 S_6。在满足上述三种条件之一时,只要时钟到达,自动转换为状态 S_0。其他各行含义雷同。特别要注意的是,必须充分考虑各个状态作为次状态时的所有转换可能性,决不可遗漏。

表 2-7 次状态表

行号	NS	PS	输入条件
1	S_0	S_0	$\overline{A}$
		S_4	R
		S_6	—
2	S_1	S_0	$A\overline{B}$
		S_3	R
3	S_2	S_0	AB
		S_1	—
4	S_3	S_2	$\overline{P}$
		S_5	$\overline{X=Y} \cdot \overline{X>Y}$
5	S_4	S_2	P
		S_4	$\overline{R}$
6	S_5	S_3	$\overline{R}$
		S_5	$X=Y$
7	S_6	S_5	$X>Y$

（4）由次状态表求多 D 触发器激励函数方程。设状态变量 $Q_0Q_1Q_2Q_3Q_4Q_5Q_6$ 对应的激励端为 $D_0D_1D_2D_3D_4D_5D_6$，则由次态表直接求得它们的激励方程。

$$D_0 = \overline{Q_0}\,\overline{A} + \overline{Q_4 R} + \overline{Q_6}（因为 S_0 对应状态变量为全 0）$$

$$D_1 = \overline{Q_0}\,A\,\overline{B} + Q_3 R$$

$$D_2 = \overline{Q_0}\,A\,B + Q_1$$

$$D_3 = Q_2\,\overline{P} + Q_5\overline{(X=Y)(X>Y)}$$

$$D_4 = Q_2 P + Q_4\,\overline{R}$$

$$D_5 = Q_3\,\overline{R} + Q_5(X = Y)$$

$$D_6 = Q_5(X > Y)$$

（5）控制器逻辑电路图。以 8D 触发器为核心的"一对一"型控制器逻辑电路图如图 2-58 所示。

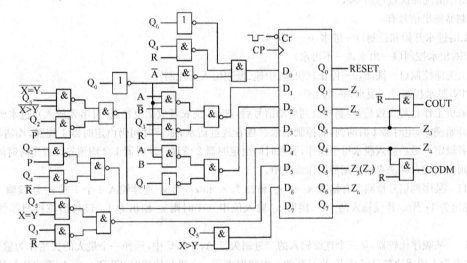

图 2-58 "一对一"型控制器逻辑电路图

习 题 2

2.1 试述系统算法设计时应考虑的主要因素。

2.2 算法推导方法有哪几种？各自有何特点？试举例说明之。

2.3 试设计例 2.2 串行码数字锁中报警喇叭的驱动电路，具体要求是：

（1）当开锁出现两次错误时，报警喇叭才执行报警功能。在用户发生偶然一次错误时，仅使报警灯 LF 点亮。

（2）驱动器应含两个功能：定时啸叫 3～5s；啸叫频率为合适的音频范围。

（3）解除报警后，能自动进入又一轮新的开锁流程。

2.4 若例 2.2 数字锁的串行代码位数改为 3、4、6、7、8…等位，则设计要做什么变化？算法流程图有何改变？

2.5 例 2.2 串行码数字锁方案有何缺点？有何改进意见？试画出改进方案的算法流程图。

2.6 若改变例2.3顺序排队电路中数据存放RAM单元的次序，即$D_1 \sim D_n$的最小数放于RAM(n)，而最大数存放于RAM(1)，试设计系统的算法流程图。

2.7 试用解析法设计一个求解OUT=$\sqrt[3]{x}$的电路，导出算法流程图。

2.8 比较例2.5和前述例"1.4.2设计举例"中的补码变换器算法设计方案的优缺点，它们分别适用于何种场合？

2.9 试寻求不同于例2.7倒数变换器的算法流程，给出详细算法流程图。

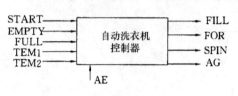

图E2-1 洗衣机控制器示意图

2.10 某自动洗衣机控制器的示意图如图E2-1所示。

控制器的输入信号有：
START：洗衣机启动信号（洗衣者使用的控制开关）
EMPTY：洗衣缸内无水
FULL：缸内用水已达要求高度
TEM1：用肥皂水洗涤或清水洗涤时间结束（定时器1送来信号）
TEM2：脱水时间结束（定时器2送来信号）
AE：漂清洗涤次数达到要求

控制器输出信号有：
FILL：进水开始和控制（1—进水，0—不进水）
FOR：出水控制（1—出水，0—不出水）
AG：洗涤控制（1—洗涤，0—停止）（快速、中速、慢速由人工控制）
SPIN：脱水控制（1—脱水，0—停止）

洗衣机工作过程大致是：控制器收到启动信号后，进水，洗衣者放肥皂粉（亦可事先放入），进水到达要求高度即开始洗涤，定时器1时间到，放掉肥皂水。接着放进清水，漂清时间仍由定时器1控制，漂清次数AE由洗衣者设定。最后进入脱水甩干操作，脱水时间由定时器2管理。定时器1、2均预先设置定时时间。

试画出上述自动洗衣机控制器工作流程图。

2.11 某序列信号检测器有输入x_1和x_2，输出为z_1和z_2，当x_1连续输入4个1或x_2连续输入4个0时，z_1输出为1；当x_2连续输入两个1，接着x_1输入位串001时则z_2输出为1。试画出该检测器的算法流程图。

2.12 某顺序比较器，从三个连续输入的二进制矢量A、B和C中，选择一个最大的矢量作为输出，并由OUT输出为1说明比较已经结束，直至新的一组数据来到。在进行比较时，OUT=0。试给出比较器的算法流程图。

2.13 常用的算法结构有哪几种？它们各自的特点是什么？

2.14 流水线算法结构适用于何种设计场合？提高运算速率的原因是什么？

2.15 试给出顺序结构算法、并行结构算法和流水线算法结构所需运算时间的一般公式。

2.16 试设计$Z=\sqrt{AB+CD}\times(EF-G)$运算的流水线操作算法，其中A、B、C、D、E、F、G均是数据流，长度为N，位数是M。并计算总的运算时间。

2.17 某数字系统待处理数据流元素为256个，每一元素运算共计18段，且每段经历时间$\Delta=100$ns，试计算流水线操作结构所需全部时间。并与顺序算法结构所需时间相比较。

2.18 系统数据处理单元设计的前提是什么？设计任务是什么？

2.19 在数据处理单元的设计中，求出控制信号时序表的意义是什么？它对整个系统设计有何作用？

2.20 设计例2.3题中n个数排队电路的数据处理单元，画出逻辑框图和详细逻辑电路图。

2.21 设计例2.6题中求平方根电路的数据处理单元，给出电路图和控制信号时序表。

2.22 数据处理单元设计和控制器设计之间的关系如何？

2.23 设计例2.8人体电子秤控制装置数据处理单元。若给定使用器件明细表如表E2-1所示，则给出详细逻辑电路图和控制信号时序表。

表 E2-1 数据处理单元采用器件一览表

序号	电路名称	采用器件	数量	说 明
1	身高传感器	电位器式大位移传感器	1	自制
2	体重传感器	电阻应变式荷重传感器	1	查阅传感器手册选择
3	放大器	集成运算放大器	若干	要求稳定的增益,合适的输入、输出阻抗,低零漂温漂
4	A/D	ADC0809(8bit)	1	
5	选通电路	74LS157 MUX	若干	
6	数据存储电路	74LS175 四D触发器	4	
7	二进制码⇒8421 BCD码转换电路	74LS185A	3	专用的二进制转换为8421BCD码的集成器件
8	数字显示	CL002(译码、显示二合一)	3	8段显示器
9	数据计算电路	74LS283 四位加法器	若干	
10	数据判别电路	74LS85 四位比较器	2	
11	单位cm,kg显示	发光二极管	2	
12	偏胖、适中、偏瘦显示	发光二极管	3	
13	时钟产生	555时基电路(多谐振荡)	1	配以定时元件 R、C

2.24 系统控制方式有哪几种类型?各自的特点是什么?顺序算法结构的控制方式有何特性?

2.25 系统同步的含义是什么?它对控制器结构有何影响?

2.26 试将图 E2-2 所示状态转换图改画为 ASM 图。

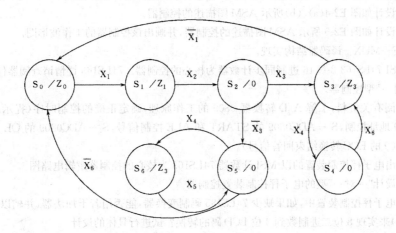

图 E2-2 某状态转换图

2.27 试述系统算法流程图和控制器 ASM 图的相同和相异处,它们之间的关系如何?

2.28 根据例 2.8 题给出的电子秤算法流程图和上述习题 2.23 题数据处理单元设计的正确方案,画出该装置控制器的 ASM 图。

2.29 设计第 1 章引例两个 4 位二进制数乘法器的控制器:

(1) 用触发器、MUX 和译码器实现;

(2) 用计数器、数据选择器和译码器实现。

(3) 用"一对一"型实现。

2.30 某系统 ASM 图如图 E2-3 所示,试设计该图描述的控制器:

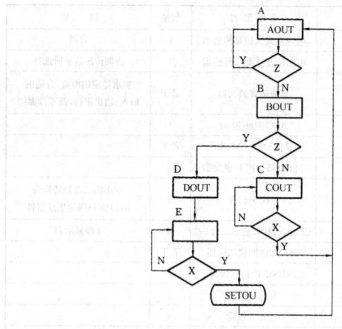

图 E2-3 某系统 ASM 图

(1) 以 MSI 计数器为核心的设计方案。计数器是 74LS161 2-N-16 进制同步可预置计数器或 74LS169 2-N-16 进制同步可预置可逆计数器。分别用加计数或减计数为主进行设计。

(2) 触发器/状态型控制器(即"一对一"设计)。

(3) 以可预置的环形计数器为核心的控制器(环形计数器自行选择器件构成)。

2.31 试设计如图 E2-4(a)、(b)所示 ASM 图描述的控制器。

2.32 试设计如图 E2-5 所示 ASM 图描述的控制器,并画出该控制器的工作波形图。

(1) 以 FF—MUX—译码器结构实现。

(2) 以 MSI 74LS163 2-N-16 进制同步计数器为核心的控制器。74LS163 详情请查阅器件手册。

(3) "一对一"型控制器。

2.33 查阅有关资料,了解 A/D 转换器 0809 的工作原理,确定正确的控制时序(提示:设计中已规定 A_1—ADC0809 地址控制,S_1—ADC0809 的 START 和 ALE 控制信号,S_2—ADC0809 的 OE 选通信号,结束信号—ADC0809 的 EOC 转换结束回答信号)。

2.34 画出电子秤控制装置的以 MSI 计数器 74LS163 为核心的控制器逻辑电路图。

2.35 试设计"一对一"型的电子秤控制装置控制器。

2.36 在电子秤控制装置中,如果缺少 74LS185 码制变换器,能否用若干加法器,并辅以 SSI 门电路(或 MSI 组合器件)来实现 8 位二进制数到 3 位 BCD 码的转换?试进行具体的设计。

2.37 试设计例 2.18 题所述移位变换型补码变换器的"一对一"型控制器。

2.38 试设计例 2.20 题所述 5 位串行码数字锁的"一对一"型控制器。

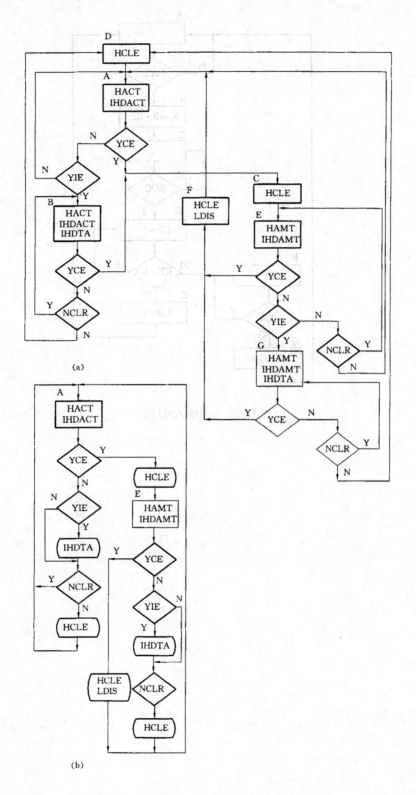

图 E2-4 某控制器 ASM 图

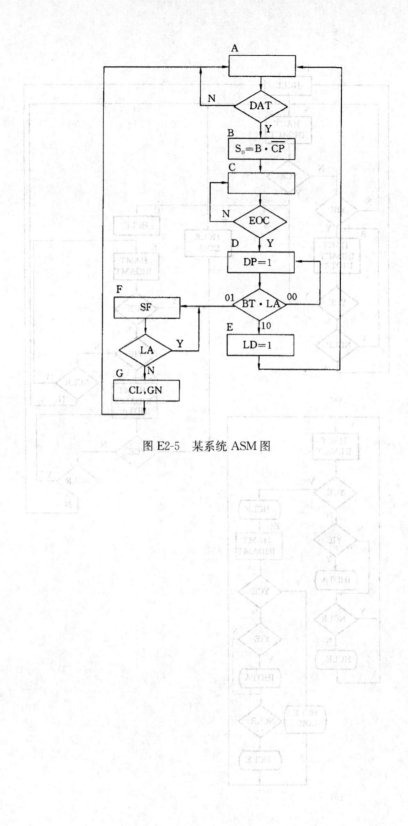

图 E2-5 某系统 ASM 图

第 3 章　硬件描述语言 VHDL 和 Verilog HDL

3.1　概述

数字系统设计的过程实质上是系统高层次功能描述(又称为行为描述)向低层次结构描述的转换。就逻辑设计而言，则是由系统级行为描述出发，导出逻辑(门)级或寄存器传输级(Register Transfer Level，RTL)与门级混合的结构描述的过程。因此从系统级到门级必须有适当的描述工具(方法)对系统的行为和结构做出规范化的描述，以使设计工作能顺利进行。表 3-1 列出了各层次常用的描述方法。表中的描述方式适用于传统的手工逻辑设计。

表 3-1　数字系统的描述方式

设计层次	行为描述	结构描述
系统级	算法流程图	CPU 或控制器、存储器等组成的逻辑框图
寄存器传输级(RTL)	数据流图、真值表、有限状态机、状态图、状态表	寄存器、ALU、MUX 等组成的逻辑图
逻辑(门)级	布尔方程、真值表、卡诺图	逻辑门、触发器、锁存器构成的逻辑图(网表)

近年来，随着集成电路技术的不断发展和集成度的迅速提高，待设计系统的规模越来越大，传统的手工设计方法已无法适应设计复杂数字系统的要求，迫使人们转而借助计算机进行系统设计。与此同时，集成电路技术的发展也推动了计算机技术与数字技术的发展，使人们有可能开发出功能强大的电子设计自动化(EDA)软件，使计算机辅助数字系统设计成为可能，从而大大提高了设计效率。

为了把待设计系统的逻辑功能、实现该功能的算法、选用的电路结构和逻辑模块，以及系统的各种非逻辑约束输入计算机，就必须有相应的描述工具。硬件描述语言(Hardware Description Language，HDL)便应运而生了。硬件描述语言可以对数字系统建模，应支持从系统级至门级各个层次的行为描述和结构描述。

硬件描述语言与程序设计语言相似，也是一种无二义性的规范的形式语言。用它描述的设计要求和设计过程便于在客户、设计师、制造商及用户间进行交流，也便于重用已有的设计。与传统程序设计语言相比，硬件描述语言增加了并行语句及延时、功耗参数说明等语句，以便描述硬件电路的功能与结构。

EDA 工具通常允许设计师采用两类描述方式作为设计输入。一类是图形化输入方式，如逻辑图、状态图、流程图和波形图等，与手工设计时采用的描述形式相仿。另一类称为文本方式，采用易被计算机编译的硬件描述语言对设计进行描述。由于 HDL 适用于逻辑设计的各个层次，可贯穿逻辑设计的全过程，且便于对系统做高层次描述。因此，在借助 EDA 工具进行系统设计时，HDL 的文本输入方式比图形输入方式更为常用。

硬件描述语言最早出现于 20 世纪 60 年代，至今在工业生产和科学研究中得以应用的 HDL 有百余种之多，如 Texas 公司的 HIHDL、Carnegie-Mellon 大学的 ISP、Gateway Design Automation 公司的 Verilog HDL 和美国国防部提出的 VHDL 等。迄今已有三种 HDL 被

IEEE 列为标准,它们是 VHDL(IEEE 1076)、Verilog HDL(IEEE 1364)和 System Verilog(IEEE 1800)。其中,VHDL 和 Verilog HDL 被众多 EDA 工具所支持。

HDL 与 EDA 工具的出现改变了传统的设计思想和设计方法。图 3-1 为用 EDA 工具对数字系统进行逻辑设计的大致过程。不难发现,它与高级程序设计语言的编译系统颇为相似。

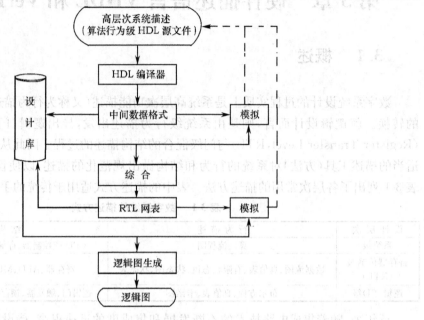

图 3-1　数字系统计算机辅助逻辑设计的过程

VHDL 语言是美国国防部在 20 世纪 80 年代初为实现其高速集成电路计划(Very High Speed Integrated Circuit,VHSIC)而提出的一种 HDL,其含义为超高速集成电路硬件描述语言(VHSIC Hardware Description Language,VHDL)。当初提出 VHDL 的目的是为了给数字电路的描述与模拟提供一个基本的标准。通过它为设计建立文档,并通过 VHDL 仿真器进行设计正确性验证。以后随着数字电路综合技术的提高,对 VHDL 综合的研究与开发逐步成熟。现今许多 EDA 工具中均包含有 VHDL 综合器。

围绕 VHDL 先后出现了多个 IEEE 标准:

IEEE std 1076—1987　　1987 年制定的第一个 VHDL 标准;

IEEE std 1076—1993　　1993 年修订的 VHDL 标准;

IEEE std 1076—2002　　2002 年修订的 VHDL 标准;

IEEE std 1076.1—1999　　1999 年制定的 VHDL 标准的模拟与混合信号扩展,简称
　　　　　　　　　　　　VHDL-AMS;

IEEE std 1076.2—1996　　1996 年制定的标准 VHDL 数学程序包;

IEEE std 1076.3—1997　　1997 年制定的标准 VHDL 综合用程序包;

IEEE std 1076.4—1995　　1995 年制定的用 VHDL 描述的 ASIC 库模型标准;

IEEE std 1076.6—1999　　1999 年制定的 VHDL 寄存器传输级综合标准;

IEEE std 1029.1—1998　　1998 年制定的波形与向量交换标准;

IEEE std 1164—1993　　1993 年制定的 VHDL 模型的多值逻辑系统标准。

Verilog HDL 语言最初是于 1983 年由 Gateway Design Automation 公司为其模拟器产品开发的硬件建模语言。那时它只是一种专用语言。由于相关模拟器产品的广泛使用,

Verilog HDL 作为一种便于使用且实用的语言逐渐为众多设计者所接受。1990 年成立了促进 Verilog 发展的国际性组织(Open Verilog International,OVI)。并最终使 Verilog 语言于 1995 年成为 IEEE 标准 IEEE Std 1364—1995。Verilog HDL 从 C 编程语言中继承了多种操作符和结构,使其非常易于学习和使用。

Verilog HDL 和 VHDL 在行为级抽象建模的覆盖范围方面有所不同。一般认为 Verilog HDL 在系统级抽象方面要比 VHDL 略差一些,而在门级开关电路描述方面要强得多。

Verilog HDL 的相关标准有:

IEEE std 1364—1995　1995 年制定的第一个 Verilog HDL 标准;

IEEE std 1364—2001　2001 年修订的 Verilog HDL 标准,提高了系统级模拟的能力以及 ASIC 时序的精确度,以满足更高精度设计和亚微米设计的需要;

IEEE std 1364—2005　2005 年修订的最新的 Verilog HDL 标准,解决了原有标准中一些定义不清的问题并纠正了一些错误。

System Verilog(IEEE std 1800—2005),是针对 Verilog HDL 系统级描述偏弱的情况而提出的一种新的 HDL。它主要针对电子系统和半导体设计日益增加的复杂性,提高了硬件设计、仿真和验证的效率,尤其是对高门数、基于知识产权(IP)和总线密集的系统。它提供了更强大、集成度更高、更简练的设计与验证语言,使工程师能应对更复杂的设计配置,如较深的流水线、更强的逻辑功能和更高级别的设计抽象描述,而采用较少的寄存器传输级代码。

此外,同样于 2005 年被 IEEE 列为标准的 SystemC(IEEE std 1666—2005)也可以支持硬件系统设计。它是一种系统设计语言,本质上是一个能够描述系统和硬件的 C++ 类库。由于 C++ 同样也是一种适合软件开发的常用语言,这使得 SystemC 在软硬件协同设计方面具有其他硬件描述语言无法比拟的优势。和其他硬件描述语言(如 Verilog HDL、VHDL)一样,SystemC 支持 RTL 级建模,然而 SystemC 最擅长的却是描述比 RTL 更高层、更抽象的系统级和算法级。

本章将对 VHDL 和 Verilog HDL 两种语言的语法结构做一简要介绍,并给出一些典型电路的描述,使读者对 HDL 有一个初步的了解。

3.2　VHDL 及其应用

3.2.1　VHDL 基本结构

在 VHDL 中,所有部件都用设计实体(Design Entity)来描述。实体可小至一个门,又可大致一个复杂的 CPU 芯片、一块印制电路板甚至整个系统。设计实体由两部分组成:实体说明和结构体。它们可以分开单独编译,并可分别被放入设计库中。

1. 实体说明

实体说明主要用来定义实体与外部的连接关系,以及需传给实体的参数。其一般格式为

　　　ENTITY　实体名　IS
　　　　［GENERIC(类属表);］
　　　　［PORT(端口表);］

END [ENTITY] [实体名];

上述[ ]中的部分为可缺省内容。以下类同。

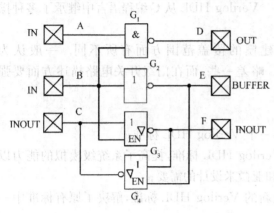

图3-2 不同的端口模式

类属是 VHDL 的一个术语,用以将信息参数传递到实体。最常用的信息是器件的上升沿和下降沿这类的延迟时间、负载电容和电阻、驱动能力及功耗等。其中的一些参数(如延时和负载等)可用于仿真,另一些参数(如驱动能力和功耗等)可用于综合。

端口表指明实体的输入、输出信号及其模式。端口模式主要有四种。它们是 IN(输入)、OUT(输出)、INOUT(双向端口,信号既可流入,又可流出)和 BUFFER(输出端口,但同时还允许用做内部输入或反馈)。图3-2给出了不同端口模式的情况。图中 A、B 均为输入信号;D 为输出信号;E 既是输出信号,同时还作为三态门 G_4 的(内部)使能输入,所以其模式为 BUFFER;信号 C 和 F 在三态门 G_3 和 G_4 的控制下实现外部信号的双向流动,故为 IN-OUT 模式。

图3-3(a)是半加器的示意图。a、b 为被加数与加数,s、c 分别为和数与进位。该模块的实体说明如下:

```
ENTITY half_adder IS                --实体说明
    GENERIC(tpd: Time:=2 ns);        --类属参数,表示延迟时间
    PORT(a, b: IN Bit;
         s, c: OUT Bit);             --端口说明
END half_adder;
```

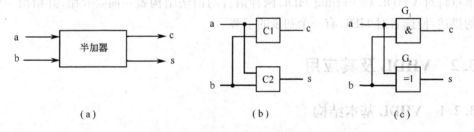

图3-3 半加器及其逻辑电路

上述 VHDL 源程序中,为便于阅读,关键字(又称保留字)均采用大写,自定义标识符均采用小写,而以大写字母打头后跟小写字母的标识符为预定义的数据类型。VHDL 中标识符由英文字母、数字及下划线"_"组成,但必须以字母打头且不能以下划线结尾。以双连词符(--)开始直到行末的文字为注释。tpd 为表示器件平均传输延迟的类属参数,其数据类型为物理类型 Time,默认值为 2ns。Bit 表示二值枚举型('0'、'1')数据类型。

2. 结构体

结构体通过若干并行语句来描述设计实体的逻辑功能(行为描述)或内部电路结构(结构

描述),从而建立设计实体输出与输入之间的关系。结构体中的并行语句对应了硬件电路中的不同部件之间、不同数据流之间的并行工作特性。一个设计实体可以有多个结构体,分别代表该实体的不同实现方案。

结构体的格式为

  ARCHITECTURE 结构体名 OF 实体名 IS
   [说明语句;]
  BEGIN
   并行语句;]
  END [ARCHITECTURE] [结构体名];

说明语句用以定义结构体中所用的数据对象和子程序,并对所引用的元件加以说明,但不能定义变量。

(1)算法描述

行为描述表示输入与输出间转换的行为。一个实体的算法描述无需包含任何结构信息。对图 3-3(a)所示的半加器,其功能表(真值表)如表 3-2 所示。由此可得该半加器的算法描述。

表 3-2 半加器功能表

a	b	c	s
0	0	0	0
0	1	0	1
1	0	0	1
1	1	1	0

```
ARCHITECTURE alg1_ha OF half_adder IS
BEGIN
  c1: PROCESS (a,b)
    BEGIN
      IF a='1' AND b='1' THEN
          c<='1';
      ELSE
          c<= '0';
      END IF;
    END PROCESS c1;
  c2: PROCESS (a,b)
    BEGIN
      IF a='0' AND b='0' THEN
          s<= '0';
      ELSIF a='1' AND b='1' THEN
          s<='0';
      ELSE
          s<='1';
      END IF;
    END PROCESS c2;
```

END alg1_ha;

PROCESS 为进程语句,括号中的信号称为敏感信号,当任一敏感信号发生变化时进程被激活(执行)。进程常用来描述实体或其内部部分硬件的行为。该结构体将所描述的实体划分成图 3-3(b)所示的两个部件,分别用两个进程 c1 和 c2 加以描述。进程语句属并行语句,故进程 c1 和 c2 被并行执行,与部件 C1 和 C2 的并行工作特性相吻合。进程内部由顺序语句(如 IF 语句)构成,主要用来描述实体或部件的算法行为。IF 语句的格式与功能同程序设计语言中的 IF 语句相似。"=","AND","<="依次为关系运算符(相等)、逻辑运算符(与)和信号赋值符号。

因半加器功能很简单,故可不必将其划分成两个部件而作为一个整体,用一个进程语句加以描述。

```
ARCHITECTURE alg2_ha OF half_adder IS
BEGIN
   PROCESS(a,b)
   BEGIN
      IF a='0' AND b='0' THEN
         c<= '0'; s<= '0';
      ELSIF a='1' AND b='1' THEN
         c<= '1'; s<= '0';
      ELSE
         c<= '0'; s<= '1';
      END IF;
   END PROCESS;
END alg2_ha;
```

(2)数据流描述

数据流描述表示行为,也隐含表示结构。它反映了从输入数据到输出数据之间所发生的逻辑变换。由半加器的真值表可导出输出函数

$s = a \oplus b$

$c = ab$

基于上述布尔方程的数据流描述如下:

```
ARCHITECTURE dataflow_ha OF half_adder IS
BEGIN
   s<= a XOR b AFTER tpd;
   c<= a AND b AFTER tpd;
END dataflow_ha;
```

上述结构体内的两条信号赋值语句与算法描述中进程内的信号赋值语句不同。前者为顺序语句,而后者为并行语句,每一赋值语句均相当于一个省略了"说明"的进程。上述信号赋值语句均规定了传输延迟。若信号赋值时未指定延迟,或指定的延迟为 0,则仿真时自动给该信号规定一个最小延迟(δ 延迟)。

(3)结构描述

结构描述给出实体内部结构,即所包含的模块或元件及其互连关系,以及与实体外部引线

的对应关系。图 3-3(a)的半加器可以用图 3-3(c)所示的逻辑电路加以实现。对该电路结构可做如下描述。

```
ARCHITECTURE struct_ha OF half_adder IS
    COMPONENT and_gate PORT (a1, a2: IN Bit;
                             a3: OUT Bit);              --元件说明
    END COMPONENT;
    COMPONENT xor_gate PORT (x1, x2: IN Bit;
                             x3: OUT Bit);
    END COMPONENT;
BEGIN
    g1: and_gate PORT MAP (a,b,c);
    g2: xor_gate PORT MAP (a,b,s);
END struct_ha;
```

COMPONENT 为元件说明语句,说明元件的名称及端口特性。该结构体由两条并行的元件例化(引用)语句组成。PORT MAP 为端口映射,指明所含元件之间及元件与实体端口之间的连接关系。被例化的元件称为例元(此处为 and_gate 和 xor_gate)。and_gate 与 xor_gate 也是独立的实体,可另行描述放入设计库中。由于它们是标准的功能元件,往往已包含在 EDA 工具所带的设计库中。

(4)混合描述

在一个结构体中,行为描述与结构描述可以混合使用。即元件例化语句与其他并行语句共处于同一结构体内,这样便增加了描述的灵活性。对图 3-3(a)的半加器,用数据流描述 s、用结构描述 c 的混合描述如下:

```
ARCHITECTURE mix_ha OF half_adder IS
    COMPONENT and_gate PORT (a1, a2: IN Bit;
                             a3: OUT Bit);
    END COMPONENT;
BEGIN
    s<= a XOR b;
    g1: and_gate PORT MAP (a,b,c);
END mix_ha;
```

3.2.2 数据对象、类型及运算符

1. 对象类别与定义

VHDL 中有四类对象:SIGNAL(信号)、VARIABLE(变量)、CONSTANT(常量)和FILE(文件)。常量可用于定义延迟和功耗等参数,只能进行一次赋值。变量和信号则可以多次赋值。信号相当于元件之间的连线,因此,仿真时其赋值须经一段时间延迟(最小为 δ 延迟,由仿真器确定)后才能生效。而变量的赋值则是立即生效的。变量常用于高层次抽象的算法描述之中。文件类对象相当于文件指针,用于对文件的读/写操作,主要用于文档处理。

对象的说明格式为

对象类别 标识符表：类型标识[：= 初值]；

例如：

  SIGNAL clock：Bit；
  VARIABLE i：Integer：= 13；
  CONSTANT delay：Time：= 5 ns；

式中：= 为立即赋值符，用于给数据对象赋初值和对变量赋值。

  端口说明中的对象均为信号类型，不必显式地说明，但必须指明信号的流向特性（IN、OUT、INOUT 及 BUFFER）。而在结构体中说明的信号则不指明其流向，由外部端口及内部元件的信号流向决定它们的流向。

  若在说明信号或变量时未指定初始值，则取默认值，即该类型的最左值或最小值。如上述信号 clock 的默认初始值为 '0'。

2. 数据类型

  VHDL 中一个对象只能有一种类型，施加于该对象的操作必须与该类型相匹配。VHDL 的基本数据类型为标量类型，它包括整型（Integer）、实型（Real）、枚举型（如 Bit、Boolean 等）和物理型（如 Time）等预定义数据类型。在此基础上，还可以自定义复合类型（数组和记录）、子类型及枚举类型。

  自定义数据类型的格式是

  TYPE 标识符 IS 类型说明；

例如：

TYPE Bit IS ('0', '1')；	--预定义枚举类型
TYPE Boolean IS (False, True)；	--预定义枚举类型
TYPE bit3 IS ('0', '1', 'Z')；	--自定义枚举类型
TYPE Severity_Level IS (Note, Warning, Error, Failure)；	--预定义枚举类型
TYPE Natural IS Integer RANGE 0 TO INTEGER 'High；	--预定义子类型
TYPE voltage IS RANGE 0.0 TO 5.0；	--自定义子类型
TYPE word IS ARRAY (15 DOWNTO 0) OF Bit；	--自定义数组
TYPE matrix IS ARRAY (1 TO 8, 1 TO 8) OF Real；	--自定义数组
TYPE Bit_Vector IS ARRAY (Natural RANGE < >) of Bit；	--预定义数组
TYPE complex IS RECORD	--自定义记录
re：Real；	
im：Real；	
END RECORD；	

其中，Bit、Boolean 和 Severity_Level 为预定义枚举类型；Natural 为预定义的整数子类型，INTEGER 'High 是整数类型的一个属性，表示整数的最大值；Bit_Vector 为预定义数组；"< >" 作为数组下标的占位符，在以后用到该数组类型时再填入具体的数值范围。例如：

  SIGNAL data_bus：Bit_Vector (7 DOWNTO 0)；

  物理类型的定义需规定一个取值范围、一个基本单位和若干次级单位。次级单位须是基本单位的整数倍。例如：

```
TYPE resistance IS RANGE 1 TO 1E9
UNITS
    ohm;                          --基本单位
    Kohm=1000 ohm;                --次级单位
    Mohm=1000000 ohm;
END UNITS;
```

VHDL 中类型的转换必须通过类型标识符显式的进行。例如：

```
VARIABLE i: Integer;
VARIABLE r: Real;
SIGNAL s0: Bit:='0';
SIGNAL s1: Bit:='1';
SIGNAL s_array: Bit_Vector (0 TO 1);
i:=Integer(r);
r:=Real(i);
s_array<=Bit_Vector (s0,s1);
```

VHDL 开发工具中通常包含两个标准程序包：IEEE.Std_Logic_1164 和 STD.Standard。前者给出了 IEEE 标准 1164 所规定的数据类型、运算符和函数。如基于三种逻辑状态（'0'、'1'、'X'）和三种驱动强度（强、弱、高阻）的一种多值逻辑类型 Std_Ulogic 的定义如下：

```
TYPE Std_ULogic IS ('U',        --未定
                   'X',         --强制未知
                   '0',         --强制 0
                   '1',         --强制 1
                   'Z',         --高阻
                   'W',         --弱未知
                   'L',         --弱 0
                   'H',         --弱 1
                   '—',         --无关
                   );
```

后者定义了常用的数据类型、子类型和函数，如 Boolean、Bit、Bit_Vector 等。

3. 常数的表示

VHDL 中的数有整数、浮点数、字符、字符串、位串及物理数六种类型。

整数与浮点数均可用十进制、十六进制、八进制和二进制表示。十六进制中会出现数符 A～F。整数和浮点数均可含十进制指数，两者的区别仅在于，整数无小数点，浮点数含小数点。非十进制数的表示方法为

  基数♯基于该基的整数[.基于该基的整数]♯E 指数

其中，基数与指数必须为十进制形式的整数，"E 指数"表示 10 的幂。如整数 1000 可表示如下：

  1000
  1E3
  16♯3E8♯

16#1#E3
8#1750#
8#1#E3
2#1111101000#
2#1#E3

浮点数 312.5 可表示为

312.5
3.125E2
16#138.8#
16#3.2#E2
8#470.4#
8#3.1#E2
2#100111000.1#
2#11.001#E2

字符、字符串和位串均用 ASCII 字符表示。单个字符用单引号括起来,如 '0'、'1'、'Z'。字符串则用双引号括起来,如"abcd"。位串是用字符形式表示的多位数码,是用双引号括起来的一串数字序列,序列前冠以基数说明。可用二进制(B)、八进制(O)和十六进制(X)表示。例如:

B"101010101"
O"525"
X"155"

即为同一个位串的三种表示形式。二进制位串前可省略基数说明。

4. 运算符

VHDL 中预定义的运算符主要有四类,详见表 3-3。其中,除正"+"、负"-"一元运算符外,其余均为二元运算符。

算术运算符中,MOD 和 REM 都是"取余数"运算,故运算数只能是整数。两者的区别是,REM 运算结果的符号与被除数相同;而 MOD 运算结果的符号与除数相同。无论是哪种"取余数"运算,其结果都必须满足两个条件。一是余数的绝对值小于除数的绝对值;二是总可以找到一个整数 N,使得

被除数 = 除数 * N + 余数

因此

13 REM (−4) = +1   ($N = -3$)
13 MOD (−4) = −3   ($N = -4$)

小于等于运算符与用于信号赋值的延迟赋值符相同,均为"<=",由其在语句中的位置区分。

拼接运算符(&)可用于将若干位信号拼接成位串,也可将多个位串或多个字符串进行拼接。

表 3-3 VHDL 中的预定义运算符

类别	运算符	功能	类别	运算符	功能
算术运算符	+	加	关系运算符	=	相等
	−	减		/=	不等
	*	乘		<	小于
	/	除		>	大于
	MOD	模运算		<=	小于等于
	REM	取余		>=	大于等于
	**	乘方	逻辑运算符	AND	与
	SLL	逻辑左移		OR	或
	SRL	逻辑右移		NOT	非
	SLA	算术左移		NAND	与非
	SRA	算术右移		NOR	或非
	ROL	逻辑循环左移		XOR	异或
	ROR	逻辑循环右移		XNOR	符合
	ABS	绝对值	其他运算符	+ − &	正号 负号 拼接

3.2.3 顺序语句

VHDL 提供了一系列的并行语句和顺序语句。有些语句既可作为并行语句，又可作为顺序语句（如信号赋值语句、断言语句和过程调用语句等），由所在的语句块决定。

顺序语句可用于进程和子程序中，为算法描述提供了方便。顺序语句块一旦被激活，则其中的所有语句将按顺序逐一地被执行。但从模拟时钟上看，所有语句又都是在该语句块被激活的那一时刻被执行的，信号的延迟不会随语句的顺序而变。因为信号延迟要么由表达式规定，要么取最小默认值δ，且起始时刻均为语句块被激活的那一刻，故与语句的执行顺序无关。

VHDL 的顺序语句有赋值语句、IF 语句、CASE 语句、LOOP 语句和过程调用语句等。

1. 变量与信号赋值语句

对象通过赋值改变其保存的值。VHDL 有两种赋值符号：

:= 立即赋值符,将右边表达式的值立即赋给左边的对象；

<= 延迟赋值符,将右边表达式的值经一定时间间隔（最小为δ）之后赋给左边的对象。

立即赋值符":="用于对变量和常量赋值,以及对信号赋初值。延迟赋值符"<="用于在信号传播、变化过程中对信号赋值。对象只能被赋予与该对象数据类型相一致的数据。

2. IF 语句

IF 语句以一个布尔表达式作为分支条件实现两路分支判断。用 IF—ELSIF 语句则可以实现多路分支判断结构。IF 语句的一般格式如下：

```
IF   布尔表达式 1   THEN
     顺序语句 1;
[ELSIF   布尔表达式 2   THEN
     顺序语句 2;]
     ⋮
```

```
    [ELSE
        顺序语句 n;]
    END IF;
```

例如:
```
    IF mode='0' THEN
        ⋮
        d<=a OR b;
        f<=c AND d;
        ⋮
    END IF;
```

上述两条信号赋值语句为顺序语句。当 mode='0'成立时将顺序地执行它们。

3. CASE 语句

CASE 语句适用于两路或多路分支判断结构,它以一个多值选择表达式为条件式,依条件式的不同取值实现多路分支。其一般格式为

```
    CASE  选择表达式 IS
        WHEN  选择值1=>顺序语句1;
       [WHEN  选择值2=>顺序语句2;]
            ⋮
       [WHEN OTHERS=>顺序语句n;]
    END CASE;
```

各选择值不能有重复。OTHERS 只能放在所有分支之后。若 CASE 语句中无OTHERS 分支,则各选择值应涵盖选择表达式的所有可能取值。对图 1-31(a)所示流程图,可用 CASE 语句描述如下:

```
    CASE cnt IS
        WHEN 8=>
                cnt:=0;
        WHEN OTHERS=>
                cnt:=cnt+1;
    END CASE;
```

CASE 语句中的 WHEN 选择值可以是一个范围。例如:

```
    CASE num IS
        WHEN 1 TO 6=> num:=num+1;    --当 num 值为 1~6
        WHEN 7|10=>num:=0;           --当 num 值为 7 或 10
        WHEN OTHERS=> num:=num+2;
    END CASE;
```

4. LOOP 语句

LOOP 语句实现循环(重复执行)。其一般格式为

```
[LOOP 标号:][重复模式] LOOP
        顺序语句;
END LOOP [LOOP 标号];
```

重复模式有两种：WHILE 和 FOR，分别类似于程序设计语言中的 WHILE 与 FOR 循环。其重复模式分别表示成

    WHILE 布尔表达式

和

    FOR 循环变量 IN 范围

例如：

```
VARIABLE cnt: Integer :=1;
SIGNAL start : Bit:='0', a : Bit_Vector (7 DOWNTO 0);
SIGNAL done : Bit;
    ⋮
loop1 : WHILE start/= '1' LOOP
    done<= '1';
END LOOP loop1;
    ⋮
loop2 : FOR cnt IN 1 TO 3 LOOP
    a<=a XOR cnt;
END LOOP loop2;
```

loop1 的循环条件为 start 信号不为'1'。loop2 的循环条件为 cnt 为 1～3，每循环一次 cnt 自动加 1。

若 LOOP 语句中无重复模式，则为无条件循环(无限循环)。但可以在循环中安排一个 EXIT 语句，退出循环。EXIT 语句的形式为

    EXIT [循环标号][WHEN 条件];

可实现有条件"跳出"和无条件"跳出"。若循环标号缺省，则指当前最内层循环。

上述 loop2 可改写成

```
cnt:=1;
loop2 : LOOP
    a<=a XOR cnt;
    cnt:=cnt+1;
    EXIT loop2 WHEN cnt=4;
END LOOP loop2;
```

在循环中还可以用 NEXT 语句中止一次循环的执行，重新开始下一次循环。其形式为

    NEXT [循环标号][WHEN 条件];

可实现有条件"中止"和无条件"中止"。若循环标号缺省，则指当前最内层循环。例如：

```
loop3 : FOR cnt IN 1 TO 3 LOOP
    NEXT WHEN cnt=2;
```

```
            var:=var+cnt;
        END LOOP loop3;
```
上述循环中,当 cnt 为 2 时,不执行 var:=var+cnt 的运算。

3.2.4 并行语句

VHDL 的结构体由若干并行语句构成。并行语句的书写次序并不代表其执行的顺序。某一时刻只有被激活的语句才会被执行。以图 3-4(a)的基本 RS 触发器为例,其 VHDL 描述如下:

```
ENTITY rs_ff IS
    PORT (r , s : IN Bit; q , nq : BUFFER Bit);
END rs_ff;
ARCHITECTURE funct_rsff OF rs_ff IS
BEGIN
    q<= s NAND nq;
    nq<= r NAND q;
END funct_rsff;
```

该结构体中的两条赋值语句是并行语句。设仿真时 r、s 起始值均为 1,q 的初始状态为 1(nq 为 0)。若某时刻 r 由 1 变为 0,则 nq 赋值语句被激活(执行),经过 δ 时间后 nq 由 0 变为 1。此时因 nq 变化才使 q 赋值语句被激活(执行),再经 δ 延迟后 q 由 1 变为 0。其波形如图 3-4(b)所示。

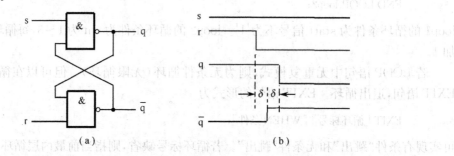

图 3-4　基本 RS 触发器

若通过元件例化语句对图 3-4(a)所示电路进行结构描述,则执行过程与此类似。

VHDL 中的并行语句有信号赋值语句、进程语句、元件例化语句、生成语句和块语句等。

1. 并行信号赋值语句

并行信号赋值语句代表着对该信号赋值的等价的进程语句。其基本形式与顺序信号赋值语句相同。但是执行方式却有所不同。对于顺序信号赋值语句,只要所在语句块被激活,便会被执行。而对并行信号赋值语句,仅当表达式中所含的信号发生变化时,才会被执行。

并行信号赋值语句有两种扩展形式:条件型和选择型。

(1)条件信号赋值语句

条件信号赋值语句的格式为

　　　　信号名<=表达式 1 WHEN(条件 1)　ELSE

　　　　　⋮
　　　表达式 N-1 WHEN(条件 N-1) ELSE
　　　表达式 N;

根据条件(布尔表达式)满足与否决定将哪个表达式的值赋给待赋值的信号。例如,对一个 4 选 1 数据选择器可做如下描述(设地址端为 A1、A0,数据输入端为 D0、D1、D2、D3,输出端为 F)。

```
ENTITY mux41 IS
  PORT (a1, a0, d0, d1, d2, d3 : IN Bit;
        f : OUT Bit);
END mux41;
ARCHITECTURE condition_assign OF mux41 IS
BEGIN
    f<=d0 WHEN a1='0' AND a0='0' ELSE
       d1 WHEN a1='0' AND a0='1' ELSE
       d2 WHEN a1='1' AND a0='0' ELSE
       d3;
END condition_assign;
```

(2)选择信号赋值语句

选择信号赋值语句的格式为

　　　WITH 选择表达式 SELECT
　　　　信号名<= 表达式 1 WHEN 选择值 1,
　　　　　　　　　⋮
　　　　　　　表达式 N WHEN 选择值 N;

根据多值选择表达式的值进行相应的赋值,其功能与 CASE 语句相仿。其中的某个选择值既可以是单个值,也可以是多个值,最后一个选择值还可以是 OTHERS。

这种语句用来表示真值表式译码电路较为方便。以下是对 3-8 译码器的描述(设使能信号 EN 和输出信号均低电平有效)。

```
ENTITY decoder38 IS
  PORT (en : IN Bit;
        input : IN Bit_Vector (2 DOWNTO 0);
        output : OUT Bit_Vector (7 DOWNTO 0));
END decoder38;
ARCHITECTURE selected_assign OF decoder38 IS
BEGIN
    WITH (en & input) SELECT
      output <="11111110"    WHEN "0000",
              "11111101"    WHEN "0001",
              "11111011"    WHEN "0010",
              "11110111"    WHEN "0011",
              "11101111"    WHEN "0100",
              "11011111"    WHEN "0101",
              "10111111"    WHEN "0110",
```

```
            "01111111"    WHEN "0111",
            "11111111"    WHEN OTHERS;
    END selected_assign;
```

2. 进程语句

进程语句是一个并行语句,即进程语句之间是并行执行的,但进程内部却是顺序执行的(由顺序语句组成)。进程语句用于描述一个操作过程。其语句格式如下:

```
[进程标号:] PROCESS [(敏感信号表)] [IS]
    [说明语句;]
BEGIN
    顺序语句;
END PROCESS [进程标号];
```

说明语句用于说明数据类型、变量和子程序。敏感信号的作用是,对相互间独立执行的进程语句进行协调,传递消息,实现同步和异步操作。仅当敏感信号表中的信号发生变化时,进程才会被激活,其内部的顺序语句才会被执行;否则,进程处于挂起状态。也可用 WAIT 语句指定敏感信号。其格式为

```
WAIT [ON 敏感信号表] [UNTIL 条件] [FOR 时间表达式];
```

WAIT ON 使进程暂停,直到某个敏感信号的值发生变化。WAIT UNTIL 使进程暂停,直到条件为真。WAIT FOR 使进程暂停一段由时间表达式指定的时间。

若进程带有敏感信号表,则其内部不能有 WAIT 语句。一个进程若没有敏感信号表,则其内部必须至少包含一条 WAIT 语句。否则仿真时该进程将陷入无限循环。仿真时钟不会前进。

进程内的变量在进程被挂起和重新被激活时,将保持原值。即进程内的变量仅在进程第一次被激活时才初始化。

下面是利用进程对边沿型 D 触发器的两种描述。第一种采用了敏感信号表,第二种则是用 WAIT 语句指定了敏感信号。

描述一:

```
ENTITY d_ff IS
    PORT (d, clk: IN Bit;
          q, nq: OUT Bit);
END d_ff;
ARCHITECTURE describl_dff OF d_ff IS
BEGIN
    PROCESS(clk)
    BEGIN
        IF clk='1' THEN
            q<=d;
            nq<=NOT d;
        END IF;
    END PROCESS;
```

END describ1_dff;

描述二(实体说明略):

```
ARCHITECTURE describ2_dff OF d_ff IS
BEGIN
    PROCESS
    BEGIN
        WAIT ON clk;
        IF clk='1' THEN
            q<=d;
            nq<=NOT d;
        END IF;
    END PROCESS;
END describ2_dff;
```

上述 D 触发器仅当时钟 clk 变化且变化后的值为'1'时才被触发。显然,这是一个响应时钟上升沿的触发器。

3. 断言语句

断言(ASSERT)语句既可作为顺序语句,又可作为并行语句。前者位于进程或过程之内,而后者则位于进程和过程之外。

断言语句的格式为

ASSERT 条件[REPORT 报告信息][SEVERITY 出错级别];

并行断言语句等价于一个进程语句,它不做任何操作,仅用于判断某一条件是否成立,若不成立则报告一串信息给设计师。显然,它是一个面向仿真的语句,无法用于综合。

若前述 D 触发器增加异步复位端 CLEAR 和置位端 PRESET(均为低电平有效),则相应的 VHDL 描述如下:

```
ENTITY d_ff IS
    PORT (preset, clear, d, clk: IN Bit;
          q, nq: OUT Bit);
END d_ff;
ARCHITECTURE describ3_dff OF d_ff IS
BEGIN
    ASSERT NOT ((preset='0') AND(clear='0'))
        REPORT "Control error"  SEVERITY Error;
    PROCESS(preset, clear, clk)
    BEGIN
        IF (preset='0')  AND (clear='1')  THEN
            q<='1';  nq<='0';
        ELSIF (preset='1')  AND (clear='0')  THEN
            q<='0';  nq<='1';
        ELSIF (clk'Event AND clk='1') THEN
            q<=d;  nq<=NOT d;
```

```
        END IF;
    END PROCESS;
END describ3_dff;
```

上述 ASSERT 语句用来判断是否会出现复位、置位信号同时有效的错误情况。clk'Event表示信号 clk 的事件属性,相当于执行函数 Event(clk),以检查 clk 信号是否发生了某个事件(值发生变化)。若发生了事件则函数返回 True;否则,返回 False。信号具有多种属性,事件属性(Event)是其中之一,可用于检测进程是否被某个敏感信号所激活。在具有多敏感信号的进程中,只有 clk'Event 与 clk='1'同时为 True 才说明出现了 clk 信号的上升沿。断言语句是不能综合的。下面给出一个可综合的带异步复位端和置位端的 D 触发器的功能描述(仅给出结构体)。

```
ARCHITECTURE describ4_dff OF d_ff IS
BEGIN
    PROCESS(preset, clear, clk)
    BEGIN
        IF (clear='0')   THEN
            q<='0';  nq<='1';
        ELSIF (preset='0')   THEN
            q<='1';  nq<='0';
        ELSIF (clk'Event AND clk='1')   THEN
            q<=d;  nq<=NOT d;
        END IF;
    END PROCESS;
END describ4_dff;
```

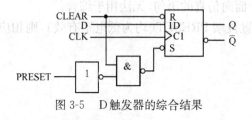

图 3-5　D 触发器的综合结果

由该描述可综合出图 3-5 所示的结果,在 D 触发器之外加了两个门。其效果是,CLEAR 信号比 PRESET 信号优先。目前还很难用 IF 语句写出使 PRESET 和 CLEAR 具有相同优先级的 VHDL 描述。

4. 元件例化语句

在描述一个实体的内部组成时,需要描述它所包含的下层元件及其连接关系。这时需要使用元件例化语句。元件例化提供了将系统进行功能分解的方法,并提供了重复利用设计库中已有设计的机制。

元件例化语句的一般格式如下:

[元件标号:] 元件名 [GENERIC MAP(类属映射表)] PORT MAP(信号映射表);

在结构体中对下层元件例化前,需要在结构体的说明部分通过 COMPONENT 语句对被引用的元件的类属参数和端口信号加以说明。前文 3.2.1 节中对半加器进行结构描述时,已应用过 COMPONENT 语句和元件例化语句,此处不再赘述。

5. 生成语句

当实体内部存在规则、重复的结构时，可用生成语句进行描述。生成语句为描述设计中的循环部分和条件部分提供了便利。生成语句的格式如下：

[生成标号：]生成方案 GENERATE
　　并行语句；
END GENERATE [生成标号]；

生成方案有两种：FOR 和 IF。FOR 方案用于描述重复模式；IF 方案用于描述条件模式。生成语句可以嵌套，且可结合类属参数描述可变的、参数化实体。现以图 3-6 所示级联型 n 位加法器（默认 $n=8$）为例说明这一点。

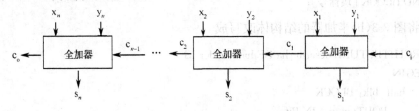

图 3-6　级联型 n 位加法器

```
ENTITY addern IS
    GENERIC(n: Integer:=8);                               --由类属参数指定加法器位数
    PORT(x, y : IN Bit- Vector(n DOWNTO 1);
        ci: IN Bit;
        s: OUT Bit- Vector(n DOWNTO 1);
        co: OUT Bit);
END addern;
ARCHITECTURE struct- addern OF addern IS
    COMPONENT full- adder PORT(x, y, cin: IN Bit; sum, cout: OUT Bit);
    END COMPONENT;
    SIGNAL c: Bit- Vector(n—1 DOWNTO 1);                   --内部信号定义
BEGIN
    gen:FOR i IN 1 To n GENERATE                           --FOR 生成语句，n 次例化全加器
        lsb- bit: IF i=1 GENERATE                          --最低位 IF 生成语句
            lsb- cell: full- adder PORT MAP(x(i), y(i), ci, s(i),c(i));
        END GENERATE lsb- bit;
        mid- bits: IF i>1 AND i<n GENERATE                 --中间位元件例化
            mid- cells: full- adder PORT MAP(x(i), y(i), c(i—1),s(i), c(i));
        END GENERATE mid- bits;
        msb- bit: IF i=n GENERATE                          --最高位元件例化
            msb- cell: full- adder PORT MAP(x(i), y(i), c(i—1), s(i), co);
        END GENERATE msb- bit;
    END GENERATE gen;
END struct- addern;
```

6. 块语句

块语句（BLOCK）把若干条并行语句包装在一起，表示一个子模块。结构体本身就等价于

一个BLOCK(功能块)。可以将一个较为复杂的结构体划分成几个块,分别进行描述,而且块中还可以嵌套更小的块。因此,BLOCK语句提供了在一个实体(结构体)中进行层次化设计的方法。

块语句的格式为

```
块标号：BLOCK [(保护表达式)] [IS]
        [类属说明与映射;]
        [端口说明与映射;]
        [说明语句;]
    BEGIN
        并行语句;
    END BLOCK [块标号];
```

例如,可以将图3-3(b)半加器的结构体改写成

```
ARCHITECTURE describ_ha OF half_adder IS
BEGIN
    half_blk: BLOCK
        PORT(x, y : IN Bit;
             z, f : OUT Bit);        --定义块的局部端口
        PORT MAP (a, b, s, c);        --说明块端口与外部信号的连接关系
    BEGIN
        z<= x XOR y;
        f<= x AND y;
    END BLOCK half_blk;
END describ_ha;
```

通过BLOCK将两条并行语句封装成一个模块。

BLOCK语句中保护表达式是布尔表达式,其作用是使块内的激励信号起作用或不起作用。若BLOCK语句带有保护表达式,则在其内部就会隐含定义一个名为GUARD的布尔类型的信号,其值为保护表达式的值。例如,利用BLOCK语句中的保护表达式可以重新描述D触发器的功能。

```
ENTITY d_ff IS
    PORT (d, clk: IN Bit;
          q, nq: OUT Bit);
END d_ff;
ARCHITECTURE describ5_dff OF d_ff IS
BEGIN
    blk: BLOCK(clk'Event AND clk='1')
    BEGIN
        q<= GUARDED d;
        nq<= GUARDED NOT d;
    END BLOCK blk;
END describ5_dff;
```

在BLOCK语句中,有两条被保护的信号赋值语句,通过关键词GUARDED来识别。当

GUARD 为 True 时，信号赋值语句中的激励信号 d 起作用（相当于触发器被触发），决定 q 和 nq 的值；当 GUARD 为 False 时，信号赋值语句中的激励信号 d 不起作用，q 和 nq 的值保持不变（触发器未被触发）。

3.2.5 子程序

子程序由一组顺序语句组成，便于在程序中重复引用。它常用于计算值或描述算法。子程序不是一个独立的编译单位，只能置于实体（被该实体专用）或程序包（可被多个实体公用）中。VHDL 中子程序分过程与函数两类。

1. 函数定义与引用

函数的作用是求值，它有若干参数输入，但只有一个返回值作为输出。定义一个函数的一般格式为

```
FUNCTION 函数名(参数表)  RETURN 数据类型 IS
    [说明语句;]
BEGIN
    顺序语句;
END [FUNCTION][函数名];
```

参数表中需说明参数名、参数类别（信号或常量）及其数据类型。RETURN 之后的数据类型表示函数返回值的类型，也称为函数的类型。顺序语句为函数体，定义函数的功能。说明语句用以说明函数体内引用的对象和过程。

现定义一个函数 max，从两个整数中求取最大值。

```
FUNCTION max(a, b: Integer ) RETURN Integer IS
BEGIN
    IF a<b THEN
        RETURN b;
    ELSE
        RETURN a;
    END IF;
END max;
```

函数通常在一个顺序语句的表达式中被引用。如对 D 触发器功能的下列描述

```
ARCHITECTURE describ6_dff OF d_ff IS
    FUNCTION rising_edge(SIGNAL s: Bit) RETURN Boolean IS          --函数定义
    BEGIN
        RETURN(s 'Event AND s='1');
    END rising_edge;
BEGIN
    PROCESS
    BEGIN
        WAIT ON clk UNTIL rising_edge(clk);
        q<= d;
```

```
            nq<= NOT d;
    END PROCESS;
END describ6_dff;
```

该结构体首先在说明部分定义了一个用以检测信号上升沿的 Boolean 型函数 rising_edge()。当信号上升沿出现时,该函数返回值为 True;否则,返回值为 False。然后在进程内的 WAIT 语句中通过条件表达式调用了该函数。

2. 过程定义与引用

过程通过参数进行内外信息的传递。参数需说明类别(信号、变量或常量)、类型及传递方向(IN、OUT 或 INOUT,默认方向为 IN)。过程定义的一般格式为

```
PROCEDURE 过程名(参数表) IS
    [说明语句;]
BEGIN
    顺序语句;
END [PROCEDURE] [过程名];
```

过程的引用只需直接写过程名及相应的参数(实参)。

触发器的正常工作需要时钟与激励信号之间满足一定的时序条件,这称为触发器的脉冲工作特性。D 触发器的脉冲工作特性如图 3-7 所示。图中 t_{setup} 是 D 信号提前于 CLK 信号有效的建立时间。

下面是对 D 触发器功能的又一种描述,该描述包含了对建立时间的检测(通过过程实现)。

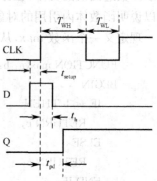

图 3-7 D 触发器的脉冲工作特性

```
ARCHITECTURE describ7_dff OF d_ff IS
    PROCEDURE setup_check(SIGNAL cp, data: Bit;
                                --过程定义
                          CONSTANT min_setup: Time;
                          VARIABLE result: OUT Boolean) IS
        VARIABLE t1: Time:=0 ns;
    BEGIN
        LOOP
            WAIT ON data, cp;
            IF data 'Event THEN
                t1:=NOW;
            END IF;
            IF cp 'Event AND cp='1' THEN
                IF (Now=0 ns) OR (Now-t1)>=min_setup THEN
                    result := True;
                ELSE
                    result := False;
                END IF;
                EXIT;
            END IF;
```

```
            END LOOP;
        END setup_check;
    BEGIN
      PROCESS
        CONSTANT m_s1: Time:=1 ns;
        VARIABLE s_check : Boolean;
      BEGIN
        setup_check(clk, d, m_s1, s_check);
        ASSERT s_check REPORT "Min-setup-time violation" SEVERITY Error;
        IF (clk'Event AND clk='1')  THEN
            q<=d; nq<=NOT d;
        END IF;
      END PROCESS;
    END describ7_dff;
```

该结构体首先在说明部分定义了一个过程 setup_check(),然后在进程中调用了该过程。过程 setup_check()中的 Now 为全局型变量,保存当前的时间。为调用该过程,在进程的说明部分还定义了常量 m_s1 和变量 s_check。过程定义时所带的参量称为形参,而过程调用时所带的参量则称为实参。从信息传递的方向看,该过程的前三个参数为 IN(采用了默认方式),第四个参数方向为 OUT,将处理结果传回调用该过程的进程。

子程序形参与实参的关联通常采用位置关联的形式。如上述的过程调用。此外还可以采用名字关联方式,由"形参名=>实参名"决定关联关系。此时参数的排列顺序可以任意。如上述进程中的过程调用可写为

```
setup_check ( data=>d, cp=>clk, result=>s_check, min_setup=>m_s1);
```

函数与过程的区别除有无返回值外,还有其他一些不同之处,如表 3-4 所示。

表 3-4 函数与过程的区别

	函　数	过　程
形参允许的传递方式	IN	IN,OUT,INOUT
形参允许的对象类	常量,信号	常量,信号,变量
形参使用的默认对象类	常量	常量(对 IN 方式) 变量(对 OUT 和 INOUT 方式)
等待语句,顺序信号赋值	不允许	允许

子程序中的变量在子程序退出执行后不能保持其值。当子系统下次被调用时,其中的变量将被再次初始化。这一点与进程中的变量不同。

3. 子程序重载

子程序的重载指两个或多个子程序使用相同的名字。当多个子程序重名时,下列因素将决定某次调用使用的是哪一个子程序。

- 子程序调用中出现的参数数目;
- 调用中出现的参数类型;
- 调用中参数采用名字关联方式时形参的名字;

- 子程序为函数时返回值的类型。

上文定义的 max() 函数只能用于求两个整数的最大值。若欲求两个浮点数的最大值,可定义一个重载函数

```
FUNCTION max(a, b: Real) RETURN Real IS
BEGIN
    IF a<b THEN
        RETURN b;
    ELSE
        RETURN a;
    END IF;
END max;
```

VHDL 中,逻辑运算符、关系运算符和算术运算符等都是函数,且可重载。运算符的重载与重载函数遵循同样的规则。同运算符对应的函数名为

"运算符符号"

如定义一种三态类型 bit3

```
TYPE bit3 IS ('0', '1', 'Z');
```

并要给出这种类型对象的"与"运算规则,则可以不改变"与"运算符(AND),而通过重载(定义该运算符的重载函数)加以实现。

```
FUNCTION "AND" (a, b: bit3) RETURN bit3 IS
BEGIN
    IF a='1' AND b='1' THEN  RETURN '1';    --运算数全为'1',结果为'1'
    ELSIF a='0' OR b='0' THEN  RETURN '0';  --运算数有'0',结果为'0'
    ELSE RETURN 'Z';                         --其他情况,结果为'Z'
    END IF;
END "AND";
```

3.2.6 程序包与设计库

1. 程序包

在实体说明和结构体内定义的数据类型、常量及子程序对其他设计实体是不可见的。为使它们对其他设计实体可见,VHDL 提供了程序包机制。用程序包可定义一些公用的子程序、常量及自定义数据类型等。各种 VHDL 编译系统往往都含有多个标准程序包,如 Std_Logic_1164 和 Standard 程序包。用户也可自编程序包。

程序包由两个独立的编译单位——说明单元和包体单元构成,其一般格式为

```
PACKAGE 程序包名 IS
    <说明单元>
END [程序包名];
PACKAGE BODY 程序包名 IS
    <包体单元>
END [程序包名];
```

前述的"三态"数据类型及其"与"运算规则可以通过程序包加以定义,以便被多个设计实体所共用。

```
PACKAGE three_state_logic IS
    TYPE bit3 IS ('0', '1', 'Z');
    FUNCTION "and "(a, b: bit3)  RETURN bit3;
END three_state_logic;
PACKAGE BODY three_state_logic IS
    FUNCTION "and" (a, b: bit3)  RETURN bit3 IS
    BEGIN
        IF a='1' AND b='1' THEN  RETURN '1';
        ELSIF a='0' OR b='0' THEN  RETURN '0';
        ELSE  RETURN 'Z';
        END IF;
    END "and ";
END three_state_logic;
```

说明单元与包体单元可分开独立编译。在说明单元中,除定义数据类型和常量外,还需对包体单元中的子程序做出说明。因为只有说明单元中说明的标识符在程序包外才是可见的。仅在包体单元中说明的标识符在程序包外是不可见的。子程序体不能放在说明单元中,只能放在包体单元中。若程序包中不包含子程序,则包体单元可以缺省。

在其他设计单元中访问某个程序包时,只需加上 USE 语句,即

USE 库名.程序包名.项目名;

若项目名为 ALL,则表示可访问该程序包中的所有项目。

2. 设计库

库对应于一个或一组磁盘文件,用于保存 VHDL 的设计单元(实体说明、结构体、配置说明、程序包说明和程序包体)。这些设计单元可用做其他 VHDL 描述的资源。用户编写的设计单元既可以访问多个设计库,又可以加入到设计库中,被其他单元所访问。为访问某个设计库,可采用下述语句:

LIBRARY 库名表;

其中,库名表为一系列由逗号分割的库名。

VHDL 有 Std 和 Work 两个预定义库。Std 库中含有两个程序包:标准包(Standard)和文本包(Textio)。Work 库接受用户自编的设计单元。这两个库对所有设计单元均隐含定义,即无需使用下述 LIBRARY 语句即可访问。

LIBRARY Std, Work;

而且 Std 库中的程序包已用 USE 语句隐含说明,可直接引用。

除上述两个库之外的其他库均称为资源库。各种 VHDL 开发工具往往配有各自的资源库。用户也可以建立自己的资源库。例如,为每个设计项目建立一个单独的设计库。在众多资源库中,应用最广的为 IEEE 库。目前该库中包含 IEEE 标准程序包 Std_Logic_1164、Numeric_Bit 和 Numeric_Std 等。如欲访问 IEEE 库中的所有程序包,可用下述语句说明:

```
LIBRARY IEEE;
USE IEEE.ALL;
```

如仅想访问 IEEE 库中的 Std_Logic_1164 程序包,则可做如下说明:

```
LIBRARY IEEE;
USE IEEE.Std_Logic_1164.ALL;
```

3.2.7 元件配置

在 3.2.1 节中曾提及,一个实体可以有多个结构体。那么,当对某实体进行仿真或综合时,需将该实体与它的一个结构体连接起来;当某实体被其他实体引用时,需指定所生成的例元与该实体的哪个结构体相对应。这些工作将由元件配置来完成。

配置语句既可以放在引用被配置实体的上层实体内(称为体内配置),又可独立于实体说明与结构体,成为一个单独的编译单位。

配置语句的格式为

```
FOR 元件标号: 元件名
    USE ENTITY 库名.实体名[(结构体名)];
```

其中,"元件标号"是在元件例化语句中用以标识例元的标志。可以用 OTHERS 和 ALL 来指定部分和全部例元。此语句表示:该标号的例元所引用的元件对应于某指定库中的某指定实体和某个特定的结构体。若不指定结构体名,则默认为最新编译的结构体。若该实体和结构体位于当前源文件中或默认设计库内,则库名省略。

元件配置的方法有体内配置(又称配置指定)、体外配置(又称配置说明)和默认配置三种。

若被引用的例元未做任何显示的配置,则默认此例元对应于与其同名的实体和该实体最后定义(或最新编译)的结构体。3.2.1 节中半加器结构描述所引用的例元 and_gate 和 xor_gate 即采用了默认配置。

下面将通过一个简单的例子来说明体内配置与体外配置的方法。

1. 体内配置指定

所谓体内配置是指在结构体内部对所引用的例元用配置语句进行配置。图 3-8(a)所示的全加器中,x、y、cin 依次表示被加数、加数和进位输入;sum 和 cout 分别表示和数与进位输出。图 3-8(b)为实现全加器的一种方案。其中的半加器已在 3.2.1 节中以多种方式做了描述。若在全加器描述时以数据流方式引用半加器 u1,以结构方式引用半加器 u2,则需对它们做相应的配置。

```
ENTITY full_adder IS
    PORT (x, y, cin: IN Bit;
          sum, cout: OUT Bit);
END full_adder;
ARCHITECTURE describ1_fa OF full_adder IS
    COMPONENT half_adder GENERIC (tpd: Time:=2 ns);
                         PORT(a, b: IN Bit;
                              s, c: OUT Bit);
    END COMPONENT;
```

```
        COMPONENT or_gate PORT(o1, o2: IN Bit;
                               o3: OUT Bit);
        END COMPONENT;
        SIGNAL c1, s1, c2: Bit;
        FOR u1: half_adder
            USE ENTITY half_adder (dataflow_ha);    --对 u1 配置
        FOR u2: half_adder
            USE ENTITY half_adder (struct_ha);      --对 u2 配置
        BEGIN
            u1: half_adder GENERIC MAP (4 ns)
                           PORT MAP (x, y, s1, c1);
            u2: half_adder GENERIC MAP (4 ns)
                           PORT MAP (s1, cin, sum, c2);
            u3: or_gate PORT MAP (c1, c2, cout);
        END describ1_fa;
```

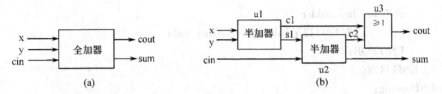

图 3-8 全加器及其电路

上述全加器结构描述中,对两个例元 u1 和 u2 采用了体内配置,对 u3 采用了默认配置。GENERIC MAP 为类属映射,指明半加器的传输延迟为 4ns。若无类属映射,则元件的类属取默认值。

2. 体外配置说明

体外配置说明的格式为

```
        CONFIGURATION  配置名 OF  实体名 IS
            FOR  结构体名
            [配置语句;]
            END FOR;
        END  配置名;
```

由于体外配置语句是一个独立的编译单位,故需给它指定一个单位名——配置名。实体名和结构体名为需对例元做配置的实体及相应的结构体。

现将上述全加器中的例元配置改为体外配置说明,全加器的结构体变为

```
        ARCHITECTURE describ2_fa OF full_adder IS
            COMPONENT half_adder  GENERIC (tpd: Time:=2 ns);
                                  PORT(a, b: IN Bit;
                                       s, c: OUT Bit);
            END COMPONENT;
            COMPONENT or_gate PORT(o1, o2: IN Bit;
                                   o3: OUT Bit);
```

```
        END COMPONENT;
          SIGNAL c1, s1, c2: Bit;
       BEGIN
          u1: half_adder GENERIC MAP (4 ns)
                  PORT MAP (x, y, s1, c1);
          u2: half_adder GENERIC MAP (4 ns)
                  PORT MAP (s1, cin, sum, c2);
          u3: or_gate PORT MAP (c1, c2, cout);
       END describ2_fa;
```

体外配置说明为

```
   CONFIGURATION config OF full_adder IS
      FOR describ2_fa
         FOR u1: half_adder
            USE ENTITY half_adder (dataflow_ha);
         END FOR;
         FOR u2: half_adder
            USE ENTITY half_adder (struct_ha);
         END FOR;
      END FOR;
   END config;
```

由上述描述可见,每条配置语句(FOR...USE 语句)之后,均需加上

```
      END FOR;
```

这一点与体内配置不同。

3. 直接例化

可以将元件说明、例化及配置结合在一起,以使描述更为简洁,这称为直接例化。其一般格式为

```
   元件标号: ENTITY [库名.]实体名[(结构体名)]
            [GENERIC MAP(类属映射表)]
            PORT MAP(信号映射表);
```

对全加器中的半加器例元采用直接例化的描述为

```
   ARCHITECTURE describ3_fa OF full_adder IS
      SIGNAL c1, s1, c2: Bit;
   BEGIN
      u1: ENTITY  half_adder (dataflow_ha) GENERIC MAP(4 ns)
                              PORT MAP(x, y, s1, c1);         --直接例化
      u2: ENTITY  half_adder (struct_ha) GENERIC MAP(4 ns)
                              PORT MAP(s1, cin, sum, c2);    --直接例化
      u3: ENTITY  or_gate PORT MAP(c1, c2, cout);              --直接例化,默认配置
   END describ3_fa;
```

4. 顶层元件配置

上述元件配置均是针对例元而做。若欲对一个顶层实体(不作为被其他实体引用的元件)

进行配置,则应采用体外配置,否则按默认配置处理。例如,对上述全加器可做如下配置:

  CONFIGURATION top_config OF full_adder IS
   FOR describ1_fa
   END FOR;
  END top_config;

显然,此种 CONFIGURATION 语句中并无配置语句,仅说明要将实体 full_adder 与其结构体 describ1_fa 装配在一起。

3.2.8 VHDL 描述实例

1. 组合逻辑电路描述

(1) 多位加法器

被加数 A 和加数 B 均为 8 位二进制数,进位输入为 CIN,输出 S 为 9 位(含进位输出)。

  LIBRARY IEEE;
  USE IEEE.Std_Logic_1164.ALL;
  USE IEEE.Numeric_Std.ALL;
  ENTITY adder IS
   PORT (a, b: IN Std_Logic_Vector (7 DOWNTO 0);
     cin: IN Std_Logic;
     s: OUT Std_Logic_Vector (8 DOWNTO 0));
  END adder;
  ARCHITECTURE behav_adder OF adder IS
  BEGIN
   s<=('0'& a)+('0'& b)+("00000000"& cin);
  END behav_adder;

上述 Std_Logic 为工业标准的逻辑类型,由 Std_Logic_1164 程序包所定义。Numeric_Std 程序包中定义了算术运算(函数)及其相关的数据类型。若 VHDL 语句中含有算术运算,则需要打开该程序包。需要说明的是,各种 VHDL 开发工具所带的程序包名可能会有所差异,如 Altera 公司的 PLD 开发软件 Quartus Ⅱ 中,算术运算程序包就分成 Std_Logic_Unsigned(无符号数算术运算包)和 Std_Logic_Signed(带符号数算术运算包)两个包。

(2) 多位比较器

待比较的两个数 A 和 B 均为 8 位二进制数,输出信号 A_EQUAL_B、A_GREATER_B 和 A_LESS_B 依次表示 A=B、A>B 和 A<B。

  LIBRARY IEEE;
  USE IEEE.Std_Logic_1164.ALL;
  ENTITY compare IS
   PORT (a, b: IN Std_Logic_Vector (7 DOWNTO 0);
     a_equal_b, a_greater_b, a_less_b: OUT Std_Logic);
  END compare;
  ARCHITECTURE behav_comp OF compare IS
  BEGIN

```
            a_equal_b  <= '1' WHEN a=b ELSE '0';
            a_greater_b <= '1' WHEN a>b ELSE '0';
            a_less_b  <= '1' WHEN a<b ELSE '0';
        END behav_comp;
```

(3) 三态与门

三态与门的使能端为 EN,高电平有效。输入信号为 A、B,输出信号为 F。

```
        LIBRARY IEEE;
        USE IEEE.Std_Logic_1164.ALL;
        ENTITY ts_andgate IS
            PORT (en, a, b: IN Std_Logic;
                  f: OUT Std_Logic);
        END ts_andgate;
        ARCHITECTURE behav_tsgate OF ts_andgate IS
        BEGIN
            PROCESS (en, a, b)
            BEGIN
                IF en='1' THEN
                    f<=a AND b;
                ELSE
                    f<= 'Z';
                END IF;
            END PROCESS;
        END behav_tsgate;
```

(4) 双向总线驱动器

双向总线驱动器有两个 8 位数据输入/输出端 A 和 B,一个使能端 EN 和一个方向控制端 DIR。当 EN=1 时该总线驱动器选通,若 DIR=1,则信号由 A 传至 B;反之由 B 传至 A。

```
        LIBRARY IEEE;
        USE IEEE.Std_Logic_1164.ALL;
        ENTITY bidir IS
            PORT ( a,b: INOUT Std_Logic_Vector (7 DOWNTO 0);
                   en, dir: IN Std_Logic);
        END bidir;
        ARCHITECTURE behav_bidir OF bidir IS
        BEGIN
            PROCESS (en, dir, a)
            BEGIN
                IF (en='0')  THEN
                    b<="ZZZZZZZZ";
                ELSIF (en='1' AND dir='1') THEN
                    b<=a;
                END IF;
            END PROCESS;
            PROCESS (en, dir, b)
```

```
    BEGIN
       IF (en='0')  THEN
          a<="ZZZZZZZZ";
       ELSIF (en='1' AND dir='0')  THEN
          a<=b;
       END IF;
    END PROCESS;
END behav_bidir;
```

2. 时序逻辑电路描述

（1）D 锁存器

触发器分为边沿触发型和电平触发型，后者又称为锁存器，响应时钟信号的电平。该 D 锁存器在时钟信号（CLK）为高电平时被触发。

```
LIBRARY IEEE;
USE IEEE.Std_Logic_1164.ALL;
ENTITY d_latch IS
   PORT(clk, d: IN Std_Logic;
        q, nq: OUT Std_Logic);
END d_latch;
ARCHITECTURE behav_dlatch OF d_latch IS
BEGIN
   PROCESS(clk, d)
   BEGIN
      IF clk='1'  THEN
         q<=d;
         nq<=NOT d;
      END IF;
   END PROCESS;
END behav_dlatch;
```

（2）主从 JK 触发器

主从 JK 触发器在时钟脉冲（CLK）的上升沿被触发，但输出却要延迟到时钟脉冲的下降沿才会发生变化。

```
LIBRARY IEEE;
USE IEEE.Std_Logic_1164.ALL;
ENTITY msjk_ff IS
   PORT(clk, j, k: IN Std_Logic;
        q, nq: BUFFER Std_Logic);
END msjk_ff;
ARCHITECTURE behav_msjkff OF msjk_ff IS
BEGIN
   PROCESS(clk)
      VARIABLE mid_q: Std_Logic;
```

```vhdl
    BEGIN
        IF clk='1' THEN
            mid_q:=(j AND nq) OR (NOT k AND q);
        ELSE
            q<=mid_q;
            nq<=NOT mid_q;
        END IF;
    END PROCESS;
END behav_msjkff;
```

(3) 双向移位寄存器

双向移位寄存器除具有 8 位二进制数据存储功能外，还具有左移、右移、并行置数和同步复位的功能。其复位端为 RESET(高电平有效)，左移和右移数据输入端分别为 SL_IN 和 SR_IN，并行数据输入端为 DATA(8 位)。其工作模式由控制信号 MODE(2 位)确定。

```vhdl
LIBRARY IEEE;
USE IEEE.Std_Logic_1164.ALL;
ENTITY srg IS
    PORT(reset, clk: IN Std_Logic;
         data: IN Std_Logic_Vector(7 DOWNTO 0);
         sl_in, sr_in: IN Std_Logic;
         mode: IN Std_Logic_Vector(1 DOWNTO 0);
         q: BUFFER Std_Logic_Vector(7 DOWNTO 0));
END srg;
ARCHITECTURE behav_srg OF srg IS
BEGIN
    PROCESS
    BEGIN
        WAIT ON clk UNTIL Rising_edge(clk);
        IF reset='1' THEN
            q<="00000000";                                      --同步复位
        ELSE
            CASE mode IS
                WHEN "01"=>  q<=sr_in & q(7 DOWNTO 1);          --右移
                WHEN "10"=>  q<=q(6 DOWNTO 0) & sl_in;          --左移
                WHEN "11"=>  q<=data;                           --并行输入(同步预置)
                WHEN OTHERS=>NULL;                              --空操作，即保持
            END CASE;
        END IF;
    END PROCESS;
END behav_srg;
```

上述 NULL 为空操作语句。Rising_edge() 是程序包 Std_Logic_1164 中预定义函数，用于检测信号的上升沿，被检测信号的类型必须是 Std_Logic。

(4) 可逆计数器

计数器为异步复位(RESET端,高电平有效)、异步预置(LD端,高电平有效)的模10可逆计数器。计数方式控制端UP/DOWN=1进行加法计数,UP/DOWN=0进行减法计数。CO和BO分别是进位输出和借位输出。

```vhdl
LIBRARY IEEE;
USE IEEE.Std_Logic_1164.ALL;
USE IEEE.Numeric_Std.ALL;
ENTITY counter IS
    PORT(reset, ld: IN Std_Logic;
         clk, up_down: IN Std_Logic;
         data: IN Std_Logic_Vector(3 DOWNTO 0);    --预置数据输入端
         q: BUFFER Std_Logic_Vector(3 DOWNTO 0);
         bo, co: OUT Std_Logic);                    --依次为借位端和进位端
END counter;
ARCHITECTURE behav_counter OF counter IS
BEGIN
    co<='1' WHEN (q="1001" AND up_down='1') ELSE '0';  --进位输出的产生
    bo<='1' WHEN (q="0000" AND up_down='0') ELSE '0';  --借位输出的产生
    PROCESS (clk, reset, ld)
    BEGIN
        IF reset='1' THEN
            q<="0000";                              --异步复位
        ELSIF ld='1' THEN
            q<=data;                                --异步预置
        ELSIF (clk'Event AND clk='1') THEN
            IF up_down='1' THEN                     --加计数
                IF q="1001" THEN
                    q<="0000";
                ELSE
                    q<=q+1;
                END IF;
            ELSE                                    --减计数
                IF q="0000" THEN
                    q<="1001";
                ELSE
                    q<=q-1;
                END IF;
            END IF;
        END IF;
    END PROCESS;
END behav_counter;
```

该计数器的描述用到了加、减法运算,所以需要打开算术运算程序包。

在描述多位逻辑信号时,既可以用数据类型Std_Logic_Vector定义对象,也可以用整数子类型进行定义。如该例中计数器的状态信号,可以定义成

q: BUFFER Integer RANGE 9 DOWNTO 0;

编译后该信号将自动被转换成4位二进制信号。

(5)异步计数器

一个时钟进程(以时钟为敏感信号的进程)只能构成单一时钟信号的时序电路。而异步时序电路含有多个时钟信号,因此需要多个时钟进程加以描述。

图3-9是由两个模2计数器级联而成的异步模4计数器,其VHDL描述如下:

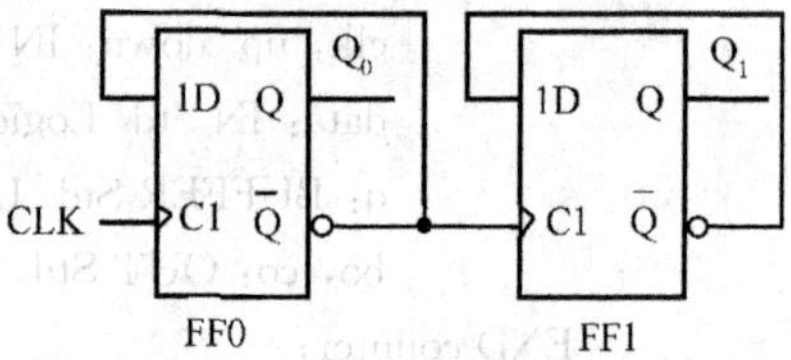

```
LIBRARY IEEE;
    USE IEEE.Std_Logic_1164.ALL;
    ENTITY asyn_counter IS
        PORT(clk: IN Std_Logic;
             q0, q1: OUT Std_Logic);
    END asyn_counter;
    ARCHITECTURE behav_asyncounter OF asyn_counter IS
        SIGNAL nq0, nq1: Std_Logic;
    BEGIN
        ff0: PROCESS(clk)
        BEGIN
          IF clk='1'  THEN
            q0<= nq0;
            nq0<=NOT nq0;
          END IF;
        END PROCESS ff0;
        ff1: PROCESS(nq0)
        BEGIN
          IF nq0='1'  THEN
            q1<= nq1;
            nq1<=NOT nq1;
          END IF;
        END PROCESS ff1;
    END behav_asyncounter;
```

图3-9 异步计数器

该电路也可以在对D触发器功能描述的基础上,通过结构描述说明其组成(即逻辑电路)。

```
LIBRARY IEEE;
    USE IEEE.Std_Logic_1164.ALL;
    ENTITY asyn_counter IS
        PORT(clk: IN Std_Logic;
             q0, q1: OUT Std_Logic);
    END asyn_counter;
    ARCHITECTURE struct_asyncounter OF asyn_counter IS
      COMPONENT d_ff PORT(d, clk: IN Std_Logic; q, nq: OUT Std_Logic);
      END COMPONENT;
      SIGNAL nq0, nq1: Std_Logic;
```

```
        BEGIN
            ff0: d_ff PORT MAP(nq0, clk, q0, nq0);
            ff1: d_ff PORT MAP(nq1, nq0, q1, nq1);
        END struct_asyncounter;
```

3. 状态机的描述

同步时序电路由有限个电路状态构成,故又称为有限状态机,简称状态机。状态机不仅可以构成各种时序模块,而且还可以构成数字系统中的控制单元。

状态机除了外部的输入、输出信号和时钟信号外,还有内部的状态信号。因此在描述时,需要在结构体中定义特殊的枚举数据类型(仅包括电路所具有的若干状态)和该类型的内部信号(用来表示电路状态)。

状态机的描述通常分成状态转换与电路输出两个部分。对表 3-5 所示的状态表,其 VHDL 描述如下:

表 3-5　用 VHDL 描述的状态表

PS \ x	0	1
S0	S1/0	S3/1
S1	S2/0	S0/0
S2	S3/0	S1/0
S3	S0/1	S2/0

NS/z

```
    LIBRARY IEEE;
    USE IEEE.Std_Logic_1164.ALL;
    ENTITY fsm IS
        PORT(x, clk: IN Std_Logic;
             z: OUT Std_Logic);
    END fsm;
    ARCHITECTURE behav_fsm OF fsm IS
        TYPE state_type IS(s0, s1, s2, s3);           --状态类型定义
        SIGNAL state:state_type;                       --状态信号定义
    BEGIN
        circuit_state:PROCESS
        BEGIN
            WAIT ON clk UNTIL Rising_edge(clk);
            CASE state IS
                WHEN s0=>  IF x='0' THEN
                               state<=s1;
                           ELSE
                               state<=s3;
                           END IF;
                WHEN s1=>  IF x='0' THEN
                               state<=s2;
                           ELSE
                               state<=s0;
                           END IF;
                WHEN s2=>  IF x='0' THEN
                               state<=s3;
                           ELSE
                               state<=s1;
                           END IF;
                WHEN s3=>  IF x='0' THEN
```

```
                            state<=s0;
                        ELSE
                            state<=s2;
                        END IF;
                END CASE;
        END PROCESS circuit_state;
        z<='1' WHEN ((state=s3 AND x='0') OR (state=s0 AND x='1')) ELSE '0';
    END behav_fsm;
```

3.3 Verilog HDL 及其应用

3.3.1 Verilog HDL 基本结构

在 Verilog HDL 中，模块是基本的描述单位，用于描述某个设计的功能或结构及其与其他模块之间连接的外部端口。一个设计可以从系统级到开关级进行描述，既可以进行行为描述，也可以进行结构描述。开关级是比逻辑级更低的元件级描述层次，描述器件中晶体管和存储节点以及它们之间的互连。

模块的基本格式为

```
    MODULE 模块名(端口表);
        模块项;
    ENDMODULE
```

其中，模块项由说明部分和语句部分组成。说明部分用于定义不同的项，包括参数说明、端口说明、连线类型说明、寄存器类型说明、时间类型说明、数据类型说明、事件说明、任务说明、函数说明等。

语句部分定义设计的功能和结构，包括基本门及模块调用、连续赋值、INITIAL 语句、ALWAYS 语句等，它们并行执行，与硬件电路中各组成部分之间并行工作特性相一致。

说明部分和语句部分可以分布在模块中的任何地方。但是，变量、寄存器、线网和参数等的说明部分必须在使用前出现。为了使模块描述清晰、具有良好的可读性，最好将所有的说明部分放在语句部分之前。本书中的所有实例都遵循这一规范。

对 3.2 节图 3-3(a)所示半加器电路的模块描述如下：

```
    MODULE half_adder (a, b, s, c);          //半加器模块
        INPUT a, b;                           //输入端口说明
        OUTPUT s, c;                          //输出端口说明
        PARAMETER ha_delay = 2;               //符号常量说明
        ASSIGN # ha_delay s = a ^ b;          //连续赋值语句
        ASSIGN # ha_delay c = a & b;          //连续赋值语句
    ENDMODULE
```

half_adder 是模块名，属自定义标识符。Verilog HDL 中的标识符可以是任意一组字母、数字、$ 符号和_(下划线)符号的组合，但标识符的第一个字符必须是字母或者下划线。另外，标识符是区分大小写的，但通常在模拟器中可以设置对大小写是否敏感。

值得注意的是，Verilog HDL 标准中规定关键词均为小写，但本节统一用大写表示关键词

(其中,大写字母打头后跟小写字母表示数据类型),用小写表示自定义标识符,以突出关键词,增加可读性,并与3.2节中的表示方式保持一致。而在3.3.8节描述实例中,所有关键词再采用小写,与标准相一致。

Verilog HDL是自由格式的,即一条语句可以跨行写,也可以在一行内写多条语句,分号为语句结束符。

在Verilog HDL中有两种形式的注释。从//至行末;从/*开始至*/结束(单行或多行均可)。

端口说明除输入(INPUT)和输出(OUTPUT)外,还有双向(INOUT)。该例中由于没有定义端口的位数,所有端口均为1位。同时,由于没有各端口的数据类型说明,这四个端口都是默认线网(Wire)数据类型。

PARAMETER为符号参量定义语句,定义了延迟参数,其单位为默认时间单位,具体大小可通过预编译时间尺度命令(`TIMESCALE)进行定义。如果没有预编译时间尺度命令,则Verilog HDL模拟器会指定一个默认时间单位。

该模块的语句部分包含两条描述半加器数据流行为的连续赋值语句。这两条语句在模块中出现的顺序无关紧要,这些语句是并发的。每条语句的执行顺序依赖于发生在端口a和b上的事件。

连续赋值语句中的#ha_delay表示延时为ha_delay个时间单位。如果没有定义延时值,默认延时为0。

模块也可以用宏模块(MACROMODULE)来定义,其格式与用MODULE来定义模块是一样的。但二者在编译时有所不同,如不必为MACROMODULE实例创建层次,因而在模拟速度和存储开销方面宏模块更高效。

在Verilog HDL模块中,可用下述方式描述一个设计:
(1)数据流方式;
(2)行为方式;
(3)结构方式;
(4)上述描述方式的混合。

用数据流描述方式对一个设计建模的最基本的机制就是使用连续赋值语句。

对半加器电路进行行为描述如下:

```
    MODULE ha_beh (a, b, s, c);
        INPUT a, b;
        OUTPUT s, c;
        Reg s, c;                        //寄存器数据类型说明
        ALWAYS @ (a OR b)                //ALWAYS语句
        BEGIN
            s = #2 a ^ b;                //过程赋值语句
            #1 c = a & b;                //过程赋值语句
        END
    ENDMODULE
```

由于s和c在ALWAYS语句中被赋值,它们被说明为Reg类型(Reg是寄存器数据类型的一种)。值得注意的是,Reg只是一种特定的数据类型,并不代表硬件电路中的寄存器。凡

在 INITIAL 语句和 ALWAYS 语句中赋值的变量都必须是寄存器数据类型。该例中的变量 s 和 c 实际上都是组合电路的输出。

ALWAYS 语句中有一个与事件控制(紧跟在字符@ 后面的表达式)相关联的顺序过程(BEGIN 至 END)。这意味着只要 a 或 b 上发生事件，即 a 或 b 的值发生变化，顺序过程就执行。在顺序过程中的语句顺序执行，并且在顺序过程执行结束后被挂起。顺序过程执行完成后，ALWAYS 语句再次等待 a 或 b 上发生事件。

BEGIN…END 构成一个顺序语句块，其作用是将若干过程语句(顺序语句)在语法上等效成一条过程语句。如果其中只包含一条语句，则 BEGIN、END 可以省略。

在顺序过程中出现的语句是过程赋值语句，它们顺序执行，与连续赋值语句不同。

上例中第一条过程赋值语句中的延时称为语句内延时，即计算右边表达式的值，等待 2 个时间单位，然后赋值给 s。而第二条过程赋值语句中的延时称为语句间延时，就是说，在第一条语句执行后等待 1 个时间单位，然后执行第二条语句。

如果在过程赋值中未定义延时，默认值为 0 延时，也就是说，赋值立即发生。

在 Verilog HDL 中可使用如下方式描述结构：

(1) 内置门原语(门级)；

(2) 开关级原语(晶体管级)；

(3) 用户定义的原语(门级)；

(4) 模块实例(创建层次结构)。

并通过线网来表示电路内部互连。

对 3.2 节图 3-3(c)所示半加器电路的结构描述如下：

```
MODULE ha_struct (a, b, s, c);
    INPUT a, b;
    OUTPUT s, c;
    XOR                                    //内置门原语(异或门)
        x1 (s, a, b);                      //门实例语句
    AND                                    //内置门原语(与门)
        a1 (c, a, b);                      //门实例语句
ENDMODULE
```

该例中，模块包含门的实例语句，也就是说包含内置门 XOR 和 AND 的实例语句。实例语句之间并行执行，可以按任何顺序出现。XOR 和 AND 是内置门原语，x1 和 a1 是实例名称。紧跟在每个门后的信号列表是它的互连，列表中的第一个信号是门输出，余下的信号是输入。

在模块中，结构描述和行为描述可以自由混合。也就是说，模块描述中可以包含实例化的门、模块实例化语句、连续赋值语句以及 ALWAYS 语句和 INITIAL 语句的混合。它们之间还可以相互包含。来自 ALWAYS 语句和 INITIAL 语句(只有寄存器类型数据可以在这两种语句中赋值)的值能够驱动门或开关，而来自于门或连续赋值语句(只能驱动线网)的值能够反过来用于触发 ALWAYS 语句和 INITIAL 语句。

下面是混合描述方式的半加器模块。

```
MODULE ha_mix (a, b, s, c);
    INPUT a, b;
```

```
    OUTPUT s, c;
      Reg c;                        //寄存器数据类型说明
      XOR  x1 (s, a, b);            //门实例语句
      ALWAYS  @ (a OR b)            //ALWAYS语句
        c = a & b;                  //过程赋值语句
    ENDMODULE
```

3.3.2 数据类型、运算符与表达式

Verilog HDL 中的数据对象分为常量和变量两大类。而数据类型则有十余种，运算符达数十个。

1. 常数的表示

(1) 整型数

整型数可以按十进制数格式和基数格式两种方式书写。

1) 十进制格式

这种形式的整数定义为带有一个可选的"＋"或"－"(一元操作符)的数字序列。下面是这种简易十进制形式整数的例子。

    1000　十进制数 1000
    －500　十进制数－500

2) 基数表示法

这种形式的整数格式为

    [位长] '基数 值

" ' "为单引号，基数为 d 或 D(表示十进制，若不指明位长，可以缺省)、b 或 B(表示二进制)、o 或 O(表示八进制)、h 或 H(表示十六进制)之一，而值则是基于该基数的数字序列。如整数 1000 可表示为

    1000
    16 'H 3E8
    16 'O 1750
    16 'B 1111101000

在二、八、十六进制表示形式中，数字序列可以出现 x 和 z，依次表示不定值和高阻。z 也可以用 ? 表示。此外，数字序列中还可以加入下划线，以提高可读性。例如：

    16 'H a_z_6_x
    16 'B 1010_zzzz_0110_xxxx

基数格式计数形式的数通常为无符号数。

位长指存储数据的二进制位数。当不指明位数时，则根据数值来定义位数或采用默认位宽，由具体的系统确定。如果定义的位长比常数的长度长，通常在左边填 0 补位。但是如果数的最左边一位为 x 或 z，就相应地用 x 或 z 在左边补位。如果定义的位长比常数的长度小，那么最左边的位相应地被截断。

(2) 实型数

实数可以用十进制计数法和科学计数法两种形式表示。十进制计数法中必须出现小数点，且小数点两侧必须都有数字。为增加可读性，实数中也可以有下划线。例如：

  312.5
  3.125E2
  31_2.5
  0.5
  2.0

(3) 字符串

字符串是双引号内的字符序列。字符串不能分成多行书写。例如：

  "Digital System"

用 8 位 ASCII 值表示的字符可看做是无符号整数。因此字符串是 8 位 ASCII 值的序列。反斜线(\) 用于对特殊字符转义。例如：

  \n 换行符
  \t 制表符
  \\ 字符\
  \" 字符"
  \o 1～3 位八进制数表示的字符

2. 常量

常量又称为参数或符号常量，通过标识符表示常数，可增加代码的可读性和可维护性。其定义方法是

  PARAMETER 参数名 1=表达式 1，参数名 2=表达式 2，…，参数名 n=表达式 n；

其中的表达式必须是常数表达式。例如：

  PARAMETER width = 32, num = 16 'B1010, radix = 5.0;
  PARAMETER pi = 3.14;
  PARAMETER aera = pi * radix * radix;

3. 变量

在定义变量的同时必须指定其数据类型。Verilog HDL 中的数据类型分线网和寄存器两大类。

(1) 线网类型

线网数据类型常用来表示以 ASSIGN 连续赋值语句指定的组合逻辑信号。模块端口的默认类型即为线网(Wire)类型。它包含下述不同种类的线网子类型：

- Wire 基本的线网
- Tri   三态线网
- Wor 线或线网
- Trior 三态线或线网
- Wand 线与线网

- Triand　　三态线与线网
- Trireg　　三态寄存线网(类似于寄存器)
- Tri0　　　线网有多于一个驱动源。若无驱动源驱动,其值为 0
- Tri1　　　线网有多于一个驱动源。若无驱动源驱动,其值为 1
- Supply0　表示"地",即低电平 0
- Supply1　表示电源,即高电平 1

简单的线网类型定义格式为

　　线网子类型 [msb：lsb] 线网1, 线网2, …, 线网 n；

在数字系统中,通常把一组功能相同的信号线称为总线,如地址总线、数据总线等。在 Verilog HDL 中用矢量表示总线,msb 和 lsb 是用于定义线网宽度(起止位)的常量表达式。如果没有定义范围,默认的线网类型为 1 位,称为标量。

一个变量未经定义也可以直接使用,此时默认其为 1 位 Wire 类型。

1) Wire 和 Tri 线网

用于表示单元之间的连线,是最常见的线网类型。连线(Wire)与三态线网(Tri)语法和语义一致,但三态线网可以用于描述多个驱动源驱动同一根线的线网类型。例如：

　　Wire cp;
　　Wire [7:0] addr, data_in;
　　Tri [7:0] data_out;

如果多个驱动源驱动一个连线(或三态线网),线网的有效值由表 3-6 确定。

表 3-6　多个驱动源作用下连线(三态线网)的值

Wire (Tri)	0	1	x	z
0	0	x	x	0
1	x	1	x	1
x	x	x	x	x
z	0	1	x	z

2) Wor 和 Trior 线网

线或是指如果某个驱动源为 1,那么线网的值也为 1。线或(Wor)和三态线或(Trior)在语法和功能上是一致的。

如果多个驱动源驱动这类线网,线网的有效值由表 3-7 决定。

表 3-7　多个驱动源作用下线或(三态线或)的值

Wor(Trior)	0	1	x	z
0	0	1	x	0
1	1	1	1	1
x	x	1	x	x
z	0	1	x	z

3) Wand 和 Triand 线网

线与是指如果某个驱动源为 0,那么线网的值为 0。线与(Wand)和三态线与(Triand)在语法和功能上是一致的。

如果多个驱动源驱动这类线网,线网的有效值由表 3-8 决定。

表 3-8 多个驱动源作用下线与(三态线与)的值

Wand(Triand)	0	1	x	z
0	0	0	0	0
1	0	1	x	1
x	0	x	x	x
z	0	1	x	z

4) Trireg 线网

此线网存储数值(类似于寄存器),并且用于电容节点的建模。当三态寄存器(Trireg)的所有驱动源都处于高阻态,也就是说,值为 z 时,三态寄存器线网保存作用在线网上的最后一个值。此外,三态寄存器线网的默认初始值为 x。

5) Tri0 和 Tri1 线网

这类线网可用于线逻辑的建模,即线网有多于一个驱动源。若无驱动源驱动,Tri0(Tri1)的值为 0(1)。表 3-9 为该类线网在多驱动源情况下的值。由表不难看出,该类线网与表 3-6 的 Wire 和 Tri 线网极其相似,只在无驱动源驱动时(表的最后一格,驱动源均为高阻),取值不同,Wire 和 Tri 线网的值为 z,而 Tri0 的值为 0,Tri1 的值为 1。

表 3-9 多个驱动源作用下 Tri0 和 Tri1 的值

Tri0 (Tri1)	0	1	x	z
0	0	x	x	0
1	x	1	x	1
x	x	x	x	x
z	0	1	x	0(1)

(2) 寄存器类型

寄存器是数据储存单元的抽象,常用于在 ALWAYS 语句中表示触发器(锁存器)。Verilog HDL 有 5 种不同的寄存器类型。

- Reg   寄存器类型
- Integer   整数寄存器
- Time   时间类型的寄存器
- Real   实数寄存器
- Realtime   实数时间寄存器

1) Reg 寄存器类型

Reg 是最常见的数据类型。寄存器的定义形式如下:

  Reg [msb: lsb] 寄存器 1, 寄存器 2,…,寄存器 n;

msb 和 lsb 用于定义矢量寄存器(多位寄存器)宽度(起止位)的常量表达式。如果没有定义范围,则为 1 位标量寄存器。例如:

  Reg d_ff, jk_ff;   //1 位寄存器。
  Reg [7:0] srg;   //8 位寄存器。

寄存器可以取任意长度。寄存器中的值通常被解释为无符号数。Reg 寄存器类型可以按位访问和进行位操作。

2) 存储器

存储器是一个寄存器数组。数组的维数不能大于 2。存储器的定义方式为

  Reg [msb: lsb] 存储器 1 [upper1: lower1], 存储器 2 [upper2: lower2], …, 存储器 n[uppern: lowern];

例如：

  Reg[7:0] mem1[1023: 0];   //字长 8 位的 1k 存储器

通过赋值语句对存储器赋值时，每条语句只能对存储器的一个单元进行赋值，如对上述 mem1 中部分单元赋值

  mem1[0] = 8'H00;
  mem1[1] = 8'H01;
  mem1[2] = 8'H10;

当然，也可以通过系统任务将一批数据导入存储器，这将在后文中讨论。

3) Integer 寄存器类型

整型寄存器存储整数值。整数寄存器可以作为普通寄存器使用，主要应用于高层次行为描述。整型寄存器的定义方法如下：

  Integer 整型寄存器 1, 整型寄存器 2, …, 整型寄存器 n [msb:lsb];

其中，msb 和 lsb 是定义整型数组界限的常量表达式，数组界限的定义是可选的。整数的位数至少为 32。例如：

  Integer i1, i2, i_array[63:0];

就定义了 i1 和 i2 两个整型寄存器和一个长度 64 的整型寄存器数组 i_array。

整数不能按位访问和进行位操作。如果需要，可以先将整数赋值给一般的 Reg 类型变量，然后从中选取相应的位。例如：

  Reg[31:0] r1;
  Integer i1;
  r1 = i1;
  r1[7:0] = 8'H10;
  i1 = r1;

借助 Reg 类型变量实现了整型寄存器变量的位操作（对其低 8 位进行专门的赋值）。Verilog HDL 中，不同类型变量之间进行赋值时，类型转换自动完成，不必显式的进行，这一点与 VHDL 正好相反。

4) Time 类型

Time 类型的寄存器用于存储和处理时间。该类型变量的定义方法如下：

  Time 时间变量 1, 时间变量 2 , …, 时间变量 n[msb:lsb];

其中，msb 和 lsb 是定义时间量数组界限的常量表达式，数组界限的定义是可选的。时间量的位数至少为 64。时间类型的寄存器只存储无符号数。例如：

  Time t1, t2, t_array[15:0];

5) Real 和 Realtime 类型

实数寄存器与实数时间寄存器的类型完全相同,其定义方式如下:

  Real 实型量 1, 实型量 2, …, 实型量 n;
  Realtime 实型时间量 1, 实型时间量 2, …, 实型时间量 n;

这类变量的默认值为 0。当被赋予值 x 和 z 时,这些值作 0 处理。

4. 运算符

Verilog HDL 中的运算符如表 3-10 所示。运算符的优先级按类分,由高至低依次为:一元运算符(正号、负号、非、按位求反)、归约运算符(也属一元运算符)、算术运算符、关系运算符、逻辑运算符、条件运算符。除条件运算符从右向左关联外,其余所有运算符均自左向右关联。

表 3-10 运算符

类别	运算符	功能	类别	运算符	功能
算术运算符	+	加(正号)	逻辑运算符	!	非
	-	减(负号)		&&	与
	*	乘		||	或
	/	除		~	按位求反
	%	取余		&	按位与
	<<	左移		|	按位或
	>>	右移		^	按位异或
				~^或^~	按位异或非
关系运算符	<	小于	归约运算符	&	归约与
	<=	小于等于		~&	归约与非
	>	大于		|	归约或
	>=	大于等于		~|	归约或非
	==	相等		^	归约异或
	!=	不等		~^或^~	归约异或非
	===	全等	三元运算符	?:	条件运算符
	!==	非全等			

(1) 算术运算符

如果算术运算符中的任意操作数是 x 或 z,那么最终结果为 x。

取余运算符求出与第一个操作数符号相同的余数。

算术表达式结果的位数由最长的操作数决定。

执行算术运算和赋值时,要注意哪些操作数为无符号数、哪些操作数为有符号数。无符号数存储在:线网、一般寄存器、基数格式形式的整数,而有符号数存储在:整数寄存器、十进制形式的整数。例如:

  Integer i=-4;   //32 位二进制整数,表示十进制数-4(补码)
  Reg[7:0] r=-4   //位形式为 11111100,表示十进制数 252(无符号数)

(2) 关系运算符

关系运算符的结果为真(1)或假(0)。在逻辑比较中,如果两个操作数之一包含 x 或 z,结果为未知的值(x)。而在全等比较中,值 x 和 z 严格按位比较。

如果操作数的长度不相等,长度较小的操作数在左侧添 0 补位。

(3)逻辑运算符

非按位逻辑运算的运算符对于矢量(多位数)运算,非全 0 矢量均作为 1 处理。如果有一个操作数包含 x,结果也为 x。

无论是否按位运算,各种逻辑运算规则如表 3-11 所示。

表 3-11 逻辑运算规则

操作数	与运算	或运算	异或运算
0 0	0	0	0
0 1	0	1	1
0 x	0	x	x
0 z	0	x	x
1 0	0	1	1
1 1	1	1	0
1 x	x	1	x
1 z	x	1	x
x 0	0	x	x
x 1	x	1	x
x x	x	x	x
x z	x	x	x
z 0	0	x	x
z 1	x	1	x
z x	x	x	x
z z	x	x	x

对于与运算,若操作数中有 0,那么结果为 0;若操作数均为 1 则结果为 1;否则结果为 x。

对于或运算,若操作数中有 1,那么结果为 1;若操作数均为 0 则结果为 0;否则结果为 x。

对于异或运算,若有操作数为 x 或 z,那么结果为 x;否则,若操作数中有偶数个 1,结果为 0,操作数中有奇数个 1,结果为 1。

对于一元运算符"非",0 的运算结果为 1,1 的运算结果为 0,x 和 z 的运算结果都是 x。

与非、或非和异或非依次看作是与、或和异或运算同非运算的复合运算,从而确定其运算结果。

(4)归约运算符

归约运算符均为一元运算符,在操作数的所有位之间进行运算,并产生 1 位结果,即真(1)或假(0)。其运算规则同一般逻辑运算。如归约与运算,若操作数有位值为 0,那么结果为 0;若所有位均为 1,则结果为 1,否则结果为 x。

(5)移位运算符

移位运算符均为逻辑移位,其左侧操作数为被移位数据,右侧操作数表示移位的位数。移位时空出的位添 0。

如果右侧操作数的值为 x 或 z,移位操作的结果为 x。

(6)条件运算符

条件运算符是三元运算符,其用法与 C 语言类似。该语句形式如下:

　　条件表达式? 表达式 1 : 表达式 2

根据条件表达式的值选择表达式 1 或选择表达式 2 的值作为结果。如果条件表达式为真(即值为 1),则选择表达式 1;如果条件表达式为假(即值为 0),则选择表达式 2;如果条件表达式为 x 或 z,则将表达式 1 和表达式 2 的值进行按位处理:同为 0 得 0,同为 1 得 1,其余情况为 x。例如:

　　con ? 8'B0101x0z1 : 8'B00111z0x

若条件表达式 con 为 1,则结果为 8'B0101x0z1;若 con 为 0,则结果为 8'B00111z0x;若 con 为 x 或 z,则结果为 8'B0xx1xxxx。

(7)拼接运算

拼接运算形式如下:

　　{重复次数 {表达式 1,表达式 2,…,表达式 n}}

如果无重复次数,则仅表示单纯的拼接运算。例如:

　　{4'B0101, 4'B1101, 4'B0111}
　　{2{6'B010111}}

的结果均为 12'B010111010111。

5. 表达式

表达式一般由运算符和操作数组成。常量表达式中的操作数均为常数(符号常量),故在编译时就计算出其值。

标量表达式是计算结果为 1 位的表达式。如果希望产生标量结果,但是表达式产生的结果为矢量,则最终结果为矢量最右位的位值。

3.3.3　行为描述语句

Verilog HDL 中的语句按其执行方式也可以分为顺序语句和并行语句。直接放在模块(MODULE)之中的只能是并行语句。

顺序语句又称为过程(性)语句,可用于进程语句(INITIAL 和 ALWAYS)和任务与函数中,而任务与函数也在进程语句中被调用。顺序语句主要用于算法行为描述。

Verilog HDL 中顺序语句有:条件语句、循环语句、过程赋值语句、语句块等。

1. 条件语句

条件语句包括 IF 语句和 CASE 语句,其用法与 C 语言类似。
(1)IF 语句

条件语句的格式如下:

　　IF (条件表达式 1)
　　　　过程语句 1
　　[ELSE IF (条件表达式 2)

过程语句2]
⋮
[ELSE
过程语句n]

如果条件表达式1求值的结果为一个非零值,那么执行过程语句1;如果条件表达式1的值为0、x或z,则过程语句1将不被执行。

当所有条件表达式的值都为0、x或z,且存在ELSE分支,那么过程语句n被执行。

上述每个分支所执行的要么是单条语句,要么是多条语句组成的语句块(前后用BEGIN…END框住)。后者在语法上等同于单条语句。

(2)CASE语句

CASE语句是一种多路分支判断形式,其格式如下:

CASE(多值表达式)
　　分支1：过程语句1
　　[分支2：过程语句2]
　　⋮
　　[DEFAULT：过程语句n]
ENDCASE

一个分支可定义多个分支项,用逗号隔开。CASE语句首先计算多值表达式的值,然后依次与各分支项进行比较,第一个与多值表达式的值相匹配的分支项所对应的过程语句将被执行。

各分支项的值不需要互斥。DEFAULT分支覆盖所有没有被分支项覆盖的其他分支。

分支表达式和各分支项不必都是常量表达式。在CASE语句中,x和z值也进行比较。

除CASE语句外,还有CASEZ和CASEX两种语句,它们与CASE语句格式相同,区别在于,CASEZ语句忽略z(不对其进行比较),而CASEX语句则忽略x和z。

2. 循环语句

Verilog HDL中有四类循环语句:FOREVER循环、REPEAT循环、WHILE循环和FOR循环。

(1)FOREVER循环

这种循环语句格式为

FOREVER
　　过程语句

这是一个无限循环语句。为跳出循环,过程语句中一般含有中止语句(DISABLE语句,还可以中止块语句和任务)。同时,在过程语句中必须使用某种形式的时序控制。否则,循环将在0时延后永远循环下去。

用这种循环可以描述时钟信号。

INITIAL
BEGIN
　　clock = 0;

```
        # 10 FOREVER
            # 10 clock = ~ clock;
        END
```

clock 首先初始化为 0,并一直保持到第 10 个时间单位。此后每隔 10 个时间单位,clock 反相一次。

(2) REPEAT 循环

这种循环语句格式为

```
        REPEAT(循环次数)
            过程语句
```

若循环次数为 x 或 z,则循环次数按 0 处理。例如:

```
        srg>> 5;
```

相当于

```
        REPEAT (5)
            srg>> 1;
```

(3) WHILE 循环语句

该循环语句格式为

```
        WHILE(条件表达式)
            过程语句
```

当条件表达式为真时,循环执行过程语句;当条件表达式为假时,中止循环执行。如果条件表达式为 x 或 z,则按 0(假)处理。例如:

```
        WHILE(start ! = 1)
            done = 1;
```

(4) FOR 循环语句

FOR 循环语句的形式如下:

```
        FOR(表达式 1;表达式 2;表达式 3)
            过程语句
```

FOR 循环语句的执行过程是:首先通过表达式 1 给循环变量赋初值,然后若表达式 2 循环条件为真,则执行过程语句,最后执行表达式 3,改变循环变量的值。完成一次循环后,再判断循环条件,确定是否继续循环。当循环条件为假时,中止循环。例如:

```
        FOR (k = 0; k<5 ; k = k + 1)
            srg>> 1;
```

其作用是,通过 5 次循环,将 srg 右移 5 位。

3. 时序控制

时序控制与过程语句关联。有 2 种时序控制形式:延时控制和事件控制。

(1)延时控制

延时控制的格式如下:

　　♯延时表达式 过程语句

延时控制表示在语句执行前的"等待延时"。如下列语句块:

```
BEGIN
    wav= 4'B0000;
    #5 wav= 4'B0001;
    #5 wav= 4'B0010;
    #5 wav= 4'B0100;
    #5 wav= 4'B1000;
    #5 wav= 4'B0000;
END
```

第一条语句在 0 时刻执行,wav 被清 0;接着执行第二条语句,使 wav 在 5 个时间单位后被赋值 4'B0001;然后再执行第三条语句使 5 个时间单位后 wav 被赋值为 4"B0010(从 0 时刻开始为第 10 个时间单位)。依次类推,从而得到图 3-10 所示波形。

延时控制也可以用另一种形式(单独的延时语句)定义。

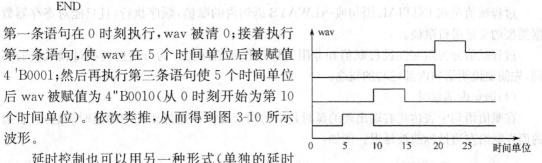

图 3-10　通过延时控制描述的波形

　　♯延时表达式;

这一语句使下一条语句执行前等待给定的延时。

如果延时表达式的值为 0,则称为显式零延时。显式零延时触发一个等待,等待所有其他在当前模拟时间被执行的事件执行完毕后,才将其唤醒,模拟时间不前进。

如果延时表达式的值为 x 或 z,其与零延时等效。如果延时表达式计算结果为负值,那么其二进制的补码值被作为延时。

(2)事件控制

ALWAYS 中的过程语句基于事件执行。有两种类型的事件控制方式:边沿触发事件控制和电平敏感事件控制。

边沿触发事件控制如下:

　　@ 事件表达式 过程语句

带有事件控制的进程或过程语句的执行,需等到指定事件发生(表达式为真);否则进程被挂起。

显然一个事件表达式可包含多个简单事件相或。例如:

　　@ (POSEDGE clk1 OR NEGEDGE clk2)

只要 clk1 出现上升沿(POSEDGE 表示上升沿)或者 clk2 出现下降沿(NEGEDGE 表示下降沿),都表明事件发生。

也可使用如下(单独的事件语句)形式:

@ 事件表达式；

该语句触发一个等待，直到指定的事件发生，其后续语句方可继续执行。

电平敏感事件控制以如下形式给出：

WAIT(条件表达式) 过程语句

在电平敏感事件控制中，语句一直延迟(等待)到条件变为真后才执行。

也可使用如下(单独的 WAIT 语句)形式：

WAIT(条件表达式)；

表示延迟至条件表达式为真时，其后续语句方可继续执行。

4. 过程赋值

过程赋值是在 INITIAL 语句或 ALWAYS 语句内的赋值，顺序执行，且只能对寄存器数据类型的变量进行赋值。

过程赋值分为阻塞性过程赋值和非阻塞性过程赋值两类。为分清这两类过程赋值的不同，先简要说明语句内部延时的概念。

(1)语句内部延时

在赋值语句中表达式右端出现的延时是语句内部延时。通过语句内部延时表达式，右边的值在赋给左边目标前被延迟。例如：

wav= #5 4'B0001；   //语句内部延时控制

先计算表达式，再进入延时等待，当等待时间到时，才对左边目标赋值。可以用语句间延时的方式进行等效。

```
BEGIN
    temp = 4'B0001；
    #5 wav = temp；           //语句间延时控制
END
```

同样，语句内事件控制

q = @(POSEDGE clk) d；

与

```
BEGIN
    temp = d；
    @ (POSEDGE clk) q = temp；   //语句间事件控制
END
```

也是等价的。

除以上两种时序控制(延时控制和事件控制)可用于定义语句内部延时外，还有另一种重复事件控制的语句内部延时表示形式。

REPEAT(表达式)@（事件表达式）

这种控制形式用于根据 1 个或多个相同事件来定义延时。例如：

```
q = REPEAT(2)@(POSEDGE clk) d;
```

d 的值要等待时钟 clk 上的两个上升沿才能赋给 q。

(2) 阻塞性过程赋值

阻塞性过程赋值以"＝"为赋值符。其含义是在下一语句执行前该赋值语句完成执行。换言之，只有当前赋值语句执行完，后续语句才能执行。

以下是使用语句内部延时控制的阻塞性过程赋值语句块。

```
BEGIN
    wav= 4 'B0000;
    wav= #5 4 'B0001;
    wav= #5 4 'B0010;
    wav= #5 4 'B0100;
    wav= #5 4 'B1000;
    wav= #5 4 'B0000;
END
```

其描述的 wav 波形与图 3-10 完全相同。

(3) 非阻塞性过程赋值

非阻塞性过程赋值使用赋值符号"＜＝"。当非阻塞性过程赋值被执行时，计算右边表达式，如果该赋值语句中没有规定延时，则该赋值生效的时间为当前时间步结束时；如果该赋值语句中规定了延时，则该赋值在延时时间到时生效。在计算右边表达式的值和左边目标等待赋值期间，后续语句照常执行，相当于同时执行，这就是"非阻塞"的含义。

例如，为生成图 3-10 所示波形，用非阻塞性过程赋值的描述如下：

```
BEGIN
    wav<= 4 'B0000;
    wav<= #5 4 'B0001;
    wav<= #10 4 'B0010;
    wav<= #15 4 'B0100;
    wav<= #20 4 'B1000;
    wav<= #25 4 'B0000;
END
```

第一条语句的执行使 wav 在所有语句执行完后的当前时间步(即 0 时刻)生效，第二条语句的执行在第 5 个时间单位生效(从 0 时刻开始的第 5 个时间单位)，第 3 条语句的执行在第 10 个时间单位生效(从 0 时刻开始的第 10 个时间单位)，依次类推。实际上，6 条语句都是在 0 时刻执行的，只是延时(生效)时间不同。因此，这 6 条非阻塞赋值语句的书写(执行)次序可以任意。

为得到正确的综合结果，一般对组合电路输出采用阻塞性过程赋值，而对时序电路输出采用非阻塞性过程赋值。

5. 语句块

语句块提供将两条或更多条语句组合成语法结构上相当于一条语句的机制。有顺序语句块和并行语句块两类。顺序语句块中的语句按给定次序顺序执行。而并行语句块中的语句同时执行。

语句块有可选的标号,如果有标号,寄存器变量可在语句块内部声明,且语句块可被引用。

(1) 顺序语句块

顺序语句块中的语句按顺序方式执行。每条语句中的延时都是相对于前一条语句的仿真时间而言的。顺序语句块的格式如下:

```
BEGIN  [标号]
    [{块内说明语句}]
    过程语句 1;
    过程语句 2;
    ⋮
    过程语句 n;
END
```

例如:

```
BEGIN : blk1
    REG[7:0] temp;
    temp = x + y;
    z = temp<<4;
END
```

该顺序语句块带有标号 blk1,并且定义了一个局部寄存器变量,该变量只在 blk1 中有效。执行 blk1 时,首先执行第 1 条语句,然后执行第 2 条语句。

本节前述各语句块都是顺序语句块。

(2) 并行语句块

并行语句块中的各语句同时执行。语句的执行次序与书写顺序无关。并行语句块内的各条语句指定的延时值都是相对于语句块开始执行的时间而言的。

并行语句块格式如下:

```
FORK  [标号]
    [{块内说明语句}]
    过程语句 1;
    过程语句 2;
    ⋮
    过程语句 n;
JOIN
```

例如,图 3-10 的波形也可以用并行语句块来描述。

```
FORK
    wav= 4'B0000;
    #5 wav= 4'B0001;
    #10 wav= 4'B0010;
    #15 wav= 4'B0100;
    #20 wav= 4'B1000;
    #25 wav= 4'B0000;
```

· 132 ·

        JOIN
　　顺序语句块和并行语句块可以相互嵌套。下列代码仍然描述了图 3-10 所示的波形。
        BEGIN sblk1
            wav= 4'B0000;
            #5 wav= 4'B0001;
            FORK pblk
                #5 wav= 4'B0010;
                BEGIN sblk2
                    #10 wav= 4'B0100;
                    #5 wav= 4'B1000;
                END
                #20 wav= 4'B0000;
            JOIN
        END

wav 在顺序语句块的 0 时刻首先被清 0，在第 5 个时间单位后变为 4'B0001，然后执行并行语句块 pblk。pblk 块中的所有语句（包括其中的 sblk2）均在第 5 个时间单位同时执行。因此，wav 在第(5+5)个时间单位被置为 4'B0010，在第(5+10)个时间单位被置为 4'B0100，在第(5+10+5)个时间单位被置为 4'B1000，而在第(5+20)个时间单位再次被清 0。

　　值得注意的是，无论是顺序语句块还是并行语句块，在语法上都只相当于一条语句，而且是一条顺序语句。因为，它们是由若干过程语句构成，且只能用在进程语句(INITIAL 和 ALWAYS)和任务与函数中。而且，并行语句块中的语句所谓"并行执行"，仅指各语句的延时值都是相对于语句块开始执行的时间而言，不像顺序语句块那样，按序累进。

3.3.4　并行语句

　　Verilog HDL 的模块(MODULE)由若干并行语句构成。并行语句书写顺序并不代表其执行次序。某一时刻只有被激活的语句才会被执行。如对 3.2 节图 3-4(a)所示的基本 RS 触发器，其描述如下：

        MODULE rs_ff1(r, s, q, nq);
            INPUT r, s;
            OUTPUT q, nq;
            ASSIGN #2 q=!(s && nq);
            ASSIGN #2 nq=!(r && q);
        ENDMODULE

　　该模块通过两条并行的连续赋值语句进行描述。若按图 3-4(b)给定的输入信号进行仿真，r,s 起始值为 1，触发器初态为 1(q 为 1,nq 为 0)。则在 r 变化时，先执行第 2 条连续赋值语句。经 2 个单位时间延迟后，nq 由 0 变 1，将第 1 条连续赋值语句激活。再经过 2 个单位时间延迟后，q 由 1 变 0，再次将第 2 条连续赋值语句激活。

　　若采用门实例语句对该电路进行结构描述，其执行过程与此相似。

　　Verilog HDL 中的并行语句有连续赋值语句、INITIAL 语句、ALWAYS 语句、实例语句等。本节讨论前三种语句，实例语句将结合模块的结构描述在 3.3.5 节讨论。

1. 连续赋值语句

连续赋值语句主要用于数据流描述,将值赋给线网(不能给寄存器赋值),它的简单形式如下:

ASSIGN 目标线网=表达式;

当表达式中的操作数上有事件(即操作数的值发生变化)时,则该赋值语句被执行。此时计算表达式的值,若值有变化,则将新值赋给左边的线网。

例如半加器描述中

ASSIGN #2 s = a ^ b;
ASSIGN #2 c = a & b;

当 a 或 b 变化时,这两条语句才会被执行。显然连续赋值语句是并行执行的,与其书写的顺序无关。只要连续赋值语句右端表达式中操作数的值变化(即有事件发生),连续赋值语句即被执行。

连续赋值语句中的目标线网类型有:标量线网、矢量线网、矢量的常数型位选择、矢量的常数型部分选择,以及上述类型的任意的拼接运算结果。如一个 4 位加法器,被加数、加数和进位输入依次为 x、y、cin,和数及进位输出为 s 和 cout。

```
    MODULE fadder (x, y, cin, s, cout);           //加法器模块
      INPUT x, y, cin;
      OUTPUT s, cout;
      Wire cout, cin ;
      Wire [3:0] x, y, s;
      ASSIGN #2 {cout, s} = x + y + cin;
    ENDMODULE
```

连续赋值语句将 1 位的标量(cout)和 4 位矢量(s)拼接在一起,接受表达式的值(5 位)。

线网可以在定义时就进行连续赋值。例如:

Wire [3:0] s = 4'B0000;

连续赋值语句中可以规定延时,如果没有定义,则右边表达式的值立即赋给目标线网,延时为 0。如果定义了延时,则从计算右边表达式的值到将其赋给左边目标需经过规定的延时。如上述 4 位加法器的描述中,就定义了输出相对于输入有 2 个时间单位的延时。

延时也可以在线网定义时指定,例如:

Wire #4 cout;
Wire [3:0] #4 s;

该延时表示驱动源值改变与线网自身变化之间的延时。在此情况下连续赋值语句

ASSIGN #2 {cout, s} = x + y + cin;

的实际延时将为线网延时和赋值延时两者之和(4+2)。

2. INITIAL 语句

INITIAL 语句和 ALWAYS 语句提供了对模块进行行为描述的主要机制。一个模块中

可以包含任意多个 INITIAL 或 ALWAYS 语句。这些语句相互并行执行,即这些语句的执行顺序与其在模块中的顺序无关。

每个 INITIAL 语句或 ALWAYS 语句的执行产生一个单独的控制流(进程),所有的 INITIAL 和 ALWAYS 语句在 0 时刻开始并行执行。

INITIAL 语句只在模拟开始时执行一次,即在 0 时刻开始执行。INITIAL 语句的格式如下:

```
INITIAL
    [延时控制语句] 过程语句
```

过程语句包括:块语句、过程赋值语句(阻塞或非阻塞)、条件语句、循环语句等。其中,顺序块语句(BEGIN...END)最为常用。

INITIAL 中各过程语句仅执行一次,根据 INITIAL 中出现的时间控制在某个特定时间完成执行。例如:

```
INITIAL
BEGIN
    wav= 4'B0000;
    #5 wav= 4'B0001;
    #5 wav= 4'B0010;
    #5 wav= 4'B0100;
    #5 wav= 4'B1000;
    #5 wav= 4'B0000;
END
```

上述语句中,wav 先在 0 时刻被赋值全 0,然后每过 5 个时间单位都被赋新值,以模拟图 3-10 所示的波形。

INITIAL 语句主要用于初始化和波形生成。

3. ALWAYS 语句

ALWAYS 语句与 INITIAL 语句相反,需反复执行。其语句格式则与 INITIAL 语句类似。

```
ALWAYS
    [延时控制语句] 过程语句
```

例如对上升沿触发的 D 触发器,设时钟信号和输入信号分别为 clk 和 d,状态输出为 q 和 nq。

```
MODULE d_ff1 (clk, d, q, nq);
    INPUT clk, d ;
    OUTPUT q, nq ;
    Reg q, nq ;
    ALWAYS @(POSEDGE clk)
    BEGIN
        q<=d;
```

```
           nq<= ~d;
        END
    ENDMODULE
```

这是一个由事件控制的顺序过程的 ALWAYS 语句。只要有事件发生(此处为 clk 上升沿)，就执行顺序过程中的语句。

在 ALWAYS 语句中也可以通过 WAIT 语句进行事件控制。下例为 RS 触发器的行为描述。

```
        MODULE rs_ff2 (r, s, q, nq);
            INPUT r, s;
            OUTPUT q, nq ;
            Reg q, nq ;
            ALWAYS
            BEGIN
                WAIT (r==0 || s==0);
                IF(r==0 && s==0)
                BEGIN
                    q=1;
                    nq=1;
                END
                ELSE IF(r==0)
                BEGIN
                    q=0;
                    nq=1;
                END
                ELSE
                BEGIN
                    q=1;
                    nq=0;
                END
            END
        ENDMODULE
```

ALWAYS 语句中顺序过程的执行由 WAIT 语句表示的电平敏感事件控制，当 r 或 s 为 0 时，激活这一过程，而当 r 和 s 均不为 0 时，终止该过程。

3.3.5 结构描述语句

结构描述是数字系统层次化设计的重要方式。Verilog HDL 中通过实例语句进行结构描述。有三种不同的实例语句：门级实例语句、用户定义原语实例语句和模块实例语句。

1. 内置基本门

门级实例语句用于门级电路结构的描述。内置基本门有多输入门、多输出门、三态门、上拉与下拉电阻、MOS 开关、双向开关等。

简单的门实例语句的格式为

  门类型名［延时］［实例名］（端口表）；

同一门类型的多个实例能够在一个结构形式中定义。即

  门类型名［延时1］［实例名1］（端口表），
     ［延时2］［实例名2］（端口表），
         ⋮
     ［延时n］［实例名n］（端口表）；

门延时除可以在实例语句中定义外，还可以在程序块中定义。门延时的默认值为0。

(1) 多输入门

内置的多输入门只有单个输出，1个或多个输入，包括与门（AND）、或门（OR）、与非门（NAND）、或非门（NOR）、异或门（XOR）和异或非门（XNOR）等。

多输入门实例语句中的第一个端口是输出，其它端口是输入。如前述半加器中的异或门

  XOR x1(s, a, b);

s 为输出端，而 a 和 b 均为输入端。

(2) 多输出门

内置的多输出门只有单个输入，一个或多个输出。有缓冲门（BUF）和非门（NOT）。

多输出门的最后一个端口是输入，其它端口为输出。例如：

  BUF b1 (o1, o2, o3, x);
  NOT n1 (no1, no2, no3, x);

x 为输入，而 o1～o3 为缓冲门的输出，no1～no3 为非门的输出。

(3) 三态门

三态门有一个输出、一个数据输入和一个控制输入，包括控制端低电平有效的三态缓冲门（BUFIF0）、控制端高电平有效的三态缓冲门（BUFIF1）、控制端低电平有效的三态非门（NOTIF0）、控制端高电平有效的三态非门（NOTIF1）。

三态门的第一个端口是输出，第二个端口是数据输入，第三个端口则是控制输入。

(4) 实例数组

当需要描述重复性的实例时，在实例描述语句中可以有选择地加上范围说明。其形式如下：

  门类型名［延时］实例名［左界 : 右界］（端口表）；

左界和右界可以是任意的常量表达式。重复实例的个数为二者之差绝对值+1。例如：

  Wire ［3:0］ a, b, s;
  XOR x[3:0](s, a, b);

相当于

  Wire ［3:0］ a, b, s;
  XOR x3(s[3], a[3], b[3]);
  XOR x2(s[2], a[2], b[2]);
  XOR x1(s[1], a[1], b[1]);
  XOR x0(s[0], a[0], b[0]);

注意:定义实例数组时,实例名不可缺省。

2. 用户定义原语

用户定义原语(User Defined Primitive,UDP)的实例语句与基本门的实例语句的格式完全相同。

(1)UDP 的定义

定义 UDP 的形式如下:

  PRIMITIVE UDP 名（输出名，输入列表）;
    输出说明
    输入列表说明
    ［寄存器说明］
    ［INITIAL 语句］
    TABLE
      功能表
    ENDTABLE
  ENDPRIMITIVE

UDP 只能有一个输出和一个或多个输入。第一个端口必须是输出端口。此外,输出可以取值 0、1 或 x(不允许取 z 值)。输入中出现值 z 按 x 处理。

UDP 的行为以功能表的形式描述,其可能出现的表述形式见表 3-12。

表 3-12 UPD 功能表常用符号

符号	含 义	说 明
0	逻辑 0	
1	逻辑 1	
x	未知	
?	0、1、x 任选	不能表示输出
b	0 或 1 任选	同上
—	保持不变	只用于时序模块输出
(a b)	由 a 变为 b	
*	相当于(??)	表示输入有任何变化
r	同(01)	上升沿
f	同(10)	下降沿
p	(01)、(0 x)或(x 1)	包含 x 态的上升沿
n	(1 0)、(1 x)或(x 0)	包含 x 态的下降沿

在 UDP 中可以描述组合电路和时序电路(边沿触发和电平触发)。

(2)组合电路 UDP

在组合电路 UDP 中,通过功能表定义不同的输入组合下电路对应的输出值。没有指定的输入组合输出为 x。下面以 2 选 1 数据选择器(a、b 为数据输入,s 为选择控制端,y 为输出)为例加以说明。

  PRIMITIVE mux2to1 (y, a, b, s);
  OUTPUT y;
  INPUT a, b, s;

```
        TABLE
            // 信号顺序 a  b  s : y
                0 ? 0 : 0;
                1 ? 0 : 1;
                ? 0 1 : 0;
                ? 1 1 : 1;
                0 0 x : 0;
                1 1 x : 1;
        ENDTABLE
    ENDPRIMITIVE
```

功能表按

    输入列表:输出字符

的方式表示,输入列表的顺序不能改变(a、b、s)。

  在功能表中没有输入组合 0 1 x、1 0 x 项,即表示在这些输入组合下输出值为 x。

  可以在 2 选 1 数据选择器的基础上通过 UDP 实例描述图 3-11 所示的 4 选 1 数据选择器。

```
MODULE mux4to1 (f, d0, d1, d2, d3, s1, s0);
    INPUT d0, d1, d2, d3, s1, s0;
    OUTPUT f;
    Wire y1, y2;                          //内部信号
    mux2to1  #5 (y1, d0, d1, s0 ),
                (y2, d2, d3, s0 ),
                (f, y1, y2, s1 );
ENDMODULE
```

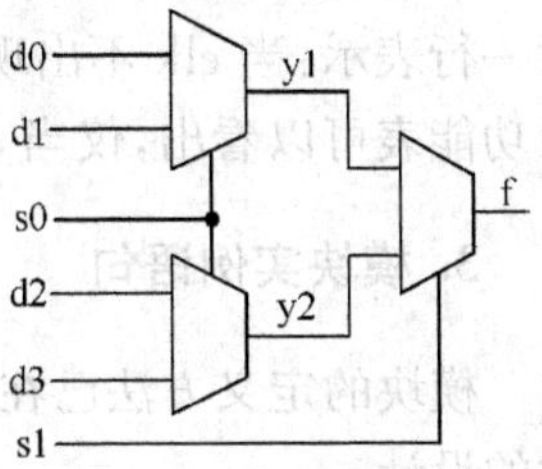

图 3-11 4 选 1 数据选择器

(3)时序电路 UDP

  在时序电路 UDP 中,使用 1 位寄存器描述电路内部状态,且该寄存器的值也是时序电路 UDP 的输出值。寄存器当前值(现态)和输入信号决定了寄存器的下一状态(输出)。寄存器状态初始化可以使用包含过程赋值语句的 INITIAL 语句实现。

  时序电路 UDP 有两种类型:电平触发和边沿触发。

  对响应时钟高电平的 D 锁存器可进行如下 UDP 描述。

```
    PRIMITIVE d_latch(q, clk, d);
        OUTPUT q;
        INPUT clk, d;
        Reg q;
        INITIAL q = 0;
        TABLE
        // 信号顺序 clk d : q(现态) : q(次态)
            0 ?  : ? : — ;
            1 0  : ? : 0 ;
            1 1  : ? : 1 ;
        ENDTABLE
    ENDPRIMITIVE
```

INITIAL 语句为锁存器定义了初态。显然仅当 clk 为 1 时,d 的值才能存入 q 端,其他情况下 q 保持不变。

而对响应时钟上升沿的 D 触发器,其 UDP 描述如下:

```
PRIMITIVE d_ff2(q, clk, d) ;
    OUTPUT q;
    INPUT clk, d;
    Reg q;
    TABLE
    // 信号顺序 clk d : q(现态) : q(次态)
        (01)   0   : ? : 0 ;
        (01)   1   : ? : 1 ;
        (1?)   ?   : ? : — ;
          ?   (??) : ? : — ;
    ENDTABLE
ENDPRIMITIVE
```

功能表中,(01)表示由 0 变 1(上升沿),(1?)表示从 1 变为任意值(0、1 或 x)。功能表最后一行表示:当 clk 不出现跳变为稳定值(0、1、x)时,无论 d 的值如何变化(??),q 保持不变。由功能表可以看出,仅当 clk 出现上升沿时,d 的值才能存入 q 端,其他情况下 q 保持不变。

3. 模块实例语句

模块的定义方法已在 3.3.1 节作了介绍。一个模块可以被另一模块所引用,以实现层次化的设计。

(1)模块引用

模块通过实例语句加以引用,其形式为

　　　　模块名　实例名(端口关联);

信号端口可以通过位置或名字关联。在位置关联中,端口表达式按指定的顺序与模块中的端口关联;而在名字关联中,端口顺序可以任意。

前文已定义了半加器模块 half_adder (a, b, s, c),若采用图 3-8(b)所示的电路构成一位全加器,则代码如下:

```
MODULE full_adder(x, y, cin, sum, cout);
    INPUT x, y, cin;
    OUTPUT sum, cout;
    Wire c1, s1, c2;                              //定义内部信号
    half_adder h1 (x, y, s1, c1),
             h2 (.b(cin), .a(s1), .c(c2), .s(sum));  //模块实例语句,位置关联
                                                     //模块实例语句,名字关联
    OR  #2   o1 (cout, c1, c2) ;                  //门实例语句
ENDMODULE
```

在实例语句中,悬空端口可通过将端口表达式表示为空白来指定为悬空端口,但逗号要保留。例如,若已定义了带复位(CR)和预置端(PS)的 D 触发器 d_ff (cr, ps, clk, d, q, nq)做如下引用时

```
    d_ff d1(.cr(),.ps(),.clk(cp),.d(data),.q(q),.nq());        //名字关联
    d_ff d2(, , cp, data, q, );                                //位置关联
```

在这两个实例语句中,输入端口 cr 和 ps 悬空,输出端口 nq 也悬空。若模块的输入端悬空,则其值为高阻态 z;若模块的输出端口悬空,表示该输出端口废弃不用。

当相互关联的端口长度不同时,端口通过无符号数的右对齐或截断方式进行匹配。

(2)模块参数值

当某个模块在另一个模块内被引用时,高层模块能够改变低层模块的参数值。模块参数值的改变可采用参数定义语句(DEFPARAM)和带参数值的模块引用两种方式。

参数定义语句形式如下:

```
    DEFPARAM 层次路径名1=值1, 层次路径名2=值2,…,层次路径名n=值n;
```

例如在半加器 ha_adder 中定义了参数 ha_delay,则上例全加器中可以对 ha_delay 进行修改。

```
    MODULE full_adder(x, y, cin, sum, cout);
        INPUT x, y, cin;
        OUTPUT sum, cout;
        Wire c1, s1, c2;                                       //定义内部信号
        DEFPARAM   h1.ha_delay = 4,                            //更改实例 h1 中的 ha_delay
                   h2.ha_delay = 5;                            //更改实例 h2 中的 ha_delay
        half_adder h1 (x, y, s1, c1),                          //模块实例语句,位置关联
                   h2 (.b(cin), .a(s1), .c(c2), .s(sum));      //模块实例语句,名字关联
        OR  #2   o1 (cout, c1, c2);                            //门实例语句
    ENDMODULE
```

(3)带参数值的模块引用

模块实例语句自身可以包含新的参数值。如上例也可等效地表示为

```
    MODULE full_adder(x, y, cin, sum, cout);
        INPUT x, y, cin;
        OUTPUT sum, cout;
        Wire c1, s1, c2;                                       //定义内部信号
        half_adder #(4) h1 (x, y, s1, c1);                     //更改实例中的 ha_delay 为 4
        half_adder #(5) h2 (.b(cin), .a(s1), .c(c2), .s(sum)); //更改实例中的 ha_delay 为 5
        OR  #2   o1 (cout, c1, c2);                            //门实例语句
    ENDMODULE
```

通过 #() 依次更改实例中的参数。若实例中有多个参数则用逗号分开,且实例语句中参数值的顺序必须与被引用的模块中说明的参数顺序一致。

若定义了一个 n 位加法器(默认 n=4)

```
    MODULE addern (x, y, cin, s, cout);                        //加法器模块
        INPUT x, y, cin;
        OUTPUT s, cout;
        Wire cout, cin ;
        PARAMETER n=4, delay1=5;
```

```
        Wire [n:1] x, y, s;
        ASSIGN #delay1 {cout, s} = x + y + cin;
    ENDMODULE
```

对其引用时,可根据需要再规定其位数和延时。

```
        Wire [8:1] aug1, aug2, sum;
        Wire c0, c8;
            ⋮
        addern #(8, 6) adder8(aug1, aug2, c0, sum, c8);
            ⋮
```

实例语句的第一个参数将加法器位数规定为 8 位,而第二个值则将延时改为 6。

3.3.6 任务与函数

任务(TASK)和函数(FUNCTION)类似于子程序,可以把相同的代码段封装起来,便于多次引用,同时也简化了代码结构,增加代码的可读性与可维护性。任务与函数的不同之处在于:

(1)函数至少要有一个输入变量,而任务可以没有输入变量;
(2)函数有一个返回值,而任务则无返回值;
(3)函数不能引用任务,而任务可以引用函数;
(4)函数不能包含任何时序控制(必须立即执行),而任务可以包含时序控制,或等待特定事件的发生。
(5)函数只能与引用它的模块共用同一个仿真时间单位,而任务可以定义自身的仿真时间单位。

1. 任务

(1)任务定义
任务定义的形式如下:

```
        TASK 任务名;
            [说明语句]
            过程语句
        ENDTASK
```

任务可以没有也可以有一个或多个参数。值通过参数传入和传出任务。参数可以是输入,也可以是输出,还可以是双向(输入/输出)。任务的输入和输出在任务开始处声明。这些输入和输出的顺序决定了它们在任务调用中的顺序。

任务的定义放在模块说明部分。任务除内部可以定义变量外,还能使用模块中定义的变量。当然,任务内部变量只能在任务中使用。

例如:

```
        MODULE some_module;
            PARAMETER num=10;
```

```
    TASK max;                    //任务定义
        INPUT x[num:1];
        OUTPUT z;
        Integer i;
        BEGIN
            z=x[1];
            FOR(i=2;i<=num;i=i+1)
                IF (x[i]>z)
                    z = x[i];
        END
    ENDTASK
        ⋮
    ENDMODULE
```

max 是任务名,i 是任务内部定义的局部寄存器,只能在任务中使用。而任务外模块中定义的 num 也可以在任务中使用。x、z 则依次为任务的输入、输出变量。

(2)任务调用

任务调用语句给出传入任务的参量值和接收结果的变量值。形式如下:

   任务名[(参量表)];

任务调用语句是顺序语句,可以在 INITIAL 语句和 ALWATS 语句中使用。因此,任务调用中的输出和输入参数必须是寄存器类型。

任务调用语句中参量列表必须与任务定义中参数说明的顺序一致。

上例所定义的任务可以在模块中进行如下调用:

```
    MODULE some_module;
        PARAMETER num=10;
        Integer data[num:1], result;
        ⋮
        max(data, result);          //任务调用
        ⋮
    ENDMODULE
```

任务所处理的数据可以是模块的全局变量,这样就不必通过参数表进行数据传递。如上述 max 任务可以改为

```
    MODULE some_module;
        PARAMETER num=10;
        Integer data[num:1], result;
        ⋮
        TASK max;                    //任务定义
            Integer i;
            BEGIN
                result=data[1];
                FOR(i=2;i<=num;i=i+1)
```

```
            IF (data[i]>result)
                result = data[i];
        END
    ENDTASK
    ⋮
    max;                        //任务调用
    ⋮
ENDMODULE
```

  任务由顺序语句构成,也可以包含时序控制,或等待特定事件的发生。任务可在被调用后再经过一定延时才返回值。但是值得注意的是,任务的输出参数的值直到任务退出时才传递给调用参数。例如,前述生成波形的代码可以定义成一个任务。

```
    ⋮
    Reg [3:0] wavout;
    TASK wavgen;                //任务定义
        OUTPUT [3:0] wav;
        BEGIN
            wav= 4'B0000;
            #5 wav= 4'B0001;
            #5 wav= 4'B0010;
            #5 wav= 4'B0100;
            #5 wav= 4'B1000;
            #5 wav= 4'B0000;
        END
    ENDTASK
    ⋮
    INITIAL
        wavgen(wavout);         //任务调用
    ⋮
```

  实际上,wavout 并没有产生预期的波形,因为任务中 wav 的一系列变化并没有实时的反映在 wavout 上(对 wavout 的赋值只能在任务返回后才能进行,而且赋的值是 wav 最后的结果 4'B0000)。可以通过在任务中直接处理全局变量的方法解决这一问题。

```
    ⋮
    Reg [3:0] wavout;
    TASK wavgen;                //任务定义
        BEGIN
            wavout=4'B0000;
            #5 wavout=4'B0001;
            #5 wavout=4'B0010;
            #5 wavout=4'B0100;
            #5 wavout= 4'B1000;
            #5 wavout= 4'B0000;
        END
```

```
        ENDTASK
        ⋮
    INITIAL
        wavgen;                    //任务调用
        ⋮
```

2. 函数

(1) 函数定义

函数在模块的说明部分定义,形式为

```
    FUNCTION [返回值位宽] 函数名;
        输入说明
        其他说明
        过程语句
    ENDFUNCTION
```

函数定义时隐含声明了一个与函数同名的局部寄存器,用于保存函数返回值。在函数定义中需显式地对该寄存器赋值来产生返回值。返回值位宽指明函数返回值的位数,缺省时为1位寄存器类型数据。

前述 max 任务也可改写成函数。

```
    MODULE some_module;
        PARAMETER num=10;
        ⋮
        FUNCTION[31:0] max;              //函数定义
            INPUT x[num:1];
            Integer i;
            BEGIN
                max=x[1];
                FOR(i=2;i<=num;i=i+1)
                    IF (x[i]>max)
                        max = x[i];
            END
        ENDFUNCTION
        ⋮
    ENDMODULE
```

(2) 函数调用

函数只能作为操作数在表达式中被调用,其形式如下:

    函数名[(参量表)];

例如,对 max 函数的调用

```
    MODULE some_module;
        PARAMETER num=10;
        Integer data[num:1], result;
```

· 145 ·

⋮
  result= max(data);   //函数调用
⋮
  ENDMODULE

3. 系统任务和系统函数

  Verilog HDL 提供了一些预定义的系统任务和系统函数,分为显示、文件输入/输出、时间标度、模拟控制、时序验证、PLA 建模、随机建模、实数变换、概率分布等。在此,主要讨论显示和文件输入/输出。

  (1)显示任务

  显示系统任务用于信息显示($DISPLAY)和输出($WRITE),其格式如下:

    任务名(格式说明1,参数表1,格式说明2,参数表2,…,格式说明n,参数表n);

显示任务将特定信息输出到标准输出设备,并且带有行结束字符;而写入任务输出特定信息时不带有行结束符。常用格式说明有

  %h 或%H:十六进制

  %d 或%D:十进制

  %o 或%O:八进制

  %b 或%B:二进制

  %c 或%C:ASCII 字符

  %s 或%S:字符串

  %t 或%T:当前时间格式

  %e 或%E:指数形式的实数

  %f 或%F:十进制形式的实数

  %g 或%G:以指数形式或十进制形式中较短一种输出实数

  在没有格式说明的情况下,$DISPLAY 和$WRITE 输出为十进制数;$DISPLAYB 和$WRITEB 输出为二进制数、$DISPLAYO 和$WRITEO 输出为八进制数、$DISPLAYH 和$WRITEH 输出为十六进制数。

  特殊字符与 3.3.2 节中常数特殊字符的表示方法基本相同,只是增加了符号"%"的表示方法——%%。

  (2)文件输入/输出

  系统函数

    $FOPEN(文件名)

用于打开一个文件。该函数的返回值为整型(文件指针)。

  而关闭文件则是个系统任务

    $FCLOSE(文件指针);

  前述的$DISPLAY 和$WRITE 等显示任务中,若添加文件指针作为第一个参数,则可将信息写入文件,而不是输出到标准的输出设备。

  从文本文件中读取数据并将数据加载到存储器的系统任务是:$READMEMB 和

$READMEMH。

文本文件包含空白符、注释和二进制(对于$READMEMB)或十六进制(对于$READMEMH)数字。每个数据由空白符隔离。该系统任务带有两个参数,第一个是文件名(用双引号括起来),第二个是存储器地址。例如:

  REG[7:0] mem1[1023:0];
  ⋮
  INITIAL
    $READMEMH ("table_value.txt" , mem1);
  ⋮

(3) 其他系统任务与函数
  $FINISH 使模拟器结束运行。
  $STOP 使模拟被挂起。此时,交互命令可以被发送到模拟器。
    $SETUP(数据事件,参考事件,门限值) 建立时间检查。参考事件(如时钟信号某种边沿)为时间基准,数据事件为被查对象。
    $HOLD(参考事件,数据事件,门限值) 保持时间检查。参考事件为时间基准,数据事件为被查对象。
  $TIME 返回64位的整型模拟时间。
  $STIME 返回32位的整型模拟时间。
  $REALTIME 返回实型模拟时间。
  $RTOI(实数值) 通过截断小数将实数变换为整数。
  $ITOR(整数值) 将整数变换为实数。
  $RANDOM[(种子)] 返回随机数,为32位的带符号整数。

3.3.7 编译预处理

Verilog HDL 中有一些特殊的命令,在编译时先进行处理,然后再将处理结果同其他的代码一道进行常规的编译,这些命令称为编译预处理命令。

编译预处理命令的作用范围从它在源代码中出现的地方开始直到被其他命令取代或文件的结束处。

编译预处理命令以特殊的"`"字符打头(该字符不是单引号,其上位键为"~"),且命令末尾不必加逗号。

1. `DEFINE 和 `UNDEF 命令

`DEFINE 为宏定义命令,其作用是用一个标识符(宏名)替代一个字符串(宏内容)。编译时,该标识符逐一还原成它所表示的字符串,称为宏展开。宏定义命令的格式为

  `DEFINE 标识符 字符串

例如:

  `DEFINE num 32
  `DEFINE some_xor xor #2
  `DEFINE add(a,b) a + b

```
        ⋮
    MODULE some_module;
        Reg[31:0] mem1[num:1];
        `some_xor sx1(o1, i1, i2);
        f=`add(10,5);              //f=10+5;
        ⋮
```

第一个宏定义将存储器的长度 32 用 num 表示,若长度需要修改,只要改这条宏定义命令。第二个宏定义则用 some_xor 表示 xor ♯2,在实例语句中通过宏展开还原成

    xor ♯2 sx1(o1, i1, i2);

而第三个宏定义则代表了一个表达式。

宏定义命令既可以放在模块内,也可以置于模块外。在使用宏名时,前面同样要加上"`"字符。

宏定义命令可以通过宏取消命令`UNDEF 终止使用。

2. `INCLUDE 命令

`INCLUDE 为文件包含命令,其作用是在一个源文件中将另一个源文件的内容包含(嵌入)到该命令所在位置。其形式为

    `INCLUDE   "文件名"

可以将一些常用的宏定义、参量与变量说明语句、任务与函数等放在一个头文件中,然后通过文件包含命令将其引入到源文件中,提高了设计效率和可维护性。

3. 条件编译命令

通常情况下,源文件中的所有代码都参加编译。但有些情况下,希望部分代码在满足特定条件时才参加编译,这称为条件编译,可以通过条件编译命令进行控制。

条件编译命令的格式为

```
    `IFDEF    宏名(标识符)
        代码段 1
    [`ELSE
        代码段 2]
    `ENDIF
```

其作用是当宏名已定义过(通过`DEFINE 命令定义),则对代码段 1 进行编译,代码段 2 被忽略;反之,忽略代码段 1,编译代码段 2。`ELSE 和代码段 2 可以缺省。

通过条件编译命令,可以在一个模块的多种描述中进行选择,还可以选择不同的时序和结构描述。

4. 时间尺度命令

前文所有的延时都是基于某种时间单位,而时间单位的具体大小及其精度(最小增量)则需通过时间尺度命令加以定义。其形式为

    `TIMESCALE 时间单位/ 精度单位

其中,时间单位表示仿真时间和延迟时间的基准单位,而精度单位则表示仿真时间的精确程度。如果同一设计中存在多个时间尺度命令,则用最小的时间精度来确定仿真的时间单位。时间精度值不能大于时间单位值。

`TIMESCALE 命令中时间单位和时间精度都必须是整数,单位有秒(s)、毫秒(ms)、微秒(μs)、纳秒(ns)、皮秒(ps)。

例如:

```
`TIMESCALE 5ns/1ns
    ⋮
#3.5 wav= 4 'B0001;
#3.5 wav= 4 'B0010;
    ⋮
```

时间单位和时间精度依次是 5ns 和 1ns,而 wav 波形每隔 3.5 个时间单位(相当于 17.5ns)变化,但由于时间精度是 1ns,所以该延时将按四舍五入取整为 18ns。

3.3.8 Verilog HDL 描述实例

1. 组合逻辑电路描述

(1)多位减法器

被减数 A、减数 B 和差 D 均为 8 位二进制数,借位输入和输出依次为 Bin 和 Bout。

```
module sub8(a, b, bin, d, bout);
    input [7:0] a, b;
    input bin;
    output [7:0] d;
    output bout;
    assign {bout, d} = a-b-bin;
endmodule
```

(2)多位比较器

待比较的两个数 A 和 B 均为 8 位二进制数,输出信号 A_EQUAL_B、A_GREATER_B 和 A_LESS_B 依次表示 A=B、A>B 和 A<B。

```
module comp8(a, b, a_equal_b, a_greater_b, a_less_b);
    input [7:0] a, b;
    output a_equal_b, a_greater_b, a_less_b;
    assign a_equal_b= (a==b)? 1:0;
    assign a_greater_b= (a>b)? 1:0;
    assign a_less_b= (a<b)? 1:0;
endmodule
```

(3)数据选择器

4 选 1 数据选择器的数据输入为 D0~D3,地址选择信号为 A1、A0,输出为 F。

```
module mux4to1(a, d, f);
    input [1:0] a;
```

```
        input [3:0] d;
        output f;
        reg f;
        always @(a or d)
            case(a)
                2'b00 : f = d[0];
                2'b01 : f = d[1];
                2'b10 : f = d[2];
                2'b11 : f = d[3];
                default: f = 1'bx;
            endcase
    endmodule
```

(4) 译码器

2—4 译码器的输入为 A1、A0,输出为 Y3~Y0,均为高电平有效。

```
    module decoder2to4(a, y);
        input [1:0] a;
        output [3:0] y;
        assign y=4'b1 << a;
    endmodule
```

当 A1、A0 为 00~11 时,通过移位使 Y3~Y0 依次输出 0001、0010、0100、1000。

(5) 双向总线驱动器

两个 8 位双向数据线为 A 和 B,使能端为 EN,方向控制端为 DIR。当 EN 为 0 时,A、B 端口均呈高阻态。当 EN 为 1 时该总线驱动器被选通,若 DIR=1,则信号由 A 传至 B;反之信号由 B 传至 A。

```
    module bidir(a, b, en, dir);
        input en, dir;
        inout [7:0] a, b;
        assign b = en ? (dir? a:b) : 8'bzzzzzzzz;
        assign a = en ? (! dir? b:a) : 8'bzzzzzzzz;
    endmodule
```

2. 时序逻辑电路描述

(1) 带异步复位、预置端的 D 触发器

CR 和 PS 依次为异步复位和预置端,均低电平有效,触发器响应时钟 CLK 的上升沿。

```
    moule d_ff (cr, ps, clk, d, q, nq);
        input cr, ps, clk, d;
        output q, nq;
        reg q, nq;
        always @ (negedge cr or negedge ps or posedge clk)
            if (! cr)
                begin                       //复位
```

```
            q<=0;
            nq<=1;
        end
    else if（! ps）
    begin                                    //预置
            q<=1;
            nq<=0;
        end
    else
    begin                                    //触发
            q<=d;
            nq<= ~d;
        end
endmoule
```

(2)双向移位寄存器

双向移位寄存器除具有 8 位数据存储功能外,还具有左移、右移、同步复位和预置功能。其复位端为 RESET,高电平有效;左移和右移串行数据输入端分别是 SL_IN 和 SR_IN。

预置数据输入端为 DATA(8 位)。两位模式控制端 MODE 为 00、01、10、11 时,寄存器工作方式依次为保持、右移、左移和预置。

```
module srg8 (reset, sl_in, sr_in, clk, data, mode, q);
    input reset, sl_in, sr_in, clk ;
    input [7:0] data;
    input [1:0] mode;
    output[7:0] q;
    reg[7:0] q;
    always @(posedge clk)
        if (reset)
            q<=8 'b 0;                       //复位
        else
            case(mode)
                2 'b 00 : q<=q;              //保持
                2 'b 01 : q<= {sr_in, q[7:1]};  //右移
                2 'b 10 : q<= {q[6:0], sl_in};  //左移
                2 'b 11 : q<= data;          //置数
                default: q<=8 'Bx;
            endcase
endmodule
```

(3)可逆计数器

模 10 可逆计数器的异步复位(RESET)和预置(LD)均高电平有效。置数数据输入为 DATA(4 位)。计数方式控制端 UP/DOWN=1 进行加法计数,否则进行减法计数。除状态输出外,还有进位输出 CO 和借位输出 BO。

```
module counter10 (reset, ld, up_down, clk, data, q, co, bo);
```

```
input reset, ld, up_down, clk;
input [3:0] data;
output[3:0] q;
output co, bo;
reg[3:0] q;
assign co= up_down && (q==4'b1001);
assign bo= ! up_down && (q==4'b0);
always @ (posedge reset or posedge ld or posedge clk)
    if (reset)
        q<=4'b0;                        //复位
    else if(ld)
        q<=data;                        //置数
    else
        if (up_down)
            if (q==4'b1001)             //加法计数
                q<=4'b0;
            else
                q<=q+1;
        else
            if (q==4'b0)                //减法计数
                q<=4'b1001;
            else
                q<=q-1;
endmodule
```

(4)异步计数器

异步时序电路具有多个时钟信号,所以需要通过多个过程进行描述。3.2 节中的图 3-9 所示的是一个由两个 D 触发器构成的异步模 4 计数器。首先对其进行行为描述。

```
module asyn_ctr4(clk, q0, q1);
    input clk;
    output q0, q1;
    reg q0, q1;
    always @ (posedge clk)
        q0<= ~q0;
    always @ (negedge q0)
        q1<= ~q1;
endmodule
```

该电路也可在前文定义的 D 触发器模块 d_ff1(clk, d, q, nq)的基础上,通过结构描述说明其组成。

```
module asyn_ctr4(clk, q0, q1);
    input clk;
    output q0, q1;
    wire nq0, nq1;
```

```
        d_ff1 d1(clk, nq0, q0, nq0),
               d2(nq0, nq1, q1, nq1);
    endmodule
```

3. 状态机的描述

状态机既可以构成各种时序模块，又可以实现数字系统中的控制单元。状态机除了外部输入、输出信号外，还有内部状态信号。因此在描述时，需要在模块中定义表示电路状态的变量。电路的输出既可以同状态变化置于同一过程进行描述，又可以通过单独的过程加以描述。

对 3.2 节表 3-5 所示的状态机，其描述如下：

```
module fsm (x, clk, z);
    input x, clk;
    output z;
    reg [1:0] state;
    parameter s0=2'b00, s1=2'b01, s2=2'b10, s3=2'b11;
    assign z= (! x && state==s3) || (x && state==s0);
    always @(posedge clk)
        case(state)
            s0: if(! x)
                    state<=s1;
                else
                    state<=s3;
            s1: if(! x)
                    state<=s2;
                else
                    state<=s0;
            s2: if(! x)
                    state<=s3;
                else
                    state<=s1;
            s3: if(! x)
                    state<=s0;
                else
                    state<=s2;
            default: state<=2'bx;
        endcase
endmodule
```

习 题 3

3.1 试说明 VHDL 实体端口模式 INOUT 与 BUFFER 的不同之处。
3.2 试给出一位全减器的 VHDL 算法描述、数据流描述、结构描述和混合描述。
3.3 用 VHDL 定义关于电流、电压和频率的物理类型。它们的基本单位依次为微安(μA)、微伏(μV)和赫兹(Hz)。

3.4 用 VHDL 描述下列器件的功能：

(1) 十进制-BCD 码编码器,输入、输出均为低电平有效。

(2) 时钟 RS 触发器。

(3) 带复位端、置位端、延迟为 15ns 的响应 CP 下降沿的 JK 触发器。

(4) 集成计数器 74161。

(5) 集成移位寄存器 74194。

3.5 用 VHDL 分别描述第 2 章所述若干数字系统的算法流程图。

(1) 补码变换器(图 2-10)。

(2) 倒数变换器(图 2-13)。

3.6 试用 VHDL 描述下列电路结构：

(1) 由两输入端与非门构成的一位全加器。

(2) 由 D 触发器构成的异步二进制模 8 减法计数器。

(3) 由 JK 触发器和三输入端与非门构成的同步格雷码模 8 计数器。

3.7 用 VHDL 描述一个 BCD—七段码译码器。输入、输出均为高电平有效。

3.8 用 VHDL 描述一个三态输出的双 4 选 1 数据选择器。其地址信号共用,且各有一个低电平有效的使能端。

3.9 试用 VHDL 并行信号赋值语句分别描述下列器件的功能：

(1) 3-8 译码器。

(2) 8 选 1 数据选择器。

3.10 利用 VHDL 生成语句描述一个由 n 个一位全减器构成的 n 位减法器。n 的默认值为 4。

3.11 用 VHDL 描述一个 N 分频器。N 的默认值为 10。

3.12 用 VHDL 描述一个单稳态触发器。定时时间由类属参数决定。该触发器有 A、B 两个触发信号输入端,A 为上升沿触发(当 B=1 时),B 为下降沿触发(当 A=0 时);有 Q 和 $\overline{Q}$ 两个输出端,分别输出正、负两种脉冲信号。

3.13 用 VHDL 分别描述第 2 章中所列的若干 ASM 图。

(1) 倒数变换器控制单元(图 2-42)。

(2) 题 2.32 给出的某系统控制单元(图 E2-5)。

3.14 Verilog HDL 中,Reg 型和 Wire 型变量的区别是什么?

3.15 简述 Verilog HDL 中 $DISPLAY 和 $WRITE 的不同之处。

3.16 给出一位全减器的 Verilog HDL 算法描述、数据流描述、结构描述和混合描述。

3.17 用 Verilog HDL 描述题 3.4 中各模块的功能。

3.18 用 Verilog HDL 描述题 3.5 中的算法流程图。

3.19 用 Verilog HDL 描述题 3.6 中各电路的结构。

3.20 用 Verilog HDL 描述题 3.7 的译码器。

3.21 用 Verilog HDL 描述题 3.8 的数据选择器。

3.22 用 Verilog HDL 连续赋值语句描述题 3.9 的电路。

3.23 用 Verilog HDL 描述题 3.11 的分频器。

3.24 用 Verilog HDL 描述题 3.12 的单稳态触发器。

3.25 用 Verilog HDL 描述 3.13 的 ASM 图。

第 4 章 可编程逻辑器件 PLD 原理和应用

4.1 PLD 概述

自 20 世纪 60 年代初集成电路诞生以来,经历了 SSI、MSI、LSI 的发展过程,目前已进入超大规模(VLSI)和甚大规模(ULSI)阶段,数字系统设计技术也随之发生了崭新的变化。

前已指出,数字系统是由许多子系统或逻辑模块构成的。设计者可根据各模块的功能选择适当的 SSI、MSI 及 LSI 芯片拼接成预定的数字系统,也可把系统的全部或部分模块集成在一个芯片内,称为专用集成电路 ASIC。使用 ASIC 不仅可以极大地减少系统的硬件规模(芯片数、占用的面积及体积等),而且可以降低功耗、提高系统的可靠性、保密性及工作速度。

ASIC 是一种由用户定制的集成电路。按制造过程的不同又可分为两大类:全定制和半定制。全定制电路(Full Custom design IC)是由制造厂按用户提出的逻辑要求,专门设计和制造的芯片。这一类芯片专业性强,适合在大批量定型生产的产品中使用。常见的电子表机芯、存储器、中央处理器 CPU 芯片等,都是全定制电路的典型例子。

早期的半定制电路(Semi-Custom design IC)的生产可分为两步。首先由制造厂制成标准的半成品;然后由制造厂根据用户提出的逻辑要求,再对半成品进行加工,实现预定的数字系统芯片。典型的半定制器件是 20 世纪 70 年代出现的门阵列(Gate Array,GA)和标准单元阵列(Standand Cell Array,SCA)。它们分别在芯片上集成了大量逻辑门和具有一定功能的逻辑单元,通过布线把这些硬件资源连接起来实现数字系统。这两种结构的 ASIC 的布线工作都是由集成电路制造厂完成的。

随着集成电路制造工艺和编程技术的提高,针对 GA 和 SCA 这两类产品的应用设计和半成品加工都离不开制造厂的缺点,从 20 世纪 70 年代末开始,发展了一种称为可编程逻辑器件(PLD)的半定制芯片。PLD 芯片内的硬件资源和连线资源也是由制造厂生产好的,但用户可以借助功能强大的设计自动化软件(也称设计开发软件)和编程器,自行在实验室内、研究室内,甚至车间等生产现场,按图 4-1 所示的过程,进行设计和编程,实现所希望的数字系统。在这种情况下,设计师的主要工作将是:

图 4-1 用 PLD 实现数字
　　　　系统的基本过程

(1) 根据设计对象的逻辑功能进行算法设计和电路划分,进而给出相应的行为描述或结构描述。

(2) 利用制造厂提供的编辑工具以文本方式(例如 VHDL、Verilog HDL 源文件)或图形方式(例如逻辑图、工作波形图)把上述描述输入计算机。

(3) 给出适当的输入信号,启动设计自动化软件中的仿真器,进行逻辑模拟,检查逻辑设计的正确性和进行时序分析。

(4) 选择 PLD 芯片。

图 4-1 中的"设计实现"由设计自动化软件来完成,包括按设计要求在 PLD 内部硬件资源上进行布局和布线,进而形成表示这些设计结果的目标文件。最后将上述目标文件写入给定的器件(即编程或下载),使该器件实现预定的数字系统。

PLD 及其设计工具的出现,一方面极大地改变了传统的手工设计方法,使设计人员可从繁杂的手工劳作中解放出来而致力于最具有创造性的算法设计和系统优化工作,也使系统设计师可以在自己的工作场所制成所需的 IC;另一方面,极大地提高了系统的可靠性,降低了系统的成本,缩短了产品的开发周期,因此受到了系统设计人员和系统设备制造厂的极大欢迎。

近十余年来,PLD 作为 ASIC 的一个重要分支,其制造技术和应用技术都取得了飞速的发展,主要表现在如下几个方面。

(1) 电路结构

由"数字电路"学习可知,任何组合函数都可表示为积之和表达式,并用两级与—或电路实现。最早的 PLD 就是根据这一原理,在芯片上集成了大量的两级与—或结构的单元电路,通过编程,即修改各与门及或门的输入引线,从而实现任意组合逻辑函数。这就是通常所说的简单 PLD(SPLD)的基本结构,随着集成技术的发展,在有效扩展 SPLD 和吸取 SCA 的构思的基础上,构成了称为复杂 PLD(CPLD)的新一代可编程器件。这类 PLD 的内部结构已不再完全局限于简单的由两级与—或电路构成的与—或阵列,也可以是更加灵活、更加通用的逻辑单元的阵列。这些逻辑单元本身既可能是一个与—或阵列,也可能是一个功能完善的逻辑模块。另一类 PLD 器件是从 GA 的基础上发展的,称为现场可编程门阵列(Field Programmable Gate Array,FPGA)。

PLD 电路结构的发展使芯片内硬件资源的利用更加灵活,设计师可在同样容量的芯片上配置入更加强大的数字系统。

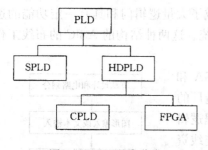

图 4-2　PLD 基本分类

(2) 高密度

CPLD 和 FPGA 内包含的等效门电路的数量均相当大,统称为高密度 PLD——HDPLD。图 4-2 给出了 PLD 的基本分类的情况。现在,多种 HDPLD 的单片密度已达十万门、几十万门,甚至几百万门。更高密度的芯片还在不断出现,这为把更大的数字系统集成在一个芯片内提供了可能。

(3) 工作速度高

现在许多 PLD 器件由引脚到引脚(pin-to-pin)间的传输延迟时间仅有数纳秒,例如 5ns。这将使由 PLD 构成的系统具有更高的运行速度。

(4) 多种编程技术

早期的 SPLD 芯片的编程是把芯片插在专门的编程器上进行的。如果编程后的芯片已被安装在印制板上,那么除非把它从印制板上拆下,否则就不能对它再编程。这就是说,安装在印制板上的芯片是不能对它再编程的。

在系统可编程技术(in-system programmablity,isp)和在电路可配置(或称可重构)技术(in-circuits reconfiguration,icr)就是为克服这一缺点而产生的。具有 isp 或 icr 功能的芯片,即使已经安装在目标系统的印制板上,仍可对其编程,以改变它的逻辑功能,改进系统性能,这为系统设计师提供了极大的方便。

此外,还有一种反熔丝(Antifuse)工艺的一次性非丢失编程技术,具此特性的 HDPLD 芯片具有高可靠性,适用特殊场合。

(5) 设计工具的不断完善

现有的设计自动化软件既支持功能完善的硬件描述语言如 VHDL、Verilog HDL 等作为文本输入,又支持逻辑电路图、工作波形图等作为图形输入。设计人员除了进行算法设计和建立描述外,设计软件将可以帮助设计人员完成其他任何工作。

鉴于 PLD 的规模、功能、速度和编程技术的不断提高及设计手段的不断完善,已经且必将在今后的数字系统设计中,愈来愈多地取代用多片 SSI、MSI 和 LSI 拼接构成系统的方法。

4.2 节将介绍 SPLD 的基本原理和结构及用 SPLD 实现逻辑电路的机理。4.3 节将讨论 SPLD 的组成和应用。4.4 节将阐述采用 SPLD 设计数字系统的方法,并给出实例。通过这三节的学习,可对 PLD 的原理与应用技术有较深入的理性与感性认识。

4.2 简单 PLD 原理

用户在设计开发软件(有的还需编程器)的辅助下就可以对 PLD 器件编程,使之实现所需的组合或时序逻辑功能,这是 PLD 最基本的特征。为此,PLD 在工艺上必须做到允许用户编程,在电路结构上必须具有实现各种组合或时序函数的可能性。

4.2.1 PLD 的基本组成

如前所述,任何一个组合电路,总可以用一个或多个与或表达式来描述;任何一个时序电路,总可以用输出方程组和激励方程组来描述;输出方程和激励方程也都可以是与或表达式。如果 PLD 包含了实现与或表达式所需的两个阵列——与门阵列(简称与阵列)和或门阵列(简称或阵列),那就能够实现组合电路,如果再配置记忆元件还可以实现时序电路。SPLD 就根据此原理构成,图 4-3 给出了 SPLD 的基本组成框图。

图 4-3 SPLD 基本组成框图

图中的核心部分是具有一定规模的与阵列和或阵列。与阵列用以产生有关与项;或阵列把上述与项构成多个逻辑函数。图 4-3 中的输入电路起着缓冲的作用,且生成互补的输入信号,送至与阵列。输出电路既有缓冲作用,又可以提供不同的输出结构,如三态(TS)输出、OC 输出及寄存器输出等。不同的输出方式将可以满足不同的逻辑要求。

4.2.2 PLD 的编程

在以上讨论中,提出了一个编程的问题。图 4-4 将有助于理解这一概念。图 4-4(a)给出了一个有 4 输入的 TTL 与门,4 根输入线分别串入了熔丝 1,2,3,4。不难看出熔丝的通或断会直接改变输出函数 F 表达式的内容,如果熔丝 1,2,3,4 均接通,则 F=ABCD。若熔丝 1 和 2 烧断,则 F=CD,其余情况类推。这就是与门的一种可编程结构。通常,工厂提供的产品中熔丝是全部接通的,用户可按需要烧断某些熔丝,以满足输出函数的要求,这就是编程。用以产生必要的电信号将熔丝烧断的设备称为编程器。显然图 4-4(b)所示的或门是不可编程的。

需要说明的是:若利用烧断熔丝的方法来编程,则编程总是一次性的。一旦编程,电路的逻辑功能将不能再改变,这显然是不方便的。为此又开发出紫外线可擦除和电可擦除的 PLD,这两类器件允许用户重复编程和擦除,使用更为灵活方便。为使讨论方便起见,无论是何种编程和擦除结构,以下均采用熔丝这一名词。

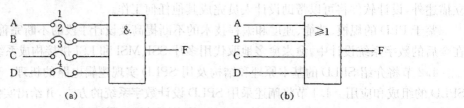

图 4-4　基本门可编程和不可编程示意图

4.2.3　阵列结构

SPLD 的与阵列和或阵列可以由晶体三极管组成(双极型),更多的是 MOS 场效应管组成(MOS 型)。为明晰起见,以图 4-5 所示的由二级管构成的阵列为例来说明阵列的结构和编程原理。

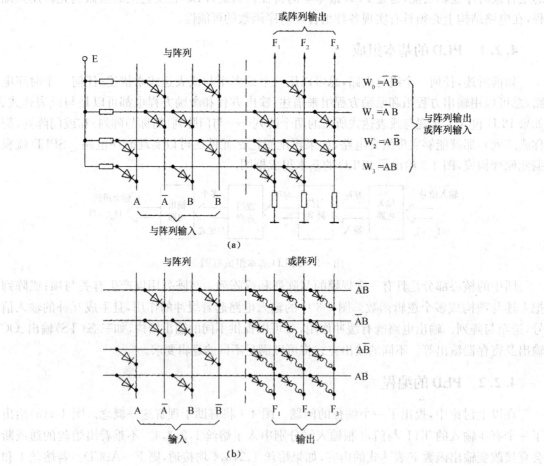

图 4-5　二极管构成的门阵列结构

图 4-5(a)是一个包括 4 个二极管与门,3 个二极管或门的门阵列结构。图中二极管常被称为耦合元件,它确定了门阵列各输出与输入之间的逻辑关系。图 4-5(a)中,与阵列的 4 个输

出（即或阵列的输入）分别为

$$W_0 = \overline{A}\,\overline{B} \qquad W_1 = \overline{A}\,B$$
$$W_2 = A\,\overline{B} \qquad W_3 = AB$$

或阵列的输出为

$$F_1 = \overline{A}\,B + A\,\overline{B} + AB$$
$$F_2 = \overline{A}\,\overline{B} + A\,\overline{B} + AB$$
$$F_3 = \overline{A}\,B + A\,\overline{B}$$

显然，在这两个阵列中，由于输入线和输出线之间的耦合元件（二极管）是固定的，阵列是不可编程的，它实现了固定的组合函数。

在图 4-5(b)给出的阵列中，与阵列耦合元件仍然是固定的，它们生成 4 个与项 $\overline{A}\,\overline{B}$，$\overline{A}\,B$，$A\,\overline{B}$ 和 AB；但或阵列中的耦合元件均串入了熔丝，从而构成可编程结构，因此输出函数 F_1，F_2，F_3 可由用户在编程时定义。通常所说的可编程还是不可编程就取决于阵列中输入、输出线交叉点处的耦合元件能否根据用户要求连接（即接通熔丝）或不连接（即断开熔丝）。

根据与阵列和或阵列各自可否编程及输出方式可否编程，SPLD 可分成四大类型：可编程只读存储器（Programmable Read Only Memory，PROM）、可编程逻辑阵列（Programmable Logic Array，PLA）、可编程阵列逻辑（Programmable Array Logic，PAL）及通用阵列逻辑（Generic Array Logic，GAL），如表 4-1 所示。表中 TS 表示三态输出；OC 为集电极开路输出；H，L 分别为输出高电平有效和低电平有效；I/O 为输入/输出；寄存器为寄存器输出。PROM、PLA 和 PAL 的输出方式是不可编程的，GAL 的输出方式是可编程的。

表 4-1 四种 SPLD 器件结构特点

类　型	阵　列		输出方式
	与	或	
PROM	固定	可编程	TS，OC
PLA	可编程	可编程	TS，OC，H，L，寄存器
PAL	可编程	固定	TS，H，L，I/O，寄存器
GAL	可编程	固定	可由用户编程定义

4.2.4 PLD 中阵列的表示方法

现行的 PLD 器件手册中采用的逻辑符号与本书前几章采用的逻辑符号有许多不同之处。本章将采用 PLD 常用符号，以便熟悉这些符号，便于阅读有关手册。

(1) 输入缓冲器的表示方法

图 4-6(a)给出了 PLD 的典型的输入缓冲器，它的两个输出分别是输入的原码和反码。

(2) 与门的表示方法

图 4-6(b)给出了与门的标准逻辑符号；图 4-6(c)为与门在 PLD 中常用的表示方法。在这种描述方法中，四输入与门的输入部分只画一根线，通常称为乘积线，4 个输入分别用 4 根与乘积线相垂直的竖线送入，这种多输入的与门在 PLD 中构成乘积项。竖线和乘积线的交叉点均有一个耦合元件，交叉点的'·'表示固定连接，'×'表示可编程连接；交叉点处无任何标记则表示不接连。图 4-6(c)中与门输出 F＝ABC。

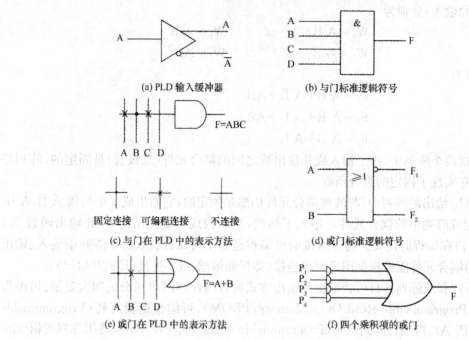

图 4-6 PLD 采用的逻辑符号

(3) 或门的表示方法

图 4-6(d)和(e)分别给出或门的标准逻辑符号和 PLD 中采用的表示方法。图 4-6(f)表示该或门有 4 个输入乘积项 P_1、P_2、P_3、P_4，因此有

$$F=P_1+P_2+P_3+P_4$$

(4) 与门的简化表示法

图 4-7 给出了与门的三种特殊情况。对于输出为 E 的与门，两个输入缓冲器的互补输出全部接到对应的乘积线，所以该与门的输出总为逻辑 0。这是一种经常遇到的情况，为此用与门符号内打"×"来简化表示，如输出为 F 的与门所示，显然 F=0，门 G 没有任何输入连到它的乘积线，表示门 G 的输出总为逻辑 1。

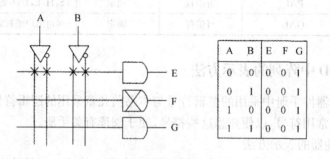

图 4-7 与门的三种简化表示法

(5) 阵列图

阵列图是用以描述 PLD 内部元件连接关系的一种特殊的逻辑电路图。图 4-8(a)给出了图 4-5(b)所示阵列的阵列图。图中清楚地表明了不可编程的与阵列和可编程的或阵列。有时为简明起见，也可以把阵列图简化成图 4-8(b)所示的形式。

【例 4.1】 图 4-9(a)给出了函数 F 的逻辑图。试画出相应的 PLD 阵列图。

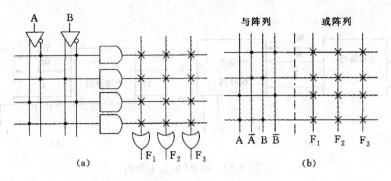

图 4-8　图 4-5(b)所示阵列的阵列图

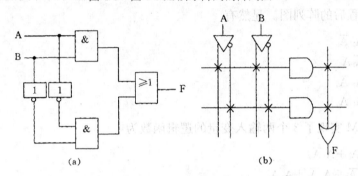

图 4-9　函数 F 的逻辑电路图和 PLD 阵列图

根据给定电路写出函数 F 的逻辑表达式为

$$F=AB+\overline{A}\,\overline{B}$$

遵循 PLD 的逻辑约定和描述方法，画出相应的 PLD 阵列图如图 4-9(b)所示。

所有的 PLD 器件均可以用上述阵列图来表示，并用约定的连接符号来区分它们的与、或阵列是否允许编程。

PLD 中各种触发器和锁存器的逻辑符号也与前文不完全相同，但根据已有的知识均不难理解其含义，这里不再详述。

4.3　SPLD 组成和应用

简单可编程逻辑器件 SPLD 是出现最早的 PLD。无论是 PROM、PLA、PAL 或 GAL，它们共同的特征是把 4.2 节所述与—或门阵列结构作为片内基本逻辑资源。本节简要介绍它们的基本组成和应用。

4.3.1　只读存储器 ROM

ROM 是首先出现的 PLD，作为入门，这里就其组成原理、分类和应用做一介绍。

1. ROM 的组成

由表 4-1 可知，ROM 包含一个不可编程的与阵列和一个可编程的或阵列。图 4-10(a)是它的基本结构框图。图中 $A_{n-1}\sim A_0$ 是与阵列的 n 个输入变量，经不可编程的与阵列产生输入变量的 2^n 个最小项(乘积项)$W_{2^n-1}\sim W_0$。可编程的或阵列可按编程的结果产生 m 个输出函数

$F_{m-1} \sim F_0$。

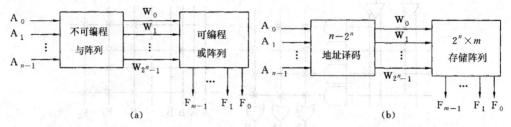

图 4-10　ROM 的基本结构

图 4-11(a)给出一个 4(积项数)×3(输出函数)ROM 未编程时的阵列图,图 4-11(b)是该 4×3ROM 经编程后的阵列图。显然有

$W_0 = \overline{A}_1 \overline{A}_0$

$W_1 = \overline{A}_1 A_0$

$W_2 = A_1 \overline{A}_0$

$W_3 = A_1 A_0$

从而该 ROM 实现了 3 个两输入变量的逻辑函数为

$F_0 = \overline{A}_1 A_0 + A_1 \overline{A}_0$

$F_1 = \overline{A}_1 \overline{A}_0 + A_1 \overline{A}_0 + A_1 A_0$

$F_2 = \overline{A}_1 A_0 + A_1 \overline{A}_0 + A_1 A_0$

显然,对于图 4-11(a)所示的 ROM,只要对或阵列进行适当的编程,就可以实现任意两输入三输出逻辑函数。所以,ROM 是一个可编程逻辑器件。

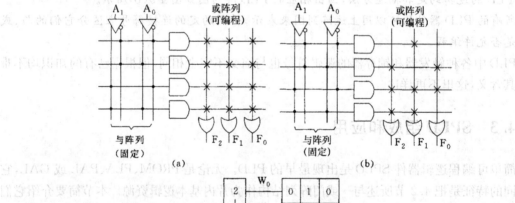

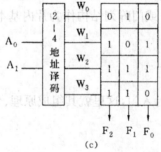

图 4-11　4×3ROM 编程前后阵列图和作为存储器的示意图

现在从另一个角度来考察图 4-11(b)所示的 ROM,并把 A_1A_0 看做是地址信号,输出 $F_2F_1F_0$ 看做为某一信息。显然当 $A_1A_0=00$ 时,输出 $F_2F_1F_0=010$,也就是说在地址为 00 时,

可以从 ROM 的输出取得信息 010，也可以说在 ROM 的 00 这个信息单元内存储有信息 010；同理，当地址码分别为 01、10、11 时，可以依次读出相应信息单元中存储的信息 101、111 和 110。因此，从这个意义上讲，ROM 是一个存储器，图 4-11(c)给出了该 ROM 各信息单元存储的信息的示意图。因为对存储单元存入信息实质就是在可编程或阵列中接入或者不接入耦合元件，这是在编程时决定的，因此，在 ROM 运行过程中只能"读出"，不能"写入"，它与既可"读出"又可"写入"的 RAM 是不同的，因此称它为只读存储器 ROM。

若从存储器的角度来分析 ROM 的结构，又可以发现，不可编程的与阵列可以看做是全地址译码器，可编程的或阵列可视为信息存储阵列，从而有图 4-10(b)所示 ROM 结构图。这里的 $A_{n-1} \sim A_0$ 就是 ROM 的 n 位地址输入，经地址译码产生 2^n 根字线 $W_{2^n-1} \sim W_0$，它们分别指向存储阵列中的 2^n 个信息存储单元(字)，存储阵列中每个存储单元有 m 位，共有 $2^n \times m$ 个记忆单元，每个记忆单元中存放着 0 或 1 信息。当某个字线 W_i 有效时，对应信息单元被选中，该单元的 m 位二进制信息经 m 根位线 $F_{m-1} \sim F_0$ 输出。

人们用存储阵列中的记忆单元的个数 $2^n \times m$ 来表示 ROM 的存储容量，它表征了 ROM 能够存储信息的数量，也恰好等同于作为 PLD 的与门数和或门数的乘积。

ROM 在计算机中有着广泛的应用，用以存储固定的数据或代码。本节仅从可编程器件的角度出发讨论 ROM 及其应用。

2. ROM 的分类

根据或阵列编程或擦除方法的不同，ROM 可分成三种类型。

(1) 固定只读存储器 ROM 和可编程只读存储器 PROM

固定只读存储器存储内容是由制造厂按用户要求制造的，它常用于大批量的定型产品。事实上，用户欲存储的内容是千变万化的，因此在产品批量较小时，希望 ROM 能够由用户自己编程，这就产生了 PROM。工厂提供用户的 PROM 的存储阵列是全'0'或全'1'，并没有存入任何有效信息。用户可用工厂提供的编程器进行编程，编程器根据用户要求产生一定规格的电流或电压，使交叉点上的耦合元件接通或断开，从而使阵列成为存储特定信息的阵列。不过，PROM 中写入的信息也是不可逆的，一旦编程完毕，就无法再改变其内容。

(2) 紫外线照射擦除的 EPROM(UVEPROM)

上述 PROM 允许用户现场编程，但仍然是一次性的，使用有局限性。可编程可擦除只读存储器 EPROM 的内容可以改编若干次，用途广泛。

重复编程的关键是既可擦除又可写入，这就要求一定的工艺结构来保证，目前常用的可编程可擦除 ROM 有两种。UVEPROM 是其中一种。这类器件采用浮置栅雪崩结 MOS 电荷工艺，简称 UVCMOS，这种 EPROM 器件有一个石英窗口，供紫外线射入。在石英窗口被强烈的紫外线照射 10～30 分钟后，原存信息即被擦除，又可以再一次编程。该器件的编程方法遵循前述图 4-1 所示流程，借助适当的设计开发软件、编程器和紫外线擦除器就可以反复现场编程。

(3) 电擦除的 EPROM(E^2PROM)

此器件同样采用浮置栅工艺，但可利用一定宽度电脉冲擦除。具体做法是在 MOS 管源漏极之间施加原来编程时相反的高压电脉冲，使浮置栅电子释放出来，恢复初始全'1'状态。这就是 E^2PROM 可重复电编程、电擦除的基本工作原理。

E^2CMOS 电擦除特性比之 UVCMOS 紫外线可擦除工艺方便且经济，后者必须封装在带石英窗口的组件中，擦除要有专门的紫外线发生器，且费时间。E^2CMOS 工艺的电擦除特性不仅保证擦除和编程的快速可靠,而且不必采取石英窗口等特殊封装。

20世纪80年代中期出现一种闪速存储器(Flash Memory),它仍是 ROM,但兼有 EPROM、E²PROM 和 RAM 的特点,既具有存储内容非丢失性,又具有快速擦写和读取的特性,已得到广泛重视。

3. ROM、PROM、EPROM 在组合逻辑设计中的应用

由于 ROM、PROM 或 EPROM 除编程和擦除方法不同外,在应用时并无根本区别。为此,以下仅以 PROM 为例进行讨论。

【例 4.2】 试用适当容量的 PROM 实现 4 位二进制码到 Gray 码的变换器。

二进制码和 Gray 码的真值表如表 4-2 所示。若将二进制码转换为 Gray 码,则 $B_3 \sim B_0$ 为 4 个输入变量,$G_3 \sim G_0$ 为 4 个输出函数,用 PROM 实现转换器的示意图如图 4-12(a)所示。由真值表可得到 PROM 的阵列图如图 4-12(b)所示。显然,PROM 容量至少应有 16×4 位。

表 4-2 B-G 码真值表

十进制	B_3	B_2	B_1	B_0	G_3	G_2	G_1	G_0
0	0	0	0	0	0	0	0	0
1	0	0	0	1	0	0	0	1
2	0	0	1	0	0	0	1	1
3	0	0	1	1	0	0	1	0
4	0	1	0	0	0	1	1	0
5	0	1	0	1	0	1	1	1
6	0	1	1	0	0	1	0	1
7	0	1	1	1	0	1	0	0
8	1	0	0	0	1	1	0	0
9	1	0	0	1	1	1	0	1
10	1	0	1	0	1	1	1	1
11	1	0	1	1	1	1	1	0
12	1	1	0	0	1	0	1	0
13	1	1	0	1	1	0	1	1
14	1	1	1	0	1	0	0	1
15	1	1	1	1	1	0	0	0

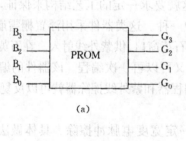

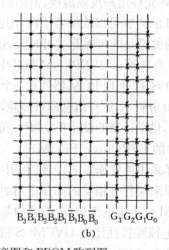

图 4-12 B-G 码变换器示意图和 PROM 阵列图

用PROM实现组合逻辑函数的主要不足之处是芯片面积的利用率不高,其原因是PROM的与阵列是全译码器,它产生了全部最小项。事实上,大多数组合函数并不需要所有的最小项。为提高芯片面积利用率,又开发了一种与阵列也可编程的PLD——PLA。

4.3.2 可编程逻辑阵列PLA

如前所述,PLA的基本结构是与阵列和或阵列均可编程。图4-13是典型的PLA阵列图。该PLA有三个输入I_2、I_1和I_0,但其乘积线是6根而不是2^3根。由于与阵列不再采用全译码的形式,从而减小了阵列规模。在采用PLA实现逻辑函数时,不运用标准与或表达式,而运用简化后的与或式,由与阵列构成与项,然后用或阵列实现这些与项的或运算。用PLA实现多输出函数时,仍应尽量用公共的与项,以便提高阵列的利用率。

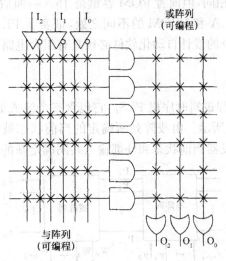

图4-13 典型的PLA阵列图(6×3)

PLA的容量用"阵列与门数×或门数"表示,图4-13所示PLA的容量为6×3。
PLA有组合型和时序型两种类型,分别适用于实现组合函数和时序函数。

1. 组合PLA的应用

任何组合函数均可采用组合型PLA实现。为减小PLA的容量,需对表达式进行逻辑化简。

【例4.3】 试用PLA实现例4.2要求的4位二进制码到Gray码的变换器。

(1) 为尽可能地减少PLA的容量,应先化简多输出函数,并获得最简表达式

$G_3 = B_3$
$G_2 = \overline{B_3}B_2 + B_3\overline{B_2}$
$G_1 = \overline{B_2}B_1 + B_2\overline{B_1}$
$G_0 = \overline{B_1}B_0 + B_1\overline{B_0}$

(2) 选择PLA芯片实现变换器。化简后的多输出函数共有7个不同的与项和4个输出,可选用容量为4输入的8×4 PLA实现。

图4-14给出了实现二进制码到Gray码的PLA阵列图。

本例说明了两个问题。第一,如图4-12所示PROM实现的电路和图4-14所示PLA实现

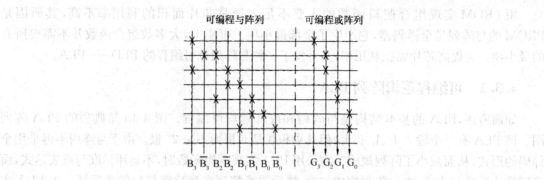

图 4-14 B—G 码变换器的 PLA 阵列图

的电路,两者逻辑功能完全相同,但前者 ROM 容量是 16×4,而后者 PLA 容量是 8×4(实际只需 7×4),充分表明了 PLA 和 PROM 的不同之处,证实了 PLA 阵列利用率较高的特点。第二,为简化逻辑函数,PLD 的设计自动化软件必须具有组合电路最小化的功能。

2. 时序 PLA 的应用

时序 PLA 又称做可编程逻辑时序机 PLS。它包含三个组成部分:与门阵列、或门阵列和时钟触发器网络,如图 4-15 所示。由或阵列所确定的当前状态被保存在触发器内,在下一个时钟脉冲 CP 的作用下,触发器当前状态和外部输入共同确定新的电路状态。

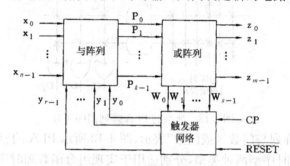

图 4-15 时序 PLA 基本结构图

采用时序 PLA 设计时序电路方法与经典的方法相似:根据逻辑功能导出触发器的激励函数和电路的输出函数,由此选择 PLA 与阵列和或阵列的规模。

【例 4.4】 试用适当的时序 PLA 器件实现模 8 可逆计数器。当输入变量 x=0 时,计数器为减计数;当 x=1 时,计数器实现加计数,$\overline{\text{RESET}}$ 为清零信号(低电平有效)。

(1) 由给定功能导出模 8 可逆计数器的状态转换图如图 4-16(a)所示。

(2) 若触发器为 JK 型,则根据电路的状态图,PLD 的设计自动化软件将产生三只 JK 触发器化简后的激励方程为

$J_3 = K_3 = \overline{Q}_2 \overline{Q}_1 \overline{x} + Q_2 Q_1 x$

$J_2 = K_2 = \overline{Q}_1 \overline{x} + Q_1 x$

$J_1 = K_1 = 1$

(3) 选择时序 PLA 器件。选择满足输入信号数(x、$\overline{\text{RESET}}$、CP)、与项数(4)和触发器数(3)要求的 PLA 器件即可。根据表达式可画出 PLA 阵列图如图 4-16(b)所示。其中已考虑了时钟 CP 和复位信号 $\overline{\text{RESET}}$。

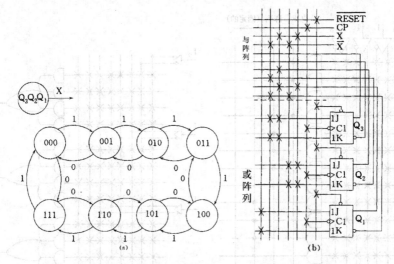

图 4-16 模 8 可逆计数器状态转换图和 PLA 阵列图

PLA 的与阵列和或阵列都是可编程的,因此 PLA 的阵列利用率较高,在 ASIC 设计中用得较多。

4.3.3 可编程阵列逻辑 PAL

PAL 是在 PLA 之后出现的一种 PLD。由于 PLD 的飞速发展,这类器件已用得不多,但它是后续出现的 GAL 及更为强大的 CPLD 的基础,这里介绍 PAL 的基本原理。

PAL 与其他 PLD 器件一样包含一个与阵列和一个或阵列,主要特征是与阵列可编程,而或阵列固定不变。

图 4-17(a)是 PAL 的基本结构。这是一个有 4 输入、16 与项、4 输出的阵列结构的 PAL 器件。除此以外,器件还备有适当的输出电路。用户可根据待实现函数的与项和或项的个数以及输出要求,选择不同的 PAL 芯片。图 4-17(b)是许多生产厂家在产品手册中常用的 PAL 结构图。实质上图 4-17(a)和图 4-17(b)是等同的,但后者已成为通用的描述 PAL 阵列结构的形式。

PAL 除了有图 4-17 所示的与、或阵列外,各种型号的 PAL 器件输出结构也不尽相同,但大致可归纳为四种。

(1) 专用输出结构

专用输出结构如图 4-18(a)所示。这是 12 输入×4 输出的与阵列。图中输出部分采用或非门,称做低电平有效 PAL 器件(L 型);若采用或门输出,则就称做高电平有效 PAL 器件(H 型);有的还采用有互补输出的或门,并称为互补输出 PAL 器件(C 型)。

以上三种输出结构纯粹由门电路构成,为此适用于实现组合逻辑函数。

(2) 可编程 I/O 结构

图 4-18(b)是典型的 PAL I/O 结构。这种结构的输入/输出由编程规定,允许用一个与项信号控制其输出方式,且输出信号又可以作为一个反馈信号反馈到与阵列。当输出三态门使能时,I/O 引脚做输出使用;当三态门禁止时,I/O 引脚做输入使用,从而 I/O 端口具有双向功能。这种结构的 PAL 可构成电平型异步时序电路。

(3) 带反馈的寄存器输出结构

图 4-18(c)给出了这种结构。该结构输出端有一只 D 触发器,在时钟的上升沿,或阵列的输出信号存入 D 触发器。触发器的 Q 输出端可以通过三态缓冲器送至输出引脚,而 $\overline{Q}$ 端输

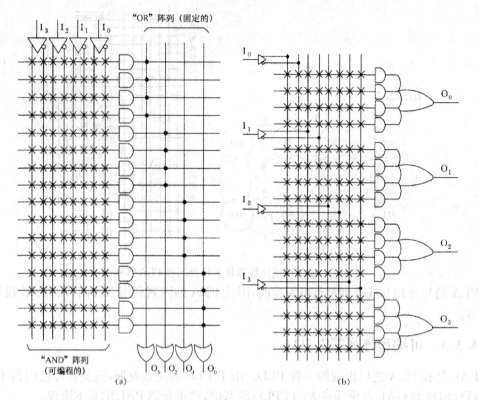

图 4-17 PAL 阵列结构图

出信号可作为一个反馈信号反馈到阵列。该反馈使 PAL 器件具有了记忆先前状态的功能,并根据该状态改变当前的输出。具有这种输出结构的 PAL 器件(R 型)将易于构成各种时序电路,如计数、移位、跳转分支等。

(4) 异或型输出结构

图 4-18(d)所示的是异或型输出结构的 PAL(X 型)。由或阵列输出的信号在 D 触发器之前进行异或运算。

PAL 器件制造工艺有 TTL、CMOS 和 ECL 三种。TTL PAL 速度高,在这三者中使用较广;CMOS PAL 功耗低;ECL PAL 速度特高,能满足特殊需要。

【例 4.5】 试用 PAL 器件替代图 4-19(a)所示的逻辑电路。

(1) 选择 PAL 器件。鉴于待替换电路是组合逻辑电路,为此选择组合型 PAL;又因为输入信号数为 10,输出信号为 6,而且电路要求有三输入门电路,参照 PAL 器件手册,选择带有两个 4 输入或门的 PAL12L6 芯片。请注意,选择芯片时必须充分满足待设计电路的输入、输出要求。

(2) 引脚分配。PAL12L6 的引脚及分配如图 4-19(b)所示。

(3) 电路输出函数逻辑方程。由于 PAL 或门的输入端数有限,为此,应使函数的与项数尽量少,通常必须对函数进行化简。本例的逻辑函数方程为

$O_1 = \bar{I}_1$

$O_2 = \bar{I}_1 \cdot I_2$

$O_3 = I_1 \oplus I_3$

$O_4 = \bar{I}_3 \cdot I_4$

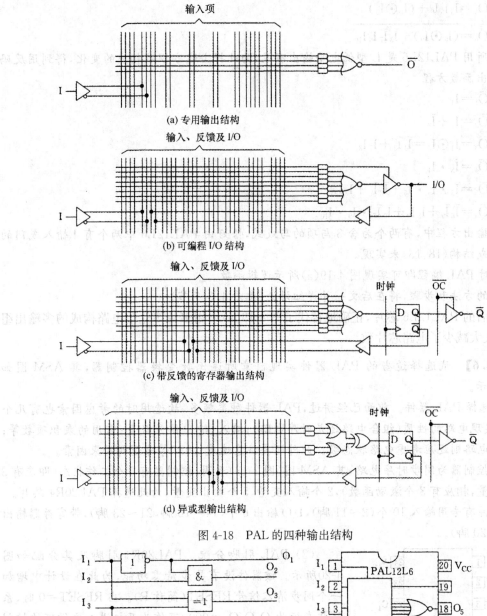

图 4-18 PAL 的四种输出结构

图 4-19 例 4.5 的逻辑图及 PAL 引脚分配

$$O_5 = \overline{\bar{I}_3 I_5 I_6 + (I_8 \odot I_9)}$$
$$O_6 = \overline{(I_8 \odot I_9) + \bar{I}_3 \bar{I}_7 I_9 I_{10}}$$

因为所用 PAL12L6 是 L 型低电平输出有效，为此将上述方程做相应的变化，得到用反码表示的输出函数方程

$$\overline{O}_1 = I_1$$
$$\overline{O}_2 = I_1 + \bar{I}_2$$
$$\overline{O}_3 = I_1 \odot I_3 = \bar{I}_1 \bar{I}_3 + I_1 I_3$$
$$\overline{O}_4 = \bar{I}_3 \cdot I_4$$
$$\overline{O}_5 = \bar{I}_3 \cdot I_5 \cdot I_6 + \bar{I}_8 I_9 + I_8 \bar{I}_9$$
$$\overline{O}_6 = \bar{I}_8 \bar{I}_9 + I_8 I_9 + \bar{I}_3 \bar{I}_7 \cdot I_9 \cdot I_{10}$$

上述输出方程中，有两个为含 3 与项的与或式，恰好由 PAL12L6 中两个有 4 输入或门的对应与—或结构(18,13)来实现。

(4) 对 PAL 编程即可实现图 4-19(a)所示逻辑函数。

编程的方法和步骤，将在后文一并详细讨论(参看 4.3.7 节)。

编程后的 PAL12L6 芯片，正确地替代了图 4-19(a)中用多片 SSI 门电路构成的多输出组合电路，大大减少了电路芯片数。

【**例 4.6**】 试选择适当的 PAL 器件实现前章所述倒数变换器控制器，其 ASM 图如图 2-13 所示。

(1) 选择 PAL 器件。前面已经讲过，PAL 器件种类颇多，故选用时的考虑因素也有几个方面：待实现电路的性质(组合电路还是时序电路)；输入、输出信号数量；需用的乘积项数等；若是时序电路则还应考虑电路状态数。此外还要注意速度、功耗等非逻辑约束因素。

本例控制器为同步时序电路，其 ASM 图(图 2-13)表明：控制器有 5 个工作状态(即应有 3 位状态变量，相应有 3 个激励函数)，2 个输入变量，5 个输出变量，为此选择 PAL20R4 芯片。

该器件有专用输入 10 个(2~11 脚)，I/O 输出 6 个(14~16 脚，21~23 脚)，带寄存器输出 4 个(17~20 脚)。

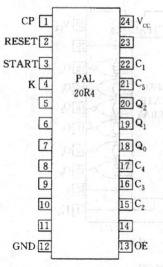

图 4-20 PAL20R4 引脚分配图

(2) PAL 引脚分配。PAL20R4 引脚及其分配如图 4-20 所示。该器件没有异步清零功能，为此在设计中增加一个同步清零信号 RESET(简称 R)。当 RESET=0 时，系统状态恒为 $Q_2 Q_1 Q_0 = 000$，可作为开机进入主循环的控制信号；当 RESET=1 时，同步清零端释放，系统按 ASM 图正常运行。

(3) 电路(控制器)状态方程和输出方程。例 2.7 中已给出倒数变换器有关状态方程和输出方程，这里不再复述。

(4) 按照后述 4.3.7 节介绍的编程方法对 PAL16R4 编程，即可实现该倒数变换器控制器。

从上述例 4.5 和例 4.6 可以看出，与用 SSI 或 MSI 构成电路相比，采用 PAL 器件将可有效地减少所需的芯片数。

但同时也可看出，欲实现不同的逻辑电路要选择不同型

号的 PAL 器件,其原因是 PAL 芯片的输出结构各不相同,这给设计带来诸多不便。用户期盼使用同一芯片实现不同电路。由此产生了 GAL 这种 PLD 器件。

4.3.4 通用阵列逻辑 GAL

1. GAL 的组成

作为可编程器件的 GAL,它在基本阵列结构上沿袭了 PAL 的与—或结构,由可编程的与阵列驱动不可编程的或阵列。与 PAL 相比,GAL 的输出部分配置了输出逻辑宏单元(Output Logic Macro Cell,OLMC),对 OLMC 进行组态,可以得到不同的输出结构,使得这类器件比输出部分相对固定的 PAL 芯片更为灵活。GAL 的 OLMC,可由设计者组态为五种结构:专用组合输出、专用输入、组合 I/O、寄存器时序输出和寄存器 I/O。因此,同一 GAL 芯片,既可实现组合逻辑电路,也可实现时序逻辑电路,为逻辑设计提供了方便。GAL 器件的型号也主要以输入和输出的规模来区分。如 GAL16V8、GAL20V8、GAL22V10 等。

图 4-21 是普通型(V 型)GAL16V8 功能框图。它包括可编程与阵列(64×32)、输入缓冲器、输出三态缓冲器、输出反馈/输入缓冲器、输出逻辑宏单元和输出使能缓冲器(OE)等。8 个引脚(引脚 2~9)固定做输入引脚使用,另外 8 个引脚(引脚 1、11、12、13、14、17、18、19)也可以设置成输入引脚,因此输入最多可能为 16 个。每个输入缓冲器生成输入变量的原变量和反变量,并连接到与阵列。GAL16V8 的与阵列由 8×8 个与门构成,每个与门有 32 个输入,所

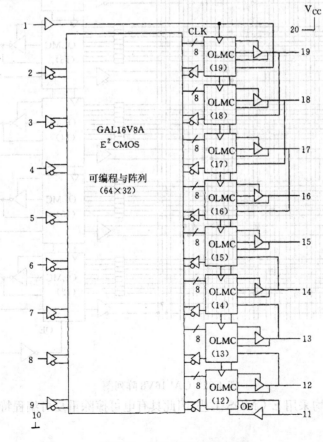

图 4-21 GAL16V8 功能框图

以整个阵列规模为 64×32。每一输出均配有输出逻辑宏单元。最多可以配置 8 个输出引脚。GAL16V8 的阵列图如图 4-22 所示。

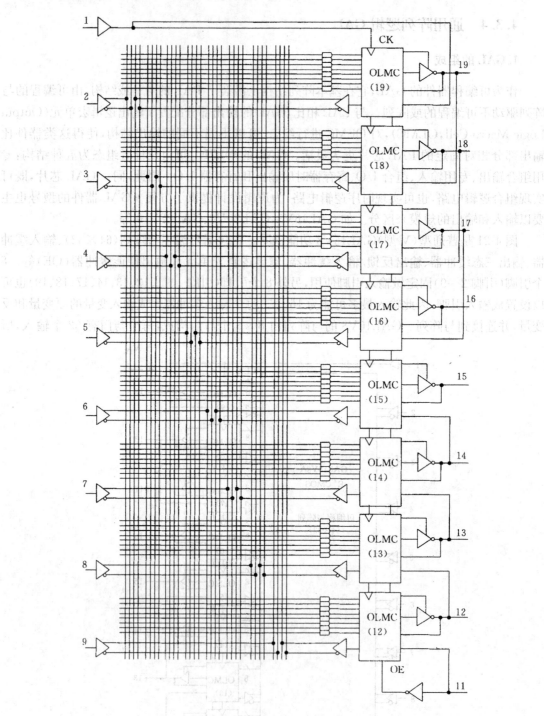

图 4-22 GAL16V8 阵列图

所有 GAL 器件均采用 E^2CMOS 工艺,因此具有电可擦除重复可编程特性。

2. 输出逻辑宏单元 OLMC

OLMC 的组成如图 4-23 所示,它包括:

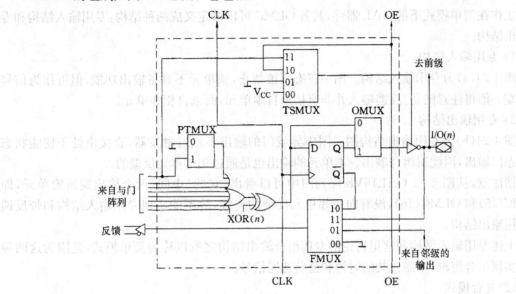

图 4-23 输出逻辑宏单元 OLMC 结构

① 一个或门。或门的每个输入对应一个乘积项,或门的输出为各乘积项之和。

② 一个异或门。用来控制输出极性,当 XOR(n) = 1 时,异或门起反相作用;当 XOR(n) = 0 时,异或门起同相作用。

③ 一个 D 触发器。作为状态寄存器用,以使 GAL 器件可用于时序逻辑电路。

④ 4 个数据选择器(MUX):

乘积项数据选择器(PTMUX)——这是个 2 选 1 数据选择器,用以选择与阵列输出的第一个乘积项或者低电平。

三态数据选择器(TSMUX)——这是个 4 选 1 数据选择器,用以选择输出三态缓冲器的控制信号,可供选择的信号有:芯片统一的 OE(选通)信号;与阵列输出的第一乘积项;固定低电平或固定高电平。

反馈数据选择器(FMUX)——这也是个 4 选 1 数据选择器,用以决定送到与阵列的反馈信号的来源,可供选择的来源有:触发器的反相输出 $\overline{Q}$;本单元输出;相邻单元输出或固定低电平。

输出数据选择器(OMUX)——这是个 2 选 1 数据选择器,从触发器输出 Q 或者不经过触发器、直接从异或门输出这两个信号中选择一个作为本单元的输出。

GAL 器件片内设置有 82 位结构控制字,控制字内容的不同将使 OLMC 中的 4 个 MUX 处于不同的工作情况,从而使 OLMC 有 5 种不同的输出结构。控制字的内容是在编程时由编程器根据用户定义的引脚、以及实现的函数自动写入的,对于用户来说是透明的,这里不再细述。

3. OLMC 的输出结构

输出逻辑宏单元的 5 种输出结构隶属于 3 种模式:简单模式、复合模式和寄存器模式。每一种工作模式下,分别有1种或两种结构。一旦选定了某种模式,所有的OLMC都必须工作在同一个模式下。

(1) 简单模式

工作在简单模式下的GAL器件,其各OLMC可以被定义成两种结构:专用输入结构和专用输出结构。

1) 专用输入结构

图4-24(a)为专用输入结构。图中三态门被禁止,该单元不具备输出功能,但可作为信号输入端。值得注意的是,反馈输入并非直接来自本单元,而来自相邻单元。

2) 专用输出结构

图4-24(b)为专用输出结构图。图中异或门的输出不经过触发器,直接由处于使能状态的三态门输出,因此属组合输出。本单元的输出也是通过相邻单元反馈的。

请注意,从图4-22 GAL16V8阵列图中可以看出,它的'中间'两个输出逻辑宏单元,即OLMC(15)和OLMC(16),没有向相邻单元反馈的连线,故不能实现专用输入结构和带反馈的专用输出结构。

上述专用输入结构和这里讨论的专用组合输出结构之所以称为简单模式,是因为这两种结构实现组合逻辑,无需公共的时钟和公共选通信号。

(2) 复合模式

工作在复合模式下的GAL器件的OLMC只有一种结构,即组合输入/输出(I/O)结构。图4-24(c)给出该结构图。这种结构同样不需要时钟和公共选通信号OE,故器件的时钟引脚和OE引脚可作为输入应用。由于输出三态门由与阵列的第一乘积项所控制,特别适合于三态的I/O缓冲等双向组合逻辑电路。

(3) 寄存器模式

寄存器模式下的输出逻辑宏单元包括寄存器输出和组合输入/输出两种结构,若选用此模式,任何一个OLMC都可以独立配置成这两种结构中的一种。

1) 寄存器输出结构

图4-24(d)给出了寄存器输出结构。图中时钟CLK和选通OE是公共的,分别连接到相应的公共引脚。这种输出结构特别适合于实现计数器,移位寄存器等各种时序逻辑电路。

2) 寄存器模式组合I/O结构

图4-24(e)是这种结构的示意图。这一结构与复合模式I/O结构相似,但两者存在差异。首先是使用场合不同。寄存器模式组合I/O本宏单元为组合方式,但其他宏单元中起码有一个是带寄存器的输出结构,因此适合于实现在一个带寄存器的器件中的组合逻辑输出;而复合模式I/O适用于所有输出均为组合逻辑函数。其次是引脚使用不同,寄存器组合I/O的CLK和OE引脚公用,不可它用,而复合模式I/O中CLK引脚和OE引脚可用做输入。

4.3.5 GAL应用举例

至此,已经介绍了SPLD的组成和电路结构,并通过例4.2到例4.6五个实例说明了用SPLD实现逻辑电路的机理:用SPLD中的与或阵列实现描述组合电路的与或表达式;在同步时序电路的情况下,由与或阵列实现该时序电路的激励方程和输出方程,并与SPLD中含有触发器的输出电路一起构成这一时序电路。现在,将通过两个例子来说明设计者用SPLD及其

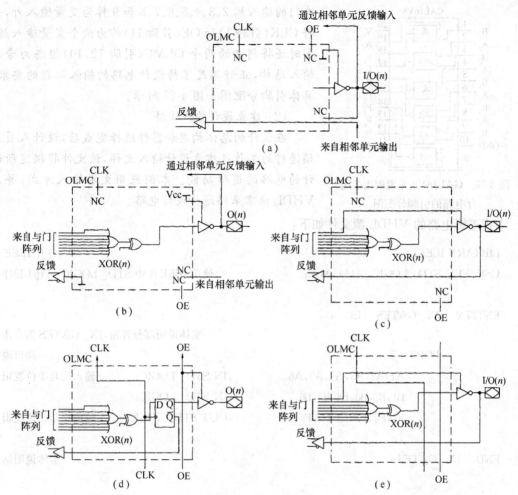

图 4-24 GAL OLMC 的五种结构

设计自动化工具实现逻辑电路的基本过程。这一过程的核心是对芯片编程,也就是如何把设计要求变成阵列图及对输出宏单元的编程要求,进而经编程器下载到芯片内。

【例 4.7】 利用开发软件、编程器和一片 GAL 器件,实现一组合逻辑电路,该电路包括 6 个基本逻辑门,它们是:与门、或门、与非门、或非门、异或门和同或门。逻辑方程是

$F_1 = A_1 \cdot B_1$

$F_2 = A_2 + B_2$

$F_3 = \overline{A_3 \cdot B_3}$

$F_4 = \overline{A_4 + B_4}$

$F_5 = A_5 \oplus B_5$

$F_6 = A_6 \odot B_6$

(1) 芯片选择

实现这些逻辑方程共需 12 个输入端和 6 个输出端,因此选用 GAL16V8 芯片即可满足要求,可将 GAL16V8 的 6 个 OLMC 组态为专用组合输出结构,引脚 13、14、15、16、17 和引脚 18 分别为输出端 F_6、F_5、F_4、F_3、F_2 和 F_1;考虑到待实现的电路为 12 输入的组合函数,故除了用

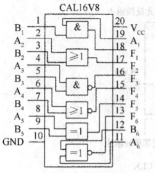

图 4-25 GAL16V8 实现例 4.7 组合电路的引脚分配图

专门的输入端 2、3、4、5、6、7、8 和 9 作为变量输入外，又将 CLK(引脚 1)和 OE(引脚 11)作为两个变量输入端，同时还将剩余的两个 OLMC(引脚 12、19)组态为专用输入结构，正好满足了待设计电路的输入端数的要求，具体引脚分配图如图 4-25 所示。

(2) 建立设计输入文件

在设计的总体构思和器件选择完成后，设计人员必须进行的工作是建立设计输入文件，该文件将描述所设计的电路的逻辑功能。本例采用文本输入方式，并用 VHDL 语言来描述待设计电路。

上述逻辑电路的 VHDL 源文件如下：

```
LIBRARY IEEE;                                    --打开 IEEE 库
USE IEEE.STD_LOGIC_1164.ALL;                     --使用 IEEE 库中 STD_LOGIC_1164 程序包

ENTITY  JX_GATES  IS
                                                 --实体说明部分开始,JX_GATES 为实体名
        PORT(                                    --端口说明
           A1,A2,A3,A4,A5,A6        :IN STD_LOGIC;  --输入均是 1 位逻辑量
           B1,B2,B3,B4,B5,B6        :IN STD_LOGIC;
           F1,F2,F3,F4,F5,F6        :OUT STD_LOGIC  --输出均是 1 位逻辑量
            );
END   JX_GATES;                                  --实体说明结束

ARCHITECTURE  A  OF  JX_GATES  IS                --结构体说明,A 为本结构体名
BEGIN
        F1<=A1    AND   B1;
        F2<=A2    OR    B2;
        F3<=NOT (A3   AND   B3);
        F4<=NOT (A4   OR    B4);                 --信号赋值语句
        F5<=A5    XOR   B5;
        F6<=NOT (A6   XOR   B6);
END A;                                           --结构体结束
```

(3) 引脚定义

设计人员必须根据所采用的设计开发软件的有关规定，按一定的方法输入本设计的引脚分配情况。

(4) 生成目标文件

设计开发软件把 VHDL 源文件和引脚定义要求转化为本例的目标文件——JEDEC 文件，其中有关函数 F1 部分的内容如下所示。它对应于 F1 的与阵列。0 表示相应交叉点处的耦合元件接通，1 表示耦合元件断开。JEDEC 文件是一种表格形式的阵列图。简称 JED 报告，它的格式是由电子器件工程联合委员会 JEDEC 规定的。

```
110111101111111111111111111111111
000000000000000000000000000000000
000000000000000000000000000000000
000000000000000000000000000000000   ⎫
000000000000000000000000000000000   ⎬ $F_1$ 对应的与阵列编程情况
000000000000000000000000000000000   ⎭
000000000000000000000000000000000
000000000000000000000000000000000
```

(5) 下载(编程)

根据 JEDEC 文件,把 GAL16V8 器件插入有关编程器烧制,编程后的 GAL16V8 实现预定电路,该电路的阵列图如图 4-26 所示。把已经编程的 GAL 从编程器拔出,插入相应印制板,就可正常运行。有关 JEDEC 文件的详细内容和编程详情,可查阅有关书籍或者通过上机操作进一步了解。

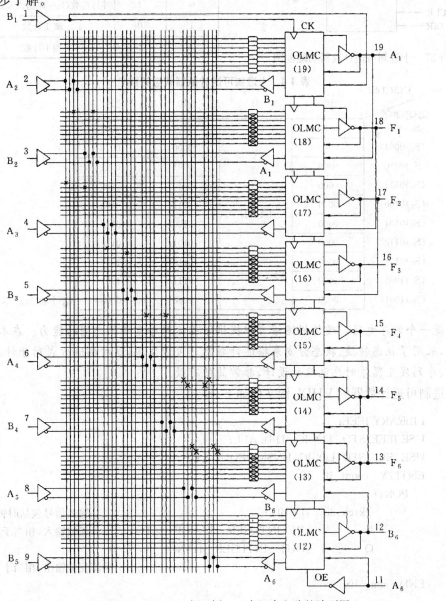

图 4-26 GAL16V8 实现例 4.7 中组合电路的阵列图

从以上实例看出，设计人员若正确理解了 GAL 的结构和应用方法，且掌握了相应的硬件描述语言的语法规则，那么只要编写出完整、正确的源文件，以后的设计过程均将由软件开发系统和编程器自动完成。

【例 4.8】 试用 GAL16V8 实现一个十进制可逆计数器，它应具有同步清零和同步预置功能。图 4-27 为该计数器的功能框图。图中 $I_3 \sim I_0$ 为置数输入端，CLR 和 DIR 是操作功能控制端，具体规定见表 4-3。表 4-4 给出计数器状态转换表，表中说明了各状态及其编码。

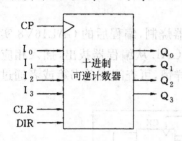

图 4-27 十进制可逆计数器功能框图

表 4-3 十进制可逆计数器操作功能表

控制信号		操作功能
CLR	DIR	
0	0	同步清零
0	1	并行置数($I_3 \sim I_0$ 送入 $Q_3 \sim Q_0$)
1	0	减 1 计数
1	1	加 1 计数

表 4-4 十进制可逆计数器状态转换表

$Q_3^n Q_2^n Q_1^n Q_0^n$ \ CLR、DIR	00	01	10	11
(S_0)0000	0000		1001	0001
(S_1)0001	0000		0000	0010
(S_2)0010	0000		0001	0011
(S_3)0011	0000		0010	0100
(S_4)0100	0000	$I_3 I_2 I_1 I_0$	0011	0101
(S_5)0101	0000		0100	0110
(S_6)0110	0000		0101	0111
(S_7)0111	0000		0110	1000
(S_8)1000	0000		0111	1001
(S_9)1001	0000		1000	0000	$Q_3^{n+1} Q_2^{n+1} Q_1^{n+1} Q_0^{n+1}$

这是一个时序电路。硬件描述语言中提供了描述时序电路状态图的能力。在本例源文件设计中，采用了状态转换、状态分支来描述计数器。可以发现，这种描述方式对于计数器、移位寄存器、序列发生器等时序电路的设计，非常简便有效。

十进制可逆计数器的 VHDL 源文件如下：

```
LIBRARY IEEE;
USE IEEE.STD_LOGIC_1164.ALL;
USE IEEE.STD_LOGIC_UNSIGNED.ALL;
ENTITY count_10 IS
    PORT(
        clk,clr,dir  :IN BIT;                          --输入信号包括时钟、控制信号
        I            :IN  INTEGER  RANGE  0 TO 9;      --置数输入,相当于4位二进制
        Q            :OUT INTEGER  RANGE  0 TO 9);
                                                       --状态变量输出,相当于4位二进制
END count_10;
```

```
ARCHITECTURE  A  OF  count_10  IS
BEGIN
  PROCESS(CLK)                                        --进程语句,敏感信号 CLK
    VARIABLE  cnt  ;INTEGER  RANGE  0 TO 9;           --进程说明

  BEGIN
    IF(clk 'EVENT AND clk='1') THEN                   --IF 语句
              IF(clr='0'AND dir='0')THEN
                  cnt :=0;                            --变量赋值语句,同步清零
              ELSIF(clr='0'AND dir='1')THEN
                  cnt :=I;                            --同步置数
              ELSIF(clr='1'AND dir='0')THEN
                  IF cnt=0   THEN
                      cnt :=9;
                  ELSE
                      cnt :=cnt-1;                    --减计数
                  END IF;
              ELSE
                  IF cnt=9   THEN
                      cnt :=0;
                  ELSE
                      cnt :=cnt+1;                    --加计数
                  END IF;
              END IF;
    END IF;
    Q<=cnt;                                           --信号赋值语句,进程中的变量赋给实体中的信号
  END PROCESS;
END A;
```

在写出正确的源文件后,选择一片 GAL16V8,设计开发软件和编程器将自动实现该十进制可逆计数器。

【例 4.9】 试用 GAL 器件实现例 4.6 倒数变换器控制器。

(1) 选择 GAL 器件。鉴于 GAL 器件品种简练,只要满足输入、输出要求即可,比品种纷繁的 PAL 芯片选择容易得多。此例共有输入三个:RESET(同步清零)、START(系统起动信号)和 K(变换是否达到精度要求的判别信号);状态变量有三个: Q_2、Q_1、Q_0;输出信号有 5 个:C_1、C_2、C_3、C_4 和 C_5,为此选择 GAL16V8 实现,恰好有效利用所有的输出端。

(2) GAL16V8 引脚分配

GAL16V8 引脚分配图如图 4-28 所示。请注意,GAL 器件没有异步清零功能,为使控制器在上电后进入初始状态,同步清零信号的设置是必不可少的,其次应注意,只要有一个 OLMC 配置为寄存器模式,则 $\overline{OE}$ 必定接'0'信号(低电平)。根据引脚分配,建立专门的引脚定义文件,由软件开发系统自动定位和连接。

(3) 倒数变换器的 VHDL 源文件

系统控制器实质上就是同步时序电路,这里仍把倒数变换器

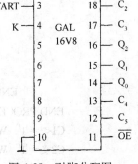

图 4-28 引脚分配图

的控制器看做一般的同步时序电路来设计,写出其VHDL源文件如下:

```vhdl
LIBRARY IEEE;
USE IEEE.STD_LOGIC_1164.ALL;
ENTITY control IS
    PORT(
        clk                 :IN    STD_LOGIC;
        start,k             :IN    STD_LOGIC;
        reset               :IN    STD_LOGIC;
        c1,c2,c3,c4,c5      :OUT   STD_LOGIC);
END control;


ARCHITECTURE a OF control IS
    TYPE STATE_SPACE IS(S0,S1,S2,S3,S4);
    SIGNAL state    :STATE_SPACE;
BEGIN
    PROCESS(clk,reset)
    BEGIN
        IF reset='0' THEN
            state<=S0;
        ELSIF(clk'EVENT AND clk='1')THEN
            CASE state IS
                WHEN S0=>
                    IF start='1'THEN
                        state<=S1;
                    END IF;
                WHEN S1=>
                    state<=S2;
                WHEN S2=>
                    state<=S3;
                WHEN S3=>
                    state<=S4;
                WHEN S4=>
                    IF K='1'THEN
                        state<=S2;
                    ELSE
                        state<=S0;
                    END IF;
            END CASE;
        END IF;
    END PROCESS;
    C1<='1' WHEN state=S1 ELSE '0';
    C2<='1' WHEN state=S4 ELSE '0';
    C3<='1' WHEN state=S2 ELSE '0';
```

```
        C4<='1'  WHEN state=S3  ELSE '0';
        C5<='1'  WHEN state=S0  ELSE '0';
END a;
```

从以上三个例子看出,同样一片 GAL 器件,不仅可实现组合电路,也可实现时序电路,还可实现系统控制器,比之前述几种 SPLD 更优越。

4.4 采用 SPLD 设计数字系统

SPLD 各类器件不仅可实现各种逻辑功能电路,也可以实现数字系统。但是,SPLD 的单片逻辑容量仍然较小,往往要用若干片 SPLD 器件来实现,因此产生逻辑划分和芯片互连的问题。

4.4.1 采用 SPLD 实现系统的步骤

应用 SPLD 器件实现数字系统,大致遵循以下步骤:
① 确定系统的逻辑功能,并用某种描述工具,如算法流程图等进行描述。进而按照某种标准对描述进行优化,即化简或针对采用特定器件时的适应性处理。
② 选择合适的 SPLD 器件。
③ 进行逻辑划分,把系统的组成部件划分于各个器件,并根据系统的规模确定器件的数量。
④ 借助于软、硬件开发工具,完成设计输入、逻辑功能模拟,并对各个器件编程。
⑤ 检查并测试编程后的器件是否实现预定功能,确定无误后,将所有器件正确互连,构成待设计系统。

上述第①步是采用任何器件实现系统所必须经历的,SPLD 也不例外,且在第 1 章中已详尽讨论过,不再赘述。开发由 SPLD 构成的数字系统与第 2 章中介绍的经典方法相比较,其不同之处主要在于对系统功能的模拟和对器件的编程。

目前,已有各种各样开发 SPLD(包括 PAL、GAL)的软件和硬件编程器可供用户选用。如果使用比较低级别的汇编型软件,就需要人工完成化简和测试,假若选用较高级别的 PLD 编程软件和工具,只需给出系统某种描述,就可自动完成化简、模拟、测试等一系列设计工作。现今后者已占据统治地位,而且自动化的程度还在不断提高。

4.4.2 设计举例

SPLD 既可以实现系统控制器,也可以实现系统数据处理单元;既可以实现系统的全部电路,也可以只实现系统的部分电路。

这里将详细讨论一个用 GAL 实现整个数字系统的实例。如果设计者正确理解了 GAL 结构、选片原则和应用方法,那么只要进行合理的逻辑划分并给出完整、正确的设计输入文件,其他变换过程将由开发工具自动完成。

【例 4.10】 试用若干片 GAL 器件实现第 2 章所述 5 位串行码数字锁。

鉴于 5 位串行码数字锁的算法流程图和相应的数据处理单元逻辑电路图分别由图 2-3 和图 2-28 给出,因此设计就在此基础上进行。

(1) 串行数字锁数据处理单元的实现

图 2-28 给出的是采用 MSI、SSI 通用集成电路实现的数据处理单元逻辑电路图,这里改

用若干片 GAL 器件来实现上述方案中的各个功能电路。设计者应充分利用 GAL 的逻辑资源,以最少的芯片数量实现设计。

值得注意的是:GAL 不具备异步工作特性,故串行数字锁的输入异步信号 SETUP、START、READ、TRY 的同步化电路中的捕获单元(基本 RS 触发器),难以用 GAL 实现,这里假设已用其他器件实现了该捕获单元,它们送给 GAL 的 SETUP′、START′、READ′和 TRY′信号仅需配备后续同步触发器(D 触发器)即可。

根据串行数字锁输入、输出信号的数量和性质,考虑数据处理单元应配置的电路,又凭借设计人员的经验和反复构思,现选用两片 GAL22V10 来实现图 2-28 所示的数据处理单元的逻辑电路。GAL22V10 的引脚分布图如图 4-29 所示。具体的电路划分如下:

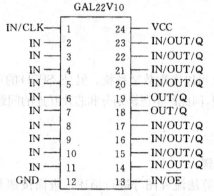

图 4-29 GAL22V10 引脚分布图

第 I 片 GAL22V10 构成电路有:

① SETUP、STRT、READ 和 TRY 4 个信号同步化电路中的同步触发器。它们输出 4 对互补状态变量信号,如 SETUPT(原变量)和 SETUPC(反变量)等。其中 SETUPT、STRATT 送至控制器,READT 和 TRYT 送至另一片 GAL22V10。SETUPC、STARTC、READC 和 TRYC 送至捕获单元的相应端,作为各个 RS 触发器的复位信号。

② 数据处理单元给控制器的应答信号 S=C 的产生电路。当输入 S 的 5 位串行开锁代码和预置的正确代码(C_1、C_2、C_3、C_4 和 C_5)一致时,S=C 有效(高电平),送控制器供决策。

③ 应答信号 CNT=5 发生电路。由另一片 GAL22V10 中的模 6 计数器的状态变量 CNT2 和 CNT0,在本片中经与运算生成。

④ 输入 C_R 信号,作为 GAL 器件的同步清零控制信号(低电平有效)。

⑤ 由于本芯片配置为寄存器输出模式,故使能端 $\overline{OE}$ 应接使能电平'0'信号。

第 II 片 GAL22V10 构成电路有

① READ 和 TRY 信号的输入选通电路。G 是控制器送来的选通控制信号。输出 READT′和 TRYT′,送至控制器。

② 指示灯 LT 和 LF 的驱动电路 LT—FF 和 LF—FF(两只 D 触发器)。它们由控制器来的 RESET 信号清零,由 SLT 和 SLF 信号所激励,输出 QSLT 和 QSLF,去驱动相关指示灯。

③ 模 6 计数器 CNT。它输出三个状态变量 CNT2、CNT1 和 CNT0,值得注意的是,同一片 GAL 中,触发器使用公共的时钟信号 CLK,此时该计数器的输入 CNP 不再是它的专用时钟,而成为计数器的使能信号。输出信号 CNT=5 由第 I 片 GAL 产生并送至控制器。

④ $\overline{OE}$ 使能信号与第 I 片 GAL22V10 相同。

根据上述划分和配置,得到由两片 GAL22V10 和辅助的 RS 触发器实现的串行数字锁数据处理单元电路图如图 4-30 所示。由此可以看出,两片 GAL22V10 得到巧妙且充分的应用,比之采用 MSI、SSI 通用集成电路的设计精炼得多。

(2) 控制器的实现

它包括以下两个方面:

① 串行码数字锁控制器的 ASM 图。根据图 2-3 所示数字锁的算法流程图和已经设计的

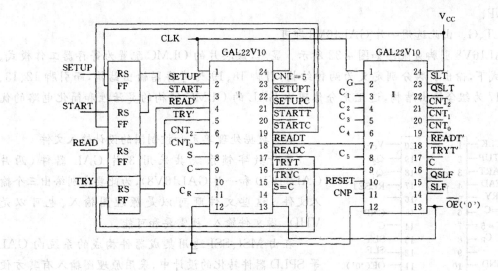

图 4-30 采用两片 GAL 实现串行码数字锁数据处理单元

数据处理单元所要求的控制时序,画出控制器 ASM 图如图 4-31 所示。

由 ASM 图求得作为状态寄存器的两只 D 触发器的激励函数为

$D_1 = \overline{Q_1}Q_2 \cdot \text{START} + Q_1 \overline{\text{READ}} \cdot \overline{\text{TRY}} +$
$\quad Q_1 Q_2 \cdot \overline{\text{TRY}} \cdot (S=C)$

$D_2 = \overline{Q_1} \cdot \text{SETUP} + \overline{Q_1}Q_2 +$
$\quad Q_2 \overline{\text{TRY}}(\overline{\text{READ}} + \overline{\text{CNT}=5} \cdot (S=C))$

控制器输出函数方程为

$\text{RESET} = \overline{\overline{Q_1}\overline{Q_2} \cdot \text{SETUP}}$ （低电平有效）

$\text{CNP} = Q_1 Q_2 \overline{\text{TRY}} \cdot \text{READ}$

$\text{SLF} = Q_1 Q_2 \cdot \text{TRY} +$
$\quad Q_1 \cdot \text{READ} \cdot \overline{S=C} +$
$\quad Q_1 \overline{Q_2} \cdot \text{READ}$

$\text{SLT} = Q_1 \overline{Q_2} \cdot \overline{\text{READ}} \cdot \text{TRY}$

$G = Q_1 \overline{Q_2} + Q_1 Q_2 = Q_1$

② GAL 器件的选择。串行码数字锁控制器计有 4 个工作状态,两个状态变量 Q_1、Q_2;7 个输入变量:SETUP(SETUPT)、START(STARTT)、READ(READT')、TRY(TRYT')、S=C、CNT=5、C_R。其中 SETUP、START、READ、TRY 均应是经同步化电路后的输出,即 SETUPT、STARTT、READT 和 TRYT;C_R 为同步清零信号,当 $C_R = 0$ 时,控制器进入 $Q_1 Q_2 = 00$ 状态;$C_R = 1$ 时,清零端释放。数字锁有 5 个输出信号:RESET(低电平有

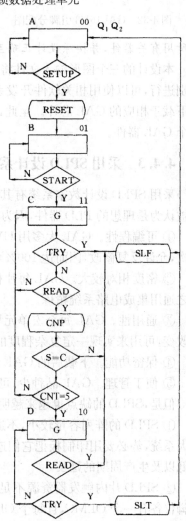

图 4-31 串行数字锁控制器 ASM 图

效)、CNP、SLF、SLT、G。由此选用一片 GAL16V8 即可。

GAL16V8 引脚分配图如图 4-32 所示。显然,该芯片的 OLMC 配置为寄存器工作模式。在此模式下,输出引脚分别定义为两种结构:引脚 18、19 为寄存器输出结构,而引脚 12、13、14、15、17 为组合输出结构,这里充分体现出 GAL 的 OLMC 结构的灵活性和简化电路的优越性。

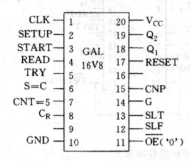

图 4-32　GAL16V8 引脚分配图

(3) 数据处理单元和控制器的设计输入文件

串行数字锁系统共采用 3 片 GAL 器件(两片 GAL22V10 和一片 GAL16V8),为此要分别给出三个输入文件。这些文件既可以是原理图输入、也可以是 VHDL 源文件输入,视需要和可能。

在由 MSI、SSI 通用集成器件构成的系统向 GAL 等 SPLD 器件转化的设计中,采用原理图输入有其方便性。因为许多软件开发系统中总有丰富的元件库,包括抽象的功能模块和各种系列产品,设计者只要调用原设计所用有关器件,并按原设计正确互连,很快就建立起图形输入文件。

本设计的三个图形输入文件将作为习题,请读者来完成。设计中的逻辑模拟也要按芯片分别进行,可以使用相关软件开发系统上机运行。获得正确模拟结果后,把三个 JED 报告分别下载于相应的 GAL 芯片。至此,串行数字锁的设计已告完毕,该设计合理有效地使用了每一个 GAL 器件。

4.4.3　采用 SPLD 设计系统的讨论

采用 SPLD 设计数字系统有其优点和不足,这里以 GAL 为代表进行简明讨论。GAL 一度被认为是理想的 PLD 器件,因为与 SSI、MSI 相比有以下优点:

① 可编程性。GAL 大多用 UVCMOS 或 E^2CMOS 工艺制成,可重复编程,可擦写成百上千次,允许反复修改,因而达 100% 可编程,设计风险几乎为零。

② 密度相对较大。GAL 每片相当于几十个等效门,能代替 2~4 片 MSI 电路,实现系统比之通用集成电路系统精炼。

③ 通用性。GAL 每个宏单元均可根据需要任意组态,组合或时序,输入或输出,可以灵活改变,可用来实现一定复杂程度的系统。

④ 保密功能。下载后的 GAL 器件具保密性。

⑤ 便于管理。GAL 品种少,可以做到一片多用,降低了器件备料和生产成本等。

但是,SPLD 的缺点也越来越明显,表现在:

① SPLD 的阵列容量较小,不适合于实现规模较大的设计对象。如果用多片 SPLD 实现较大系统,势必要用印制板把它们连接起来,这将导致电路动态特性的恶化、成本增加、可靠性降低以及生产周期的延长。

② SPLD 片内触发器资源不足。尽管在 GAL 等片内均已配有输出宏单元,但每个 I/O 引脚仅各有一个 OLMC,且每个 OLMC 也只含有一个触发器,显然不能适用于规模较大的时序电路。而且触发器时钟共用,不能构成异步时序电路;触发器预置和清零功能不足;且 OLMC 的性能较差,只有一条向与阵列的反馈通道,故利用率低;其或门的输入端数固定不

变,缺乏灵活性等。

③ SPLD 输入/输出控制不够完善,限制了芯片硬件资源的利用率和它与外部电路连接的灵活性。

④ SPLD 编程下载必须将芯片插入专用设备,使编程不够方便,设计人员企盼提供一种更加便捷、不必拔插待编程芯片就可下载的编程技术。

⑤ 保密性难以实现。因为 GAL 阵列规模小,人们不难对其读取,故各种解密软件流通,其保密性难以实现。

⑥ 功耗较大。GAL 单片工作电流达几十毫安,含多片 GAL 的系统将有较大的功耗。

GAL 等 SPLD 在 20 世纪 80 年代曾风行一时,而其不足之处,促进了高密度 PLD——HDPLD 的发展,其缺点在 HDPLD 中得到了解决。

习 题 4

4.1 用 PROM 实现下列多输出函数:

$F_1 = \overline{A}B + \overline{B}\overline{C} + A\overline{C}$

$F_2 = A \oplus B \oplus C$

$F_3 = A + B + C$

$F_4 = \overline{(A \odot BC) + (B \oplus C) + (C \odot 0)}$

4.2 函数 L、H 的逻辑图如图 E4-1(a)、(b)所示,试画出相应的 PLD 阵列图。

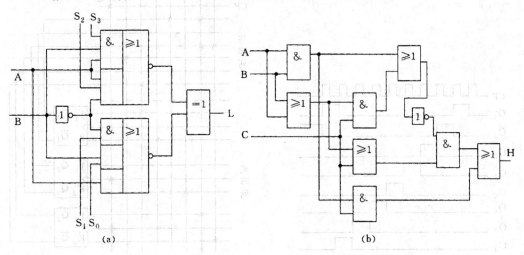

图 E4-1 函数 L、H 的逻辑图

4.3 用适当规模的 PROM 设计下列电路:

(1) 两位全加器:输入被加数和加数分别为 a_2a_1 和 b_2b_1,低位来的进位是 c_0,输出为本位和 s_2s_1 及向高位的进位 c_2。

(2) 一位全减器:输入为 x_i(被减数)、y_i(减数)和 b_{i-1}(低位借位),输出为 D_i(本位差)和 b_i(本位向高位借位)。

(3) 4 变量奇、偶校验器:输入变量为 A、B、C、D,当有奇数个 1 时,输出 $Z_1=1$、$Z_2=0$;当有偶数个 1 时,输出 $Z_1=0$、$Z_2=1$。

(4) 显示译码电路:译码器输入为 8421BCD 码,八段显示器字型如图 E4-2 所示。

4.4 用合适的 PLA 实现下列码制变换电路:

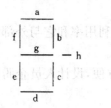

图 E4-2 八段显示器字形

(1) 8421BCD 码至 5421BCD 码。

(2) 8421 余 3 码至 BCD Gray 码。

(3) 4 位二进制 Gray 码至 4 位自然二进制码。

4.5 试设计一灯光控制电路。应控制 A、B、C 三个灯按图 E4-3 所示规律变化,时钟信号周期为 10 秒,试用 D 触发器和 PLA 实现此电路(图中,空心圆表示灯燃亮,画斜线的圆表示灯熄灭)。

4.6 试用合适的 PLA 实现一个排队组合电路,电路的功能是输入信号 A、B、C 通过排队电路后分别由 Y_A、Y_B、Y_C 输出,但在同一

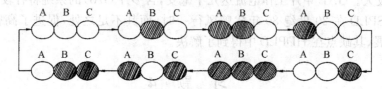

图 E4-3 灯光变化规律示意图

时刻只能有一个信号通过,如果同时有两个或两个以上的信号输入时,则按 A、B、C 的优先顺序通过。信号输入为逻辑 1 时有效。

4.7 用 EPROM2732 和适当的计数器构成 8 路顺序脉冲发生器,工作波形如图 E4-4 所示。

4.8 用适当规模的 PLA 实现第 4.3 题。

4.9 试分析如图 E4-5 所示电路。

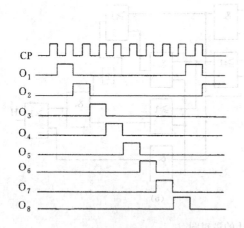

图 E4-4 8 路顺序脉冲发生器

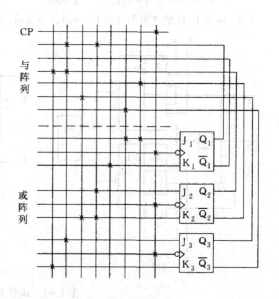

图 E4-5 某电路图

(1) 列出时序 PLA 的状态转换表和状态转换图;

(2) 画出时序图(初态全为 0);

(3) 简述该时序 PLA 的逻辑功能。

4.10 分析如图 E4-6 所示组合 PLA 和 D 触发器构成的逻辑电路,画出该电路状态转换图、状态转换表、时序图,并概述电路功能。(电路初态 $Q_0Q_1Q_2=000$)

4.11 试用适当容量的 PLA 实现以下电路:

(1) 2×2 高速乘法器。

(2) 4 线-2 线优先编码器。编码器功能表如表 E4-1 所示。

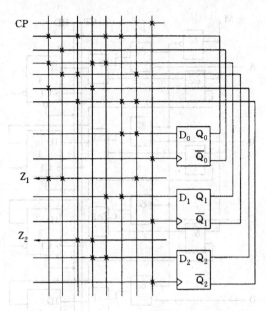

图 E4-6 组合 PLA 和 D 触发器构成的某电路图

表 E4-1 4 线-2 线优先编码器功能表

输入				输出		
I_0	I_1	I_2	I_3	O_2	O_1	O_0
×	×	×	0	1	1	1
×	×	0	1	1	1	0
×	0	1	1	1	0	1
0	1	1	1	1	0	0
1	1	1	1	0	0	0

4.12 试设计一个用 PLA 实现的比较器,用来比较两个 2 位二进制数 A_1A_0 和 B_1B_0。当 $A_1A_0>B_1B_0$ 时,$Y_1=1$;当 $A_1A_0=B_1B_0$ 时,$Y_2=1$;当 $A_1A_0<B_1B_0$ 时,$Y_3=1$。

4.13 试利用时序 PLA 设计一个 8421BCD 码同步计数器,画出 PLA 阵列图(时序 PLA 内带 JK 触发器)。

4.14 用时序 PLA(带 JK 触发器)设计一个 5421BCD 码计数器及七段显示译码器电路。表 E4-2 给出 5421BCD 码及七段显示译码器真值表。图 E4-7 给出七段显示器示意图。

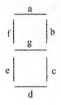

图 E4-7 七段显示器示意图

表 E4-2 真值表

Q_3	Q_2	Q_1	Q_0	a	b	c	d	e	f	g
0	0	0	0	0	0	0	0	0	0	1
0	0	0	1	1	0	0	1	1	1	1
0	0	1	0	0	0	1	0	0	1	0
0	0	1	1	0	0	0	0	1	1	0
0	1	0	0	1	0	0	1	1	0	0
1	0	0	0	0	0	1	0	1	0	0
1	0	0	1	1	0	0	0	0	0	0
1	0	1	0	0	0	0	1	1	1	1
1	0	1	1	1	0	0	0	0	0	0
1	1	0	0	0	0	0	1	0	0	0

4.15 4 位移位寄存器电路如图 E4-8 所示,试用时序 PLA(带 D 触发器)实现这一电路的功能。要求:
(1) 画出电路图;
(2) 概述电路功能。

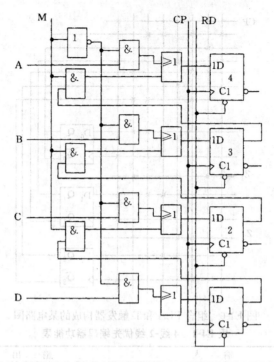

图 E4-8 某逻辑电路

4.16 试用组合 PLA 和 74LS194 实现 001010 序列发生器。

4.17 用时序 PLA 设计一个 1001 和 110 双序列发生器。

4.18 分别用 ROM 和 PLA 设计 010111 和 1110 双序列检测器,并比较优缺点。

4.19 试用 PLA 和 74LS161 设计如表 E4-3 所示时序电路。要求:

(1) 导出方程组;

(2) 时序图(初始状态为全 0);

(3) 逻辑电路图(按图 E4-9 要求画图);

(4) 概述电路功能。

表 E4-3

$Q_2^n Q_1^n$ \ X	0	1
0 0	1 1/0	0 1/0
0 1	0 0/1	1 0/0
1 0	0 1/0	1 1/0
1 1	1 0/0	0 0/1

$Q_2^{n+1} Q_1^{n+1}/z$

4.20 用适当的 PAL 器件实现第 4.1 题要求的多输出函数。查阅 PAL 器件手册,任选芯片型号。

4.21 试用 PAL16R4 设计 3 位可逆计数器,控制变量 CON=0 时,计数器减 1 计数;CON=1 时,计数器加 1 计数。计数器状态图如图 E4.10 所示。试写出次态方程,画出 PAL 阵列图。

4.22 试用 PAL 器件替代第 4.19 题 PLA 实现的逻辑电路,要求功能和时序图(响应 CP 下降沿)一致。试画出 PAL 源阵列图。

4.23 用合适的 PAL 芯片实现第 4.10 题图 E4-6 所示电路的逻辑功能。

4.24 GAL 和 PAL 有哪些异同之处?各有哪些特点?

4.25 GAL 的 OLMC 有哪几种工作模式,每种模式又有哪些结构类型?

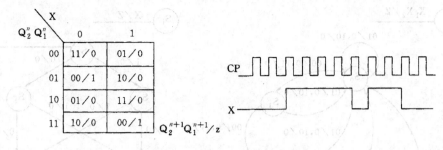

图 E4-9 状态转换表和输入波形图

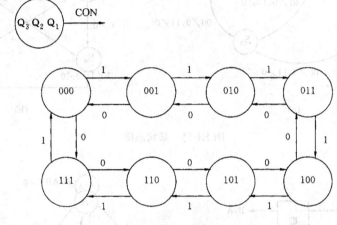

图 E4-10 可逆计数器状态图

4.26 用 GAL16V8 实现第 4.1 题多输出函数,试编写相应的 VHDL 或 Verilog HDL 源文件,画出 GAL 阵列图。

4.27 试用 GA16V8 设计一个 3—8 译码器,且带有 E_1(高电平有效)、E_2(低电平有效)两个使能端。

4.28 用 GAL16V8 实现模 16 可逆计数器。该计数器有 4 个状态变量 Q_3、Q_2、Q_1 和 Q_0,两个控制信号 S_1 和 S_0,它们的控制功能如表 E4-4 所示。I_3、I_2、I_1 和 I_0 为 4 个并行置数数据输入端。试编写该计数器的 VHDL 或 Verilog HDL 源文件;画出 GAL 阵列图。

表 E4-4

S_1	S_0	控制功能
0	0	同步清零
0	1	并行置数
1	0	加 1 计数
1	1	减 1 计数

4.29 用适当的 GAL 器件设计一个 16 选 1 MUX,且应带有 E(低电平有效)使能端。

4.30 用适当的 GAL 器件实现一个 6 位数字比较器。

4.31 用 GAL16V8 实现如图 E4-11(a)、(b)所示状态图描述的时序电路。状态变量为 $Q_2Q_1Q_0$。状态分配为:S_0—000,S_1—001,S_2—011,S_3—010,S_4—110,S_5—100,S_6—101,试求:

(1) 状态方程和输出方程;
(2) GAL 阵列图;
(3) 概述电路逻辑功能。

思考:
(1) 编写该时序电路 VHDL 或 Verilog HDL 描述文件;
(2) 运用适当的 PLD 开发系统中的 VHDL 或 Verilog HDL 编译器,上机运行产生 JED 报告;
(3) 借助 SUPERPRO 编程器,对 GAL16V8 编程。详情请参阅有关资料和上机指南。

4.32 试用适当的 GAL 器件设计一个顺序控制器。该控制器示意图和状态图如图 E4-12 所示。它有 A、B、C 三个状态,输入控制信号 START、HOLD 和 RESET 决定状态之间的转换。输出是 INA、INB、INC 和

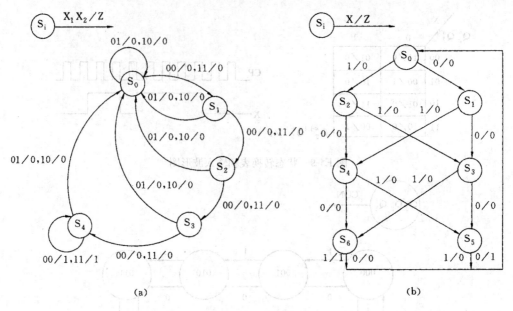

图 E4-11 某状态图

ABORT。

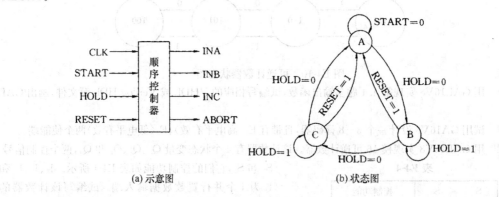

(a) 示意图　　　　　　(b) 状态图

图 E4-12 顺序控制器

各输出信号的状况是：　状态 A 时　INA、INB、INC 为 100
　　　　　　　　　　　　状态 B 时　INA、INB、INC 为 010
　　　　　　　　　　　　状态 C 时　INA、INB、INC 为 001

输出 ABORT 用来指示异常转移。常规工作按 A→B→C→A 顺序转移，进入 B 状态，若复位信号 RESET=1，则控制器复位到 A，同时有 ABORT=1。如果 START 信号再次有效，控制器重复转移过程，且 ABORT 信号复位为 0。试完成下列设计：

(1) 写出 VHDL 或 Verilog HDL 源文件；

(2) GAL 阵列图；

(3) 时序图。

4.33 某系统控制器的 ASM 图如图 4-13 所示，试用一片 GAL 器件实现。要求：

(1) 选择合适的 GAL 芯片；

(2) 引脚分配图；

(3) 原理图输入文件；

(4) VHDL 或 Verilog HDL 输入源文件；

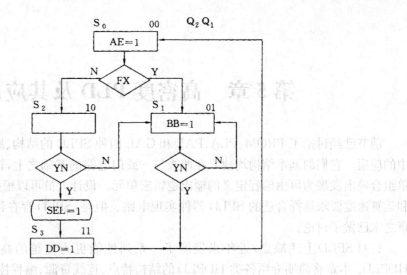

图 E4-13 某系统控制器 ASM 图

(5) 上机运行后的 JED 文件。

4.34 某控制器的 ASM 图如图 E4-14 所示,试用适当的 GAL 器件设计并实现。状态分配为 A—000,B—001,C—011,D—010,E—110,F—111,状态变量为 $Q_2Q_1Q_0$。图中 SET REGM 为条件操作情况下的条件输出,SET REGM=D·LSB。

解题要求与题 4.33 相同。

4.35 试选择适当的通用集成电路,构成例 4.10 串行码数字锁数据处理单元中的捕获单元(基本 RS 触发器)。

4.36 试采用若干片 GAL16V8 或者 GAL20V8 实现串行码数字锁的数据处理单元。并与例 4.10 中采用 GAL22V10 实现方案相比较,说明优缺点。

4.37 试画出例 4.10 串行码数字锁的三个 GAL 芯片的原理图输入文件;写出三个对应的 VHDL 或 Verilog HDL 输入源文件。

4.38 试用若干 GAL 器件设计 1.4.2 节所述补码变换器。
要求:
(1) GAL 实现数据处理单元;
(2) GAL 实现控制器;
(3) 给出完整的逻辑图。

4.39 试用若干 GAL 器件设计十字路口交通管理器。

4.40 试用 GAL 器件实现最大公约数求解电路。

4.41 试用若干 GAL 器件实现求解 $\sqrt{x}$ 的电路。

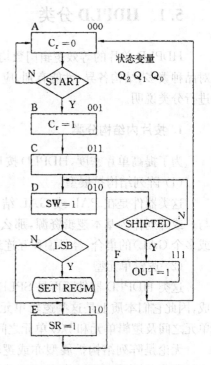

图 E4-14 某控制器的 ASM 图

第 5 章 高密度 PLD 及其应用

前节已经讨论了 PROM、PLA、PAL 和 GAL 四种 SPLD 的结构、原理和在数字系统设计中的应用。它们的基本结构均建立在两级与—或门电路的基础之上,输出电路则由早期的简单组合输出发展为可由编程定义的输出逻辑宏单元。设计人员可以根据设计对象的逻辑功能和运算速度要求选择合适的 SPLD 器件实现电路。但是,SPLD 存在许多不足之处。这在上章之末已做了讨论。

针对 SPLD 上述缺点,近年来发展了一系列性能更为优越的高密度可编程逻辑器件 HDPLD。本章将简明介绍各类 HDPLD 的结构特点、连线资源、编程技术和应用方法。

5.1 HDPLD 分类

HDPLD 单片的等效逻辑门数均在 1000 门以上,近年已有高达千万门的芯片推出。为能对品种繁多、结构各异、性能有别、应用场合不同的 HDPLD 有个概略的了解,以下按不同标准进行分类说明。

1. 按片内结构分类

为了提高单片密度,HDPLD 按片内结构分类大致分为两类:

(1) 阵列结构扩展型

这类器件是在 PAL 或 GAL 结构的基础上加以扩展或改进而成。如果说 SPLD 是由与—或阵列作为基本逻辑资源,那么这一类 HDPLD 的基本资源就是多个 SPLD(多个 PAL 或多个 GAL)的集合,经可编程互连结构来组成更大规模的单片系统。

(2) 逻辑单元型

这类 HDPLD 器件不再是 SPLD 的扩展,它们由许多基本逻辑单元(不是与—或结构)组成,因此它们本质上是这些逻辑单元的矩阵。围绕该矩阵设置输入/输出(I/O)单元,在逻辑单元之间及逻辑单元和 I/O 单元之间由可编程连线进行连接。

无论是阵列结构扩展型亦或逻辑单元型 HDPLD,都必须配有把各个阵列或各个单元连接起来的可编程互连资源。这些连线资源的特性直接关系到逻辑资源的互连灵活性和时延。

2. 按连线资源分类

为了优化连线资源,HDPLD 按照连线资源分类也可分为两种:

(1) 确定型连线结构

这类器件内部有同样长度的连线,因此提供了具有固定延时的通路。也就是说信号通过器件的时延是固定的且可预知。第 4 章中 SPLD 的连线结构实际上亦属此种类型。

(2) 统计型连线结构

这类器件具有较复杂的可编程连线资源，内部包含多种不同长度的金属连线，从而使片内互连十分灵活，但由于同一个逻辑功能可以用不同的连线方式来实现，因此每次编程后的连线均不尽相同，故称统计型连线结构。现场可编程门阵列 FPGA 就是典型的统计型连线结构的 HDPLD。

上述两种连线类型的 HDPLD 各具特色，适用于不同使用场合。

3. 按照编程技术分类

HDPLD 编程技术有多种，以下列出三种：

(1) 在系统可编程(isp)技术。具有 isp 功能的器件在下载时无需专门的编程器，可直接在已制成的系统(称为目标系统)中或印制板上对芯片下载。isp 技术为系统设计和制造带来了很大的灵活性。现在有很多 HDPLD 芯片均采用 isp 编程技术。

(2) 在电路配置(重构)(icr)技术。具备 icr 功能的器件也可直接在目标系统中或印制电路板上编程，无需专门的编程器，但系统掉电后，芯片的编程信息会丢失，因为 icr 和 isp 编程技术器件采用的工艺是不一样的。

(3) 一次性编程技术。具备这种编程技术的 HDPLD 采用反熔丝制造工艺，一旦编程就不可改变，特别适用于高可靠性使用场合。

5.3 节将详细介绍这三种编程技术。

5.2 HDPLD 组成

本节将介绍各种常用的阵列扩展型 CPLD 和现场可编程门阵列 FPGA 的基本结构和工作原理，以便了解 HDPLD 的概貌。

5.2.1 阵列扩展型 CPLD

前已指出，这类器件由 PAL 或 GAL 扩充或改进而成，因为 PAL、GAL 的基本结构均为与—或阵列和输出逻辑宏单元，并称为 SPLD，故称这类器件为阵列扩展型的复杂 PLD—CPLD。

扩展的途径不是简单地扩大总的与—或阵列的规模，而是采取分区结构扩展的方法。这种结构将有利于提高阵列资源的利用率、降低功耗。这类芯片包含若干个 SPLD，各 SPLD 有各自的与—或阵列，还有若干 I/O 端和专用输入端，再通过一定方式的全局性连线资源把这些 SPLD 互连起来，构成规模较大的 CPLD。

1. 典型阵列扩展型 CPLD 的结构组成

图 5-1 给出一种由 PAL 改进而成的典型阵列扩展型 CPLD 器件的结构组成框图。它由多个优化了的独立 PAL 块和一个可编程中央开关矩阵组成。

这里的每个 PAL 块相当于一个独立的 PAL 器件。每个块由与阵列、逻辑分配器、逻辑宏单元、I/O 单元、输出开关矩阵和输入开关矩阵组成。不同系列器件的 PAL 块基本结构相同，区别仅在于与阵列规模、乘积项数、宏单元数、I/O 数等容量的区别。例如某芯片的每个 PAL 块均包含一个 26 输入、64 乘积项和 6 个专用乘积项输出的与阵列，一个逻辑分配器，16 个性

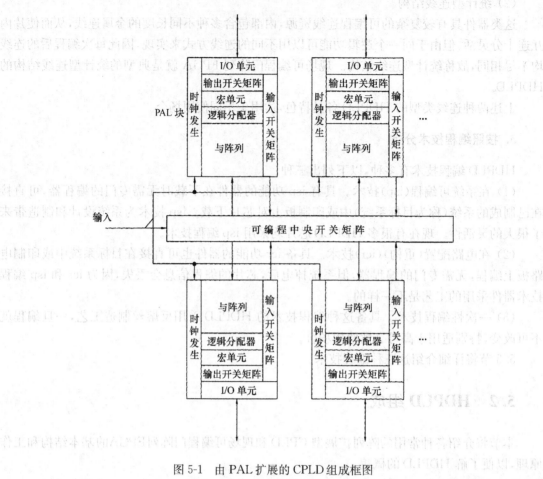

图 5-1 由 PAL 扩展的 CPLD 组成框图

能更优的宏单元和 16 个 I/O 单元。其中逻辑分配器把 64 个乘积项按需要分配到 16 个宏单元中,使乘积项有较高的利用率。

可编程中央开关矩阵位于各个 PAL 块的中央及 PAL 块和输入之间,它提供互联网络,使各 PAL 块之间可以互相通信,从而把芯片上多个独立的 PAL 块组成一个较高密度的 CPLD 器件。

中央开关矩阵接收来自所有专用输入和各个 PAL 块输入开关矩阵的信号,并将它们连接到所要求的 PAL 块,对于返回到同一个 PAL 块本身的反馈信号也必须经过中央开关矩阵,正是这种确定型的互联机制,保证了该器件中各 PAL 块之间的相互通信都具有一致的、可预测的延时。通过编程对中央开关矩阵进行自动配置,完成各个 PAL 块及输入的连接。

2. CPLD 的宏单元(macro cell)

如前所述,因 SPLD 中宏单元的触发器功能欠灵活且数量不足,难以实现规模较大的设计对象。在如图 5-1 所示的 CPLD 中,除了对输出宏单元做了许多改进外,并引入了隐埋宏单元的概念,使之能适应各种电路的要求。因此图 5-1 中标明的宏单元包含输出宏单元和隐埋宏单元。

(1) 配置多触发器结构的宏单元。在 PAL 和 GAL 中,每个输出宏单元只有一只触发器,难以满足系统设计对触发器的要求。而在阵列扩展型 CPLD 及后面将要讨论的 FPGA 中,其宏单元中均有几只触发器,这为时序电路或系统设计提供了充裕的寄存器资源。尤其是 FPGA,它们都有大量的逻辑单元,从而就有大量的触发器。

(2) 配置隐埋宏单元(buried macro cell)。在阵列扩展型 CPLD 中,其基本结构仍是与一或阵列,若只用增加宏单元数来增加触发器数量,则势必导致芯片引脚数增加,从而增加芯片面积和成本。

事实上,很多待设计系统并不要求每个触发器均有对片外的输出,为此构思了隐埋宏单元结构。这种隐埋宏单元的输出并不送至 I/O 端,而只是为扩充内部宏单元资源之用。

图 5-2(a)、(b)分别给出如图 5-1 所示阵列扩展型 CPLD 的输出宏单元和隐埋宏单元结构图。从图 5-2(b)中不难看出,隐埋宏单元的输出经反馈送回中央开关矩阵。利用这种隐埋,可以在不增加引脚数的情况下,增加了宏单元的有效使用数目。通过编程,输出宏单元和隐埋宏单元均可配置为组合输出高、低有效,D、T 寄存器输出高、低有效和锁存器输出高、低有效输出等八种方式,只是隐埋宏单元不送至 I/O 单元,而送至开关矩阵,它还可以把 I/O 引脚送来的信号作为寄存器或锁存器的输入。

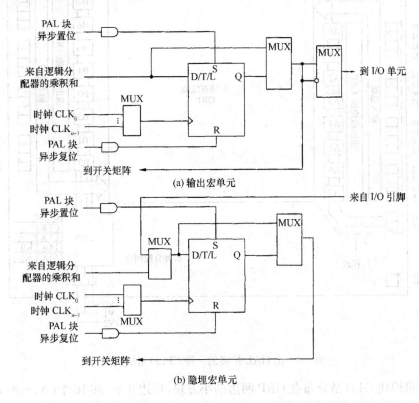

图 5-2 某种阵列扩展型 CPLD 的输出宏单元和隐埋宏单元

阵列扩展型 CPLD 用这种隐埋宏单元结构来增加触发器资源。但与 FPGA 相比,阵列扩展型的触发器资源相对还比较少。设计人员可根据设计对象的不同情况选择不同类型的芯片。

(3) 异步复位/预置操作。CPLD 宏单元中的触发器均可异步复位和异步预置,比之不具异步输入端的 SPLD 有了本质的区别。在图 5-2 所示宏单元中,异步复位和异步置位均由与阵列中公共乘积项(复位乘积项和预置乘积项)进行控制。对于同一个 PAL 块的所有触发器。无论是输出宏单元还是隐埋宏单元,均同时初始化。

3. 由 GAL 扩展的阵列扩展型 CPLD

图 5-3 给出由 GAL 扩展、改进而来的另一种阵列扩展型 CPLD 的组成框图。该器件包含两个巨模块(Megablock)、一个时钟分配网络 CDN(Clock Distribution Network)和一个全局布线池 GRP(Global Routing Pool)。每个巨模块由 8 个通用逻辑块 GLB(Generic Logic Block)、16 个输入/输出单元 I/OC、输出布线池 ORP(Output Routing Pool)、输入总线和两个专用输入组成。

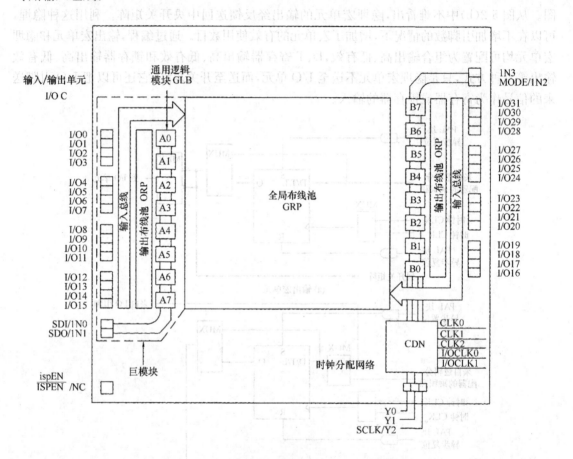

图 5-3 由 GAL 扩展的一种 CPLD 组成框图

通用逻辑模块 GLB 是分布在 GRP 两边的小方块,每边 8 个,共 16 个($A_0 \sim A_7$, $B_0 \sim B_7$),它是该器件实现逻辑功能的基本单元。GLB 就是由 GAL 优化而来的,它的组成框图如图 5-4 所示。每个 GLB 包括逻辑与阵列、乘积项共享阵列、四输出逻辑宏单元和控制逻辑。GLB 中的逻辑与阵列有 18 个输入,可产生 20 个输出乘积项,乘积项共享阵列 PTSA(Product Term Sharing Array)通过一个可编程或阵列,把或门的四个输出(各含 4、4、5、7 个与项)组合起来,构成最多可达 20 个与项的或输出。输出逻辑宏单元与 GAL 中的 OLMC 相似,可配置五种工作模式。

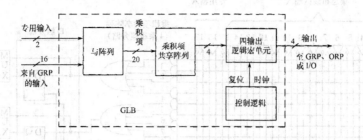

图 5-4　GLB 组成框图

图 5-5(a)、(b)、(c)、(d)、(e)分别给出 GLB 的五种工作模式的详细结构图。图 5-5(a)是标准模式。4 个或门的输入按 4、4、5、7 配置(图中所画阵列是未编程情况),每个触发器的激励信号可以是或门中的一个或多个,故最多可以将所有 20 个乘积项集中于 1 个触发器使用,以满足多输入逻辑功能之需要。

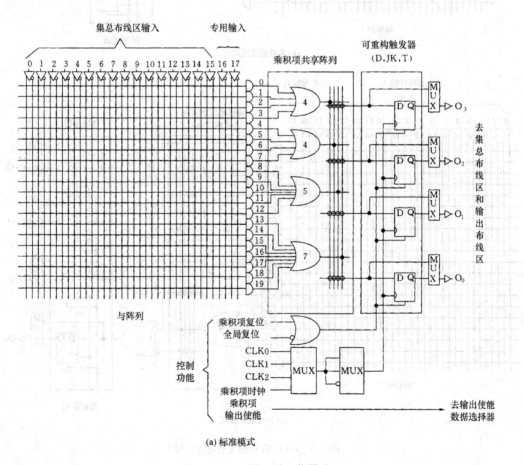

(a) 标准模式

图 5-5　GLB 的五种工作模式

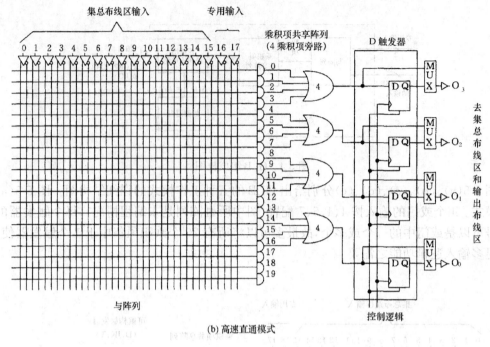

(b) 高速直通模式

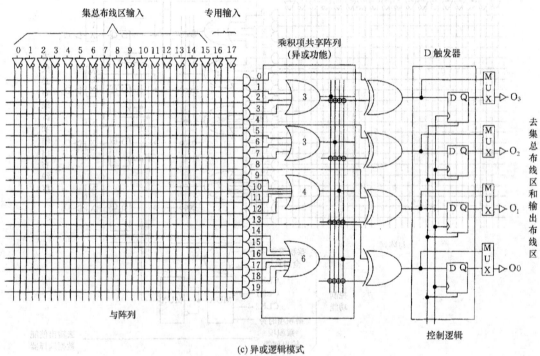

(c) 异或逻辑模式

图 5-5　GLB 的五种工作模式（续）

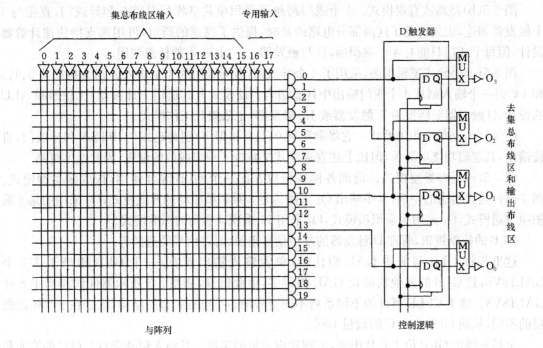

(d) 单乘积项模式

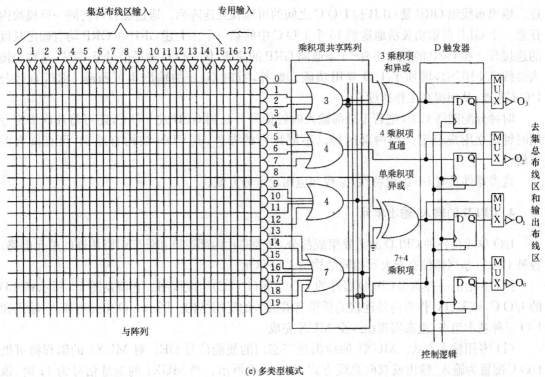

(e) 多类型模式

图 5-5　GLB 的五种工作模式（续）

图 5-5(b)是高速直通模式。4 个或门跨越了乘积项共享阵列 PTSA 和异或门，直接与 4 个触发器相连，也就避免了这两部分电路的延时，提供了高速的通道，可用来支持快速计数器设计，但每个或门只能有 4 个乘积项，且与触发器一一对应，不能任意调用。

图 5-5(c)是异或逻辑组态，采用了 4 个异或门，各异或门的 1 个输入分别为乘积项 0、4、8 和 13，另一个输入则从 4 个或门输出中任意组合。此模式尤其适用于计数器、比较器和 ALU 的设计，D 触发器要转换为 T 触发器或 JK 触发器，也依赖此工作模式。

图 5-5(d)是单乘积项模式。它将乘积项 0、4、8 和 13 分别跨越或门、PTSA 和异或门，直接输出，其逻辑功能虽简单，但比上述直通模式又减少了一组或门的延迟，因此速度更高。

图 5-5(e)是多类型模式。前面各模式可以在同一个 GLB 混合使用，构成多类型模式。图 5-5(e)是该组态的一例，其中输出 O_3 采用的是 3 乘积项驱动的异或模式，O_2 采用的是 4 乘积项直通模式，O_1 采用单乘积项模式，O_0 采用 11 乘积项驱动的标准模式。

GLB 的控制逻辑，管理 D 触发器的复位信号来源、时钟信号的选择等。

这里若将 GLB 与前述 GAL 相比较，单就输入输出而言，一个 GLB 相当于 1/2 个 GAL18V8，且 GLB 的其他功能比 GAL 强得多，由此推算，如图 5-3 所示器件约相当于 8 片 GAL18V8。这类 CPLD 器件的不同系列不同型号的芯片也有相似的结构，区别在于巨模块数量的不同，从而 GLB、I/O C 的数量不同。

全局布线池 GRP 位于芯片中央，实现片内逻辑的连接。其输入包括来自 I/O C 的输入和 GLB 的输出；其输出送到各 GLB 的输入，从而实现 I/O C 和 GLB，以及各 GLB 之间有效互连。输出布线池 ORP 是 GLB 和 I/O C 之间的可编程互连阵列。通过编程可将同一巨模块内任意一个 GLB 的输出灵活地送到 16 个 I/O C 中的某一个。上述 GRP 和 ORP 均有确定长度的连接线。在 ORP 的侧面还有 16 条通向 GRP 的总线，供 I/O C 输送信号至 GRP，常称为输入总线(IN BUS)，增加了 I/O 复用功能。此外，有时 GLB 的输出也可跨越 ORP，直接与 I/O C 相连，从而提高工作速度。

时钟分配网络 CDN 把若干外部输入时钟信号分配到 GLB 或 I/O C，还可将片内指定专用时钟建立用户自定义的内部时钟。不同型号的器件，其 CDN 结构有差别，可查阅有关手册。

这类器件具有 isp 编程特性，编程和应用均十分方便。

4. CPLD 的输入/输出单元

I/O 单元是各种 CPLD 的重要组成部分，作为芯片内部逻辑和外部引脚相连的单元电路。各种 CPLD 系列器件有着大致相同结构的 I/O 单元。

图 5-6 给出一种典型 CPLD 器件的 I/O 单元(I/O C)组成框图。它就是图 5-3 所示 CPLD 的 I/O C，该 I/O C 作为内外连接的桥梁有着完善的复用结构。图示 I/O 单元有输入、输出和 I/O 三种基本组态，组态实现由 6 个 MUX 完成。

(1) 专用输入方式。MUX1 的输出是三态门的使能信号 OE。对 MUX1 的编程将可把 I/O C 配置为输入、输出或双向总线方式，如表 5-1 所示。当 MUX1 的地址信号为 11 时，该 I/O C 设置为专用输入方式。

在这种工作方式下，引脚输入信号经输入缓冲后可通过 D 触发器，也可不通过 D 触发器直接去全局布线池。MUX4 的编程地址信号将决定输入信号的路径。触发器既可被定义为电平锁存器(L)也可定义为边沿触发器(R)。锁存方式时，触发器响应时钟的高电平。寄存方

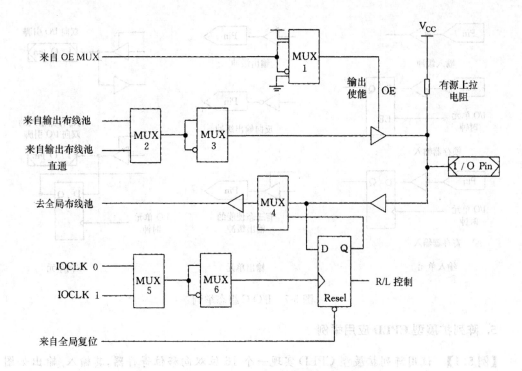

图 5-6 某 CPLD 器件的 I/O 单元组成框图

表 5-1 OE 信号、MUX1 地址和 I/O C 组态关系

OE 取值	MUX1 地址 A_1A_0	I/O C 组态方式
V_{CC}	0 0	专用输出组态
GLB 产生使能信号	0 1	双向 I/O 组态或具有三态缓冲电路的输出组态(可改变控制极性)
GLB 产生使能信号	1 0	双向 I/O 组态或具有三态缓冲电路的输出组态(可改变控制极性)
地	1 1	专用输入组态

式时,响应时钟信号上升沿。这两种方式通过对 R/L 端的编程确定。

触发器的时钟信号由片内时钟分配网络 CDN 提供,并可通过 MUX5 和 MUX6 选择时钟源并调节时钟的极性。触发器的复位由芯片的全局复位信号 RESET 实现。

(2) 专用输出方式。有关的输出信号可经输出布线池或者跨越输出布线池直接输出,由 MUX2 进行选择。MUX3 可选择输出原码或反码。

(3) 双向 I/O 方式。在这种方式下,OE 信号由 GLB 产生,经 MUX1 选择来控制输出使能,使之处于双向 I/O 组态或具有三态缓冲电路的输出组态,且可改变三态控制信号的极性。

在上述三种基本组态的基础上,通过对 MUX2~MUX6 的编程可以构成几十种工作方式。图 5-7 列举了其中的几种。

每个 I/O C 还有一个有源上拉电阻,当 I/O 端不使用时,该电阻自动接上电源电压,以避免因输入悬空引入的噪声,且可减小电源电流。正常工作时也产生同样的作用。

读者由上述介绍不难看出,GAL 的 OLMC 仅能配置五种结构,这里介绍的 I/O 单元可构成数十种结构,足以说明 I/O 单元的设置大大优化了芯片结构,扩充了功能。其他 CPLD 和 FPGA 器件均有类似的 I/O 结构和相应的复用功能,只是具体电路略有差别,不再赘述。

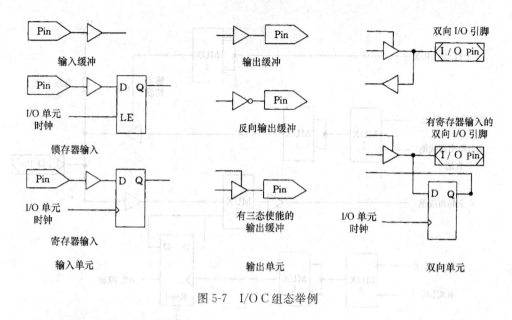

图 5-7 I/O C 组态举例

5. 阵列扩展型 CPLD 应用举例

【例 5.1】 试用阵列扩展型 CPLD 实现一个 16 位双向移位寄存器,其输入/输出如图 5-8 所示。图中 $Q_0 \sim Q_{15}$ 是 16 位状态变量输出。$D_0 \sim D_{15}$ 为 16 位并行置数输入,C_r 是低电平有效的异步清零端,S_R、S_L 分别是右移或左移串行数据输入端,S_1、S_0 为功能控制端,它们的取值和操作的对照关系如表 5-2 所示。

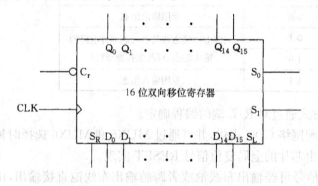

表 5-2 $S_1 S_0$ 和操作对照表

S_1	S_0	实现的操作
0	0	保持
0	1	右移
1	0	左移
1	1	并行置数

图 5-8 16 位双向移位寄存器

(1) 器件的选择。本例所欲实现的 16 位移位寄存器共有 1 个时钟 CLK 输入、16 个置数数据输入、2 个移位数据输入、3 个控制输入和 16 个状态变量输出。也就是说,除时钟外,共有 37 个入、出信号线,应该选择 I/O 单元的数量满足此要求的芯片,且应满足逻辑容量要求,这样就可以用一个芯片来实现该移位寄存器。

前述典型阵列扩展型 CPLD 和由 GAL 扩展的阵列扩展型 CPLD 均有多种系列多种型号器件,设计者可参照本书附录 A 或有关数据手册进行选择。

假若选择由 GAL 扩展的阵列扩展型 CPLD 芯片,其型号为 isp LSI 1024,它的结构与图 5-3 所示器件相似,但容量更大,含 3 个巨模块,且 I/O 单元数量达 $16 \times 3 = 48$ 个。由此画出引脚分配图如图 5-9 所示。

(2) 编写设计输入文件。本例采用文本输入方式。根据移位寄存器设计要求,编写

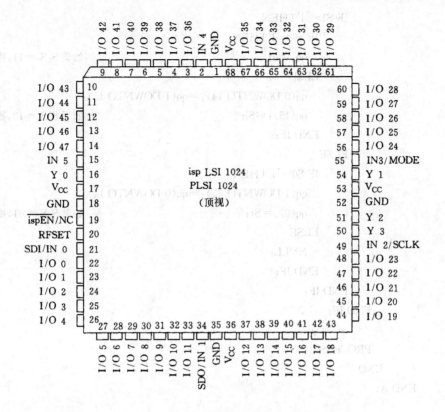

图 5-9 引脚分配图(isp LSI 1024)

VHDL 源文件如下：

```
        LIBRARY IEEE;
        USE IEEE.STD_LOGIC_1164.ALL;
        ENTITY SHIFT IS
            PORT(
                S1,S0,Cr,clk     :IN   BIT;
                Sr,Sl            :IN   STD_LOGIC;
                d                :IN   STD_LOGIC_VECTOR(0 DOWNTO 15);
                q                :OUT  STD_LOGIC_VECTOR(0 DOWNTO 15)
                );
        END SHIFT;
        ARCHITECTURE  A  OF  SHIFT  IS
        BEGIN
            PROCESS(clk,cr)                                      --进程语句,敏感信号为时钟
                VARIABLE  qq  :STD_LOGIC_VECTOR(0 DOWNTO 15);
            BEGIN
                IF Cr='0'  THEN
                    qq:="0000000000000000";                      --IF 语句,异步清零
                ELSIF (clk'EVENT AND clk='1') THEN               --响应时钟上升沿
```

· 203 ·

```
            IF S1='1'THEN
                IF S0='1'THEN
                    qq:=d;                                    --如果 $S_1S_0$=11,则并行置数
                ELSE
                    qq(0 DOWNTO 14):=qq(1 DOWNTO 15);
                    qq(15):=Sl;                               --如果 $S_1S_0$=10,则左移操作
                END IF;
            ELSE
                IF S0='1'THEN
                    qq(1 DOWNTO 15):=qq(0 DOWNTO 14);
                    qq(0):=Sr;                                --如果 $S_1S_0$=01,则右移操作
                ELSE
                    NULL;                                     --否则保持
                END IF;
            END IF;
        END IF;
        q<=qq;
    PROCESS;
END
END A;
```

从本例设计中可以看出,采用 HDPLD 设计时,比之用多片 SPLD 实现方便得多,且设计成果的性能也优越许多,读者可自行对照比较。

【例 5.2】 采用 CPLD 设计例 4.10 所示 5 位串行码数字锁。

在例 4.10 中,锁电路共使用了两片 GAL22V10 和一片 GAL16V8,分别来实现数据处理单元和控制器,因此还要用印制电路板把它们正确地连接起来。采用 HDPLD 时,设计人员只要选择容量、I/O 数合适的 CPLD 器件,单个芯片即能替代多个 GAL 的设计方案。至于设计输入文件,只要把原有的三张逻辑图合并为一张,即可由软件开发系统来处理并下载。这种更新设计的工作十分便利。

本例的具体设计,请作为习题自行完成。

5.2.2 现场可编程门阵列(FPGA)

在 PLD 发展过程中。人们从任何逻辑电路均可由门电路构成这一角度出发提出了 GA 的概念,门阵列的基本结构如图 5-10 所示。它由基本逻辑单元、I/O 单元和内部连线三者组成。其中逻辑单元由各种基本门电路构成,通过编程把门阵列连接成任意逻辑电路,从而又称做可编程门阵列(PGA)。

随着集成技术的发展,基本单元的规模逐步扩大,功能不断完善,结构更加优化,基本单元不再仅局限于门电路,而且还有包括数据选择器,译码器,JK 触发器,D 触发器,缓冲器,甚至 SRAM 等功能更强的模块,但门阵列这一名称仍沿用至今。

早期的 PGA 需要用户提出设计要求,由制造厂家进行编程。现今一种用户现场可编程门阵列 FPGA,不仅集成度高、工作速度快,基本逻辑单元功能特强,而且具有现场重复编程的

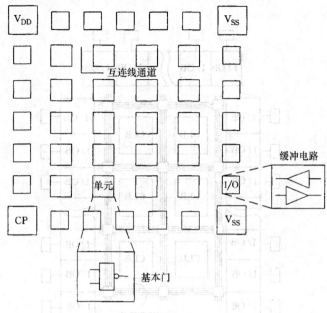

图 5-10 门阵列基本结构

优点,从而得到数字技术领域广泛重视。目前,FPGA 产品有多种,它们不仅在基本单元的规模、单元的逻辑功能、I/O 的结构和性能、连线的机制及工作参数等均各不相同,且在可编程特性和编程技术等方面大相径庭。但就基本结构而言,FPGA 亦应归属于单元型 HDPLD,只因其发展过程不同,加之具有统计型的连线结构,故常把它列为 HDPLD 的一个重要分支。

1. 典型单元型 FPGA 组成和特点

图 5-11 给出一种 FPGA 结构框图。它主要由三部分组成:可配置逻辑模块(Configurable Logic Block,CLB)、输入/输出模块 I/OB 和可编程连线(Programmable Interconnect,PI)。对于不同规格的芯片,可分别是包含 8×8、20×20、44×44、甚至 92×92 个 CLB 阵列,配有 64、160、352、甚至 448 个 I/OB,以及为实现可编程连线所必需的其他部件,它们等价于 2000、10000、52000,甚至 250000 个门的电路。

可配置逻辑模块 CLB 与前述 PGA 中的基本逻辑单元的作用相同,但它本身就是较复杂的逻辑电路,包含多种逻辑功能部件,从而使得单个 FPGA 即可实现各种复杂的数字电路。输入/输出模块是器件内部信号和引脚之间的接口电路,该接口电路设计得使有关引脚均可通过编程成为输入线、输出线或 I/O 线,且有较强的负载能力。

可配置逻辑模块 CLB 是 FPGA 的主要组成部分。图 5-12 给出某芯片的 CLB 逻辑框图。从图中可以看出,该 CLB 主要由四部分组成,它们是逻辑函数发生器、多个编程控制的数据选择器、触发器和信号变换电路。

(1) 三个函数发生器。所谓函数发生器实际上是一个有 n 输入的 $2^n\times1$ 位静态存储器 SRAM,可实现 n 个变量的任意组合函数。因为 $2^n\times1$ 容量的 SRAM 可以存放 n 个变量函数的真值表,故又习惯称做查找表式结构。三个函数发生器分别是 G、F 和 H,相应的输出是 G'、F' 和 H'。两个第一级的函数发生器 F 和 G 均为 4 变量输入,分别为 G_4、G_3、G_2、G_1 和 F_4、F_3、F_2 和 F_1,F 和 G 可以各自独立地输出相应 4 变量的任意组合函数。函数发生器 H 有三个输入信号:它们是前两个函数发生器的输出 G' 和 F',以及来自信号变换电路的输出 H1。H

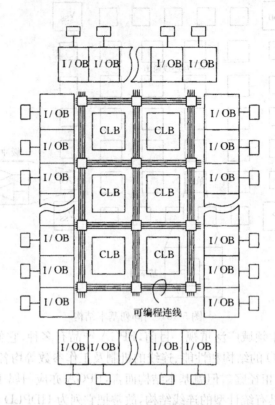

图 5-11 一种 FPGA 结构框图

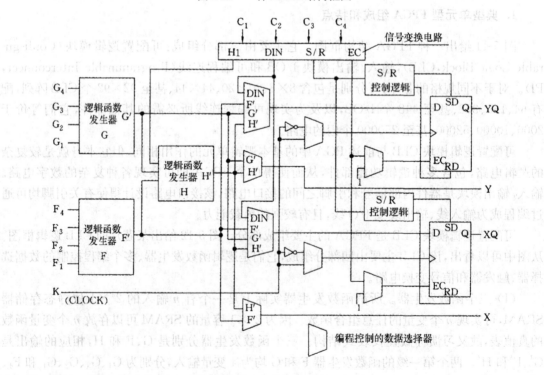

图 5-12 CLB 逻辑框图

和 G、F 三个函数发生器相结合可以实现 3 变量、5 变量、或者高达 9 变量的任意组合函数。也就是说实现了 $2^9 \times 1$ SRAM 查找表,从而使单个 CLB 就可实现较复杂的逻辑函数。

CLB 中的 SRAM 基本单元的读写速度快,使 FPGA 的工作速度得以提高。但 SRAM 在掉电时,所存储的信息会丢失。

通过对内部 MUX 的编程,函数发生器的输出 G'、F'、H'可以连接到 CLB 内部的触发器,或者直接送到 CLB 的输出端 X 或 Y。

(2) 两只 D 触发器。CLB 中的两只触发器可以通过 MUX 的编程,从函数发生器输出(G'、F'和 H')或者从外部输入(DIN)取得它的激励输入信号。触发器和函数发生器配合可以实现各种时序逻辑函数,触发器的输出分别为 YQ 和 XQ。

两只触发器均为边沿触发结构,它们的控制信号是共享的。通过编程确定为时钟上升沿触发或下降沿触发;时钟使能信号 EC 可以通过信号变换电路受外部信号控制或定为逻辑 1 电平;通过对 S/R 控制逻辑的编程,每只 D 触发器均可经信号变换电路,分别进行异步置位或异步清零操作,也可对一只触发器异步置位而对另一只触发器异步清零。CLB 的这种特殊结构,使触发器的时钟,时钟使能,置位和复位均可被独立设置,各触发器可独立工作,彼此之间没有约束关系,从而为实现不同功能时序电路提供可能性。

(3) 信号变换电路。该电路的基本功能是将 CLB 的输入信号 C_1、C_2、C_3 和 C_4 变换为 CLB 内部的 H1、DIN、S/R 和 EC 四个控制信号。但在 CLB 不同应用场合、不同构造时,信号变换电路可将 $C_1 \sim C_4$ 变换为相应的内部所需数据、地址或者控制信号。

除了上述主要组成部分以外,CLB 中还配备有快速进位电路,以实现高速运算和计数,由此可以看出,CLB 结构灵活、功能完善,一个或多个 CLB 可实现各种各样同步或异步逻辑函数。

2. FPGA 的可编程连线(PI)资源

可编程连线 PI 是各类 HDPLD 的必不可少的组成部分。5.1 节已讲述 HDPLD 片内 PI 有两类:确定型连线结构和统计型连线结构。前者金属连线有固定长度,所以有固定延迟,相对较简单;后者有多种长度的金属连线,相对复杂,但互连灵活多变。

在此以 FPGA 可编程连线为例,介绍统计型连线结构概况。前述图 5-11 所示 FPGA 芯片内部单个 CLB 输入输出之间、各个 CLB 之间以及 CLB 和 I/OB 之间的连线是由许多金属线段构成的,这些金属线段带有可编程开关,通过自动布线实现所需功能的连接。

这类器件主要有三种不同长度的布线资源,由它们的线段长度来区分。

(1) 通用单长度线。图 5-13(a)是通用单长度线连接示意图,图中仅给出一个 CLB 及其周围单长度线的分布情况。这种单长度线是贯穿于 CLB 间隙的水平线和垂直线,由可编程开关矩阵把它们联系起来,可编程开关矩阵的示意图如图 5-13(b)所示,在水平线和垂直线的交叉点处有 6 只开关(晶体管),通过编程决定连接关系。

这种结构的连线长度总是两个开关矩阵之间的矩离,故称为单长度线。它提供了相邻功能块之间的快速布线,适用于一定区域内的信号传输和网络间的分支。但单长度线的长度较小,信号每通过一次开关矩阵就要增加一次时延,随着阵列中 CLB 的增加及互联关系复杂性的提高,信号通过开关的数量急剧增加,从而影响电路的工作速度。

(2) 通用双长度线。图 5-14(a)是通用双长度线的示意图。这种连接线的长度双倍于单长度线。双长度线可经过较少的开关矩阵实现不相邻的各 CLB 之间的连接,以减少由于连线

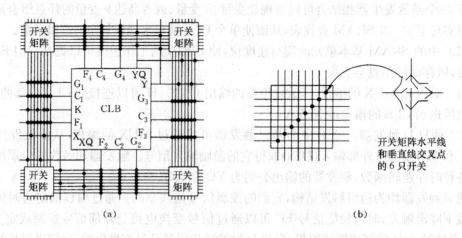

图 5-13 通用单长度线和可编程开关矩阵示意图

引入的延迟。

(3) 长线和三态缓冲器。上述单长度线和双长度线因连线长度较小,若用做时钟、寄存器控制或其他多扇出信号的连线时,会产生显著的偏移现象(又称扭曲现象),长线和三态缓冲器就是为解决此类连接而配置的。图 5-14(b) 是长线连接的示意图。其中垂直长线由专门的驱动器驱动,用以连接时钟信号。水平长线通过三态缓冲器连接,可提供三态总线。

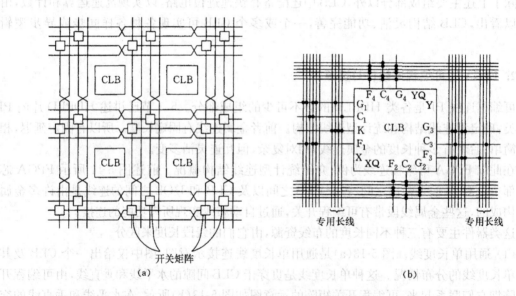

图 5-14 双长度线和长线示意图

每根长线的中心处都有一个可编程分离开关,可使长线分成两个独立的连线通路。

由连线资源的讨论可知,属于单元型 HDPLD 的 FPGA 有较复杂的连线结构,包含多种长度的连线。由此带来的优点是片内互连十分灵活,且可人为干预,使某些信号的传递特别快速。但是由于连线的灵活性,使同一设计对象可由不同的连线方式实现,导致延迟时间的不确定。设计者应使用开发软件检查实际的延迟时间是否满足设计要求。

这类器件的 I/OB 与前述 CPLD 的 I/OC 类似,不再赘述。

SRAM 工艺的 FPGA 具有 icr 编程特性。

3. 应用举例

如前所述,在一片 FPGA 芯片中,封装了大量的 CLB,如果将待设计的数字系统划分成若干子系统或子模块,并分别由若干个 CLB 实现这些子模块,再通过芯片内部可编程连线将这些子模块按设计要求连接起来,那么,一片 FPGA 就可实现待设计的数字系统。

【例 5.3】 用 FPGA 实现静态 RAM。

前面介绍 FPGA 典型结构时已讲过,每个 CLB 中的函数发生器就是 $2^n \times 1$ SRAM 结构。对于图 5-12 所示 CLB 结构的 FPGA 芯片而言,一个 CLB 可实现 32×1 或 16×2 SRAM。具体实现方法如图 5-15 所示。当用做 16×2 配置时,$F_1 \sim F_4$ 和 $G_1 \sim G_4$ 作为 4 个地址输入,F' 和 G' 是 SRAM 的两根位线,不同地址输入组合实现对 16 个字节(字长为 2)中任何一个字节的寻址。此时信号变换电路中的输出信号 H1 变成 SRAM 的读/写控制信号;原来的 DIN 和 S/R 转变为 RAM 的两位数据输入 D_1 和 D_0。当用做 32×1 配置时,原来的 4 根地址线($F_1 \sim F_4$ 和 $G_1 \sim G_4$)不变,而 D_1 又作为第 5 根地址线,此时就只有一根数据输入线 D_0,SRAM 的位线是 H'(而 F' 和 G' 失效)。

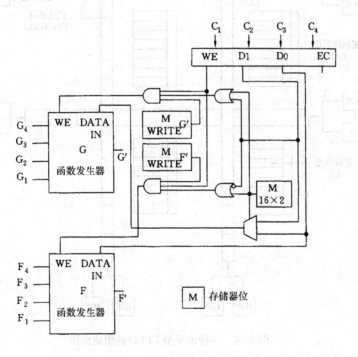

图 5-15 单个 CLB 实现 32×1 或 16×2 SRAM

与常规使用函数发生器一样,作为 SRAM 输出的 F' 和 G' 亦或 H',既可通过 CLB 的 X,Y 输出,也可以通过 CLB 中触发器寄存输出。

既然单个 CLB 可以实现 16×2 或 32×1 SRAM,那么含有许多 CLB 的芯片就可以构成容量很大的 SRAM。例如某 FPGA 芯片有 100 个 CLB,可构成 RAM 的最大容量是 $16 \times 2 \times 100 = 3200$ 位(或 $32 \times 1 \times 100$);又如另一种 FPGA 芯片总计有 900 个 CLB,可组成最大 RAM 为 $16 \times 2 \times 900 = 28800$ 位(或 $32 \times 1 \times 900$)。但这只是理论上的推算,构成实际的 RAM,有相

当一部分 CLB 要作为附加逻辑应用,实际可构成的最大容量 RAM 比理论值要小。

用 CLB 构成 RAM,读写传输时间仅相当于常用 n 级门电路的延迟时间,工作速度很高。

5.2.3 延迟确定型 FPGA

一般的 FPGA 由于连线规格多样,往往造成延迟不确定,但也有一些 FPGA 具有延迟确定的特性。

图 5-16 是一种典型的延迟确定型 FPGA 的组成框图。片内逻辑阵列块 LAB 按行与列排列。位于行和列两端的输入/输出单元(IOE)提供 I/O 引脚。

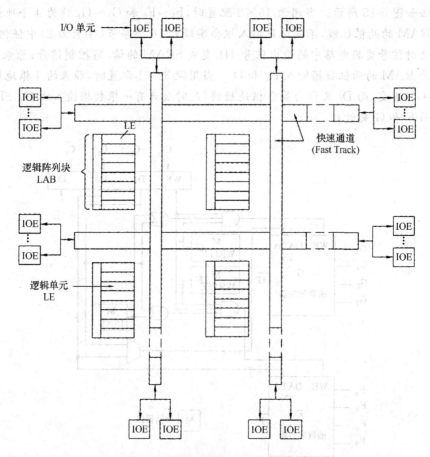

图 5-16 一种单元型 CPLD 的组成框图

器件内部信号的互连是由快速通道连线提供。

1. 逻辑单元 LE(Logic Element)

LE 是该 FPGA 中最小的逻辑单位,是构成 LAB 的基本单元。每个 LE 含有一个 4 输入的查找表 LUT(Look-Up Table)、一个可编程的触发器、进位链和级联链,如图 5-17 所示。

LUT 本质上是一张真值表。4 输入 LUT 由 $2^4 \times 1$ 的静态 RAM 构成,用以实现 4 输入的任意逻辑函数。LE 中的可编程触发器也可设置成 D、T、JK 或 RS 触发器。对于组合逻辑函数,LUT 输出将跨越触发器直接连到 LE 的输出。

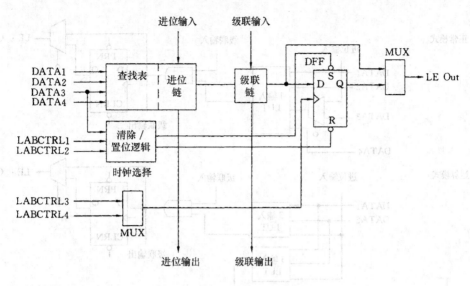

图 5-17 逻辑单元 LE 组成图

逻辑单元可通过编程配置为四种工作模式：正常模式、运算模式、加/减计数模式和可清除的计数模式，如图 5-18 所示。

(1) 正常模式。来自 LAB 局部互连的四个数据输入和进位输入是 4 输入 LUT 的输入信号，通过编程自动地从进位输入和 DATA3 中选择一个作为输入。LUT 的输出可与级联输入组合产生级联链，给出级联输出信号。LE 的输出可以是 LUT 的输出也可以是可编程触发器 Q 端输出。本模式适合于通常的逻辑应用和各种译码功能。

(2) 运算模式。该模式提供两个 3 输入 LUT。第 1 个 LUT 生成输入变量的逻辑函数，第 2 个 LUT 生成进位位。适用于实现加法器和累加器等。

(3) 加/减计数模式。本模式提供计数使能、同步的加/减控制和数据加载选择。第 1 个 LUT 产生计数数据，第 2 个 LUT 产生快速进位位。

(4) 可清除的计数模式。此模式与加/减计数模式类似，但它支持同步清零而不是加/减控制。

2. 逻辑阵列块 LAB(Logic Array Block)

一个逻辑阵列块包括 8 个 LE、与 LE 相连的进位链和级联链、LAB 控制信号及 LAB 局部互连线。图 5-19 给出 LAB 的结构组成图。

每个 LAB 提供 4 个可供所有 8 个 LE 使用的控制信号，其中 2 个可用作时钟信号，另外 2 个用作清除/置位控制。LAB 的控制信号可由专用输入引脚、I/O 引脚或借助 LAB 局部互连的任何内部信号直接驱动。专用输入端一般用做公共的时钟、清除或置位信号，因为它们通过该器件时引起的偏移很小，可以提供同步控制。如果控制信号还需要某种逻辑，则可用任何 LAB 中的一个或多个 LE 形成，并经驱动后送到目的 LAB 的局部互连线上。LAB 的 4 个控制信号通过编程可选择同相信号或反相信号。

3. 进位链和级联链

芯片含有两条专用高速通路，即进位链和级联链，成为连接相邻的 LE 高速数据通道，但不占用通用互连通路。进位链支持高速计数器和加法器，级联链可在最小延时的情况下实现

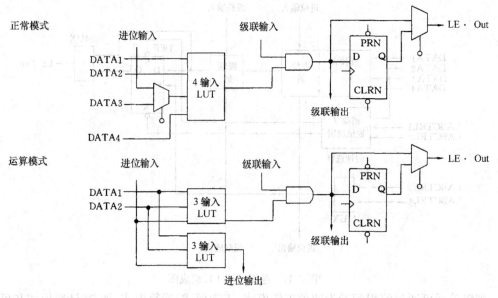
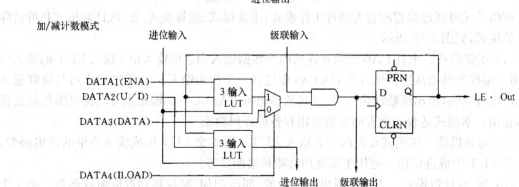
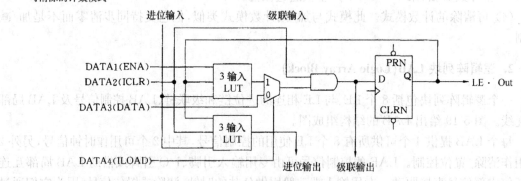

图 5-18 LE 的四种工作模式

多输入逻辑函数。级联链和进位链连接同一 LAB 中所有 LE 和同一行中的所有 LAB。这成为区别于其他类型 HDPLD 的一个主要特征。

4. 快速通道(Fast Track)

快速通道提供 LE 与器件 I/O 引脚间的连接。它是遍布整个器件全部长、宽的一系列水平和垂直的连续式布线通道,由"行连线带"和"列连线带"组成,采用这种布线结构,即使对于

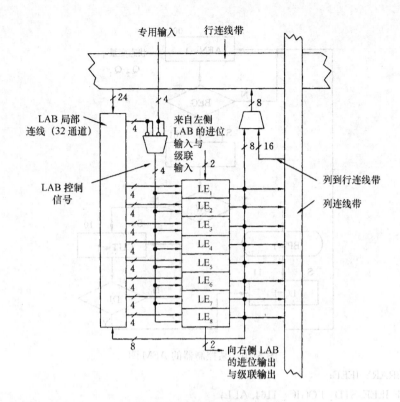

图 5-19 LAB 的结构组成图

复杂的设计也可预测其性能,它也属于确定型连线结构。

片内 LAB 排成很多行与列的矩阵,每行 LAB 有一个专用的"行连线带",它由上百条"行通道"组成,这些通道水平地贯通整个器件,它们承载进、出这一行中 LAB 的信号。行连接带可以驱动 I/O 引脚或馈送到器件中的其他 LAB。

"列连线带"由 16 条"列通道"组成。LAB 中的每个 LE 最多可驱动两条独立的列通道,因此,一个 LAB 可以驱动 16 条列通道。列通道垂直地贯通于整个器件,不同行中的 LAB 借助局部的 MUX 共享这些资源。

每列 LAB 有一个专用列连线带承载这一列中的 LAB 的输出。列连线带可驱动 I/O 引脚或馈送到行连线带以便把信号送到其他 LAB。来自列连线带的信号,可能是 LE 的输出,也可能是 I/O 引脚的输入。在将列连线带信号送入 LAB 之前必须传送到行连线带。列连线带和行连线带统称为这类器件中可利用的快速通道互连资源。

这类器件的 I/O 单元与前述 CPLD 的 I/OC 相似,这里不再复述。

这里讨论的 FPGA,也属 SRAM 制造工艺,故具 icr 编程特性。

5. 应用举例

【例 5.4】 某系统控制器的 ASM 图如图 5-20 所示,试用延迟确定型 FPGA 实现。

图示 ASM 图含四个状态:S_0、S_1、S_2 和 S_3,三个输入 BEG、SW 和 DJ,3 个状态输出 AEN、CUT 和 EO,值得关注的是有个条件输出 BP。

选择合适的 FPGA 器件后,就可根据 ASM 图规定的控制过程,编写 VHDL 源文件如下:

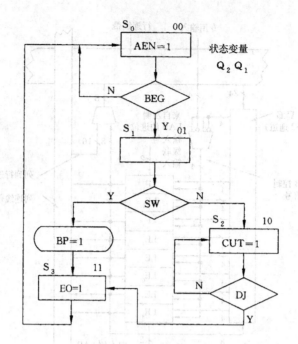

图 5-20 某控制器的 ASM 图

```
LIBRARY IEEE;
USE IEEE. STD _ LOGIC _ 1164. ALL;
ENTITY control IS
    PORT(
        clk             :IN    STD_LOGIC;
        beg,sw,dj       :IN    STD_LOGIC;
        aen,bp,eo,cut   :OUT   STD_LOGIC;
        reset           :IN    STD_LOGIC;        --设置清零信号,以便开机进入 $S_0$ 状态
END control;

ARCHITECTURE a OF control IS
    TYPE STATE_SPACE IS(S0,S1,S2,S3);            --定义信号类型
    SIGNAL state : STATE_SPACE;
BEGIN
    PROCESS(clk,reset)
    BEGIN
        IF reset='1'THEN
            state<=S0;                            --异步清零
        ELSIF(clk 'EVENT AND clk='1') THEN
            CASE state IS
                WHEN S0=>
                    IF beg='1'THEN
                        state<=S1;               --若满足 beg=1,则次态为 $S_1$
                    END IF;                      --否则保持为 $S_0$
                WHEN S1=>
```

```
                IF sw='1'THEN
                    state<=S3
                ELSE                          --状态分支,分支条件是 SW
                    state<=S2;
                END IF;
            WHEN S2=>
                IF  dj='1'THEN
                    state<=S3;
                END IF;
            WHEN S3=>
                state<=S0;
            END CASE;
        END IF;
    END PROCESS;
    aen<='1'WHEN state=S0 ELSE '0';
    cut<='1'WHEN state=S2 ELSE '0';               --状态输出
    eo<='1'  WHEN state=S3 ELSE '0';
    bp<='1'  WHEN state=S1 AND sw='1'ELSE '0';    --条件输出
END a;
```

【**例 5.5**】 *试用 FPGA 系列产品实现一个 12 位数字比较器*,其输入、输出如图 5-21 所示。图中 A 和 B 为两个 12 位二进制数输入,而 $F_{A>B}$,$F_{A=B}$ 和 $F_{A<B}$ 分别为比较结果输出,逻辑'1'有效。

本例可以采用不同的方式描述这一比较器,这里给出文本输入方式 VHDL 描述。

根据比较器设计要求和 VHDL 语言规则,编写 VHDL 源文件如下:

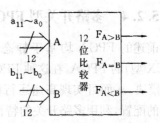

图 5-21 12 位数字比较器示意图

```
    LIBRARY IEEE;
      USE IEEE.STD_LOGIC_1164.ALL;
    ENTITY   COMPARE   IS
       PORT(                                          --端口说明
         A,B  :IN STD_LOGIC_VECTOR(11 DOWNTO 0);      --A,B 是输入,且均是 12 位
         ALTB,AEQB,AGTB  : OUT   STD_LOGIC);          --3 个输出,默认表示 1 位
    END   COMPARE;
    ARCHITECTURE   ONE   OF   COMPARE   IS
    BEGIN
       PROCESS (A,B)                                  --进程语句,括号内是敏感信号表
         VARIABLE   ALB,AEB,AGB  :STD_LOGIC;          --进程说明
         BEGIN
           IF  A<B THEN                               --IF 语句
```

```
            ALB: = '1';
            AEB: = '0';                    --变量赋值语句
            AGB: = '0';
        ELSIF   A=B THEN                   --IF 嵌套语句,注意:此处为 ELSIF 而不是
            ALB: = '0';                                                --ELSEIF
            AEB: = '1';
            AGB: = '0';
        ELSE                               --IF 嵌套语句的最后分支
            ALB: = '0';
            AEB: = '0';
            AGB: = '1';
        END IF;                            --IF 语句结束
        ALTB<=ALB;                         --信号赋值语句,进程中的变量赋给实体中的信号
        AEQB<=AEB;
        AGTB<=AGB;
    END PROCESS;                           --进程结束
END ONE;
```

开发软件自动把上述源文件转化为 SRAM 目标文件——数据配置文件(BIT 文件),通过主动或被动配置方式对芯片编程,即可实现预定的 12 位数据比较器。

5.2.4 多路开关型 FPGA

前述的 FPGA 均基于静态存储器(SRAM)查找表机理。现今还有一种多路开关型(MUX 型)的 FPGA,在这种 FPGA 中,同样包含有基本逻辑模块阵列、布线资源、时钟网络、I/O 模块,从而可实现高速运行的逻辑设计。但是,这种 FPGA 最基本的积木块是一个多路开关的配置,利用多路开关的特性,在其各个输入端连接固定电平或连接输入信号时,可实现不同的逻辑功能。例如,图 5-22 所示具有地址输入 S 和数据输入 A 和 B 的 2 选 1 多路开关,它的输出为

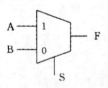

$F=SA+\bar{S}B$

当 B 为逻辑 0 时,多路开关实现与的功能

$F=SA$

当 A 为逻辑 1 时,多路开关实现或的功能

图 5-22 2 选 1 多路开关 $F=S+B$

大量的多路开关和逻辑门连接起来,就可以构成实现大量函数的逻辑块。

1. 基本逻辑模块

多路开关型 FPGA 包括有多种基本逻辑模块,以下分别介绍。

(1) 组合逻辑模块(C-module)

某种多路开关型 FPGA 的基本组合逻辑模块如图 5-23 所示。它由三个两输入多路开关和一个或门组成。这个基本的逻辑模块能实现组合函数,故称为组合模块。它共有 8 个输入:S_1、S_2、S_3、S_4、W、X、Y、Z 和一个输出 F,可以实现的函数为:

$$F=\overline{S_3+S_4}(\bar{S_1}W+S_1X)+(S_3+S_4)(\bar{S_2}Y+S_2Z)$$

当设置每个变量为一个输入信号或一个固定电平时,可以实现 702 种逻辑函数。例如,当设置为:$W=A_0, X=\overline{A}_0, S_1=B_0, Y=\overline{A}_0, Z=A_0, S_2=B_0, S_3=C_I, S_4=0$ 时,可实现全加器本位和输出 S_O 的逻辑函数:

$$S_O = (A_0 \oplus B_0) \oplus C_I$$
$$= \overline{(C_I+0)}(\overline{B}_0 A_0 + B_0 \overline{A}_0) + (C_I+0)(\overline{B}_0 \overline{A}_0 + B_0 A_0)$$

当设置为:$W=0, X=C_I, S_1=B_0, Y=C_I, Z=1, S_2=B_0, S_3=A_0, S_4=0$ 时,可实现全加器进位输出 C_O 的逻辑函数:

$$C_O = \overline{(A_0+0)}(\overline{B}_0 \times 0 + B_0 C_I) + (A_0+0)(\overline{B}_0 C_I + B_0 \times 1)$$
$$= \overline{A}_0 B_0 C_I + A_0 \overline{B}_0 C_I + A_0 B_0$$
$$= B_0 C_I + A_0 C_I + A_0 B_0$$

还有一类多路开关型 FPGA 的基本逻辑单元块如图 5-24 所示。它也是一种组合模块(C-module),可以实现的输出函数为:

$$Y = \overline{S}_1 \overline{S}_0 D_{00} + \overline{S}_1 S_0 D_{01} + S_1 \overline{S}_0 D_{10} + S_1 S_0 D_{11}$$

其中:

$$S_0 = A_0 B_0, \qquad S_1 = A_1 + B_1$$

只要设置不同的输入信号,同样可以构成近 800 种不同的组合函数。

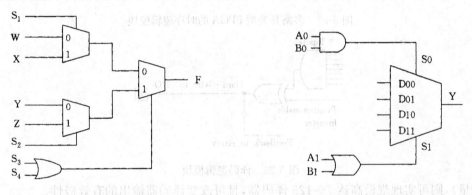

图 5-23 基本组合逻辑模块(多路开关型)　　图 5-24 某组合模块

(2) 时序逻辑模块(S-module)

图 5-25(a)、(b)、(c)、(d)给出四种构造的多路开关型时序逻辑模块,它们均由组合逻辑模块加上寄存器构成,可以实现高速时序电路。其中图(a)高达 7 个输入(S_0、S_1、D_{00}、D_{01}、D_{10}、D_{11},其中 S_1 由两个输入信号经过或运算生成),在多路开关后面加一只带清另端的 D 触发器。图(b)模块由 7 输入组合逻辑块和透明锁存器组成。图(c)模块是 4 输入组合逻辑块和一只带有清零端的透明锁存器组成。图(d)表示原本是典型的 8 输入组合模块(见图 5-24)加上寄存器构成的时序逻辑模块,现把寄存器旁路,又可当做组合模块使用。

各种类型的时序模块可以通过编程配置成所需的时序功能或组合功能,十分灵活方便。

(3) 译码逻辑模块(D-module)

译码逻辑模块一般排列在 FPGA 芯片外围的四周,它的组成如图 5-26 所示。该模块包含一个全译码电路,即提供了一个高速、多输入(7 个)的与运算功能,该模块的输出可通过编程使之原码输出或者反码输出,由一只能通过编程来改变控制信号的异或门实现。此外,其输出既可直接连到输出引脚,又可反馈到阵列中去。之所以称这种结构的模块为译码(Decoder)模块,其理由是多个 D-module 并行输出时,它们的多输入与门分别连接译码输入信号(原变量

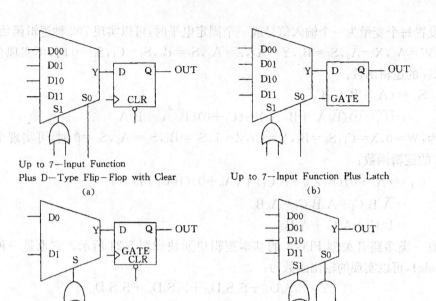

图 5-25 多路开关型 FPGA 的时序逻辑模块

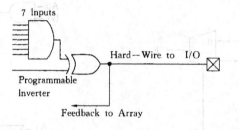

图 5-26 译码逻辑模块

或反变量),则可实现规模高达 7～128 译码器,且可改变译码器输出的有效极性。

(4) 双端口 SRAM 模块(Dual-Port SRAM Block)

属于多路开关型 FPGA 的若干器件还有双端口 SRAM 模块,使之有效实现同步或异步逻辑。SRAM 模块由 256 位的模块排列而成,可构成 32×8 或 64×4 RAM,这些模块可以组合起来构成用户需定义的字长、字宽的存储器,图 5-27 是双端口 SRAM 模块的示意图。

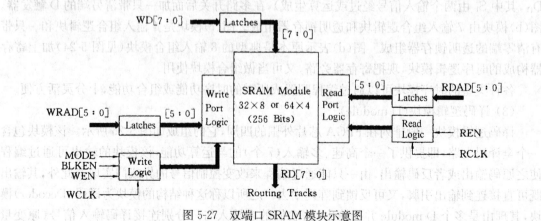

图 5-27 双端口 SRAM 模块示意图

所谓双端口结构是指有独立的读、写端口。每个模块读、写地址均为 6 位(READ[5:0]、WRAD[5:0]),它们相互独立,各有自己的时钟,并可通过编程确定时钟有效电平。

该模块与分段连线一起,可构成快速 FIFO、LIFO、RAM 等,也可实现设计中的其他逻辑寄存单元。

(5) 复合 I/O 模块(Multiplex I/O module)

复合 I/O 模块提供了逻辑阵列和器件引脚之间的接口,如图 5-28 所示。该模块内包括一个三态缓冲器和输入、输出锁存器,可配置成输入、输出或双向三种工作模式,且每个输出均有专用的输出使能控制。功能与前述 CPLD 的 I/O 单元相似,不再细述。

2. 布线资源(Routing Structure)

多路开关型 FPGA 与前述 SRAM 型 FPGA 相似,基本模块排成阵列,围绕它们有统计型的连线结构。水平和垂直金属互连线有连续的长线,也有不同长度的分段线,由可编程的反熔丝开关进行连接(反熔丝开关的特性详见 5.3.3 节的介绍)。所有的互连线最多只通过 4 个反熔丝开关。图 5-29 描述了垂直路径分段连线的一个例子。这种统计型连线结构灵活多变,可使某些信号高速传递,但延迟时间不可预测,要通过时序模拟进行人工干预。

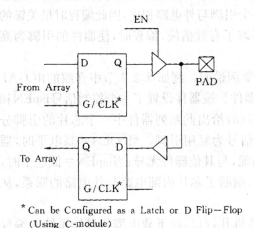

图 5-28 复合 I/O 模块示意图

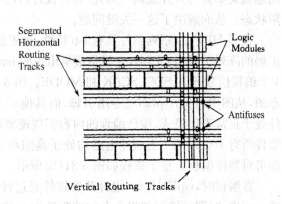

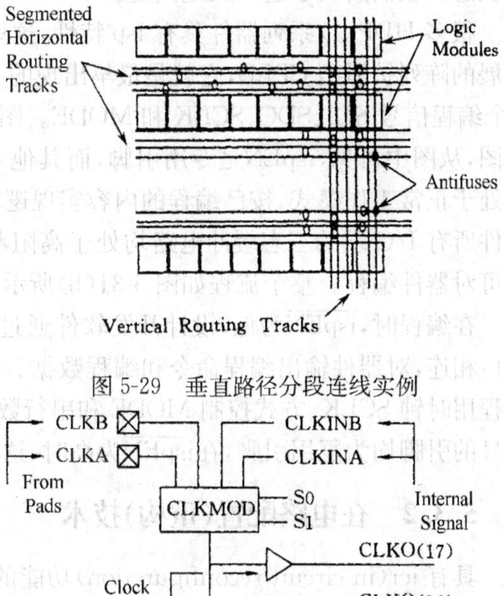

图 5-29 垂直路径分段连线实例

3. 时钟网络(Clock Networks)

器件有一个全局时钟分配网络,使得时钟具有低扭曲(低偏移)、高扇出特性。典型的时钟网络如图 5-30 所示。时钟分配网络都可用时钟模式 CLKMOD 来选择时钟信号的来源,在图 5-30 中,时钟 CLKA 和 CLKB 由外部输入,而 CLKINA 和 CLKINB 来自内部信号。时钟驱动器和专用的时钟路径送出有关的时钟信号。通过编程使 CLKMOD 做出所需的选择。

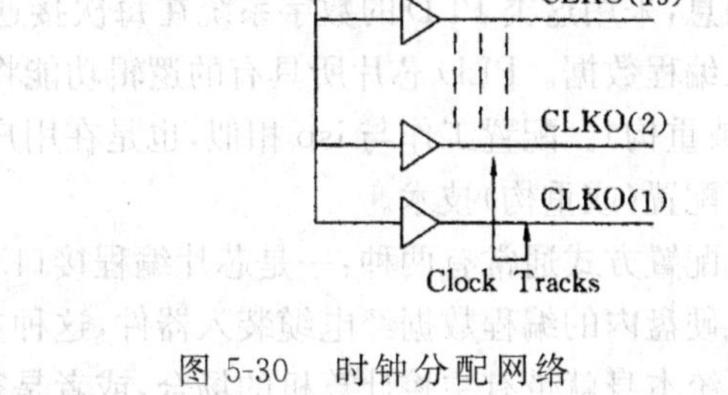

图 5-30 时钟分配网络

5.3 HDPLD 编程技术

PLD 有多种不同的编程技术，而编程技术与制造工艺密切相关。早期 SPLD 采用熔丝型开关编程，随着编程技术的发展，为设计者提供了越来越方便或性能更优越的编程方法。近年来 HDPLD 采用的在系统可编程技术(isp)、在电路配置技术(或称在电路重构)(icr)和反熔丝开关(Antifuse)编程引人注目。

5.3.1 在系统可编程技术

传统的编程技术是将 PLD 芯片插在专门的编程器上灌装的。在系统可编程(in-system programmablity, isp)技术则不用编程器，直接在用户的目标系统或印制板上对 PLD 芯片下载，故称为在系统可编程。因此，待设计系统可先装配后编程，成为正式产品后还可反复编程，打破了先编程后装配的传统做法。

具有 isp 性能的器件是 E^2CMOS 工艺制造，其编程信息存储于 E^2PROM 内，可以随时进行电编程和电擦除，且掉电时其编程信息不会丢失。除非再次编程改变其内部信息。但由于器件已经安装在目标系统或印制电路板上，它的各个引脚与外电路相连，因此编程时最关键的问题就是如何与外界脱离。为此，芯片设计时已采取了有效措施，编程时，使器件的引脚为高阻状态。从而解决了这一关键问题。

很多 HDPLD 系列器件具有 isp 特性，这里仅举例说明。例如 5.2.1 节中介绍的由 GAL 扩展的阵列扩展型 CPLD，它就是最早出现的 isp 器件。该器件设置了一个控制信号 $\overline{\text{ispEN}}$ 和 4 个编程信号 SDI、SDO、SCLK 和 MODE。图 5-31(a)给出此系列器件中一个芯片的引脚分布图，从图中可见，$\overline{\text{ispEN}}$ 是专用引脚，而其他 4 个信号为复用引脚。当 $\overline{\text{ispEN}}$ = 高电平时，器件处于正常工作模式，按已编程的内容实现逻辑功能，与其他器件无异；当 $\overline{\text{ispEN}}$ = 低电平时，器件所有 I/O 端的三态缓冲电路均处于高阻状态，割断了芯片内部电路与外电路的联系，从而可对器件编程。整个流程如图 5-31(b)所示。

在编程时，$\overline{\text{ispEN}}$ 为低，设计开发软件通过计算机并行口，经下载电缆与目标系统的编程接口相连，对器件输出编程命令和编程数据。其他 4 个编程信号：串行数据或命令输入 SDI、编程用时钟 SCLK、方式控制 MODE 和串行数据输出 SDO 协调一致工作，完成编程。这 4 个信号的引脚均为复用引脚，在 $\overline{\text{ispEN}}$ 为高时，这 4 个引脚可作为相应输入端使用。

5.3.2 在电路配置(重构)技术

具有 icr(in-circuit reconfiguration)功能的器件采用了 SRAM 制造工艺，由 SRAM 存储编程数据。这一特征使得相应 PLD 器件在掉电时(或工作电源低于额定值时)将丢失所存储的信息，采用这类 PLD 的数字系统在每次接通电源后，首先必须对这些 SRAM 加载，即重新装入编程数据。PLD 芯片所具有的逻辑功能将随着置入的编程数据的不同而不同，这称为配置(或重构)。配置工作与 isp 相似，也是在用户的目标系统或印制电路板上进行的，故称在电路可配置(或重构)技术。

配置方式通常有两种：一是芯片编程接口和计算机相连，上电后由计算机控制把存放在计算机硬盘内的编程数据经电缆装入器件，这种方式称为被动型配置。这种被动配置方式适用于系统本身就带有主控计算机的场合，或者是待设计系统处于研制、调试、修改阶段。二是事

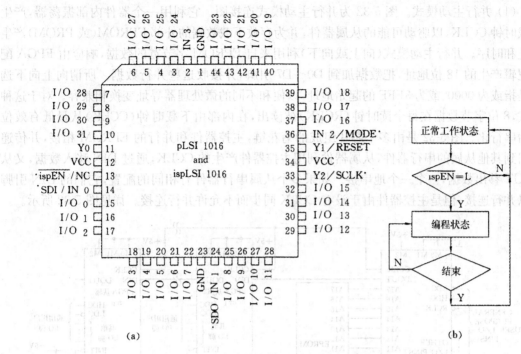

图 5-31 某 isp LSI 器件引脚分布图和流程图

先把编程数据存放于外部 PROM、EPROM 或 E^2PROM 内,上电后由 PLD 器件本身控制 ROM 把数据装入片内,这称为主动型配置方式。适用于不带计算机的系统,且处于现场运行情况。

多种 HDPLD 系列器件具有 icr 特性,这里也举例说明。例如 5.2.2 节介绍的现场可编程门阵列 FPGA,就是典型的 SRAM 查表工艺,故具 icr 特性。这类器件设置了三个模式控制信号 M0、M1、M2,由它们的状态决定重构模式。表 5-3 说明了控制信号和配置(重构)模式之间的关系。

表 5-3 包括了三种主动模式(器件控制下载)、一种被动模式(计算机控制下载)和两种外设模式(同步和非同步)。

表 5-3 配置模式一览表

M0	M1	M2	CCLK	模　　式	数　　据
0	0	0	输出	串行主动模式	位串
0	0	1		保留	
0	1	0		保留	
0	1	1	输入	外设同步模式	字节
1	0	0	输出	向上并行主动模式	字节,0000 上升
1	0	1	输出	外设非同步模式	字节
1	1	0	输出	向下并行主动模式	字节,3FFF 下降
1	1	1	输入	串行被动模式	位串

(1) 并行主动模式。图5-32为并行主动模式连接图。它利用一个器件内部振荡器,产生下载时钟CCLK,以驱动可能的从属器件,并为存放下载数据的外部EPROM(或PROM)产生地址和时序。并行主动模式(向上或向下)利用来自EPROM字节宽的数据,响应由FPGA配置逻辑产生的18位地址,把数据加到D0~D7引脚,并接收这些并行数据。所谓向上向下选择是指或为0000、或为3FFF的起始地址,以便和不同的微处理器寻址变换相兼容。对于这种模式,8位字节数据在每个读时钟(RCLK)被读出,在内部由下载时钟(CCLK)从最低有效位开始串行化。图5-32是由多个芯片组成的菊花链,主控器件和并行的EPROM相接,并传递数据到其他从属的串行器件,从属器件利用主控器件产生的CCLK,通过DIN移入数据,又从DOUT移出数据,一个一个地串接。如果多个从属串行器件有相同的配置,它们的DIN引脚可以并行连接,但是主控器件由于没有CCLK同步而不允许并行连接。详见图5-32所示。

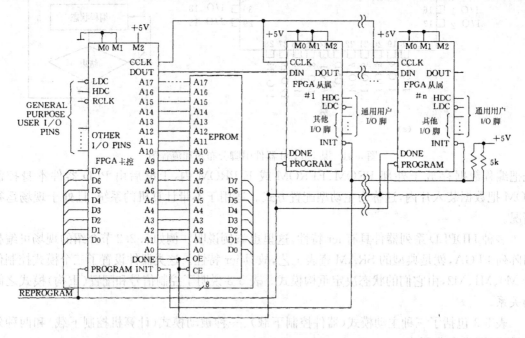

图5-32 并行主动模式

(2) 串行主动模式。图5-33给出串行主动模式连接图。这个模式利用来自同步串行源,如串行的PROM或EPROM,加到DIN引脚的是串行配置数据。器件在加电或重新编程时自动从串行源获取数据对自身加载。内部振荡器产生CCLK,用于对数据定时和驱动从属串行器件。

(3) 串行被动模式。串行被动模式连接图如图5-34所示。这种模式下,器件由计算机提供配置用时钟(CCLK),时钟上升沿接收串行数据,下降沿重新同步。

两个外设模式用做接收来自有关总线的数据,这里不再介绍,有兴趣的读者可参考有关FPGA的书籍或资料。

这里要说明的是,具有icr技术的器件,它在配置(重构)的期间,I/O脚亦均处于高阻状态,与外系统脱离;在配置(不超过1s)结束后又恢复到正常工作状态。具体控制信号不再细述。

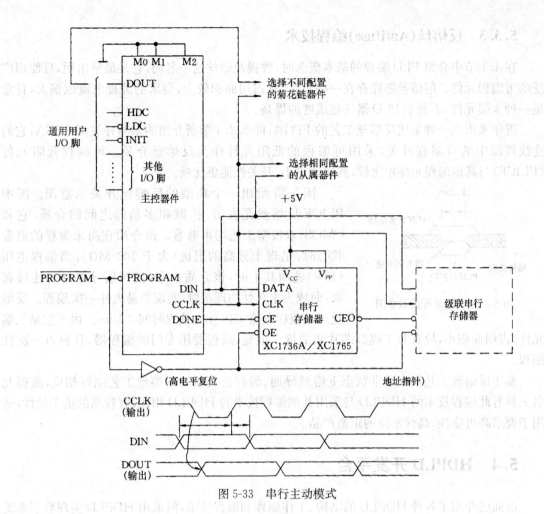

图 5-33 串行主动模式

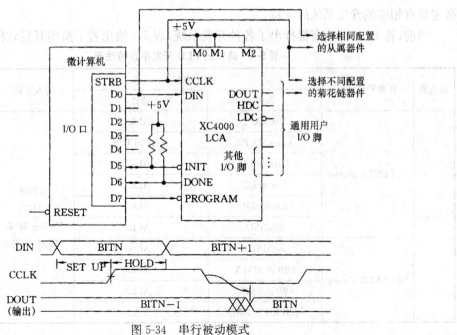

图 5-34 串行被动模式

5.3.3 反熔丝(Antifuse)编程技术

在4.1节中介绍PLD编程的基本概念时,曾提及熔丝这一名词,它是最早出现,且使用广泛的可编程元件。但熔丝链路存在一些不足:它占用面积较大,要求的编程电流也偏大,且常是一种3端元件,不利于PLD器件集成度的提高。

近年来出现一种采用反熔丝工艺的FPGA,即5.2.4节所介绍的多路开关型FPGA,它的连线资源中的可编程开关,采用可编程的低阻元件作为反熔丝介质。可编程低阻元件(PLICE)与其他编程元件相比较,其尺寸更小,开关性能更优越。

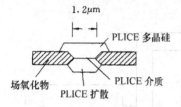

图 5-35 反熔丝开关示意图

图 5-35 给出一个典型的反熔丝开关示意图。图中PLICE反熔丝是在 n^+ 扩散和多晶硅之间的介质,它和CMOS、双极型工艺均可兼容。该介质在尚未编程的通常状态时,呈现十分高的阻抗(大于 $100\ M\Omega$);当编程电压(18V)施加其上时,该介质击穿,使两层导电材料连接起来,而成为永久性物理接触,实现非易失性一次编程。反熔丝开关编程电流 $<10\ \mu A$,编程时间 $<1\ ms$。由于它是二端元件,占用面积小,故有利于提高芯片集成度。但是,编程要用专门的编程器,且只可一次性编程。

鉴于反熔丝工艺和在通常状态下熔丝导通、编程使其断开的熔丝工艺刚好相反,故得此名。具有此编程技术的HDPLD与采用其他编程技术的HDPLD相比,有较高的抗干扰性,适用于要求高可靠性、高保密性的定型产品。

5.4 HDPLD 开发平台

前面已介绍了各种HDPLD的结构、工作原理和编程技术,但采用HDPLD实现数字系统必定要有相应的开发系统的支持。

当前,各PLD制造商都推出了各种开发系统,表5-4给出若干典型开发软件的特性。

表 5-4 典型的 PLD 开发平台特性表

制造商	开发平台名称	适用器件		输入方式	备注
		系列	器件		
Lattice	ispLEVER Starter	LatticeXP2	ALL	原理图 VHDL Verilog HDL EDIF 网表	免费
		LatticeECP2	不含 ECP2S		
		LatticeECP	ALL		
		LatticeEC	ALL		
		LatticeXP	ALL		
		MachXO	ALL		
	ispLEVER Classic	ispXPGA	ALL		
		ORCA FPGA	ALL		
		ORCA FPSC	ALL		
		ispXPLD 5000MX	ALL		

(续表)

制造商	开发平台名称	适用器件		输入方式	备 注
		系列	器件		
Lattice	ispLEVER Classic	ispMACH 4000B/C/V/Z/ZE	ALL	原理图 VHDL Verilog HDL EDIF 网表	免费
		ispMACH 5000VG	ALL		
		ispMACH 5000B	ALL		
		ispMACH 4A3/5	ALL		
		MACH4/5	ALL		
		ispLSI 8000	ALL		
		ispLSI 5000VE	ALL		
		ispLSI 2000VE	ALL		
		ispLSI 1000	ALL		
		GAL/ispGAL	ALL		
		ispGDXVA	ALL		
		ispGDX2	ALL		
	ispLEVER	全系列	所有器件		
	ispLEVER PRO	全系列	所有器件		增加 DDR、DDR2、FIR、FFT 等 IP 核
Xilinx	ISE WebPACK	Virtex-E Q	XQV600E	原理图 VHDL Verilog HDL EDIF 网表	免费
		Virtex QR	XQVR300,XQVR600		
		Virtex Q	XQV100~XQV600		
		Virtex-5	XC5VLX30, XC5VLX50 XC5VLX30T, XC5VLX50T XC5VFX30T		
		Virtex-4	XC4VLX15, XC4VLX25 XC4VSX25 XC4VFX12		
		Virtex-II Pro	XC2VP2~XC2VP7		
		Virtex-II	XC2V40~XC2V500		
		Virtex-E	XCV50E~XCV600E		
		Virtex	XCV50~XCV600		
		XA Spartan-3	ALL		
		Spartan-3L	XC3S1000L,XC3S1500L		
		Spartan-3E	ALL		
		Spartan-3A DSP	XC3SD1800A		
		Spartan-3AN	ALL		
		Spartan-3A	ALL		
		Spartan-3	XC3S50~XC3S1500		

(续表)

制造商	开发平台名称	适用器件		输入方式	备注
		系列	器件		
Xilinx	ISE WebPACK	Spartan-Ⅱ/ⅡE	ALL	原理图 VHDL Verilog HDL EDIF 网表	免费
		CoolRunner™ XPLA3	ALL		
		CoolRunner-Ⅱ	ALL		
		CoolRunner-ⅡA	ALL		
		XC9500	ALL		
	ISE Foundation	全系列	所有器件		
Altera	Quartus Ⅱ Web Edition	Arria GX	ALL	原理图 VHDL Verilog HDL Altera HDL EDIF 网表	免费
		Cyclone Ⅲ	ALL		
		Cyclone Ⅱ	ALL		
		Cyclone	ALL		
		Stratix Ⅲ	EP3SE50,EP3SL70		
		Stratix Ⅱ	EP2S15		
		Stratix	EP1S10		
		ACEX 1K	ALL		
		APEX 20K	EP20K30E,EP20K60E EP20K100E,EP20K160EEP 20K200C		
		FLEX 10K	ALL		
		FLEX 10KA	ALL		
		FLEX 10KE	EPF10K30E,EPF10K50S EPF10K100E,EPF10K130E EPF10K200S		
		FLEX 6000	ALL		
		MAX Ⅱ	ALL		
		MAX Ⅱ Z	ALL		
		MAX 3000A	ALL		
		MAX 7000B	ALL		
		MAX 7000S	ALL		
		MAX 7000AE	ALL		
	Quartus Ⅱ	全系列	所有器件		

5.4.1 HDPLD 开发系统的基本工作流程

各种 HDPLD 开发系统各具特色,适合对不同器件的编程。但总体而言,它们均有相似的基本工作流程,如图 5-36 所示。与图 4-1 及例 4.7 所示流程相比较仅需做如下几点说明。

1. 设计输入

输入的方式不仅有文本方式(包括 VHDL、Verilog HDL 等各种硬件描述语言编写的代

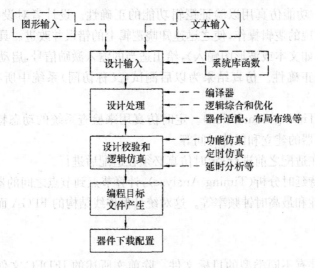

图 5-36　设计开发软件基本流程

码)而且有图形方式(含原理图、工作波形图等)。

2. 设计处理

软件系统处理一个设计时,通常包括编译(Compiler)设计文件、逻辑综合(Logic Synthesizer)和优化、器件适配(Fitter)和布局(Placement)、布线(Routing)等内容。

(1) 编译。由编译器(图形编译器或文本编译器)来进行,它的作用有两个方面:首先对输入文件的规范和法则进行校验,给出并定位出错信息,供设计者纠正错误;然后产生编程文件和仿真文件。

(2) 逻辑综合和优化。该模块选择合适的逻辑化简算法,并去除冗余逻辑,确保对某种选择的器件尽可能有效地使用其逻辑资源。

(3) 适配。用试探法把经过综合的设计最恰当地用一个或多个器件实现。如果可用一片HDPLD就能实现,则把构成待设计系统的各个功能电路块有效地分配到 PLD 内部的硬件资源模块;如果整个设计不能装入一个芯片,则把待设计系统划分(Partitioner)后装入同一系列器件的多个芯片中。划分时尽量使芯片数目尽可能的少,同时要使芯片之间通信的引脚数最少,然后自动将逻辑装入指定的器件。划分工作可以全部自动进行,也可以部分或全部由设计者控制进行。

(4) 布局布线。布局是指将待设计系统的模块安置在芯片的适当位置,并能满足一定的目标:要求占用芯片面积最少;连线总长最短;电性能最优且容易后续布线。

布线是根据连接关系描述,在满足逻辑性能的前提下,百分之百的完成所需互连,尽可能减小连线长度和通过开关元件的数目,使信号延迟减小。

上述工作均由开发软件自动进行,对设计者来讲是透明的。设计者仅需根据计算机提供的信息进行修正和改进。

3. 设计校验和逻辑仿真(Logic Simulation)

本阶段是校验设计的正确性。设计处理只检查输入描述是否符合规范,而描述是否满足逻辑功能要求则依靠仿真来检验。仿真包括逻辑功能仿真和定时仿真等。

(1) 功能仿真。功能仿真用以验证逻辑功能的正确性。设计者对设计方案进行综合之前,测试各项应该实现的逻辑操作,使之迅速知晓逻辑上的错误并改进。具体做法是设计者通过软件支持的型式(如文本或波形图输入),给出适当的输入激励信号,启动内部仿真器进行逻辑模拟,检查设计的正确性。仿真结果为以后测试(又称访问)系统中所有节点提供了便利条件。

(2) 定时仿真(Timing Simulation)。定时仿真用来检查系统的动态特性,诸如监视设计方案中的毛刺、寄存器的建立和保持时间等。

逻辑仿真通常在适配之前进行;定时仿真必须在适配后进行。

某些软件还支持延时分析(Timing Analyze),计算节点到节点之间的器件延时,以便确定系统的脉冲工作特性和最高时钟频率等。这对统计型连线结构的 FPGA 而言尤为重要。

4. 目标文件

不同类型的器件有不同类型的目标文件。除前文所述的 JEDEC 文件(对于阵列扩展型 HDPLD)外,还有表示配置数据流的 BIT 文件(对于 SRAM 工艺的 CPLD 和 FPGA)等。

5. 器件下载配置

本阶段实现目标文件对采用的器件进行装录。这里涉及器件的编程技术问题。isp、icr 或一次性编程技术均有各自的具体做法。

5.4.2 HDPLD 开发系统的库函数

各种 HDPLD 开发系统还有个共同的特点,它们均有一个较为完善的库函数,但库函数的规模和内容各有区别。库函数供设计调用,提供方便。库函数丰富程度如何,也是衡量软件开发系统质量的一个重要方面。

库函数大致有以下几类:

(1) 宏器件库。这是一种预先编制好、且存放于库中的逻辑器件(逻辑模块),简称为宏(MACRO)。设计者在设计时可直接调用,既可节省时间,又可避免描述各种模块过程中可能产生的错误。因此设计输入时宜尽量调用宏器件。

宏器件库内包含常用的函数或电路,可小至最低层的各种门、各种触发器,也可大至性能完善的算术或逻辑部件,如多位加法器、比较器、数据选择器、译码器、ALU、计数器、寄存器、移位寄存器、乘法器等,把它们作为设计的基本单元存放于库中。

调用宏器件通常采用原理图输入方式,即将这些宏做成电路符号,然后像逻辑元件那样画在原理图中,并给出它们之间的互连及各个输入、输出缓冲电路。

(2) 标准器件库。该库用于存放标准的 SSI、MSI 或 LSI 通用集成电路系列器件,例如,74 系列 TTL 标准器件或 CD 系列 CMOS 标准器件等,用户可随时访问调用。此库特别适用于定型产品的快速更新使用器件。可以在不改变原始电路的情况下,而使通用集成器件更新换代为容量更大的 HDPLD,使原有逻辑电路图在较短时间内,配置于适当的 HDPLD 芯片中,不仅使设计小型化,而且提高可靠性。

标准器件库往往是固定的只读库。

(3) 用户自定义库。软件开发系统中,总设置有用户库,用来存放用户自行建立的模块,一旦建立,用户可在设计中随时直接调用。

(4) IEEE库。在支持VHDL、Verilog HDL等语言的PLD开发系统中,总有IEEE库来提供基本的逻辑运算函数及数据类型转换函数等。对于大型复杂的系统设计,图形输入文件难以建立,甚至根本无法建立,总是采用功能强大的硬件描述语言建立文本输入文件,因此IEEE库至关重要。

(5) 各开发软件厂商特有的库函数。厂商为使自己推出的软件开发系统对相应的PLD系列器件的编程、应用更为方便有效,往往设置特有的库函数。如ispLEVER的Lattice库、Quartus Ⅱ的Altera库和ISE的Xilinx库等。

由于库函数丰富多样,本书难以详细列举,请参阅各厂商的有关资料。

为能对软件开发系统的应用有所理解,本书附录B详细介绍了一种典型开发软件Quartus Ⅱ的内容和使用方法。

5.5 当前常用可编程逻辑器件及其开发工具

CPLD和FPGA的应用已非常普遍,CPLD/FPGA自身也在不断更新、发展。主要发展趋势是密度更高(已采用40nm工艺)、规模更大(已达千万门级)、工作速度更快(系统时钟达500MHz,数据收发率达8.5Gbps)、供电电压更低(最低内核供电电压1.2V)、功耗更小、资源更丰富,更便于系统集成。与此同时,PLD的开发软件也在不断完善和升级。除了各PLD厂家自行开发的设计软件外,还有一些第三方的开发工具也支持各种PLD器件的开发应用。

PLD的硬件和开发软件发展十分迅速,某些硬件系列和开发软件用不了几年,往往就被淘汰,而代之以更新更好的器件和开发工具。国内目前使用最多的CPLD/FPGA产品出自三家公司:Lattice、Altera和Xilinx。在此将简要介绍它们的产品系列和主要特点。详细参数见附录A。

5.5.1 Lattice公司的CPLD/FPGA与开发软件

Lattice公司是最早推出PLD的公司,如GAL器件,并首创了在系统可编程CPLD。Lattice公司主要生产CPLD,有isp LSI、isp MACH等系列,近年来又推出了新型CPLD——isp XPLD器件,并进入FPGA领域,推出了颇具特色的新型FPGA——isp XPGA器件,以及FPSC和ORCA系列的系统级可编程芯片。

1. isp LSI系列CPLD

isp LSI的规模在1000~60000门之间,Pin-to-Pin最小延迟达3ns,最高工作频率可达300MHz。该系列又分成若干子系列:isp LSI1000E、isp LSI2000E/2000VL/2000VE、isp LSI5000V和isp LSI8000/8000V。其中从isp LSI2000起支持JTAG边界扫描测试功能,isp LSI5000V起支持3.3V低电压。

2. isp MACH系列CPLD

isp MACH5000VG/5000B等子系列,采用了称为"速度锁定"(Speedlocked)数据通道,Pin-to-Pin最小延迟达2.5ns,最高工作频率可达400MHz。并且采用了低电压技术,使功耗大大降低。MACH4A系列有5V和3.3V两种,MACH5000系列有3.3V和2.5V两种,而MACH4000系列有3.3V、2.5V和1.8V三种。

3. isp XPLD5000MX 系列扩展 CPLD

这是一种新型的采用 isp XP 技术的 CPLD 器件（eXpanded PLD）。此外，器件中还采用了新的构建模块——多功能块（Multi-Function Block，MFB）。这些 MFB 可以根据用户的需要，被分别配置成 SuperWIDE 超宽（136 个输入）逻辑、单口或双口存储器、先入先出堆栈等。内嵌锁相环（PLL）可对时钟信号倍频、分频及移位。该系列器件有 3.3V、2.5V 和 1.8V 供电电压的产品可供选择。

4. isp XPGA 系列 FPGA

Lattice 原先并不生产 FPGA 产品，但随着 FPGA 的应用越来越广，市场越来越大，它也开始涉足这一市场，并推出了具有 isp XP 编程能力的 FPGA，使 FPGA 器件无需外加配置电路，在上电时能自动从片内 E^2PROM 中将配置数据写入 SRAM，从而完成 FPGA 的功能配置。该系列器件最大等效门数达 125 万门，最大内嵌存储单元 414Kb。此外，器件还内嵌锁相环（PLL），并有 3.3V、2.5V 和 1.8V 三种供电电压的产品。

5. 系统级 FPGA

FPSC 和 ORCA 系列 FPGA 的规模最大为 90 万门，含 400Kb 的 RAM，拥有 CPU（Lattice Mico）和多种工业标准 IP 核，诸如 PCI、高速线接口和高速收发器等，其高速收发通道可在高达 3.7Gbps 的速度下工作。当这些宏单元与成千上万的可编程门结合起来时，它们可应用在各种不同的高级系统设计中。

6. PLD 开发工具

Lattice 曾推出过 Synario 和 ispEXPERT 两种开发软件，而现在主要使用 ispLEVER，支持所有的 CPLD 和 FPGA 器件，但对于 FPSC 和 ORCA 系列的系统级 FPGA，还需加上 FPSC Design Kits 才能开发。

5.5.2 Altera 公司的 CPLD/FPGA 及开发工具

Altera 公司的产品以 FPGA 为主，其 CPLD 产品只有最早的 Classic 和 MAX 两个系列，而 FPGA 则有 FLEX 和 ACEX 系列。此外，近年来 Altera 还开发了一些用于数字系统集成的 FPGA（System On a Programmble Chip），如 Mercury、APEX、Stratix、Cyclone 和 Excalibur 等。

1. MAX 系列 CPLD

MAX 系列包括 MAX3000A、MAX7000S/7000AE/7000B 和 MAX9000 等子系列。其密度在 1000～12000 门，MAX7000 和 MAX9000 支持 ISP 编程方式，且支持 JTAG 测试功能。MAX7000AE 和 7000B 分别采用 3.3V 和 2.5V 低供电电压。

2. FLEX 系列 FPGA

FLEX 系列 FPGA 有三个子系列：FLEX6000、FLEX8000 和 FLEX10K/10KA/10KE。等效门数从 2500～250000 门。从 FLEX8000 起支持 JTAG。其中 FLEX10KA 采用 3.3V 低供电电压。

3. ACEX 和 Cyclone 系列低成本 FPGA

为扩大 FPGA 的应用市场，Altera 开发了两种低成本 FPGA：ACEX1K 系列和 Cyclone 系列。ACEX1K 系列器件的逻辑单元(LE)数从 576~4992，采用 2.5V 低供电电压，并带有锁相环(PLL)时钟管理电路。

4. 系统级 FPGA

Mercury、APEX、Stratix、Cyclone 和 Excalibur 系列的 FPGA 是为系统集成而设计的，属于系统级 FPGA。它们不仅电路规模大，LE 最多达十多万个，等效门数最多达 250 万门，内含 PLL、大容量 RAM(最大为 22.4Mb)、高速数据收发模块，而且可嵌入 CPU Nios Ⅱ、ARM、DSP 及各种 IP 核，为系统集成创造了必要条件。其中 Stratix Ⅳ GX 系列所含的收发模块的数据传输率可达 8.5Gbps。这些器件还普遍采用了 1.8V、1.5V 和 1.2V 低电压工艺。

Cyclone 是系统级 FPGA 中的低成本系列，该系列器件最多含有 20060 个 LE 和 288Kb 的 RAM，采用 1.5V SRAM 工艺，并带有 PLL 可管理板级的时钟电路，还可以内嵌嵌入式 Nios 处理器。

5. FPGA 的配置器件

FPAG 采用是的 SRAM 工艺，每次上电时都必须进行配置。若采用主动配置方式，则在片外需设置存放配置数据的 PROM。Altera 专用的配置 PROM 有 EPC1、EPC2、EPC4、EPC8、EPC16、EPCS 等多个系列，其存储容量和面向的器件有所区别，如表 5-5 所示。除 EPC1 需用编程器(如 SuperPro/L+)才能写入数据外，其他均可通过 JTAG 口在线写入。EPC1 和 EPC2 用于密度较低的 FPGA，其他几个系列均用于较高密度的 FPGA，EPCS 为低成本系列，专用于 Cyclone 系列 FPGA 的配置。

表 5-5 Altera 的专用配置器件

配置器件	封 装	容量(位)	供电电压(V)	适用的 FPGA
EPC1	8 脚 PDIP 20 脚 PLCC	1M	5/3.3	APEX 20K、FLEX 10K、FLEX8000、FLEX 6000、ACEX 1K
EPC1441	8 脚 PDIP 20 脚 PLCC 32 脚 TQFP	430K	5/3.3	FLEX 10K、FLEX 8000、FLEX 6000、ACEX 1K
EPC 1213	8 脚 PDIP 20 脚 PLCC	208K	5	FLEX8000
EPC1064	8 脚 PDIP 20 脚 PLCC 32 脚 TQFP	64K	5	FLEX8000
EPC1064V	8 脚 PDIP 20 脚 PLCC 32 脚 TQFP	64K	3.3	FLEX8000
EPC2	20 脚 PLCC32 32 脚 TQFP	1.6M	5/3.3	Stratix(部分)、Stratix GX(部分)、Mercury、Excalibur(部分)、APEX Ⅱ(部分)、APEX 20K(部分)、FLEX 10K、ACEX 1K

(续表)

配置器件	封装	容量(位)	供电电压(V)	适用的 FPGA
EPC4	100 脚 PQFP	4M	3.3	Stratix、Stratix GX、Mercury、Excalibur、APEX Ⅱ、APEX 20K、FLEX 10K、ACEX 1K
EPC8	100 脚 PQFP	8M	3.3	Stratix(部分)、Stratix GX、Mercury、Excalibur、APEX Ⅱ(部分)、APEX 20K、FLEX 10K、ACEX 1K
EPC16	88 脚 BGA 100 脚 PQFP	16M	3.3	Stratix、Stratix GX、Mercury、Excalibur、APEX Ⅱ、APEX 20K、FLEX 10K、ACEX 1K
EPCS1	8 脚 SOIC	1M	3.3	Cyclone(EP1C6、EP1C3)
EPCS4	8 脚 SOIC	4M	3.3	Cyclone 系列

6. PLD 开发工具

Altera 的开发软件主要有 MAX+plus Ⅱ 和 Quartus Ⅱ。MAX+plus Ⅱ 支持 ACEX、FLEX 和 MAX(CPLD)三种系列中规模不超过 25 万门的所有器件,该软件已不再更新版本,将逐步停止使用。Quartus Ⅱ 支持 Altera 所有主流的 CPLD 和 FPGA 器件。系统级 FPGA 的开发还需要用 SOPC Builder 和 DSP Builder。对带有处理器核的系统,其嵌入式软件开发工具有 ARM Developer Suite Lite、Nois Tools 和 GNUPro。

5.5.3 Xilinx 公司的 CPLD/FPGA 和开发平台

Xilinx 于 1985 年首先推出 FPGA,其产品以 FPGA 为主。CPLD 只有 XC9500 系列和低功耗的 CoolRunner 系列,而 FPGA 却有 XC2000、XC3000、XC4000、XC5200、Spartan、Virtex 等多个系列。

1. CPLD 器件

XC9500 系列 CPLD 采用快闪存储技术(FastFLASH)、比 E^2CMOS 工艺的速度快、功耗低。该系列有 XC9500、XC9500XV 和 XC9500XL 三个子系列,内核电压分别为 5V、2.5V 和 3.3V。最大门数 6400 门,Pin-to-Pin 最小延迟 4ns,工作频率可达 200MHz,支持在系统编程和 JTAG 测试功能。

CoolRunner 系列器件的最大门数 12000 门;Pin-to-Pin 延迟可小至 3ns,工作频率可高达 333MHz;供电电压更低,内核电压从 3.3~1.5V;功耗更小。

2. XC4000 系列 FPGA

该系列的 FPGA 有 XC4000、XC4000E 和 XC4000XLA 三种,规模为 3000~200000 门,RAM 最大容量 10Kb。

3. Spartan 系列低成本 FPGA

Spartan 系列为低成本 FPGA,前后共发展了四代:Spartan、Spartan-XL、Spartan-Ⅱ 和 Spartan-Ⅱ E。最大门数 60 万门,RAM 最大容量 288Kb。Spartan-XL 采用 3.3V 供电电压,Spartan-Ⅱ 采用 2.5V 供电电压。

4. Virtex 系列 FPGA

Virtex 系列是低电压、高速度、高密度的 FPGA 器件，有 Virtex、Virtex-E、Virtex-Ⅱ 三种。供电电压依次为 2.5V、1.8V 和 1.5V，最大门数 800 万门，RAM 最大容量 3Mb，最高工作频率 200MHz。

5. 系统级 FPGA——Virtex-Ⅱ PRO/Virtex-4/Virtex-5

Virtex-Ⅱ PRO 以上系列 FPGA 是为数字系统集成而设计，其规模达千万门，RAM 达 10Mb，最高工作时钟 500MHz，含有 PLL 和高速串行收发器（数据传输率可达 3.125Gbps），并可嵌入 MicroBlaze、PowerPC 处理器内核和 XtremeDSP 核，从而实现高速数据处理和数字系统集成。

6. FPGA 的配置器件

Xilinx 专用的配置 PROM 有 XC17××、XC17S××、XC17V××、XC18V×× 等系列。XC17×× 支持 XC4000 系列 FPGA，XC17S×× 支持 Spartan 系列 FPGA，XC17V×× 支持 Virtex 系列 FPGA，XC18V×× 支持各系列 FPGA。

7. PLD 开发平台

Xilinx 曾有过多种开发工具。目前所用的 ISE Foundation 是全系列的开发软件，而 ISE WebPACK（免费）支持所有的 CPLD 和规模较小 FPGA。对于系统级设计，往往还需要用到 System Generator for DSP 和 CORE Generator。

5.5.4 用于 CPLD/FPGA 的 IP 核

除了上述 PLD 开发软件外，各 PLD 厂家和第三方设计公司还开发了大量的知识产权核（Intellectual Property，IP），极大地提高了用户的设计效率。

IP 核指用于 ASIC 或 CPLD/FPGA 中的预先设计好的电路功能模块。它分为软核、固核和硬核。软核是用 HDL 描述的、功能经过验证的、可综合的功能块，因其与电路工艺无关，软核的灵活性和可重用性最好。但由于实现技术的不确定性，在用具体 PLD 器件或 ASIC 工艺实现时往往需做一些改动以适应相应的硬件技术。

固核是用电路网表描述的、经 PLD（通常是 FPGA）实现并验证的功能块，可以较好地重用于各种 PLD 器件。

硬核是用物理掩膜形式描述的、经过某一特定 ASIC 工艺实现并验证的功能块。由于 ASIC 设计必须基于生产工艺，所以硬核的灵活性最差。

常用的 IP 核有总线接口类、通信类、存储控制类和数字信号处理类核。有些核可以从网上免费下载，有些核却需要付费购买。用户在用 CPLD/FPGA 进行复杂数字系统设计时应尽可能利用 IP 核，以缩短设计周期，提高设计效率。

习 题 5

5.1 高密度可编程逻辑器件 HDPLD 与 SPLD 有何区别？

5.2 HDPLD有哪几种分类方法？并举例说明。

5.3 简述阵列扩展型 CPLD 的基本组成,说明它有哪些特点？

5.4 为什么说图 5-3 所示 CPLD 器件的逻辑资源相当于 8 片 GAL18V8,试进行估算。

5.5 如果使用图 5-3 所示 CPLD 器件设计例 5.1 的 16 位双向移位寄存器,该设计能否实现,试估算并具体设计。

5.6 试用例 5.1 中使用的 CPLD 器件(isp LSI 1024)设计 5 位串行码数字锁。要求：

(1) 引脚分配图;

(2) 原理图输入文件;

(3) 上机运行后的逻辑模拟图形;

(4) 与第 4 章采用 GAL 设计方案进行比较,说明各自的优缺点。

5.7 试建立例 5.1 的 16 位移位寄存器的原理图输入文件。

5.8 FPGA 由哪些部分组成？其可编程连线结构有何特征？

5.9 延迟确定型 FPGA 由哪些部分组成？其特点是什么？

5.10 试给出模 256 可逆计数器的 VHDL 或 Verilog HDL 输入源文件和原理图输入文件。该计数器的功能如表 E5-1 所示。

表 E5-1 模 256 可逆计数器功能表

输入控制				输入数据	功能
CLK	Cr	U/$\overline{D}$	L_D	TP	D	
φ	0	φ	φ	φ	φ	异步清零
↑	1	φ	0	φ	D	并行置数
↑	1	1	1	1	φ	加计数
↑	1	0	1	1	φ	减计数
↑	1	φ	1	0	φ	保持
0	1	φ	1	1	φ	保持

5.11 试建立例 5.4 控制器的图形输入文件,并与 VHDL 文本输入文件相比较,说明它们各自的特点。

5.12 试给出 16 位数字比较器的 VHDL 描述文件和原理图输入文件,说明两者的区别和设计中的体会。

5.13 HDPLD 的逻辑宏单元比之 SPLD 的宏单元有何改进？

5.14 HDPLD 的 I/O 单元的基本组态有哪些,比之 SPLD 输出结构有何优越性？

5.15 说明图 5-11 所示 FPGA 和多路开关型 FPGA 的相同和不同点,它们各适用于何种场合,为什么？

5.16 isp 技术的特点是什么？icr 技术是何意,试比较两者之区别。

5.17 icr 中的主动型模式和被动型模式是何意义,主要区别是什么？各适用于何种场合？

5.18 熔丝开关元件和反熔丝开关元件的主要区别是什么,各有什么特色和不足之处,它们各自适用何种场合？

5.19 试用适当的 HDPLD 器件设计一个 8 位奇偶校验器,校验器示意图如图 E5-1 所示,当并行输入中有奇数个 1 时,输出 Y=1,否则 Y=0。要求：

(1) 给出 Y 的逻辑表达式;

(2) 分别给出原理图输入文件和 VHDL 或 Verilog HDL 文本输入文件。

5.20 试用一片 HDPLD 实现图 E5-2 和图 E5-3 所示 ASM 图给出的控制器,并说明与前述用 GAL 设计的相同和相异之处。

5.21 图 E5-4 给出某系统控制器的 ASM 图,试用 HDPLD 设计,给出 VHDL 源文件和原理图输入源文件。

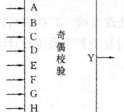

图 E5-1 8 位奇偶校验器

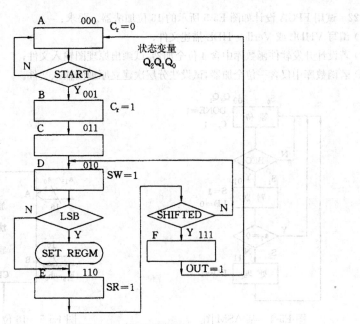

图 E5-2 某 ASM 图

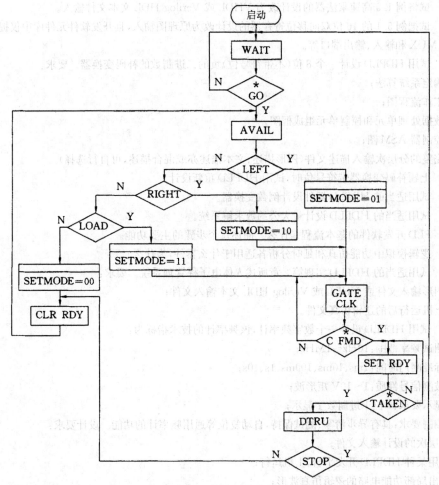

图 E5-3 某 ASM 图

5.22 试用 FPGA 设计如图 E5-5 所示的 16 位加法器。要求：
(1) 编写 VHDL 或 Verilog HDL 描述文件；
(2) 若设计开发软件函数库中含 4 位全加器，试画出原理图输入文件；
(3) 若函数库中仅含一位全加器，试设法分层次建立原理图输入文件。

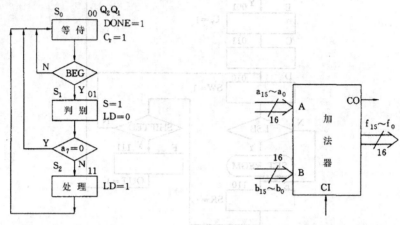

图 E5-4　某 ASM 图　　　　　图 E5-5　16 位加法器示意图

5.23 试将例 1.5 高速乘法器的设计改为 VHDL 或 Verilog HDL 文本文件输入。

5.24 试把例 5.1 的 16 位双向移位寄存器的设计改为原理图输入，且开发软件元件库中仅提供各类门、D 触发器、MUX 和输入、输出端口等。

5.25 试用 HDPLD 设计一个 8 位(不带符号位)负的二进制数的补码变换器。要求：
(1) 确定系统算法；
(2) 工作流程图；
(3) 数据处理单元和控制单元组成框图；
(4) 控制器 ASM 图；
(5) 完整的分层次输入描述文件(图形描述、文本描述亦或混合描述，可自行选择)。

5.26 上题补码变换器带符号位时，试用 HDPLD 重新设计。

5.27 试用适当的 HDPLD 器件设计倒数变换器。

5.28 试用适当的 HDPLD 设计最大公约数求解系统。

5.29 PLD 开发软件的基本流程是什么？简述每个步骤的主要功能。

5.30 逻辑模拟中功能仿真和延时分析各适用于什么器件，为什么？

5.31 试用适当的 HDPLD 实现第 2 章所述人体电子秤管理系统。要求：
(1) 图形输入文件或 VHDL 或 Verilog HDL 文本输入文件；
(2) 上机运行后的逻辑仿真文件。

5.32 试用 HDPLD 设计一个数字频率计，该频率计的技术指标为：
(1) 测试频率范围：10Hz～1MHz；
(2) 标准闸门时间：1ms、10ms、100ms、1s、10s；
(3) 被测信号性质：1～10V 矩形波；
(4) 显示要求：6 位十进制数字显示；
(5) 控制要求：具有异步清零、测试保持，自动复位等通用频率计的功能。设计要求：
① 分层次的设计输入文件；
② 使用某种 HDPLD 开发平台，上机运行；
③ 给出局部功能电路的逻辑仿真波形；
④ 生成目标文件并对器件下载。

第 6 章 采用 HDPLD 设计数字系统实例

前面两章已介绍了 SPLD 和 HDPLD 的结构、工作原理和编程技术,本章将通过八个系统设计实例,详细地讨论在开发软件的支持下,采用 HDPLD 实现系统的方法。请注意,这些实例大致按照由简到繁、由易到难、由功能电路到系统的原则排序,说明以下几个方面:

(1) 为便于概略地了解设计的全过程,在 6.1 节中将较详细地介绍设计的具体步骤,包括算法设计和电路结构、器件选择和芯片引脚定义、设计输入、逻辑模拟等。

(2) 不同类型的器件、不同的设计对象有着基本相同的设计过程。因此,在本章的其他实例中不再涉及具体牌号的芯片和具体的开发软件,而仅给出算法和采用的设计输入方式。

(3) 本章有些实例分别给出原理图输入方式、VHDL 和 Verilog HDL 文本输入方式,以及图形、文本结合的混合输入方式。其中 HDL 和 Verilog HDL 语言源文件具有可移植性,适用于各类可编程器件的设计开发软件(包括表 5-4 所列软件)。有些实例既给出了原理图输入,又给出 HDL 文本输入方式,以便对两种输入方式进行比较和选择。

(4) 对于 HDPLD 而言,这里所举的某些实例仍较简易,以便尽快理解设计者应做的工作,掌握 HDPLD 的基本应用技术。这些技术同样适用于更大规模、更加复杂的系统设计。

(5) 每个实例仅以一种设计方案为例进行说明,实际上同一例子可有多种设计方案,其他方案可自行探讨。

6.1 高速并行乘法器的设计

试用 HDPLD 实现一个高速并行乘法器,其输入为两个带符号位的 4 位二进制数。

6.1.1 算法设计和结构选择

前面已经讨论过高速乘法器的设计,采用了以下算法:被乘数 A 的数值位左移,它和乘数 B 的各个数值位所对应的部分积进行累加运算。且用与门、4 位加法器来实现,其电路结构如图 6-1 所示,图中 $P_S = A_S \oplus B_S$,用以产生乘积的符号位。

6.1.2 器件选择

本例规模较小,可任选第 5 章所介绍的 CPLD 或 FPGA 器件来实现。如 Altera 公司的 FLEX 器件。这里选择 FLEX10K10 芯片,它是采用 CMOS SRAM 技术制造的,片内密度达 10000 门。其引脚分布图如图 6-2 所示。

6.1.3 设计输入

器件选定以后,使用相应的设计开发软件(例如选用附录 B 中介绍的 Quartus Ⅱ),并采用原理图输入方式。图形输入文件如图 6-3 所示。由于设计软件含有丰富的元件库,本例图形文件就可直接调用与门、异或门和 4 位加法器等宏模块。在使用图形输入方式时应注意软

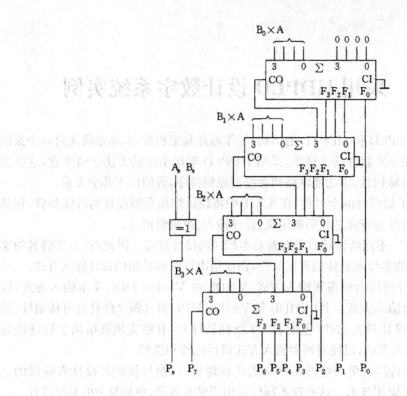

图 6-1　并行 4 位二进制乘法器的电路结构图

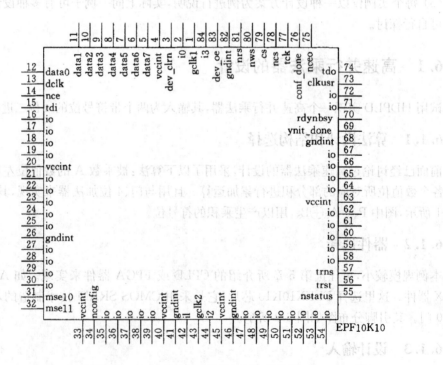

图 6-2　FLEX10K10 芯片的引脚分布图

件所能提供的库函数,以便正确地调用。

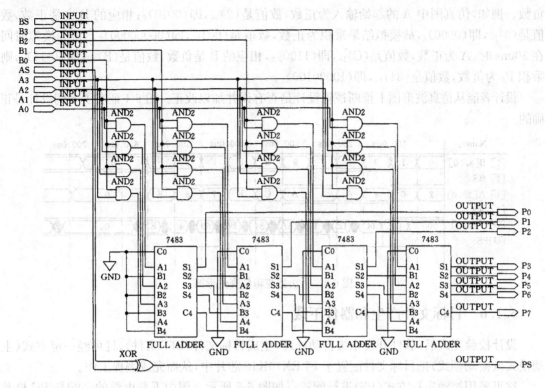

图 6-3 乘法器的图形输入文件

6.1.4 芯片引脚定义

输入信号、输出信号和芯片引脚对应关系的确定是设计处理的前提。本例引脚定义如表 6-1 所示。设计软件提供芯片引脚图，设计人员按需要分配信号即可。

表 6-1 乘法器引脚定义表

信号名	类　型	引脚号	信号名	类　型	引脚号
AS	IN	16	PS	OUT	28
A3	IN	17	P7	OUT	29
A2	IN	18	P6	OUT	30
A1	IN	19	P5	OUT	35
A0	IN	21	P4	OUT	36
BS	IN	22	P3	OUT	37
B3	IN	23	P2	OUT	38
B2	IN	24	P1	OUT	39
B1	IN	25	P0	OUT	48
B0	IN	27			

6.1.5 逻辑仿真

逻辑仿真是设计校验的重要步骤。本例使用开发软件的波形编辑器直接画出输入激励波形，启动仿真器，得到显示功能仿真的结果如图 6-4 所示。图中被乘数 A 和乘数 B 均用 1 位十六进制数表示，乘积 P 用 2 位十六进制数表示。AS、BS、PS 分别是符号位，0 表示正数，1 表示负数。例如,仿真图中 A 的起始输入为正数,数值是 $(2)_{16}$,即 $(0010)_2$;相应的 B 也是正数,数值是 $(0)_{16}$,即 $(0000)_2$,故模拟结果乘积为正数,数值是 $(00)_{16}$,即 $(00000000)_2$。再如模拟时间在 300ns 时,A 为正数,数值是 $(C)_{16}$,即 $(1100)_2$,相应的 B 是负数,数值是 $(B)_{16}$,即 $(1011)_2$,则乘积 P_s 为负数,数值是 $(84)_{16}$,即 $(10000100)_2$。

设计者能从仿真波形图上推断逻辑设计是否有误并加以改正。图 6-4 证实了本例设计是正确的。

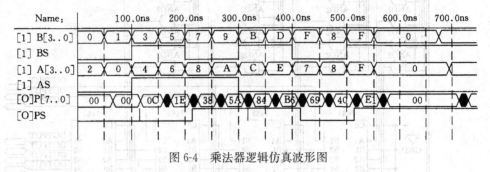

图 6-4 乘法器逻辑仿真波形图

6.1.6 目标文件产生和器件下载

设计校验完成后,软件开发系统自动处理,生成目标文件(BIT 文件),且可经一定方式(主动模式或被动模式)把目标文件配置于 FLEX10K10 芯片中,从而完成编程工作。

这里采用被动串行方式(PS)进行配置。如图 6-5 所示。图中下载电缆的一端与 PC 机并口相连,另一端连至目标系统 PCB 板的配置插座,经一定的控制方式,把计算机内存中的目标文件配置于 PCB 板上的 FLEX10K10 芯片之中。

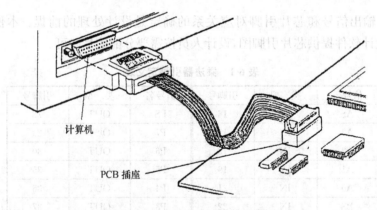

图 6-5 PS 方式并口下载示意图

关于主动配置模式已在前章有过介绍,这里不再复述。

6.2 十字路口交通管理器的设计

6.2.1 交通管理器的功能

试用一片 HDPLD 和若干外围电路实现十字路口交通管理器。该管理器控制甲、乙两道的红、黄、绿三色灯,指挥车辆和行人安全通行。交通管理器示意图如图 6-6 所示。图中 R_1、Y_1、G_1 是甲道红、黄、绿灯;R_2、Y_2、G_2 是乙道红、黄、绿灯。

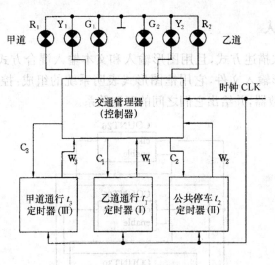

图 6-6 十字路口交通管理器示意图

该交通管理器由控制器和受其控制的三个定时器及六个交通管理灯组成。图 6-6 中三个定时器分别确定甲道和乙道通行时间 t_3、t_1,以及公共的停车(黄灯燃亮)时间 t_2。这三个定时器采用以秒信号为时钟的计数器来实现,C_1、C_2 和 C_3 分别是这些定时计数器的工作使能信号,即当 C_1、C_2 或 C_3 为 1 时,相应的定时器计数,W_1、W_2 和 W_3 为定时计数器的指示信号,计数器在计数过程中,相应的指示信号为 0,计数结束时为 1。

6.2.2 系统算法设计

十字路口交通管理器是一个控制类型的数字系统,其数据处理单元较简单。在此直接按照功能要求,即常规的十字路口交通管理规则,给出交通管理器工作流程图如图 6-7 所示,同时也可以看做系统控制器的 ASM 图。

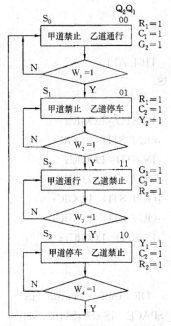

图 6-7 交通管理器工作流程图(控制器的 ASM 图)

6.2.3 设计输入

本设计采用分层次描述方式,且用图形输入和文本输入混合方式建立描述文件。图 6-8 是交通管理器顶层图形输入文件,它用框图形式表明系统的组成:控制器和三个各为模 26、模 5 和模 30 的定时计数器,并给出它们之间的互连关系。

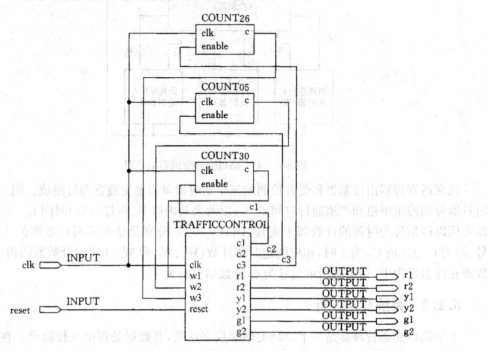

图 6-8 交通管理器顶层图形输入文件

在顶层图形输入文件中的各模块,其功能用第二层次 VHDL 源文件描述如下:
控制器 Control 源文件

```
LIBRARY IEEE;
USE IEEE.STD_LOGIC_1164.ALL;
ENTITY traffic_control IS
    PORT(
        clk             :IN STD_LOGIC;
        c1,c2,c3        :OUT STD_LOGIC;
        w1,w2,w3        :IN STD_LOGIC;
        r1,r2           :OUT STD_LOGIC;
        y1,y2           :OUT STD_LOGIC;
        g1,g2           :OUT STD_LOGIC;
        reset           :IN STD_LOGIC);
END traffic_control;

ARCHITECTURE a OF traffic_control IS
    TYPE  STATE_SPACE IS (S0,S1,S2,S3);
    SIGNAL  state:STATE_SPACE;
```

```vhdl
BEGING
  PROCESS(reset,clk)
  BEGIN
    IF reset='1'THEN
        state<=S0;
    ELSIF (clk 'EVENT AND clk='1')THEN
        CASE state IS
            WHEN S0=>
                IF w1='1'THEN
                    state<=S1;
                END IF;
            WHEN S1=>
                IF w2='1'THEN
                    state<=S2;
                END IF;
            WHEN S2=>
                IF w3='1'THEN
                    state<=S3;
                END IF;
            WHEN S3=>
                IF w2='1'THEN
                    state<=S0;
                END IF;
        END CASE;
    END IF;
  END PROCESS;
  c1<='1'    WHEN state=S0 ELSE '0';
  c2<='1'    WHEN state=S1 OR state=S3 ELSE '0';
  c3<='1'    WHEN state=S2 ELSE '0';
  r1<='1'    WHEN state=S1 OR state=S0 ELSE '0';
  y1<='1'    WHEN state=S3 ELSE '0';
  g1<='1'    WHEN state=S2 ELSE '0';
  r2<='1'    WHEN state=S2 OR steate=S3 ELSE '0';
  y2<='1'    WHEN state=S1 ELSE '0';
  g2<='1'    WHEN state=S0 ELSE '0';
END a;
```

三个计数器的源文件

```vhdl
LIBRARY IEEE;
USE IEEE.STD_LOGIC_1164.ALL;
ENTITY count30 IS
PORT(
        clk     :IN STD_LOGIC;
        enable  :IN STD_LOGIC;
```

```vhdl
            c       :OUT STD_LOGIC);
END count30;
ARCHITECTURE a OF count30 IS
BEGIN
    PROCESS(clk)
        VARIABLE cnt:INTEGER RANGE 30 DOWNTO 0;
    BEGIN
        IF (clk'EVENT AND clk='1')THEN
            IF enable='1'AND cnt<30 THEN
                cnt:=cnt+1;
            ELSE
                cnt:=0;
            END IF;
        END IF;
        IF cnt=30 THEN
            C<='1';
        ELSE
            C<='0';
        END IF;
    END PROCESS;
END a;


LIBRARY IEEE;
USE IEEE.STD_LOGIC_1164.ALL;
ENTITY count05 IS
PORT(   clk     :IN STD_LOGIC;
        enable  :IN STD_LOGIC;
        c       :OUT STD_LOGIC);
END count05;
ARCHITECTURE a OF count05 IS
BEGIN
    PROCESS(clk)
        VARIABLE cnt:INTEGER RANGE 5 DOWNTO 0;
    BEGIN
        IF (clk'EVENT AND clk='1')THEN
            IF enable='1'AND cnt<5 THEN
                cnt:=cnt+1;
            ELSE
                cnt:=0;
            END IF;
        END IF;
        IF cnt=5 THEN
            C<='1';
        ELSE
```

```
            C<='0';
          END IF;
        END PROCESS;
      END a;

      LIBRARY IEEE;
      USE IEEE.STD_LOGIC_1164.ALL;
      ENTITY count26 IS
        PORT( clk      :IN STD_LOGIC;
              enable   :IN STD_LOGIC;
              c        :OUT STD_LOGIC);
      END count26;
      ARCHITECTURE a OF count26 IS
      BEGIN
          PROCESS(clk)
              VARIABLE cnt:INTEGER RANGE 26 DOWNTO 0;
          BEGIN
              IF (clk 'EVENT AND clk='1')THEN
                  IF enable='1'AND cnt<26 THEN
                      cnt:=cnt+1;
                  ELSE
                      cnt:=0;
                  END IF;
              END IF;
              IF cnt=26 THEN
                  C<='1';
              ELSE
                  C<='0';
              END IF;
          END PROCESS;
      END a;
```

编译器将顶层图形输入文件和第二层次功能块 VHDL 输入文件相结合并编译,确定正确无误后,即可经设计处理产生交通管理器的目标文件。

6.3 九九乘法表系统的设计

试设计一个供儿童学习九九乘法表之用的数字系统,该系统既可引导学习者跟随学习机连续背诵;也可随时查找任何两个 1 位十进制数的相乘结果。

6.3.1 系统功能和技术指标

九九乘法表系统能够自动或手动进行两个 1 位十进制数的乘法,并自动显示被乘数、乘数和乘积,该系统示意图如图 6-9 所示。图中 AA 和 BB 分别为被乘数和乘数的外部输入端,它

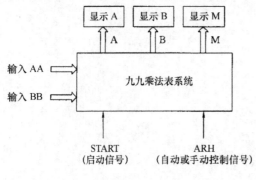

图 6-9 九九乘法表系统示意图

们用 1 位 BCD 码表示。系统用十进制七段数字显示器显示被乘数 A、乘数 B 和乘积 M 的值,其中 M 用 2 位十进制显示器显示。

系统的功能和指标如下:

(1) 自动进行乘法运算并显示。用户将控制开关 ARH 置逻辑 1,则系统内部自动产生被乘数 A' 和乘数 B',并按常规的九九乘法表方式,依照一定速率自动进行 $A'=0\sim9$ 和 $B'=0\sim9$ 的乘法运算,即

$$A' \times B' = 0 \times 0, 0 \times 1, \cdots, 0 \times 9;$$
$$1 \times 0, 1 \times 1, \cdots, 1 \times 9;$$
$$\cdots\cdots$$
$$8 \times 0; 8 \times 1, \cdots, 8 \times 9;$$
$$9 \times 0, 9 \times 1, \cdots, 9 \times 9$$

相应有乘积

$$M = 0, 0, \cdots, 0;$$
$$0, 1, \cdots, 9;$$
$$\cdots\cdots$$
$$0, 8, \cdots, 72;$$
$$0, 9, \cdots, 81$$

由于被乘数和乘数的最大值为 9,故配置 1 位十进制显示;而乘积最大值为 81,则配置 2 位十进制数字显示。

(2) 手动进行乘法运算并显示。当控制开关 ARH 为逻辑 0 时,则乘法表系统仅对外部输入被乘数 AA 和乘数 BB 的特定数据进行乘法运算并输出。在手动工作状态时,分别采用两组 4 位开关产生被乘数和乘数的 BCD 码输入。

(3) 乘法运算是以二进制数的乘法来进行的,而其结果要用变换器转换为 2 位 BCD 码输出,并应配有相应的显示译码器。

6.3.2 算法设计

乘法器 M=A×B 具有自动运算和手动运算两种方式,在自动方式时,$A=A'$,$B=B'$;在手动方式时,A=AA,B=BB,这由控制开关 ARH 的状态来决定。

现设定信号 EE 为九九乘法表完成一次自动工作,从 0×0=0 直至 9×9=81 全过程的结束信号;TT 是某定时器(计数器)的结束信号,该定时器确定手动运算的显示时间。则本系统的算法流程图如图 6-10 所示。这张图是系统算法流程图,在增加了状态标注和明确了输出信号后,也可看做系统控制器的 ASM 图,有关状态标志和输出信号等已在图中给出。

6.3.3 数据处理单元的实现

九九乘法表系统的数据处理单元结构框图如图 6-11 所示。

(1) 高速乘法器电路。6.1 节讨论的高速并行乘法器设计方案直接可以在此得到应用,

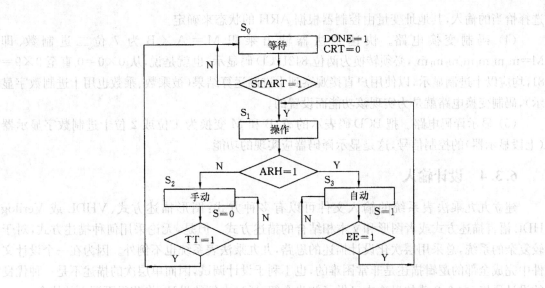

图 6-10 九九乘法表系统算法流程图(即系统控制器的 ASM 图)

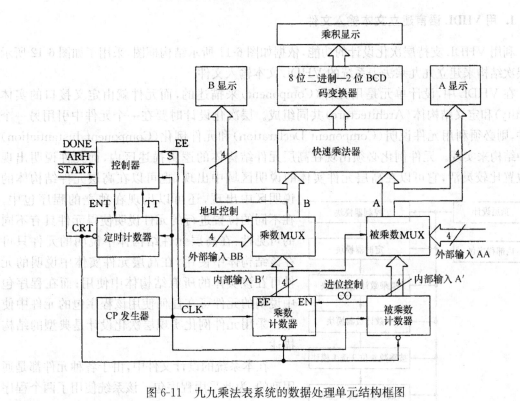

图 6-11 九九乘法表系统的数据处理单元结构框图

但符号位不必考虑。

(2) 被乘数、乘数自动发生器。系统处于自动工作状态时,被乘数和乘数应自动、有序地产生,为此采用两只模 10 加计数器分别实现。被乘数计数器由 0→9 记满时,进位信号 CO=1,则乘法计数器加 1,从而达到被乘数的从 0→9 变化和乘数的从 0→9 变化按次序相乘。

(3) 被乘数、乘数选择电路。由于在自动和手动工作状态时,乘法器的输入分别为数据处理单元内部自动产生或系统外部输入被乘数和乘数,为此配置两个 4 位 2 选 1 数据选择器来选择恰当的输入,其地址变量由控制器根据 ARH 的状态来确定。

(4) 码制变换电路。快速乘法器输出乘积 M＝A×B 为 7 位二进制数、即 M＝$m_6m_5m_4m_3m_2m_1m_0$,必须转换为两位 8421BCD 码显示,也就是说,从 0×0＝0 直至 9×9＝81,均应以十进制显示,以使用户直接观察到十进制运算结果(被乘数、乘数也用十进制数字显示),码制变换电路就是为实现该功能而设置的。

(5) 显示译码电路。把 BCD 码表示的 A、B 和 M 变换为 1 位或 2 位十进制数字显示器(七段显示器)的控制信号,这是显示译码器应实现的功能。

6.3.4 设计输入

建立九九乘法表系统的输入文件可以有多种方式：图形描述方式、VHDL 或 Verilog HDL 语言描述方式或者图形和文本相结合的描述方式。但是,无论采用何种描述方式,对于较复杂的系统,总采用层次化设计描述的思路,九九乘法表系统也不例外。因为在一个设计文件中完成全部的逻辑描述是非常困难的,也不利于设计调试,因而单层次的描述不是一种优良的设计风格,在 6.2 节的讨论中已做了初步介绍,通过本例的设计,将获得更深入的体会。

1. 用 VHDL 语言建立文本输入文件

利用 VHDL 支持层次化设计的功能,依据如图 6-11 所示结构框图,采用了如图 6-12 所示的层次结构来建立九九乘法表系统的 VHDL 文本输入文件。

在 VHDL 中,设计单元是用元件(Component)来描述的,而元件就由定义接口的实体(Entity)和定义结构体(Architecture)共同组成。层次化设计时要在一个元件中引用另一个元件,则必须利用元件说明(Component Declaration)和元件例化(Component Instantiation)两种结构来实现。元件例化必须出现在高层元件结构体的逻辑描述区内,而元件说明出现的位置比较灵活,它可以在高层元件实体的说明区域中出现,也可以在高层元件结构体的说明区中出现,还可以出现在独立的程序包中。在不同的位置进行的元件说明使得元件具有不同的可见性：在高层元件结构体中说明的元件只可在该结构体中使用；在高层元件实体中说明的元件可在该实体的所有结构体中使用；而在程序包中说明的元件可在任何使用该程序包的元件中使用。采用元件例化实现层次化设计是典型的结构描述。

在本系统的设计文件中,由于各种元件都是通用型的,为此采用程序包。该系统使用了两个程序包：一个是 std_logic_1164,它是 IEEE 标准制定的程序包,包含在 IEEE 库中,其中说明了一些基本的数据类型和对应的运算规则,满足普通设计的需要。另一个是 PLUS_LIB,它是本课题设计中作者自定义的程序包,我们把如图 6-12 所示各模块均放在自定义的 PLUS_LIB 程序包中,它们说明了在顶层文件内要使用的元件。

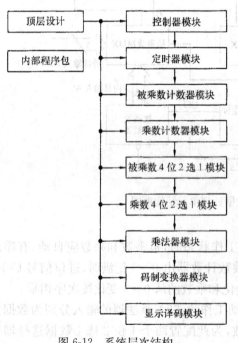

图 6-12 系统层次结构

程序包 PLUS_LIB 的描述源文件如下：
```vhdl
LIBRARY IEEE;
USE IEEE.STD_LOGIC_1164.ALL;
PACKAGE  PLUS_LIB  IS
    COMPONENT   PLUSCONTROL                                    --控制器
        PORT(CLK : IN STD_LOGIC;
            START,ARH,TT,EE : IN STD_LOGIC;
            DONE,CRT,S,ENT : OUT STD_LOGIC);
    END COMPONENT;

    COMPONENT   COUNT8                                         --定时计数器
        PORT(CLK : IN STD_LOGIC;
            CRT,ENT : IN STD_LOGIC;
            TT : OUT STD_LOGIC);
    END COMPONENT;

    COMPONENT   CNT1                                           --被乘数发生器
        PORT(CLK : IN STD_LOGIC;
            CRT : IN STD_LOGIC;
            OC : OUT STD_LOGIC;
            QA : OUT INTEGER RANGE 9 TO 0;
    END COMPONENT;

    COMPONENT   CNT2                                           --乘数发生器
        PORT(CLK : IN STD_LOGIC;
            CRT : IN STD_LOGIC;
            EN2 : IN STD_LOGIC;
            EE : OUT STD_LOGIC;
            QB : OUT INTEGER RANGE 9 TO 0);
    END COMPONENT;

    COMPONENT   MUX1                                           --乘数选择器
        PORT(BB,QB : IN INTEGER RANGE 9 DOWNTO 0;
            S : IN STD_LOGIC;
            B : OUT INTEGER RANGE 9 DOWNTO 0);
    END COMPONENT;

    COMPONENT   MUX2                                           --被乘数选择器
        PORT(AA,QA : IN INTEGER RANGE 9 DOWNTO 0;
            S : IN STD_LOGIC;
            A : OUT INTEGER RANGE 9 DOWNTO 0);
```

END COMPONENT；

COMPONENT　PLUS　　　　　　　　　　　　　　　　　　　　--乘法器
　　PORT(A；IN INTEGER RANGE 9 DOWNTO 0；
　　　　　B；IN INTEGER RANGE 9 DOWNTO 0；
　　　　　M；OUT INTEGER RANGE 81 DOWNTO 0）；
END COMPONENT；

COMPONENT　TRANS　　　　　　　　　　　　　　　　　　　　--码制变换器
　　PORT(M；IN INTEGER RANGE 81 TO 0；
　　　　　BD2，BD1；OUT INTEGER RANGE 9 TO 0)；
END COMPONENT；

COMPONENT　DISPLAY　　　　　　　　　　　　　　　　　　　--显示译码器
　　PORT(DB1；IN INTEGER RANGE 9 DOWNTO 0；
　　　　　XA1；OUT STD_LOGIC_VECTOR(6 DOWNTO 0)；
END COMPONENT；
END PLUS_LIB；

系统顶层设计的 VHDL 源文件如下：
LIBRARY IEEE；
USE IEEE.STD_LOGIC_1164.ALL；
USE WORK.PLUS_LIB.ALL；
ENTITY　PLUSTOP　IS
　　PORT(CLK；IN STD_LOGIC；
　　　　　START，ARH；IN STD_LOGIC；
　　　　　BB，AA；IN INTEGER RANGE 9 DOWNTO 0；
　　　　　XA1，XA2；OUT STD_LOGIC_VECTOR(6 DOWNTO 0)；
　　　　　XA3，XA4；OUT STD_LOGIC_VECTOR(6 DOWNTO 0))；
END PLUSTOP；
ARCHITECTURE　ONE　OF　PLUSTOP　IS
SIGNAL TT，EE，ENT，CRT，DONE，OC，S；STD_LOGIC；
SIGNAL QA，QB，B，A；INTEGER RANGE 9 DOWNTO 0；
SIGNAL M；INTEGER RANGE 81 DOWNTO 0；
SIGNAL BD1，BD2；INTEGER RANGE 9 DOWNTO 0；
BEGIN
　　CONTROL：PLUSCONTROL
　　　　PORT　MAP(CLK，START，ARH，TT，EE，DONE，CRT，S，ENT)；
　　COUNT1：COUNT8
　　　　PORT　MAP(CLK，CRT，ENT，TT)；
　　COUNTR：CNT1

```
            PORT    MAP(CLK,CRT,OC,QA);
        COUNT3:CNT2
            PORT    MAP(CLK,CRT,OC,EE,QB);
        M1:MUX1
            PORT    MAP(BB,QB,S,B);
        M2:MUX2
            PORT    MAP (AA,QA,S,A);
        P1:PLUS
            PORT    MAP(A,B,M);
        T1:TRANS
            PORT    MAP (M,BD2,BD1);
        X1:DISPLAY
            PORT    MAP(A,XA1);
        X2:DISPLAY
            PORT    MAP(B,XA2);
        X3:DISPLAY
            PORT    MAP(BD1,XA3);
        X4:DISPLAY
            PORT    MAP(BD2,XA4);
    END ONE;
```

系统第二层描述含 9 个子模块的 VHDL 源文件,因篇幅较大,以下仅给出系统控制器模块的源文件：

```
    LIBRARY IEEE;
    USE IEEE. STD_LOGIC_1164. ALL;
    ENTITY  PLUSCONTROL IS
        PORT (
            CLK:IN STD_LOGIC;
            START,ARH,TT,EE:IN STD_LOGIC;
            DONE,CRT,S,ENT:OUT STD_LOGIC);
    END PLUSCONTROL;
    ARCHITECTURE  ONE  OF  PLUSCONTROL  IS
        TYPE  STATE_SPACE  IS (S0,S1,S2,S3);
        SIGNAL STATE:STATE_SPACE;
    BEGIN
        PROCESS(CLK)
        BEGIN
            IF (CLK'EVENT AND CLK='1')THEN
                CASE  STATE  IS
                    WHEN S0=>
                        IF START='1'THEN
```

```
                STATE<=S1;
            END IF;
        WHEN S1=>
            IF ARH='1'THEN
                STATE<=S3;
            ELSE
                STATE<=S2;
            END IF;
        WHEN S2=>
            IF TT='1'THEN
                STATE<=S0;
            ELSE
                STATE<=S2;
            END IF;
        WHEN S3=>
            IF EE='1'THEN
                STATE<=S1;
            END IF;
        END CASE;
    END IF;
END PROCESS;
DONE<='1'  WHEN      STATE=S0  ELSE '0';
CRT<='0'   WHEN      STATE=S0  ELSE '1';
S<='1'     WHEN      STATE=S3  ELSE '0';
ENT<='1'   WHEN      STATE=S2  ELSE '0';
END ONE;
```

其他 8 个子模块的 VHDL 源文件请读者自行完成。

2. 建立原理图输入文件

图形输入文件同样以层次化设计方式建立,顶层图形输入文件用框图组成,包括系统控制器和数据处理单元所有模块及它们之间的互连关系。由于该图与图 6-11 结构框图十分相似,不再给出。

所有电路模块则建立第二层次的图形描述文件。例如被乘数、乘数自动产生电路,自动、手动输入数据选择电路和快速乘法电路的第二层次原理图输入文件如图 6-13 所示。在此图中控制器和码制变换器仅分别用模块 CONTROLLER 和 BIN_BCD 来表示,必须再有第三层次的图形输入文件来详细描述它们的内部组成。

例如,码制变换电路 BIN_BCD 的第三层次图形描述又仅给出若干相同模块 H7~H11 及它们的互连关系,如图 6-14 所示,它表示了上一层次图中码制变换电路的实际结构;接着又用图 6-15 给出第四层次电路图,它详细描述了第三层次图中 H7~H11 模块内部的详细逻辑电路图。

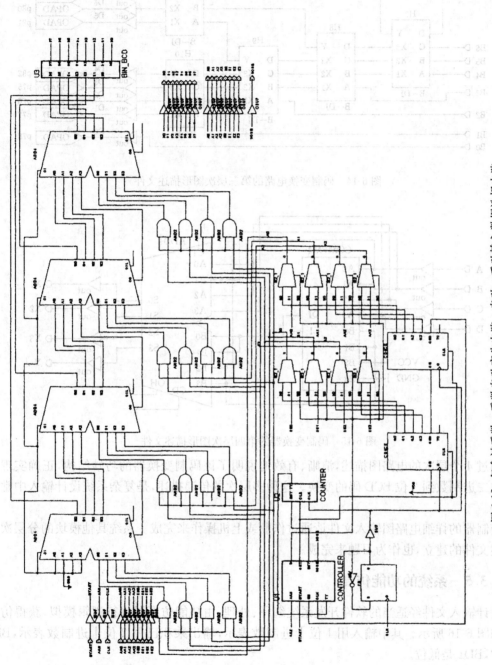

图 6-13 包含被乘数、乘数自动产生电路，自动、手动输入数据选择电路和快速乘法电路等电路的第二层次原理图输入文件

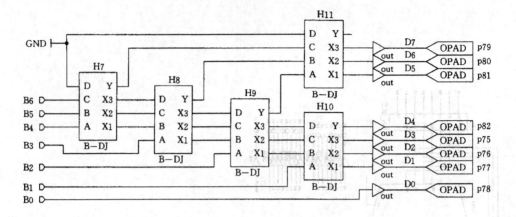

图 6-14 码制变换电路的第三层次图形描述文件

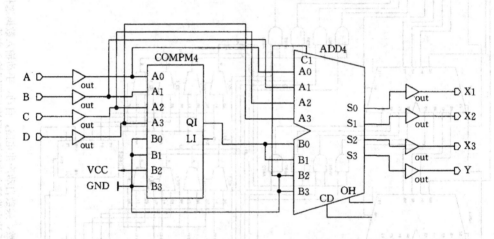

图 6-15 码制变换器的第四层次图形描述文件

通过 4 个层次的电路图描述,清晰、有效地说明了该码制变换器的巧妙结构,正确实现了由 7 位二进制数到 2 位 BCD 码的变换。这种多层次的传递描述,是复杂系统设计输入中常用的方法。

控制器的详细电路图输入文件请通过作业或上机操作来完成。系统其他模块的分层次图形描述文件的建立,也作为习题来完成。

6.3.5 系统的功能仿真

设计输入文件经适当的软件开发系统编译、处理,由功能仿真器进行逻辑模拟,获得仿真波形如图 6-16 所示。其中输入用 1 位十进制数表示,输出乘积已用 2 位十进制数表示,BD2 为高位,BD1 是低位。

例如,模拟开始时,ARH=0,系统执行手动功能,输入被乘数 AA 和乘数 BB 有效:7×8=56。在 200.0ns 以后,ARH=1,系统执行自动功能,被乘数和乘数按九九乘法表要求自动产生,则乘积 BD2、BD1 输出相应的数值。

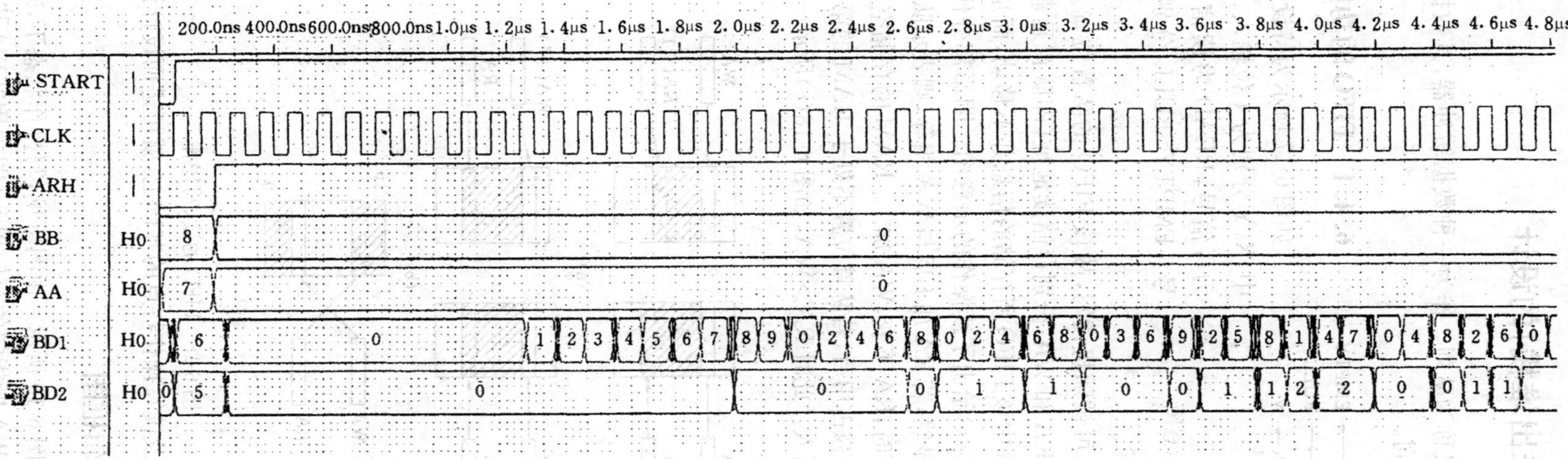

图 6-16 九九乘法表系统功能仿真图

6.4 FIFO(先进先出堆栈)的设计

FIFO 是先进先出堆栈,又称为队列。作为一种数据缓冲器,其数据存放结构和 RAM 是一致的,只是存取方式有所不同。

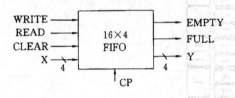

图 6-17 FIFO 存储器示意图

6.4.1 FIFO 的功能

如图 6-17 所示为待设计的 FIFO 的框图。图中,X、Y 分别为 4 位输入、输出数据线。WRITE 为写信号,READ 为读信号,CLEAR 为清除信号。EMPTY、FULL 分别为队列空、满标志输出。该 FIFO 含 16 个存储单元。

因 RAM 中的各存储单元可被随机读写,故该 FIFO 的队首位置及队列长度均可浮动。为此,用两个地址寄存器——RA 和 WA,分别存储读地址(即队首元素地址)和写地址(即队尾元素地址加 1)。在读写过程中该 FIFO 所存储的信息并不移动,而是通过改变读地址或写地址来指示队首队尾。图 6-18(a)给出了读操作的示意图。阴影部分代表队列中的元素。读操作时,WA 不变,RA 加 1。显然,若 RA 加 1 后与 WA 相等,则表示队列已空。图 6-18(b)给出了写操作的示意图。写操作时,RA 不变,WA 加 1。RAM 的存储空间可被队列循环使用。在 RAM 的最后一个存储单元被占用后,若队首位置不处于 RAM 的第一个存储单元,则该队列可从第一个存储单元继续写入。此时 RA>WA,如图 6-18(c)所示。显然,写操作时若 WA 与 RA 相等,则表明队列已满。

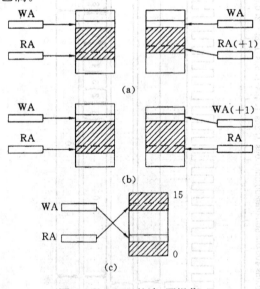

图 6-18 FIFO 的读、写操作

在说明了 FIFO 逻辑功能及读写操作特点的基础上,就可进而设计该系统。

6.4.2 算法设计和逻辑框图

该 FIFO 的算法流程图如图 6-19 所示。由图可见,写操作状态下,若队列已满,则不将外部数据写入,否则 X 将被写入 WA 所指向的存储单元(图中用"[WA]"表示与寄存器 WA 中所存地址相对应的存储单元)。X 写入后,令 WA 加 1,再与 RA 比较,若 WA=RA,则表示队列已满,令队列满标志 FULL=1。读操作的算法与写操作类似。清除队列时,将 RA 和 WA 复位,使其均指向 RAM 的第一个单元,并令队列空标志 EMPTY=1,队列满标志 FULL=0。

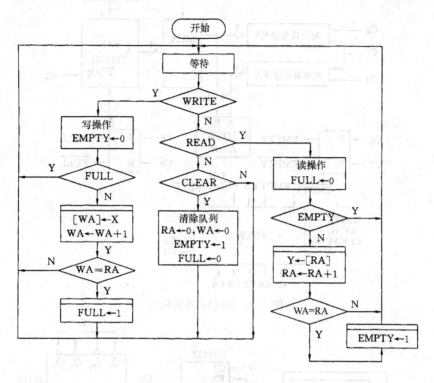

图 6-19 FIFO 的算法流程图

实现上述算法的逻辑框图如图 6-20 所示。由于读操作时,RA 将被加 1,使 RAM 的地址信号发生变化,故采用寄存器 Y 对读出的数据进行锁存。因队列的空、满状况独立于流程图的工作块,故分别用 RS 触发器对其锁存。并通过 R、S 端使其复位或预置。

图 6-20 中,C1 可使 RA 和 WA 清 0,以实现对队列的清除操作。在对队列进行写操作时,通过 C4 使 MUX 选择 WA 的输出加到 RAM 的地址端,并通过 C5 将输入数据 X 存入队列尾部,然后由 C3 控制 WA 加 1。读操作时,通过 C4 使 MUX 选择 RA 的输出加到 RAM 的地址端,并通过 C5、C2 将队列首部的元素暂存至寄存器 Y 中输出,然后由 C2 控制 RA 加 1。比较器的作用是判别 RA 与 WA 是否相等,以便确定队列的空、满状态。

6.4.3 数据处理单元和控制器的设计

1. 数据处理单元的设计

因该 FIFO 的容量为 16×4,地址线与数据线均为 4 位,故选用具有相同容量的 RAM(如 7489)充当存储器,用四 D 触发器(如 74175)作为寄存器 Y。因 RA 和 WA 需进行加 1 操作,故选 4 位二进制计数器(如 74161)作寄存器 RA 和寄存器 WA。比较器采用 4 位二进制数值比较器(如 7485)。因双 D 触发器 7474 既具有异步复位置位端又具有互补的状态输出,故选其做基本 RS 触发器。如图 6-21 所示为数据处理单元的逻辑电路图。

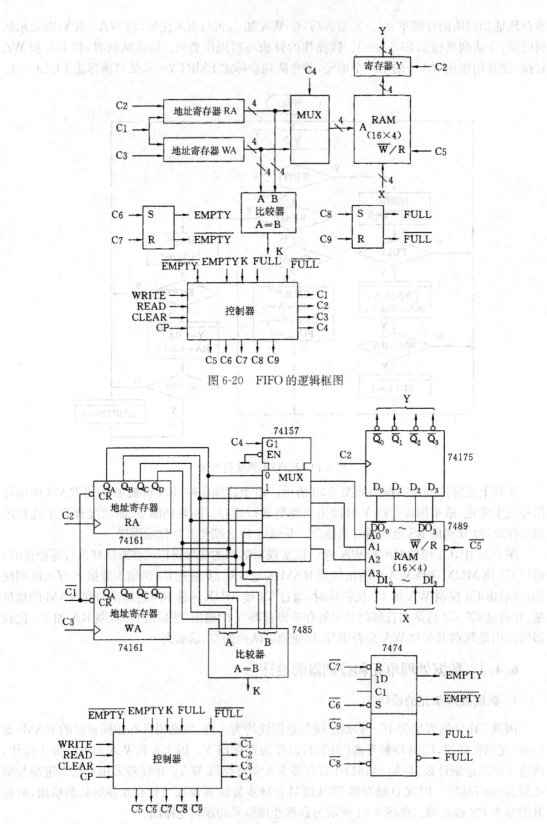

图 6-20 FIFO 的逻辑框图

图 6-21 FIFO 数据处理单元的逻辑电路图

2. 控制器的设计

(1) 导出 ASM 图。根据算法流程图和数据处理单元的逻辑电路图,可导出控制器的 ASM 图,如图 6-22 所示。MUX 的数据选择信号 C4 仅在写数据时才为 1,以选择 WA 作为 RAM 的地址信号;其他状态下 C4=0。RAM 的读写控制信号 $\overline{C5}$ 仅在写数据时才为 0,以使 RAM 进行写入操作;在其他状态下,$\overline{C5}=1$,RAM 处于读操作状态。为防止控制器状态刚发生变化时,以及 RA 或 WA 加 1 前后比较器的输出不稳定,将 K 与 $\overline{CP}$ 相与,以避开 K 信号的

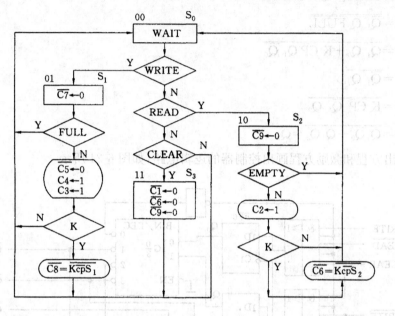

图 6-22 FIFO 控制器的 ASM 图

不稳定期,避免电路出现误动作。

(2) 控制器的实现。首先对 ASM 图进行如下状态分配:

S_0——00, S_1——01, S_2——10, S_3——11

状态分配如图 6-23(a)所示。

选择 D 触发器作为控制器的状态寄存器。由 ASM 图可直接导出激励函数卡诺图,如图 6-23(b)所示。从而得到如下激励方程

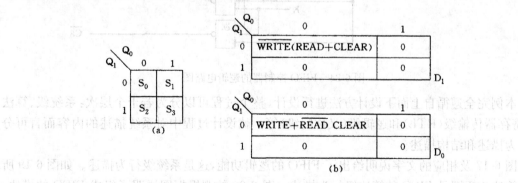

图 6-23 状态分配及激励函数卡诺图

$$D_1 = \overline{Q}_1 \overline{Q}_0 \overline{WRITE}(READ+CLEAR)$$
$$D_0 = \overline{Q}_1 \overline{Q}_0 (WRITE+\overline{READ}\ CLEAR)$$

由 ASM 图可得各输出方程

$$\overline{C1} = \overline{Q_1 Q_0}$$
$$\overline{C2} = Q_1 \overline{Q}_0 \overline{EMPTY}$$
$$\overline{C3} = \overline{C4} = \overline{Q}_1 Q_0 \overline{FULL}$$
$$\overline{C5} = \overline{Q}_1 Q_0 \overline{FULL}$$
$$\overline{C6} = \overline{Q_1 Q_0} + K\ \overline{CP}\ Q_1 \overline{Q}_0$$
$$\overline{C7} = \overline{Q_1 Q_0}$$
$$\overline{C8} = K\ \overline{CP}\ \overline{Q_1 Q_0}$$
$$\overline{C9} = \overline{Q_1 \overline{Q}_0 + Q_1 Q_0} = \overline{Q}_1$$

根据输出方程和激励方程画出控制器的逻辑电路,如图 6-24 所示。

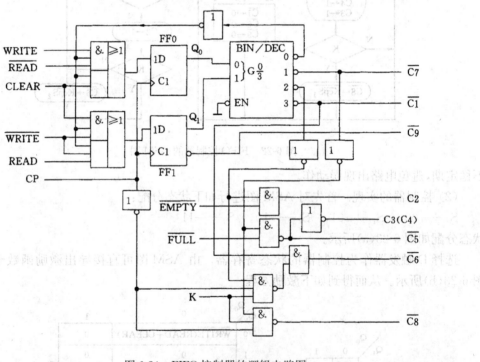

图 6-24　FIFO 控制器的逻辑电路图

本例完全遵循自上而下设计方法进行设计,整个过程可以分为若干个层次:系统级、算法级、寄存器传输级(RTL)和逻辑级(又称门级)等。就设计过程中对系统描述的内容而言可分为行为描述和结构描述。

图 6-17 及相应的文字说明给出了 FIFO 的逻辑功能,这是系统级行为描述。如图 6-19 所示的算法流程图是 FIFO 的算法级行为描述。图 6-20 的逻辑框图说明了组成 FIFO 的模块,以及各模块之间信号传输和变换的关系,这是一种 RTL 结构描述。控制器的激励方程和输

出方程属逻辑级行为描述。控制器的逻辑电路图(图 6-24)则属 RTL 和逻辑级的混合结构描述。由此说明，数字系统设计本质上就是由抽象到具体、由行为到结构的不同层次的描述间的逻辑变换。

6.4.4 设计输入

本例采用分层次图形输入方式建立设计输入文件。图 6-25 是 FIFO 顶层图形输入文件。该文件用框图形式表明系统的组成：数据处理单元、控制器和它们的互连线。

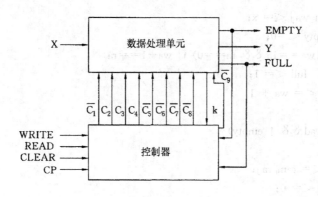

图 6-25　FIFO 顶层图形输入文件

在顶层图形输入文件中的两个模块，其功能由第二层次的原理图输入文件来详细描述。鉴于前面已导出数据处理单元和控制器的详细逻辑电路图，不难在 PLD 开发系统的支持下，调用元件库中所需元件，即可构成该原理图输入文件。请上机运行，并完成输入文件建立、设计处理和逻辑功能模拟等各个环节。

6.4.5 用 Verilog HDL 进行设计

前述对 FIFO 的设计表明，传统的系统设计方法较为繁琐。但如果采用硬件描述语言对其进行设计描述，则显得简便、高效。以下是根据图 6-19 算法流程图描述的该 FIFO 存储器的 Verilog HDL 代码。

```
module fifo( cp, clear, write, read, x, y, full, empty);
    input    cp, clear, write, read;
    input [3:0]    x;
    output [3:0]   y;
    reg    [3:0]   y;
    output         full, empty;
    reg            full, empty;
    reg [3:0]      ra;          //读地址寄存器
    reg [3:0]      wa;          //写地址寄存器
    reg [3:0]      ram[0:15];   //16×4 存储器
    always @(posedge cp)
    begin
        if( clear )
        begin
```

```
                ra <= 0;
                wa <= 0;
                empty <= 1;
                full <= 0;
                y <= 0;
            end
            else if(write && ! full)
            begin
                ram[wa] <= x;
                empty <= 0;
                if((wa==15 && ra==0) || wa+1==ra)
                    full <= 1;
                wa <= wa + 1;
            end
            else if(read && ! empty)
            begin
                y <= ram[ra];
                full <= 0;
                if((ra==15 && wa==0) || ra+1==wa)
                    empty <= 1;
                ra <= ra + 1;
            end
        end
endmodule
```

6.4.6 仿真验证

对上述 Verilog HDL 代码进行仿真,采用 Quartus Ⅱ,目标器件选择 FLEX10KA 系列的 EPF10K30AQC208,仿真结果如图 6-26 所示。由图可见,控制信号 clear 有效时,FIFO 处于复位状态,empty 为 1 有效,ra 和 wa 均为 0000(十六进制 0)。write 有效后,依次由 x 端口写入的数据为 8,9,A,…,6,7(存于 RAM 中),写入第 1 个数据后,empty=0 无效,写入 16 个数据后,full=1 有效,FIFO 满,无法继续写入。最后当 read 有效时,从 y 端口读出数据 8,9, A,…,6,7(取自 RAM),与写入的数据完全对应,读出第 1 个数据后,full=0 无效,读出 16 个数据后,empty=1 有效,FIFO 空,无新数据可以读出。

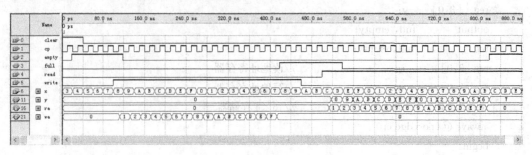

图 6-26 FIFO 的仿真波形图

6.5 数据采集和反馈控制系统的设计

试用一片 HDPLD 器件、模数转换器 ADC 和数模转换器 DAC 构成一个数据采集和反馈控制系统,该系统的组成框图如图 6-27 所示。

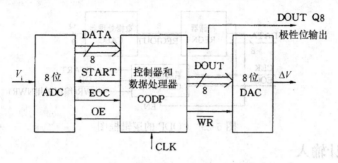

图 6-27 数据采集和反馈控制系统的组成框图

6.5.1 系统设计要求

系统的设计要求如下:

(1) 系统按一定速率采集输入电压 V_i,经 ADC 转换为 8 位数字量 DATA;

(2) 输入数据与存放于由 HDPLD 器件实现的控制器和数据处理器(简称 CODP)内的标准数据相减,求得带极性位的差值 $\pm\Delta$(数字量);

(3) 差值之绝对值送至 DAC 转换为 ΔV,它和特定的极性判别电路共同输出 $\pm\Delta V$;该 $\pm\Delta V$ 又作为系统后续模拟控制器的控制信号,产生对某物理量的控制作用;该物理量的变化又经传感器变换为输入电压 V_i 的变化。这种数据采集和反馈控制的过程周而复始地进行。

为使讨论集中于数字系统设计,即数据的采集和处理,故模拟部分不做细述。

(4) 数据采集和处理均在控制器的管理下有序进行。工作速率由时钟信号 CLK 的速率决定。

从系统示意图和功能要求可以看出,该系统属于数据处理类型,其控制器和数据处理器均可构造于一片单元型 CPLD 或 FPGA 系列芯片中,ADC 和 DAC 均在控制器的控制下运行。因此有如图 6-28 所示控制器工作流程图。

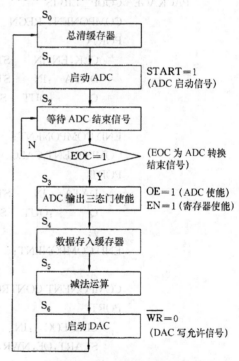

图 6-28 系统控制器工作流程图

根据上述功能和控制器工作流程图,配置相应的控制器和数据处理器 CODP 的硬件结构图如图 6-29 所示。CODP 由存储器 REGN,数据处理电路 CALC 和状态控制器 CONTROL 三个部分组成。图 6-29 给出了它们各自的输入、输出和互联关系,以及整个 CODP 与外部的联系。

图 6-29 是 CODP 的最高层次的逻辑框图。图中,存储器 REGN 实现 ADC 采集数据的缓冲,由控制器送出的 EN 作为存储使能信号。数据处理电路 CALC 实现采样值和标准值(假设任意选择标准值为$(18)_{10}$)的相减运算,并完成极性位的判别(0 为正极性,1 为负极性)。状态控制器 CONTROL 是系统正确有效工作的指挥枢纽,它还发出对 ADC、DAC、REGN 和 CALC 的控制信号,并接收 ADC 的反馈应答信号,做出判别和决策。

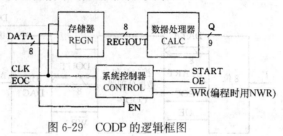

图 6-29 CODP 的逻辑框图

6.5.2 设计输入

本例全部采用 VHDL 语言描述,并分为两个层次建立输入文件。

根据图 6-27、图 6-28 首先给出 CODP 的顶层 VHDL 语言描述源文件如下:

```
LIBRARY  IEEE;
USE   IEEE.STD_LOGIC_1164.ALL;
PACKAGE  CODP_LIB IS                    --程序包说明  CODP_LIB 是程序包名
         COMPONENT REGN                                  --REGN 单元说明
         PORT(
              CLK,EN:IN     STD_LOGIC;
              DATA   :IN    STD_LOGIC_VECTOR(7 DOWNTO 0);
              Q      :OUT   STD_LOGIC_VECTOR(7 DOWNTO 0)
              );
         END COMPONENT;
         COMPONENT CALC                                  --CALC 单元说明
         PORT(
              DATA  :IN    STD_LOGIC_VECTOR(7 DOWNTO 0);
              Q     :OUT   STD_LOGIC_VECTOR(8 DOWNTO 0)
              );
         END COMPONENT;

         COMPONENT CONTROL                               --CONTROL 单元说明
         PORT(
              CLK,EOC  :IN    STD_LOGIC;
              START,OE,NWR,EN1  :OUT   STD_LOGIC
              );
         END COMPONENT;
END    CODP_LIB;                                        --程序包 CODP_LIB 说明结束
LIBRARY IEEE;
USE IEEE.STD_LOGIC_1164.ALL;
```

```
USE WORK. CODP_LIB. ALL;                              --用户自定义的 CODP_LIB 库
ENTITY CODP IS                                        --实体 CODP 说明部分
  PORT(
      CLK,EOC           ;IN    STD_LOGIC;
      DATA              ;IN    STD_LOGIC_VECTOR(7 DOWNTO 0);
      DOUT              ;OUT   STD_LOGIC_VECTOR(8 DOWNTO 0);
      START,NWR,OE      ;OUT   STD_LOGIC
  );
END CODP;

ARCHITECTURE   A   OF   CODP   IS                     --CODP 实体内结构体 A 说明
    SIGNAL EN ;STD_LOGIC;                             --内部信号 EN 说明
    SIGNAL REG1OUT ;STD_LOGIC_VECTOR(7 DOWNTO 0);
                                                      --内部信号 REG1OUT 说明
BEGIN
REG8_1: REGN
    PORT  MAP( CLK, EN, DATA,REG1OUT);
                                --端口映射,PORT MAP 是关键词,各端口
CONTR;CONTROL                                         --名称相同时为同一信号
    PORT  MAP(CLK,EOC,START,OE,NWR,EN);               --端口映射
C1;CALC
    PORT  MAP (REG1OUT,DOUT);                         --端口映射
END A;
```

在以上顶层的 VHDL 描述源文件中,用元件例化语句定义了三个单元:REGN、CALC 和 CONTROL,这三个单元的逻辑功能可用下述 VHDL 文件描述。

REGN 的 VHDL 描述文件为

```
LIBRARY  IEEE;
USE IEEE. STD_LOGIC_1164. ALL;
ENTITY  REGN  IS                                      --实体 REGN 说明
  PORT (
      CLK,EN     ;IN    STD_LOGIC;
      DATA       ;IN    STD_LOGIC_VECTOR(7 DOWNTO 0);
      Q          ;OUT   STD_LOGIC_VECTOR(7 DOWNTO 0)
      );
END REGN;

ARCHITECTURE   A   OF   REGN   IS
  BEGIN
      PROCESS(CLK)
        BEGIN
          IF  (CLK 'EVENT  AND  CLK='1') THEN         --如果 CLK 有效
              IF   EN='1'  THEN                       --如果使能端 EN 有效
                  Q<=DATA;                            --DATA 值赋于 Q
```

                END IF;
            END IF;
        END PROCESS;
    END A;

CONTROL 的 VHDL 描述文件为

```
    LIBRARY IEEE;
    USE IEEE.STD_LOGIC_1164.ALL;
    ENTITY CONTROL IS                                   --实体 CONTROL 说明
        PORT (
            CLK, EOC              ;IN   STD_LOGIC;
            START,OE,NWR,EN1      ;OUT  STD_LOGIC;
            );
    END CONTROL;
    ARCHITECTURE  A  OF  CONTROL  IS
        TYPE  STATE_SPACE  IS  (S0,S1,S2,S3,S4,S5,S6);
        SIGNAL   STATE: STATE_SPACE;
    BEGIN
        PROCESS(CLK)
        BEGIN
            IF  (CLK 'EVENT AND CLK='1')  THEN       --如果时钟有效作用沿发生
                CASE  STATE  IS                               --状态分支
                    WHEN S0 =>
                        STATE <=S1;                         --S0 无条件转向 S1
                    WHEN S1 =>
                        STATE <=S2;
                    WHEN S2 =>
                        IF  EOC ='1'  THEN           --如果 EOC=1,状态转向 S3
                        STATE <=S3;                         --否则保持为 S2
                        END IF;
                    WHEN S3 =>
                        STATE <=S4;
                    WHEN S4 =>
                        STATE <=S5;
                    WHEN S5 =>
                        STATE <=S6;
                    WHEN S6 =>
                        STATE <=S0;
                END  CASE;                                 --状态分支结束
            END IF;
        END PROCESS;
        START <='1' WHEN  STATE=S1  ELSE '0';     ⎫ --输出信号赋值语句,例如
        OE  <='1'    WHEN  STATE=S3  ELSE '0';    ⎬ --状态 S1 时,START=1
        EN1 <='1'    WHEN  STATE=S3  ELSE '0';    ⎪ --否则 START=0
        NWR<='0'     WHEN  STATE=S5  ELSE '1';    ⎭
```

END A;

CALC 的 VHDL 描述文件为

```vhdl
LIBRARY IEEE;
USE IEEE.STD_LOGIC_1164.ALL;
USE IEEE.STD_LOGIC_UNSIGNED.ALL;         --使用 IEEE 标准中的 UNSIGNED 库
ENTITY  CALC  IS                         --实体 CALC 说明
  PORT(
        DATA:IN    STD_LOGIC_VECTOR(7 DOWNTO 0);
        Q:OUT      STD_LOGIC_VECTOR(8 DOWNTO 0)
      );
CONSTANT STAND:STD_LOGIC_VECTOR(8 DOWNTO 0):="111101110";
                                         --标准值(补码)赋值
END CALC;                                --负数
ARCHITECTURE  A  OF  CALC  IS
BEGIN
PROCESS (DATA)
    VARIABLE  INTER1,INTER2,INTER3:STD_LOGIC_VECTOR(8 DOWNTO 0)
                                         --三个中间变量说明
    VARIABLE  C:STD_LOGIC;               --极性位变量说明
BEGIN
    FOR I IN 0 TO 8 LOOP
        INTER1(I):='0';
        INTER2(I):='0';                  --循环语句,三个中间变量各位均清零
        INTER3(I):='0';
    END LOOP;

    FOR I IN 0 TO 7 LOOP
        INTER1(I):=DATA(I);              --循环语句,DATA 各位值赋给变量 INTER1 的各对应位
    END LOOP;

    INTER2:=INTER1+STAND;                --输入和标准值补码相加,完成减法运算
    IF INTER2(8)='1'  THEN
        C:='0';
        FOR I IN 0 TO 7 LOOP             --极性位生成
            INTER3(I):=INTER2(I) XOR C;  --如果运算结果极性位=1,
            C:=INTERR(I) OR C;           --  则数值位求补
        END LOOP;
        INTER3(8):='1';
    ELSE
        FOR  I  IN 0 TO 8 LOOP           --如果极性位=0,则数值位不变
            INTER3(I):=INTER2(I);
        END LOOP;
    END IF;
    Q<=INTER3;                           --运算结果(低 8 位送 DAC 变换,高位—极性位直接输出)
END PROCESS;
```

END A；

有关软件系统接受上述 VHDL 文件，并经定义引脚、自动编译和设计处理后，将直接生成编程目标文件，经灌装芯片就可实现 CODP 电路。

6.6 FIR 有限冲激响应滤波器的设计

数字信号处理(Digital Signal Processing,DSP)技术在许多领域内有广泛应用，如数字通信、雷达信号处理、图像处理和数据压缩等。数字信号处理硬件设计方法常有四种：
① 采用专门的单片 DSP 器件；
② 以单片数字信号处理器或计算机为依托，采用软硬结合的方式；
③ 采用全定制固定功能的 ASIC 器件；
④ 采用 HDPLD 器件实现。

这四种途径各有优缺点，这里不做细述，仅就采用 HDPLD(CPLD 或 FPGA)实现 DSP 的方法做简要介绍。

有限冲激响应滤波器(Finite Impulse Response filter,FIR)具有独特的优点，它可以在设计任意幅频特性的同时，保证严格的线性相位特性，因此成为数字信号处理中常用的部件。本节以 FIR 滤波器为代表，介绍采用 HDPLD 设计 DSP 系统的一般方法。随着 HDPLD 容量的不断增加，结构的日益完善、速度的不断提高，实现单片系统集成(System-On-a-Chip)已成为可能，利用 HDPLD 现场可编程特性，既可缩短设计周期，又可反复修改调试，成本较低，适合于小批量 DSP 应用场合。

6.6.1 FIR 结构简介

当有限冲激响应滤波器的输入为冲激序列时，其输出是一个有限序列，即该序列的长度是有限的，该序列称为滤波器的冲击响应。

有限冲激响应滤波器的输入序列与输出序列的关系可用下式来表示：

$$y(n) = \sum_{i=0}^{N-1} h(i)x(n-i) = h(n) \otimes x(n) \tag{6-1}$$

式(6-1)中，$y(n)$、$x(n)$ 分别是输出序列与输入序列，$h(n)$ 是滤波器的冲激响应，N 是冲激响应的长度。$\otimes$ 为卷积运算的符号。

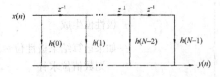

图 6-30 FIR 的直接型结构

若对式(6-1)采用直接型结构实现，就有如图 6-30 所示系统信号流程图。算法可用下式表示：

$$y(n) = \sum_{i=0}^{N-1} h(i)x(n-i) \tag{6-2}$$

图中 $x(n)$ 表示输入样本的第 n 个点，$y(n)$ 表示滤波后的输出样本的第 n 个点，z^{-1} 对应时域中的一次延时。因此该图表明了输出 $y(n)$ 由输入 $x(n)$ 的各次延时乘以相应的系数、然后相加而获得。该结构包含 N 次乘法、$(N-1)$ 次加法。由于一次乘法的运算量远大于一次加法的运算量，因此总运算量可由乘法运算次数来表示，即为 N 次。

对于线性相位因果 FIR 滤波器，它的系数具有中心对称特性，即

$$h(i) = \pm h(N-1-i)$$

令
$$S(i) = x(i) \pm x(N-1-i)$$

代入式(6-1)可得

$$\begin{aligned}
y(n) &= \sum_{i=0}^{N/2-1} h(n)x(n-i) + \sum_{i=N/2}^{N-1} h(i)x(n-1) \\
&= \sum_{i=0}^{N/2-1} h(i)x(n-i) + \sum_{i=0}^{N/2-1} h(N-1-i)x(n-N+1+i) \\
&= \sum_{i=0}^{N/2-1} h(i)[x(n-i) + x(n-N+1+i)] \\
&= \sum_{i=0}^{N/2-1} h(i)S(n-i)
\end{aligned} \quad (6-3)$$

上述式(6-3)仅适用于偶数情况。

因此,线性相位FIR滤波器的直接型结构可改进为如图6-31所示。

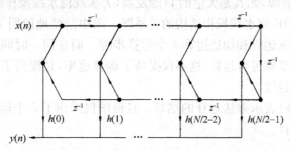

图6-31 线性相位FIR滤波器的直接型结构改进图(N为偶数)

在改进的结构中,N次乘法减少为$N/2$次,而加法次数增加了$N/2$次,总的运算量得以减少。以乘法次数表示,其总运算量为$N/2$次,这种直接型结构简单明了,系统调整方便。

在图6-30所示直接型结构中,整个运算过程总是包括基本的加减法、乘法和延时等环节,这正是利用逻辑资源丰富的HDPLD来实现的优越性,也就是说HDPLD完成大量的基本算术运算和逻辑运算十分有效,可用丰富的硬件资源换取运算速度。这里值得注意的是:各运算可以采用累加器实现的顺序算法,也可采用运算速度特高的流水线操作结构进行。前者计算时间较长,控制复杂,但占用资源较少;后者占用资源多,但速度快、控制较简单,本节设计采用后者。以下讨论采用流水线操作结构实现快速FIR的详情,注重了发挥高密度PLD容量大、速度快的特点。

6.6.2 设计方案和算法结构

根据FIR滤波器的基本公式,这里讨论实施方案。为清晰、方便起见,首先设定线性因果FIR的阶数为8,即$N=8$(阶数可按照需要设定),根据式(6-3),其输入与输出的关系可用下式表示

$$y(n) = \sum_{i=0}^{3} h(i)S(n-i) \quad (6-4)$$

因为$S(i) = x(i) \pm x(N-1-i)$,故$S(i)$的计算包含加、减运算,而采用补码运算可以简化计算结构,因此规定输入数据序列$x(n)$采用补码形式。又设定$S(n-i)$的二进制形式的字长为b,小数点取在最高位之后,则$S(n-i)$的补码表示为

$$[S(n-i)]_{补} = S_{n-i}^0 S_{n-i}^1 \cdots S_{n-i}^{b-1}$$

根据 Booth 公式,式(6-4)的补码形式可表示为

$$[y(n)]_{补} = \left[\sum_{i=0}^{3} h(i)S(n-i)\right]_{补} = \sum_{i=0}^{3}[h(i)]_{补}\sum_{k=1}^{b-1}2^{-k}S_{n-i}^k - \sum_{i=0}^{3}[h(i)]_{补}S_{n-i}^0$$

$$= \sum_{k=1}^{b-1}2^{-k}\sum_{i=0}^{3}[h(i)]_{补}S_{n-i}^k - \sum_{i=0}^{3}[h(i)]_{补}S_{n-i}^0 \tag{6-5}$$

由式(6-5)可知,整个运算过程具体为包括乘法相加运算、移位加法运算和一次减法运算,运算结果也采用补码表示,即输出序列为$[y(n)]_{补}$。

由于运算应在一个时钟周期内完成,但运算逻辑相当复杂,信号延迟较长,从而限制了时钟频率的提高。当整个运算采用流水线操作算法结构时,把在一个时钟周期内欲完成的运算划分为若干子运算,各个子运算(加减运算、查表和各级移位相加运算)采用寄存输出模式,这样既缩短了延时路径、可提高时钟频率;又可使各子运算同时进行,提高数据吞吐率。HDPLD 大量的逻辑资源,尤其是大量的 D 触发器,为实现流水线操作结构提供了方便。

图 6-32 给出了 FIR 流水线操作结构的关系图。图中清楚地说明了一个运算数据历经移位寄存、加减运算、乘法运算和加法运算 4 个运算步骤。而在同一时间内,不同运算模块在对不同运算数据的不同步骤进行运算,这不仅提高了运算速率,且提高了硬件使用效率,这正是流水线操作结构的优越性。

图 6-32 中的 $m(k)$ 表示乘法运算的结果。且该图仅采用了 7 个运算点,设计者可以根据需要设定运算点的数目。

6.6.3 模块组成

一个完整的 FIR 滤波器组成示意图如图 6-33 所示。

图中各个端口信号的意义如下。

XIN:序列$[x(n)]_{补}$的输入端口;

XOUT:序列$[x(n)]_{补}$的输出端口;

CASIN:级联输入端口;

CAS:级联控制端口;

CASOUT:级联输出端口,关于级联的具体方式将在滤波器的扩展中详细介绍;

Y:序列$[y(n)]_{补}$的输出端口。

冲激响应 $h(n)$ 将作为常数在模块内部指定,不再作为端口出现。由于运算均采用补码形式,因此,各输入、输出数据及冲激响应 $h(n)$ 的各系数均为补码表示,以下不再特别说明。

除了输入、输出端口以外,在设计中还设立了 4 个相关参数,来确定滤波器的规格:参数 WIDTHD 表示输入数据 $x(n)$ 的字长,参数 TAG 表示滤波器的阶数 N,参数 WIDTHC 表示系数 $h(n)$ 的字长,参数 EVEN-ODD 表示冲激响应的对称性,各参数的具体含义将在各个子模块中详细介绍。

1. 移位寄存阵列模块

移位寄存阵列主要实现数据的延时输出,如图 6-34 所示。

数据从 XIN 端口输入,经寄存器实现延时,从 XOUT 端口输出,X(0)~X(7)为各级延时输出。数据的字长是由参数 WIDTHD 指定的,它决定着图 6-34 中每级延时中寄存器的个

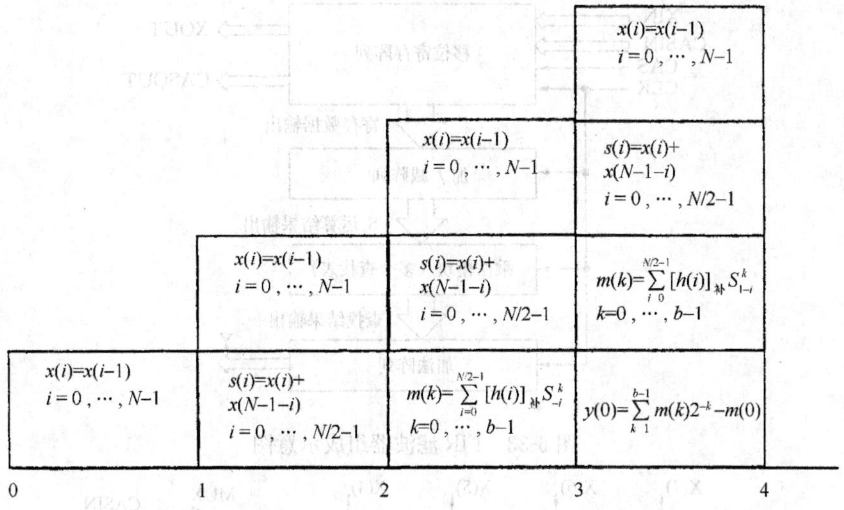

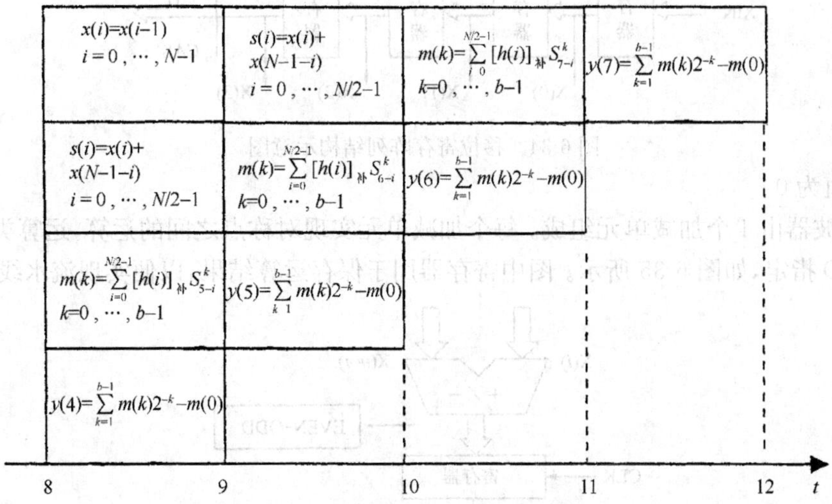

图 6-32 FIR 流水线操作结构的关系图

数。利用数据选择器 MUX 可以实现滤波器模块的级联,满足高阶滤波器的需要。CASOUT 为级联输出端,CASIN 为级联输入端。控制 MUX 的地址端 CAS 的取值(0 或 1),可以从 CASOUT 和 CASIN 中选择一个作为输入,从而决定滤波器是否处于级联状态。

2. 加减阵列模块

加/减阵列实现 $s(i)=x(i)\pm x(N-1-i)$ 运算。由于冲激响应的中心对称特性可以是奇对称,也可以是偶对称。对于系数呈偶对称的 FIR 滤波器,加减阵列应该实现加法操作;反之应该实现减法操作,因此设立参数 EVEN-ODD,在具体实现时可根据实际需要,指定滤波器的对称特性。对于偶对称的滤波器,EVEN-ODD 应取值为 1;对于奇对称的滤波器,EVEN-

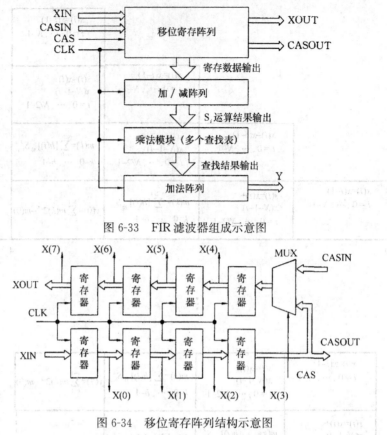

图 6-33 FIR 滤波器组成示意图

图 6-34 移位寄存阵列结构示意图

ODD 应取值为 0。

8 阶滤波器由 4 个加减单元组成。每个加减单元实现对称点之间的运算，运算类型由参数 EVEN-ODD 指定，如图 6-35 所示。图中寄存器用于保存运算结果，以便实现流水线结构。

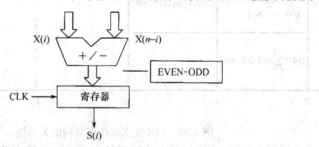

图 6-35 加/减阵列结构示意图，$i=0,1,2,3$

3. 乘法模块

乘法模块实现式(6-5)中包含的 b 个 $\sum_{i=0}^{3}[h(i)]_{补} S_{n-i}^{k}$ 运算。运算采用查找表方式实现：以 $S_{n-i}^{k}(i=0,1,2,3)$ 作为查找表的地址输入，以 $\sum_{i=0}^{3}[h(i)]_{补} S_{n-i}^{k}$ 作为查找表的内容，查找表的输出采用寄存模式。这种实现方式可以充分利用前述 HDPLD 中 SRAM 工艺器件的多输入查找表资源，因而式(6-5)中的参与求和的 $b-1$ 个数码计算可使用一张查找表。而且通过直接对查找表的内容求补,可以将式(6-5)中的减法运算用加法运算来替代,省去码制变换,简化了电路结构,因此整个模块使用了两张查找表。系数 $h(i)$ 是作为常数出现的,它的字长利用参数 WIDTHC 指定。

4. 加法阵列模块

移位相加运算通过一个加法阵列实现,加法阵列采取并行加法,可以缩短计算时间。同时根据流水线结构要求,每级移位相加运算的输出均采用寄存模式,使延时路径尽可能短。加法输出结果按实际字长输出,保证计算精度。图 6-36 中给出的是一个输入数据字长为 7 的滤波器中的乘法模块和加法阵列。

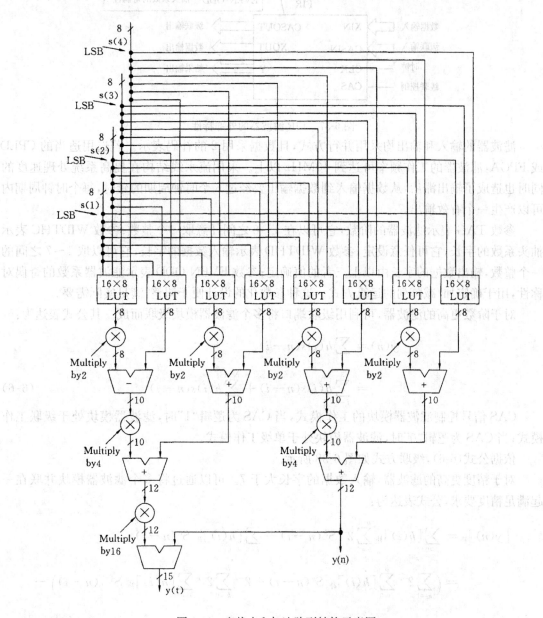

图 6-36 查找表和加法阵列结构示意图

这里值得注意的是：加法可能会溢出，故设计者要详细考虑如何处理溢出问题，以免加法出错。

6.6.4 FIR滤波器的扩展应用

以上设计的滤波器可以作为一个部件用在数字信号处理系统中，它的外部特性如图 6-37 所示：

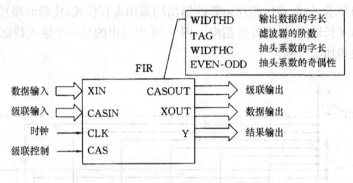

图 6-37 FIR 滤波器的外部特性

滤波器的输入和输出均采用并行方式，且数据采用 2 的补码表示。若选用适当的 CPLD 或 FPGA，滤波器的工作频率可达到 40MHz 以上。采用流水线结构在提高系统处理速度的同时也造成了输出滞后，从数据输入到数据输出要经过 5 个时钟周期的延时，每个时钟周期内可以产生一个有效输出。

参数 TAG 表示滤波器的阶数，它可以在 1~8 之间任意取一个整数；参数 WIDTHC 表示抽头系数的字长，它可任意设定；参数 WIDTHD 表示输入数据的字长，它可以取 1~7 之间的一个整数，输出数据的字长由以上三者的值确定；参数 EVEN-ODD 表示滤波器系数的奇偶对称性，用于确定加/减阵列的运算方式。这种参数化的设计便于调整，满足实际需要。

对于阶数更高的滤波器，可利用级联端口将多个滤波器模块级联而成。其公式表达为：

$$y(n) = \sum_{i=0}^{N-1} h(i)s(n-i)$$
$$= \sum_{i=0}^{3} h(i)s(n-i) + \sum_{i=4}^{N-1} h(i)s(n-i) \tag{6-6}$$

CAS 信号控制滤波器模块的工作模式，当 CAS 为逻辑"1"时，滤波器模块处于级联工作模式；当 CAS 为逻辑"0"时，滤波器模块处于单级工作模式。

依据公式(6-6)，级联方式如图 6-38 所示。

对于精度更高的滤波器，输入数据的字长大于 7。可以通过将多个滤波器模块并联在一起满足精度要求，公式表达为：

$$[y(n)]_\text{补} = \sum_{i=0}^{3}[h(i)]_\text{补} \sum_{k=1}^{b-1} 2^{-k} S^k(n-i) - \sum_{i=0}^{3}[h(i)]_\text{补} S^0(n-i)$$
$$= \Big(\sum_{k=1}^{6} 2^{-k} \sum_{i=0}^{3}[h(i)]_\text{补} S^k(n-i) + 2^{-7}\sum_{k=0}^{b-8} 2^{-k} \sum_{i=0}^{3}[h(i)]_\text{补} S^{k-7}(n-i)\Big) -$$
$$\sum_{i=0}^{3}[h(i)]_\text{补} S^0(n-i)$$

$$= \Big(\sum_{k=1}^{6} 2^{-k} \sum_{i=0}^{3} [h(i)]_{\nleftarrow} S^k(n-i) - \sum_{i=0}^{3} [h(i)]_{\nleftarrow} S^0(n-i)\Big) +$$
$$2^{-7} \sum_{k=0}^{b-8} 2^{-k} \sum_{i=0}^{3} [h(i)]_{\nleftarrow} S^{k-7}(n-i) \tag{6-7}$$

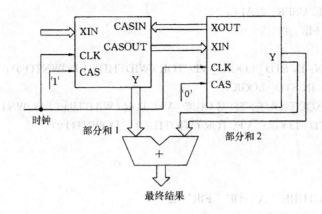

图 6-38 滤波器级联方式

依据公式(6-7),并联方式如图 6-39 所示。

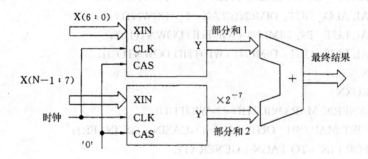

图 6-39 滤波器并联方式

6.6.5 设计输入

本设计采用了 VHDL 语言进行逻辑描述。整个设计的层次如图 6-40 所示。

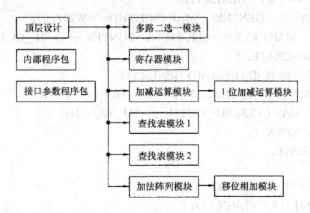

图 6-40 采用 VHDL 描述设计的系统层次图

顶层设计的 VHDL 源程序如下：

```
LIBRARY IEEE;
USE IEEE.STD_LOGIC_1164.ALL;
USE WORK.USER_1.ALL;
USE WORK.USER_2.ALL;
ENTITY FIR IS
PORT(
XIN,CASIN: IN STD_LOGIC_VECTOR (WIDTHD-1 DOWNTO 0);
CLK,CAS: IN STD_LOGIC;
CASOUT,XOUT:OUT STD_LOGIC_VECTOR (WIDTHD-1 DOWNTO 0);
Y:OUT STD_LOGIC_VECTOR (WIDTH+9  DOWNTO 0)
     );
END FIR;

ARCHITECTURE   A   OF   FIR   IS
       ……（元件说明略）
SIGNAL INTER:STD_LOGIC_VECTOR (WIDTHD-1 DOWNTO 0);
SIGNAL SH_OUT:DIMEN0 (TAGN-1   DOWNTO 0);
SIGNAL ADD_OUT: DIMEN1(TAG-1   DOWNTO 0);
SIGNAL LUT_IN: DIMEN3 (WIDTHD DOWNTO 0);
SIGNAL LUT_OUT: DIMEN4 (WIDTHD DOWNTO 0);
BEGIN
M: MUXN
    GENERIC MAP (WIDTHD=>WIDTHD)
     PORT MAP (SH_OUT(TAG-1),CASIN,CAS,INTER);
DFF:FOR I IN 0 TO TAGN-1 GENERATE
DFF0:IF I=0 GENERATE
    D0 :DFF_N   GENERIC   MAP (WIDTHD=>WIDTHD)
    PORT   MAP ( CLK=>CLK,DATA=>XIN,q=>SH_OUT(0));
    END GENERATE;
DFFCAS:IF I=TAG   GENERATE
    D1 :DFF_N   GENERIC   MAP (WIDTHD=>WIDTHD)
    PORT   MAP ( CLK=>CLK,DATA=>INTER,q=>SH_OUT(I));
    END GENERATE;
DFFX:IF (I/=0) AND (I/=TAG) GENERATE
    DX :DFF_N   GENERIC   MAP (WIDTHD=>WIDTHD)
    PORT   MAP ( CLK,SH_OUT(I-1),SH_OUT(I));
    END GENERATE;
END GENERATE;

CASOUT<=SH_OUT(TAG-1);
XOUT<=SH_OUT(TAGN-1);

AS1:FOR I IN 0 TO TAG-2   GENERATE
```

```
ADD_SUBX:ADD_SUB
    GENERIC   MAP(WIDTHN=>WIDTHD,EVEN_ODD)
    PORT   MAP(CLK,SH_OUT(I),SH_OUT(TAGN-1-I),ADD_OUT(I));
END GENERATE;

AS2:IF(TAGN-TAG=TAG) GENERATE
ADD_SUBMSB:ADD_SUB
    GENERIC   MAP(WIDTHN=>WIDTHD,EVEN_ODD)
    PORT   MAP(CLK,SH_OUT(TAG-1),SH_OUT(TAG),ADD_OUT(TAG-1));
END    GENERATE;

AS3:IF(TAGN-TAG/=TAG) GENERATE
DFFA1:DFF_N
    GENERIC   MAP(WIDTHD=>WIDTHD)
    PORT   MAP(CLK,SH_OUT(TAG-1),ADD_OUT(TAG-1)) (WIDTHD-1   DOWNTO 0));
    PROCESS
    BEGIN
    WAIT UNTIL CLK='1';
    ADD_OUT(TAG-1)(WIDTHD)<=SH_OUT(TAG-1) (WIDTHD-1);
    END PROCESS;
END GENERATE;

PROCESS (ADD_OUT)
BEGIN
    FOR J IN 0 TO  WIDTHD   LOOP
        FOR   I   IN 0 TO (TAG-1)   LOOP
            LUT_IN(J) (I)<=ADD_OUT(I) (J);
        END LOOP;
    END LOOP;
END PROCESS;

G4:FOR I IN 0 TO WIDTHD   GENERATE
G5:IF I/=WIDTHD   GENERATE
        lutx:LUTT
    PORT   MAP(CLK,LUT_IN(I),LUT_OUT(I));
    END   GENERATE;
G6:IF I=WIDTHD GENERATE
    LUTMSB:LUT
    PORT   MAP(CLK,LUT_IN(I),LUT_OUT(I));
    END GENERATE;
END GENERATE;

G7:ADDARRAY
PORT   MAP(CLK,LUT_OUT,Y);
END A;
```

其余的程序因篇幅较长,不再给出。

6.6.6 设计验证

为了验证设计的正确性,利用有关设计开发软件中的模拟器进行了模拟。模拟是对单个滤波器模块进行的。由于滤波器的参数较多,进行完全模拟十分繁琐,而且也不必要。因此实际设置了两套参数,第一套参数设定阶数为偶数、冲激响应为奇对称,第二套参数设定阶数为奇数、冲激响应为偶对称,分别进行了模拟。这两套参数覆盖了阶数参数和奇偶对称性参数的各自可能取值情况,可以反映出设计的正确性。

1. 模拟1

模拟1中,设置各参数如表6-2所示。

表6-2 模拟1参数设置

序 号	参 数 名 称	参 数 数 据
1	阶数 TAGN	8
2	输入数据字长 WIDTHD	7
3	系数字长 WIDTHC	4
4	系数对称性 EVEN-ODD	0
5	系数 h(0)	$0.625=(0101)_B$
6	系数 h(1)	$0.5=(0100)_B$
7	系数 h(2)	$-0.875=(1001)_B$
8	系数 h(3)	$-0.75=(1010)_B$

模拟波形如图6-41所示。图中,输入数据和输出数据采用补码形式的十六进制表示,输出滞后输入5个时钟,输入数据的小数点和系数的小数点均定在次高位之前,输出数据的小数点定在第(WIDTHD+WIDTHC−1)位之前。输入数据设置为确定的数:$(24)_H=0.28125$,将数据代入公式(6-1),计算该滤波器的输出结果,模拟结果和计算结果的对比如表6-3所示。

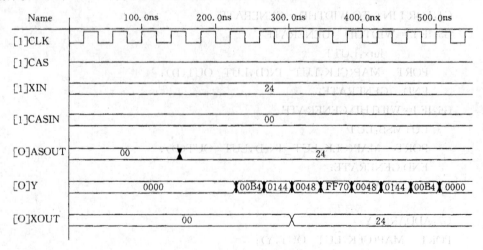

图6-41 模拟1波形

表 6-3 模拟 1 中模拟结果和计算结果的对比

序 号	模 拟 结 果	计 算 结 果
1	$(00B4)_H = 0.17578125$	0.17578125
2	$(0144)_H = 0.31640625$	0.31640625
3	$(0048)_H = 0.0703125$	0.0703125
4	$(FF70)_H = -0.140625$	-0.140625
5	$(0048)_H = 0.0703125$	0.0703125
6	$(0144)_H = 0.31640625$	0.31640625
7	$(00B4)_H = 0.17578125$	0.17578125
8	$(0000)_H = 0$	0
⋮	⋮	⋮

2. 模拟 2

模拟 2 中,设置各参数如表 6-4 所示。模拟波形如图 6-42 所示,该图的说明和模拟 1 中的说明相同。模拟结果和计算结果的对比如表 6-5 所示。

表 6-4 模拟 2 参数设置

序 号	参 数 名 称	参 数 数 据
1	阶数 TAGN	7
2	输入数据字长 WIDTHD	7
3	系数字长 WIDTHC	4
4	系数对称性 EVEN-ODD	1
5	系数 h(0)	$0.625 = (0101)_B$
6	系数 h(1)	$0.5 = (0100)_B$
7	系数 h(2)	$-0.875 = (1001)_B$
8	系数 h(3)	$-0.75 = (1010)_B$

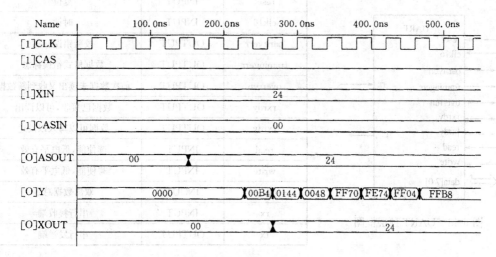

图 6-42 模拟 2 波形

表 6-5 模拟 2 中模拟结果和计算结果的对比

序 号	模拟结果	计算结果
1	$(00B4)_H = 0.17578125$	0.17578125
2	$(0144)_H = 0.31640625$	0.31640625
3	$(0048)_H = 0.0703125$	0.0703125
4	$(FF70)_H = -0.140625$	-0.140625
5	$(FE74)_H = -0.38671875$	-0.38671875
6	$(FF04)_H = -0.24609375$	-0.24609375
7	$(FFB8)_H = -0.0703125$	-0.0703125
⋮	⋮	⋮

模拟结果证实了设计的正确性。利用有关的开发软件系统进行设计处理,产生相应 HDPLD 器件的编程目标文件,将该文件下载入相应器件中,即可构成实用的 FIR 系统。

6.7 UART 接口设计

6.7.1 UART 组成与帧格式

通用异步收发器(Universal Asynchronous Receiver & Transmitter, UART),又称为串行通信口或串口,在数字系统中有着广泛的应用。

1. 功能

所设计的 UART 的功能包括全双工、标准 UART 数据格式、奇偶校验、接收中断、发送中断、校验错误检查、帧错误检查等。相应的顶层框图如图 6-43 所示,左侧为内部信号,右侧为外部的串口收、发信号。图中各信号含义见表 6-6。

表 6-6 UART 信号定义

信 号	方 向	作 用
reset	INPUT	复位
clk16	INPUT	时钟
parityerr	OUTPUT	校验错误标志
framingerr	OUTPUT	数据格式错误标志
overrun	OUTPUT	前次数据未读出又收到新数据
rxrdy	OUTPUT	数据已接收,可以读出
txrdy	OUTPUT	数据可以写入以发送
read	INPUT	读使能,低电平有效
write	INPUT	写使能,低电平有效
data[7:0]	INOUT	双向数据总线
rx	INPUT	串行接收端
tx	OUTPUT	串行发送端

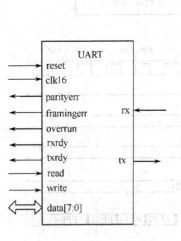

图 6-43 UART 顶层框图

2. 帧格式

UART 的串行数据格式如图 6-44 所示。数据每 8 位为 1 帧，在连续传输的间隙，tx 线保持高电平。每次传输总是以一个低电平起始位开始，后跟 8 个数据位，低位(LSB)在前，高位(MSB)在后。8 个数据位之后则是该 8 位数据的校验位，可以设置成奇校验或偶校验。校验位之后为高电平的终止位，表示一帧结束。

UART 的发送线(tx)和接收线(rx)都需要进行上拉，使其在空闲时为高电平。

图 6-44 UART 数据格式

3. 组成

UART 可以划分成 2 个独立的接收和发送模块，但数据总线共用，通常与内部控制器(CPU)的 8 位数据口(总线)相连。时钟 clk16 也共用。

图 6-45 为 UART 的组成结构示意图。发送模块中，"发送保持寄存器"用于暂存待发送的 8 位数据，而"发送移位寄存器"则进行并/串变换，实现串行发送，MUX 用于添加起始位、校验位和终止位。接收模块中，"接收移位寄存器"进行串/并变换，而"接收保持寄存器"则用于暂存接收到的 8 位数据。三态驱动器的作用是当不从 UART 读取数据时，UART 不影响数据总线。接收和发送模块均有各自的控制逻辑。

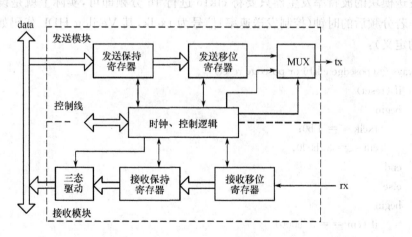

图 6-45 UART 组成结构示意图

clk16 的频率是串口波特率的 16 倍，其作用：一是内部并行数据读、写的同步信号；二是作为产生波特率的基准；三是在接收串口数据时，便于对每个数据位的中点进行定位采样，以提高数据传输的可靠性，这一点正是将 clk16 设成波特率若干倍频的原因，详见接收模块设计。

6.7.2 顶层模块的描述

UART 的顶层模块由发送模块和接收模块的实例引用和三态驱动 3 个部分构成,其 Verilog HDL 描述如下:

```
`include "txmit.v"           //包含发送模块源文件
`include "rxcver.v"          //包含接收模块源文件
module uart (clk16, reset, read, write, data, rx, tx, rxrdy, txrdy, parityerr, framingerr, overrun);
    input      clk16, reset, read, write, rx;
    inout      [7:0] data;
    output     tx, rxrdy, txrdy, parityerr, framingerr, overrun;
    wire       tx, rxrdy, txrdy, parityerr, framingerr, overrun;
    wire       [7:0] rxdata;                   // 接收保持寄存器的数据输出
//发送模块实例引用
    txmit tx_1 (clk16, write, reset, tx, txrdy, data);
//接收模块实例引用
    rxcver rx_1 (clk16, read, rx, reset, rxrdy, parityerr, framingerr, overrun, rxdata);
//数据总线的三态驱动
    assign data = ! read ? rxdata : 8'bzzzzzzzz;
endmodule
```

6.7.3 发送模块设计

1. 波特率发生

发送模块的波特率发生器只要将 clk16 进行 16 分频即可,实际上就是设计一个模 16 计数器。若分频后的时钟(控制发送速率)信号为 txclk,其 Verilog HDL 代码如下(省略了相关变量的定义):

```
always @(posedge clk16 or posedge reset)
    if (reset)
    begin
        txclk <= 1'b0;
        cnt <= 3'b000;
    end
    else
    begin
        if (cnt == 3'b000)
            txclk <= ! txclk;
        cnt <= cnt + 1;
    end
```

2. 工作流程

发送模块的工作流程主要包括三个状态:空闲态(idle)、写数据(load)和数据移位输出(shift)。写数据时,将数据先存入发送保持寄存器(thr),再由 thr 存入发送移位寄存器(tsr)。

在数据移位输出时,除 8 个数据位外,还需要适时插入起始位、校验位和终止位。详细流程如图 6-46 所示。

6.7.4 接收模块设计

1. 工作流程

接收模块的工作流程主要包括三个状态:空闲态(idle)、捕获起始位(hunt)和数据移位(shift)。在数据移位过程中要判断校验位和终止位,输出相应的标志。数据接收无误后,将接收移位寄存器(rsr)中的数据存入接收保持寄存器(rhr),并发出 rxrdy 中断请求信号,等待 read 有效,以便将 rhr 中的数据读出,其详细流程如图 6-47 所示。

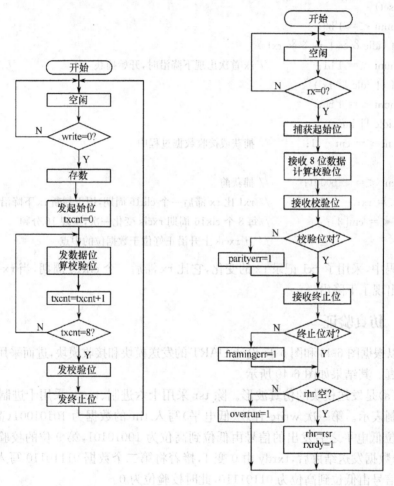

图 6-46 发送模块工作流程　　图 6-47 接收模块工作流程

2. 波特率发生

接收模块也需要波特率发生器,且也是将 clk16 进行 16 分频得到 rxclk,但是为提高接收数据的可靠性,rxclk 的上升沿应当正好处于起始位和各数据位的中点处,即要将接收模块的波特率时钟同步到起始位及其后各位的中点,如图 6-48 所示。

图中,从 rx 出现低电平到 rxclk 第 1 个上升沿的间隔时间 T_1 的大小正好等于 clk16 的 8

图 6-48 rxclk 时钟同步到各接收位的中点

个周期，为此可写出产生 rxclk 的 Verilog HDL 代码如下（省略了相关变量的定义）：

```
always @(posedge clk16)
begin
    if (reset)
        hunt <= 1'b0;
    else if (idle && ! rx && rx1 )
        hunt <= 1'b1;           // rx 首次出现下降沿时，开始捕获
    else if (! idle || rx )
        hunt <= 1'b0;
    if (! idle || hunt)
        cnt <= cnt + 1;         // 捕获或接收数据过程中
    else
        cnt <= 4'b0001;         // 捕获前
    rx1 <= rx;                  // rx1 比 rx 滞后一个 clk16 周期，用于判断 rx 下降沿
    rxclk <= cnt[3];            //每 8 个 clk16 周期 rxclk 变化一次，实现 16 分频
end                             // 且 rxclk 上升沿正好位于数据位的中点
```

该段代码中，采用了 rx1 记录 rx 的变化，它比 rx 滞后一个 clk16 周期，当 rx=0 且 rx1=1 时，表示 rx 出现了下降沿。

6.7.5 仿真验证

读者可以根据图 6-46 和图 6-47 设计 UART 的发送模块和接收模块，进而采用 Quartus II 对设计进行仿真。其结果如图 6-49 所示。

图 6-49(a)是发送模块的仿真波形。除 tsr 采用十六进制、txcnt 采用十进制外，其余信号均采用二进制表示。第一次 write 有效（低电平）写入 thr 的数据为 10101001（高位在前），tx 线上在第一位低电平之后发出的信号由低位到高位为 10010101，第 9 位的校验位为 1（奇校验）。第一个数据发送结束后，txrdy 由 0 变 1，接着将第二个数据 01110110 写入 thr，而从 tx 线上发出的信号由低位到高位为 01101110，此时校验位为 0。

图 6-49(b)是接收模块的仿真波形。除 rsr 采用十六进制外，其余信号均采用二进制表示。rxclk 不仅是 clk16 时钟的 16 分频，而且其脉冲的上升沿刚好对准了 rx 上每位数据的中点。rx 上传输的第一帧数据由低位到高位为 10101010，其校验位（第 9 位）为 1，奇校验正确，rsr 初始值为全 1（十六进制 FF），当 8 位数据全部移入后，将数据存入 rhr，并置 rxrdy 有效。当 read 有效（低电平）时，将 rhr 中的数据从 rxdata 上输出。显然 rxdata 上的数据为从 rx 上所接收的 01010101（高位在前）。rx 上传输的第二帧数据由低位到高位为 01110101，其校验位（第 9 位）为 1，奇校验错误，故当数据接收完成时 parityerr 变为 1。由图可见，rsr 与 rhr 存

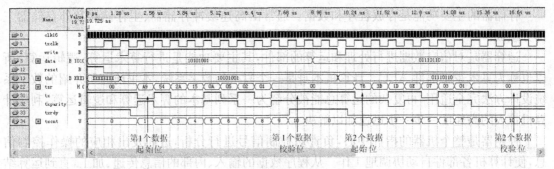

(a) 发送模块仿真波形

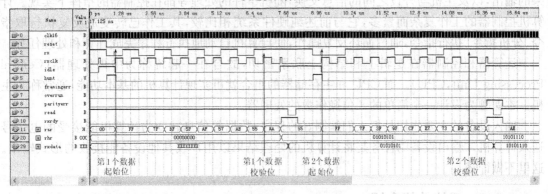

(b) 接收模块仿真波形

图 6-49　UART 仿真结果

入的数据和 rxdata 上输出的数据也为从 rx 上所接收的 10101110（高位在前）。

需要说明的是，为方便接收位数的判断和校验位与终止位的分析，在 rsr 之外增加了 2 个存储位（初始值为 01），rsr 在移位时总是先移入 1、0，再移入所接收的 8 位数据，因而 rx 上的数据移入 rsr 时滞后了 2 个 rxclk 周期。其设计原理可参见后文第 8 章的图 8-19。

6.8　简单处理器的设计

现在，各种计算机的基本硬件系统大都是由存储器、运算器、控制器、输入设备和输出设备这五个部件组成的，如图 6-50 所示。该图可反映出基本部件之间的相互关系。

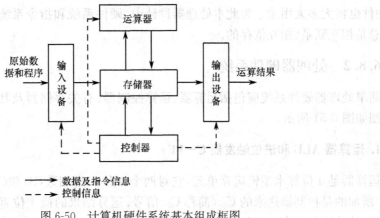

图 6-50　计算机硬件系统基本组成框图

存储器的主要功能是存放程序和数据。通常由高速缓冲存储器、主存储器和外存储器三部分组成。

运算器是对信息数据进行处理和运算的部件，其主要功能是进行算术运算、逻辑运算，所以也称为算术逻辑部件 ALU。计算机本身是一个复杂的数字系统，本书前面所介绍的数字系统设计方法完全适用，再复杂的运算总能被分解为一系列基本的算术运算和逻辑运算，利用计算机惊人的高速度一步一步迅速加以解决。

控制器是整个机器的指挥中心，负责对控制信号进行分析，进而发出相应的操作控制信息，使计算机各部件自动协调地工作。从程序数据的输入、内部的信息传递、加工，直到运算结果的输出，以及主机与外设之间的信息交换，随机事件的处理等都在控制器的指挥下实现。计算机控制器的工作复杂而繁多，它与前述纯硬件系统相比较，其工作已转变成反复执行取指令、分析指令、执行指令，通过循环反复操作，使计算机自动地执行程序完成计算和处理任务。

运算器和控制器在逻辑上和结构上联系密切，故合在一起统称为中央处理器（Central Processing Unit，CPU）。而 CPU 和主存储器的组合就可实现计算机的基本功能，通常称为主机。本课题为设计一个简单的 4 位操作数的处理器。

输入设备的主要作用是把人们编制好的程序、数据等信息转变为计算机能接受的电信号送入计算机。输出设备的任务是将计算机的处理结果以用户或其他设备能接收的形式输出。这里不做详述。

6.8.1 系统功能介绍

根据计算机中处理器基本组成的初步知识，设计并实现一个简单的 4 位操作数处理器，完成处理器硬件系统设计和指令系统设计两方面的任务。使处理器能够完成两个不带符号位的 4 位二进制数的原码相乘运算。

这里要说明的是，处理器应能完成各种算术运算和逻辑运算，本例仅以乘法运算为例，介绍设计方法，目的是使读者集中精力于理解基本方法和技术，其他运算的实现，设计原理相同。简易处理器的名称也由此而得。

一个完整的处理器系统应包含硬件和软件两大部分，这与本书前述各种纯硬件系统设计有别。用户均熟知，处理器硬件经常指那些看得见、摸得着的有形设备实体。软件通常是指用来指挥工作、充分发挥功能和效益、方便使用和解决应用问题的指令、程序和文档资料的统称。处理器硬件系统是物质基础，优良的设计和配置使软件有用武之地。反过来讲，没有软件的支持，硬件也将无多大用途。为此本处理器设计中，硬件系统和指令系统之间关系密切，它们的内容总是相互联系、相互依存的。

6.8.2 处理器硬件系统

简单处理器硬件系统应包括运算器、运算控制器、有关存储器及其他必要的逻辑部件，原理框图如图 6-51 所示。

1. 运算器 ALU 和进位触发器 C—FF

运算器是 4 位算术逻辑运算单元，它对两个 4 位二进制数（S）和（D）进行处理，进位输入端 C_0 所加的是控制器送来的 C_{IN}（简称 C_I）信号；运算结果的低 4 位直接输出，而运算结果的进位 C_4 被传送并寄存在进位触发器 C—FF 中。

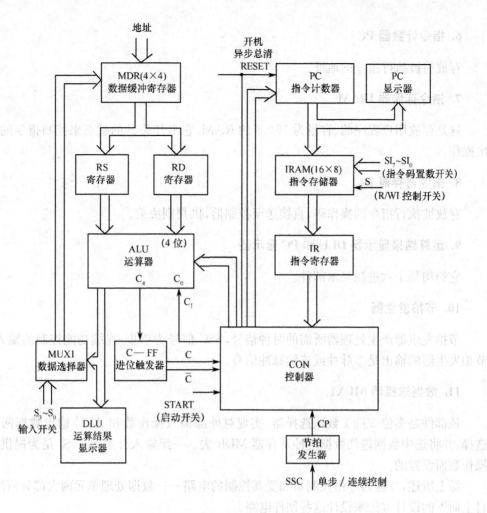

图 6-51 简单处理器原理框图

2. 运算控制器 CON

控制器根据工作流程产生一系列正确的时序逻辑信号,控制处理器各组成部件协调一致地工作,实现两个 4 位操作数的相乘运算。

3. 数据缓冲寄存器 MDR

这是一个容量为 4×4 的寄存器组,存放运算过程中读出和写入的数据。

4. 寄存器 RS

存放处理器的一个操作数(S)。

5. 寄存器 RD

存放处理器的另一个操作数(D)。

6. 指令计数器 PC

存放将被执行指令的地址。

7. 指令存储器 IRAM

这是存放用户程序的、容量为 16×8 的 RAM，它由开关 S 的状态来控制指令的写入或读出操作。

8. 指令寄存器 IR

存放被执行指令的操作码，直接送至控制器，供判别决策。

9. 运算结果显示器 DLU 和 PC 显示器

它们均是十六进制显示部件。

10. 节拍发生器

节拍发生器产生处理器所需的时钟信号，SSC 信号为单步/连续功能控制的输入，它控制节拍发生器的输出是单脉冲或连续脉冲信号。

11. 数据选择器 MUX1

该部件是多位 2 选 1 数据选择器，实现对外部输入操作数和 ALU 输出数据两者之间的选择，并将选中数据送往数据缓冲寄存器 MDR 去。一组输入开关 $S_3 \sim S_0$ 是为提供外部输入操作数而设置的。

综上所述，处理器亦由控制器和受其控制的电路——数据处理单元两大部分所组成，将以自上而下的设计方法来设计这些硬件电路。

6.8.3 处理器指令系统

在任何微处理器中，指令是指挥执行某种规定操作的指示和命令。本课题确定基本指令为 8 位，指令码用 $D_7 D_6 D_5 D_4 D_3 D_2 D_1 D_0$ 来表示。指令系统共包括三类指令：寄存器指令、转移指令和停机指令。

1. 寄存器指令

寄存器指令由 4 个字段组成，它们是操作码字段 OPR、进位标志字段 CL、源寄存器地址字段 S 和目的寄存器地址字段 D。指令的基本格式如下：

$D_7 \; D_6$	$D_5 \; D_4$	$D_3 \; D_2$	$D_1 \; D_0$
操作码 OPR	进位标志 CL	源地址 S	目的地址 D

其中，操作码 OPR 字段规定了操作的种类，$D_7 D_6$ 的编码状态和详细功能的对应关系如表 6-7 所示。表中(S)和(D)分别表示源地址 S 和目的地址 D 的内容，$(\overline{S})$ 表示 S 内容的反码。以下均用这种加括号的方法表示某存储单元的内容。

表 6-7　寄存器指令操作码与功能对照表

操作码		功　能
D_7	D_6	
0	0	$D \leftarrow (S)+C_I$
0	1	$D \leftarrow (S)+(D)+C_I$
1	0	$D \leftarrow (\overline{S})+(D)+C_I$

进位标志字段 CL 说明控制器送给 ALU 信号 C_I 的状况,指令码中 D_5D_4 编码和功能对照关系如表 6-8 所示。表中 C 和 $\overline{C}$ 由进位触发器产生并送至控制器。

表 6-8　进位标志字段 CL 与功能对照表

CL		C_I
D_5	D_4	
0	0	0
0	1	1
1	0	C
1	1	$\overline{C}$

源寄存器地址 S 和目的寄存器地址 D 均指向数据缓冲寄存器 MDR 的某个存储单元,用来存放准备处理的数据或处理结果。现在把 MDR 4 个字节分别称做 R_0,R_1,R_2,R_3,它们的地址编码分别为 00,01,10,11,对应关系是 00 为 R_0,01 为 R_1,10 为 R_2,11 为 R_3。源地址 S 和目的地址 D 可以是 00~11 中的任意一个。根据上述约定,可列出若干寄存器指令,如表 6-9 所示。

表 6-9　寄存器指令举例

指　令　码								操作功能	说　明	备　注
D_7	D_6	D_5	D_4	D_3	D_2	D_1	D_0			
1	0	0	1	1	0	1	0	$R_2 \leftarrow (R_2)-(R_2)$	清除 R_2	清除 R_0,R_1,R_3 方法类同
0	0	0	1	1	1	1	1	$R_3 \leftarrow (R_3)+1$	R_3 递增	R_0,R_1,R_2 递增方法类同
0	1	0	0	0	1	0	1	$R_1 \leftarrow (R_1)+(R_1)$	R_1 左移一位	R_0,R_2,R_3 左移方法类同
0	1	0	0	0	1	0	0	$R_0 \leftarrow (R_1)+(R_0)$	(R_1)加(R_0),和存放 R_0	任意两个字节内容相加
1	0	0	1	1	0	0	0	$R_0 \leftarrow (R_0)-(R_2)$	(R_0)减(R_2),差存放 R_0	任意两个字节内容相减
0	0	0	0	1	1	1	0	$R_2 \leftarrow (R_3)$	(R_3)传送到 R_2	字节内容之间的传送

2. 转移指令

转移指令由三个字段组成:转移指令标志段,转移条件段 JC 和转移地址段 AD,基本格式如下:

D_7　D_6	D_5　D_4	D_3　D_2　D_1　D_0
标志段 1　1	转移条件 JC	转移地址 AD

其中转移指令标志段总有 $D_7D_6=11$,转移条件字段 JC 的编码状态和相应功能对照关系如表 6-10 所示。转移地址 AD 字段(4 位)的 16 种编码状态恰好对应 16 字×8 位指令存储器 IRAM 中的 16 个存储单元的地址,例如某条转移指令为 11110011,它表示这是一条按进位位 $\overline{C}$(即进位触发器 $\overline{Q_C}$)状态转移的指令,如果 C=0,则转移地址 AD 送入 PC,成为下一指令地址;如果 C=1,则下一指令地址为当前地址加 1。无条件转换和按 C 状态转换指令均已

在表 6-10 中表明,读者不难理解。

表 6-10　转移指令 JC 段编码和功能对照表

JC $D_5\ D_4$	进位位 C 值	操作功能	说　　明
0　1	任意值	PC ← AD	无条件转移
1　0	0	PC ← (PC)+1	按 C 状态转移
1　0	1	PC ← AD	按 C 状态转移
1　1	0	PC ← AD	按 $\overline{C}$ 状态转移
1　1	1	PC ← (PC)+1	按 $\overline{C}$ 状态转移

3. 停机指令

当指令码的前 4 位 $D_7D_6D_5D_4=1100$ 时,该指令即为停机指令,其基本格式是:

D_7	D_6	D_5	D_4	D_3 D_2	D_1 D_0
1	1	0	0	判别段 $L_1\ L_0$	目的地址 D

其中判别段的意义是:

当 $L_1=1$ 时,输入开关 $S_3\sim S_0$ 所置数据,经数据选择器被送入目的地址 D 所指定的 MDR 的相应单元中。

当 $L_0=1$ 时,则处理器在执行完本指令以后停机,此时显示器显示出由目的地址 D 指定的寄存器的内容。

若 L_1 和 L_0 同时为 1,不仅能使 D 指定寄存器单元的旧内容显示出来,而且把输入开关 $S_3\sim S_0$ 所置的新数据,送入 D 所指定的 MDR 中的相应单元。

4. 乘法程序举例

根据已经确定的三类指令格式,这里提供设计任务规定的、两个不带符号位的二进制数原码相乘的程序,如表 6-11 所示。

表 6-11　乘法程序明细表

序号(十进制)	PC 显示(十六进制数)	指令号(二进制)IRAM 地址	指令码	操作功能	说　　明
0	0	0000	11001101	$(S_3\sim S_0)\to R_1$,停机	乘数 A→R_1
1	1	0001	10010000	$(R_0)-(R_0)\to R_0$	清除 R_0
2	2	0010	10000100	$(R_0)+(\overline{R_1})\to R_0$	乘数 A 求反→R_0
3	3	0011	11001001	$(S_3\sim S_0)\to R_1$	被乘数 B→R_1
4	4	0100	10011010	$(R_2)-(R_2)\to R_2$	清除 R_2
5	5	0101	10011111	$(R_3)-(R_3)\to R_3$	清除 R_3

(续表)

序号 (十进制)	PC 显示 (十六进制数)	指令号(二进制) IRAM 地址	指令码	操作功能	说 明
6	6	0110	00010000	$(R_0)+1 \to R_0$	$(R_0)+1$
7	7	0111	11101011	若 C=1,则 PC←1011;否则顺序执行	判别 C,测试 $R_0=0$ 否
8	8	1000	01000110	$(R_1)+(R_2) \to R_2$	被乘数加部分积
9	9	1001	00101111	$(R_3)+C \to R_3$	部分积高位加入 R_3
10	A	1010	11010110	PC←0110	转回循环
11	b	1011	11000111	(R_3) 显示,停机	显示乘积高 4 位
12	C	1100	11000110	(R_2) 显示,停机	显示乘积低 4 位
13	d	1101	11010000	PC←0000	再启动
14	E	1110	—	—	—
15	F	1111	—	—	—

程序中乘法过程遵循逐次累加的原理,例如乘数 A=$(1001)_2$,被乘数 B=$(1100)_2$,则将 B 累加 $(1001)_2=(9)_{10}$ 次,获得 B×A=$(1100)_2 \times (1001)_2 = (1101100)_2 = (108)_{10}$。乘法过程的算法流程图如图 6-52 所示。

执行表 6-11 给出的乘法程序的用户操作过程是:

(1) 在程序运行之前,首先将输入开关 $S_3 \sim S_0$ 置为乘数 A;然后送入启动信号 START,使程序开始执行。

(2) 在执行完第 0# 条指令,即乘数 A 送入 MDR 的 R_1 以后,处理器自动停机,此时由输入开关 $S_3 \sim S_0$ 置被乘数 B,再启动处理器运行,它在执行第 3# 条指令时,被乘数 B→R_1。

(3) 处理器重复取指令、执行指令过程,部分乘积的低 4 位存放在 R_2 中,高 4 位存放在 R_3 中,直到执行完第 11# 条指令后停机,并使显示器显示出乘积的高 4 位;若再启动,则处理器执行完第 12# 指令后又停机,此时显示器显示出乘积的低 4 位。

6.8.4 处理器硬件系统的设计和实施

至此,设计者面临的任务是根据前面的规定把如图 6-51 所示处理器原理框图具体化,完成处理器的数据处理单元和控制器的硬件配置。

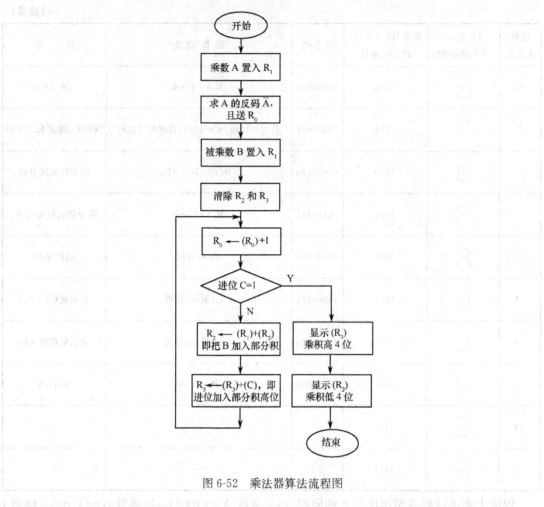

图 6-52 乘法器算法流程图

1. 数据处理单元的硬件实施

（1）数据缓冲寄存器 MDR 和指令存储器 IRAM 均选用 74LS189 16×4 RAM 组成,该集成电路是片内容量为 16×4 的随机存取存储器,该芯片的引脚图如图 6-53 所示。器件功能表如表 6-12 所示。请注意：IRAM 的容量应是 16×8,必须用两片 16×4 RAM 构成,指令存储器 IRAM 的 R/$\overline{W}$I 端由开关 S 来控制,当 S=0 时,允许写入程序;当 S=1 时,进行读出操作。数据缓冲存储器的 R/$\overline{W}$ 端由控制器管理,视置入数据或读出数据需要,来确定此控制信号状态。

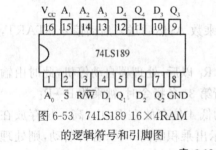

图 6-53 74LS189 16×4RAM 的逻辑符号和引脚图

表 6-12 74LS189 16×4 RAM 功能表

功　能	输　入		输　出
	片选 $\overline{S}$	读写使能 R/$\overline{W}$	
写	L	L	Z(高阻)
读	L	H	输入数据的补码
截止	H	X	Z

(2) 指令寄存器 IR 和存放操作数的 RS 和 RD 寄存器均由 74LS175 4D 触发器组成,它们的 CP 输入分别记为 CPI,CPS 和 CPD,这些信号也由控制器产生。

指令寄存器输出指令码,它的高 6 位送至控制器,经后者判别,发出执行现指令的各种控制信号,使受控电路执行现指令所规定的操作。指令码低 4 位送至 PC 或 MUX3,提供转移地址或者存放操作数地址。

(3) 指令计数器 PC 可以用 74LS161 组成,控制器控制它的 CP 和 $\overline{\text{LD}}$ 输入端,实现所需的 (PC)+1(加 1 计数),或者置入转换地址(并行置数)的操作,实现对程序中指令执行的先后顺序的控制。

(4) 运算器可由算术逻辑运算单元组成。在本课题中,选用 4 位超前进位加法器 74283 即可满足设计要求,它有两组输入,一组是由 RS 寄存器经 4 位异或门送入的数据(S)或($\overline{\text{S}}$),另一组是由 RD 寄存器经 4 位 2 选 1 MUX2 送来的(D),它们是两个 4 位二进制数,因为运算器要对这些数据进行某种操作,所以常把这两个输入数据都称为操作数。

课题要求对操作数进行加法运算(相减运算由加补码来实现),操作数相加的和数既送到运算结果显示器,又经数据选择器 MUX1 反馈至 MDR。加法器的输出信号 C_4 激励进位触发器 C—FF 的 D 端,供控制器判别进位位的状态。控制器送出 C_1 信号至加法器的进位输入端 C_0,对于不同指令,C_1 由指令系统规定的相应值,实现相应的操作功能。

(5) 为了正确选择和传送处理器的操作数,数据选择器 MUX3 用来选择 MDR 中有关单元的地址,并用 4 位 2 选 1 74LS153 实现。

(6) PC 显示器和运算结果显示器,均可采用八段十六进制显示器实现。

(7) 节拍发生器及单步/连续控制功能的实现,留给读者独立完成。

至此,画出数据处理单元硬件实施图如图 6-54 所示。

2. 控制器的设计

本实例是个最简单的处理器,但即使这样,处理器的控制器仍然比较复杂。不仅因为它的输入变量和输出函数数目可观,而且由于它必须产生一系列控制时序,使得三类指令得以正确运行。

(1) 为清晰起见,首先列出控制器输入、输出信号一览表如表 6-13 所示。

(2) 处理器算法流程图(控制器 ASM 图)

为使流程图既能完整地描述处理器的工作过程,又能成为控制器的设计依据,为此把算法流程图和 ASM 图合而为一。图中明确给出存储程序和执行程序的大致情况,又给出状态名称和相应编码,各种输入、输出信号也一目了然。

1) 存储程序 用户根据运算的要求和处理器的指令格式编写出程序,通过置数开关送入指令存储器 IRAM 中去。由于每个存储单元只能存放一条指令,所以,上述乘法器程序要占用若干个存储单元。为此算法流程图设置"输入程序"状态 P,在此状态期间还要对 PC 设定所执行程序的首地址。

2) 执行程序 处理器执行存放在 IRAM 中程序的过程,是取指令、执行指令这样一种重复操作过程。以 START 信号为启动程序执行的控制信号,并确定每条指令运行需要的状态个数,即时钟节拍,除了"取指令"状态是三类指令共有的以外,执行指令的状态各不相同,说明如下:

* 寄存器指令 执行该指令共有 4 个状态。

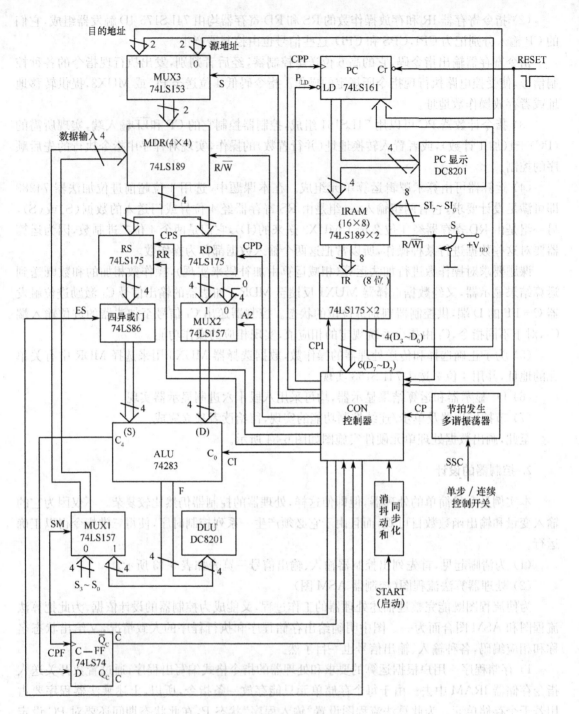

图 6-54 处理器数据处理单元硬件实施图

状态 1——公共的取指令状态 B；
状态 2——把(S)送至 RS，即状态 C；
状态 3——把(D)送至 RD，即 D 状态；
状态 4——按照规定的功能，计算(S)和(D)，结果存于 RD 和 C—FF 中，并且使(PC)+1，指向下一条指令。这是状态 E。

表6-13 控制器输入、输出信号一览表

	输 入 信 号	特 征	来 源
1	CP	时钟脉冲信号	节拍发生器
2	START	异步电平信号	系统外部
3	D_7	指令码	指令寄存器IR
4	D_6	指令码	指令寄存器IR
5	D_5	指令码	指令寄存器IR
6	D_4	指令码	指令寄存器IR
7	D_3	指令码	指令寄存器IR
8	D_2	指令码	指令寄存器IR
9	$C(\overline{C})$	电平信号	进位触发器
10	$R/(\overline{W}I)$	电平信号	系统外部
11	RESET	异步脉冲信号(开机清零)	系统外部

	输 出 信 号	特 征	去 向
1	CPI	正向脉冲	指令寄存器IR时钟
2	CPS	正向脉冲	寄存器RS时钟
3	CPD	正向脉冲	寄存器RD时钟
4	S	电平信号	控制MUX3地址输入端
5	$R/\overline{W}$	电平信号	控制MDR读、写操作
6	PLD	电平信号	控制PC计数器计数或置数操作
7	ES	电平信号	控制异或门(4个)的一个输入端
8	CPP	正向脉冲	指令计数器PC的时钟
9	A_2	电平信号	控制MUX2地址输入端
10	CPF	正向脉冲	进位触发器C—FF的时钟
11	SM	电平信号	控制MUX1地址输入端
12	C_I	电平信号	对ALU的C_0端输入
13	RR	电平信号	对RS清零

*转移指令 执行本指令也有4个状态。

状态1——公共的取指令状态B；

状态2——空转，即状态G；

状态3——空转，即状态H；

状态4——如果$C_I=1$，转移地址AD置入PC,否则(PC)+1。即状态I或J。

*停机指令 本指令的执行也包含4个状态。

状态1——公共的取指令状态B；

状态2——空转，即状态G；

状态3——如果$L_0=1$(即$D_2=0$)，把(D)送到RD,并清除RS,使(RD)在输出端显示,这是状态M；

状态4——如果$L_1=1$(即$D_3=1$)，将输入开关$S_3 \sim S_0$所置的数据打入RD,这是状态R；如果同时$L_0=1$,立即停机,并且显示(RD)。

根据上述情况,画出处理器算法流程图如图6-55所示。图中详细地给出了三类指令的执

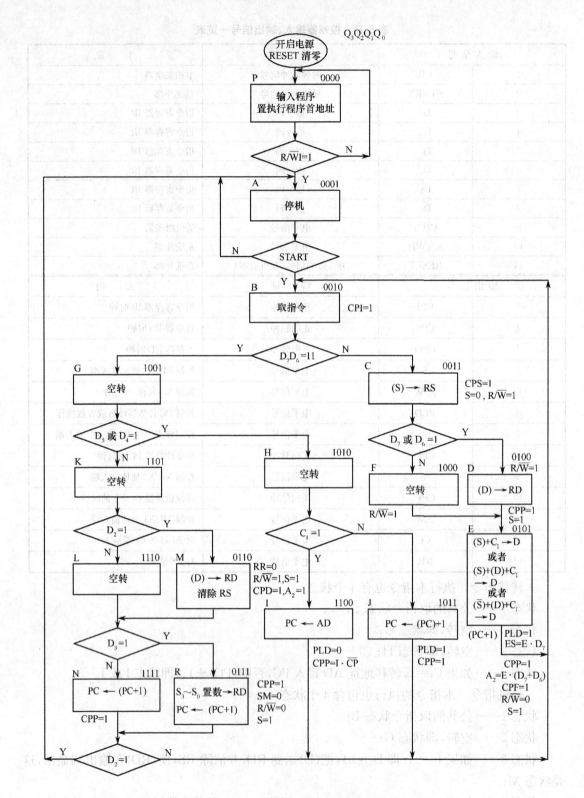

图 6-55 处理器算法流程图(控制器 ASM 图)

行过程,每条指令经过规定的状态,所有状态转换或状态分支的条件,以及各个状态应发出的控制信号,均已在图中表明。又鉴于各状态均已编码,可作为控制器设计的 ASM 图。

关于状态 P 要说明的是：开机后，通过异步负脉冲信号 RESET 清零，使控制器状态为 0000，即控制器初始状态 P，允许对 IRAM 送入执行的程序。与此同时，RESET 信号也使指令计数器 PC 置初值 0000，指向 IRAM 的第一条指令，等待 START 信号来启动程序的执行。

(3) 导出控制器逻辑电路图

处理器控制器有 16 个状态(A,B,C,D,E,F,G,H,I,J,K,L,M,N,P,R)，为此选择以 MSI 74LS161 计数器为核心状态记忆元件的结构颇为合适，并且在上述 ASM 图中，已做了适应性的状态分配，即次态编码尽量是现态编码加 1，以便用基本的计数操作来实现状态转换。若有状态分支，可采用不同的逻辑操作(计数、保持、置数)、或置入不同数来实现。因此有如图6-56(a)所示状态分配图和图 6-56(b)所示的 74LS161 的操作图。图 6-56(c)给出该计数器各控制端、数据输入端的激励函数卡诺图。其中 $\overline{L}_D, D_3, D_2, D_1, D_0$ 均用 16 选 1 实现；T、P 用门电路产生相应函数。

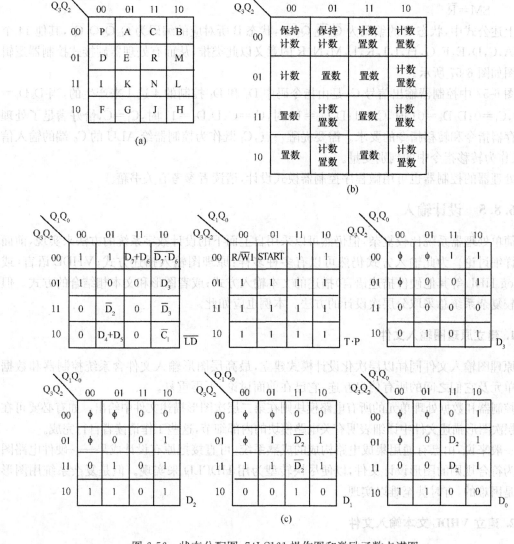

图 6-56 状态分配图、74LS161 操作图和激励函数卡诺图

控制器输出信号较多,采用 4-16 译码器产生所有状态信息,然后辅以若干门电路生成相应输出控制信号。输出方程为

$$CPI=B$$
$$CPS=C$$
$$CPD=D+M$$
$$CPF=E$$
$$CPP=D+E+J+R+N+I \cdot \overline{CP}$$
$$R/\overline{W}=C+D+F+M$$
$$S=D+E+M+R$$
$$PLD=\overline{I}$$
$$RR=\overline{M}$$
$$ES=E \cdot D_7$$
$$A_2=E(D_7+D_6)+M$$
$$SM=\overline{R}$$

上述公式中,状态 P 的编码为 $\overline{Q}_3\overline{Q}_2\overline{Q}_1\overline{Q}_0$,状态 B 所对应的编码为 $\overline{Q}_3\overline{Q}_2Q_1\overline{Q}_0$,其他 14 个状态 A,C,D,E,F,G,H,I,J,K,L,M,N,R 的意义以此类推,从而有处理器硬接式控制器逻辑电路图如图 6-57 所示。

图 6-57 中控制器输出信号 C_1 是由指令码中 D_5 和 D_4 控制的 4 选 1 来产生的,当 $D_5D_4=$ 00 时,$C_1=0$;$D_5D_4=01$ 时,$C_1=1$;$D_5D_4=10$ 时,$C_1=C$;$D_5D_4=11$ 时,$C_1=\overline{C}$,恰好满足了处理器寄存器指令和转移指令的要求。需要提醒一点,C_1 既作为控制器给 ALU 的 C_0 端的输入信号,又作为转移指令中的判别变量。

处理器的控制器也可用微程序控制器模式设计,请读者参考有关书藉。

6.8.5 设计输入

简单处理器系统比较复杂,但仍然可以采用自上而下的设计数字系统的方法来实现,前面已有详细讨论。为此输入方式仍然可以有多种多样:原理图输入描述方式;VHDL 语言(或 Verilog HDL 等其他硬件描述语言)描述的文本输入方式;或者图形和文本相结合的方式。但是对较复杂系统总采取分层次设计的方法。本例也应如此。

1. 建立原理图输入文件

原理图输入文件同样以层次化设计模式建立,最高层图形输入文件含系统控制器和数据处理单元及它们之间的所有信息互连,它已在前面讨论,不再重复。

控制器和数据处理单元的所有电路模块则在第二层次图形描述文件中给出。如有必要可在第三层次图形描述文件中详细表明有关电路模块的内部细节,这些工作请读者自行完成。

一般来说,由已有通用集成电路构成的成熟系统,可直接把原有设计成果——硬件电路图转化为符合规则的图形设计文件,以便尽快转型为用 HDPLD 来实现。但是复杂系统用图形输入是困难的,有时甚至难以实现。

2. 建立 VHDL 文本输入文件

利用 VHDL 层次化设计功能,依据如图 6-58 所示描述结构的框图,本系统可以采用两个

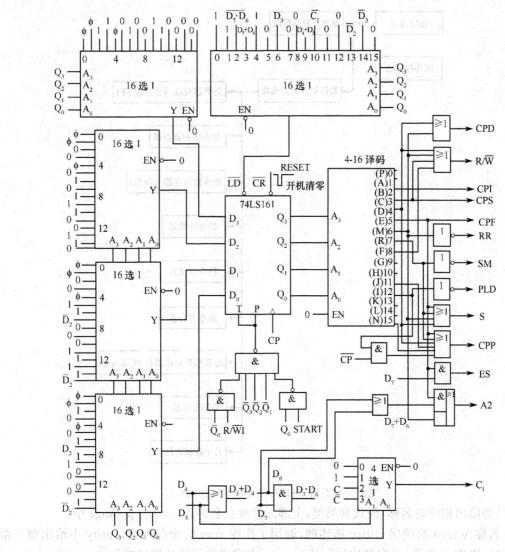

图 6-57 处理器硬接式控制器逻辑电路图

层次来描述,其主要方法是:

(1) 首先在描述中建立一个程序包(PACKAGE),并用 COMPONENT 语句说明其中含 12 个功能部件(元件),它们是:系统控制器,运算器和进位触发器,数据缓冲寄存器,操作数寄存器 RS,操作数寄存器 RD,指令计数器,指令存储器,指令寄存器运算结果显示器,PC 显示器,节拍发生器和若干数据选择器。

(2) 然后调用已建程序包的工作库,建立顶层文件,描述整个电路的输入、输出情况,并在结构体中给出端口映射。

(3) 第二层次描述所有 12 个功能部件的详细情况,并给出相应的源程序。

上述各步骤的结合,就能给出完整的 VHDL 语言源文件。

但是,本系统所含功能部件较多,VHDL 源文件的总量较大,不可能也不必要全部给出,为此仅提供顶层描述文件,数据处理单元包括的 11 个功能部件请读者参照顶层描述自行编程。

简单处理器 VHDL 描述时,控制器和数据处理单元的各组成模块不再调用 74 系列库的通用集成器件,而按功能需要自行设计。在全部元件各自的端口描述中,给出详细的输入、输

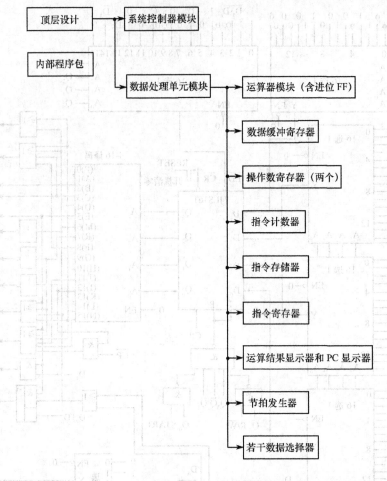

图 6-58 系统 VHDL 描述的层次结构框图

出信号,并给出相应的名称、模式和类型,全部元件放在名称为 com 的 package 中。

在名称为 mcu 的顶层 entity 描述前,调用工作库 com 的全部内容,entity 中给出整个系统的端口(PORT)信息,又在结构体 architecture 中完成各元件的端口映射。

简单处理器 VHDL 描述的顶层参考文件如下:

```
library ieee;
use ieee.std_logic_1164.all;
package com is
    component mux3
        port(
            source: in std_logic_vector(3 downto 0);
            s: in std_logic;
            address: out std_logic_vector(1 downto 0));
    end component;
    component mdr
        port(
            mdr_in: in std_logic_vector(3 downto 0);
            data_address: in std_logic_vector(1 downto 0);
```

```vhdl
            rw:in std_logic;
            mdr_out:out std_logic_vector(3 downto 0);
            mdr_clk:in std_logic);
    end component;
    component rs
        port(
            rs_in:in std_logic_vector(3 downto 0);
            cos:in std_logic;
            rr:in std_logic;
            rs_out:out std_logic_vector(3 downto 0));
    end component;
    component rd
        port(
            rd_in:in std_logic_vector(3 downto 0);
            cpd:in std_logic;
            rd_out:out std_logic_vector(3 downto 0));
    end component;
    component xorgate
        port(rs_out:in std_logic_vector(3 downto 0);
            es:in std_logic;
            alu_s:out std_logic_vector(3 downto 0));
    end component;
    component muxl
        port(
            input,result:in std_logic_vector(3 downto 0);
            sm:in std_logic;
            muxl_out:out std_logic_vector(3 downto 0));
    end component;
    component aluc
        port(
            alu_s:in std_logic_vector(3 downto 0);--inputs from rs;
            alu_d:in std_logic_vector(3 downto 0);--inputs from ds;
            ci:in std_logic;--ci from the control;
            cpf:in std_logic;--clock from the control;
            alu_out:out std_logic_vector(3 downto 0);--the result of the adding;
            c:out std_logic;--carry output;
            notc:out std_logic);--the opposite of carry output;
    end component;
    component pcc
        port(
            cp,pc_enable:in std_logic;
            pld,reset:in std_logic;
            address_ld:in std_logic_vector(3 downto 0);
            pc_out:out std_logic_vector(3 downto 0));
```

```vhdl
    end component;
    component iram
        port(
            instruction_address:in std_logic_vector(3 downto 0);
            s:in std_logic;--enable;
            instruction_out:out std_logic_vector(7 downto 0));
    end component;
    component ir
        port(instr:in std_logic_vector(7 downto 0);
            cpi:in std_logic;
            instr_high:out std_logic_vector(5 downto 0);
            instr_low:out std_ligic_vector(3 downto 0));
    end component;
    component control
      port(
        cp,start,c,notc,rwi,reset:in std_logic;
        instr_high:in std_logic_vector(5 downto 0);
        cpi,cps,cpd,s,rw,pld,es,pc_enable,a2,cpf,sm,ci,rr:out std_logic);
    end component;
    component ssc
      port(
        buttonl:in std_logic;--when buttonl is pressed('1'),the system runs continuously
        colck:in std_logic;
        button2:in std_logic;--when buttonl is unpressed('0'),one step goes for each press of
                            --button2;
        cp:out std_logic);
    end component;
end com;
library ieee;
use ieee.std_logic_1164.all;
use work.com.all;
entity mcu is
    port(
        start,reset:in std_logic;
        rwi,buttonl,button2,clock:in std_logic;
        data_input:in std_logic_vector(3 downto 0);
        ze:in std logic vector(3 downto 0);
        dlu_out,pc_out:out std_logic_vector(3 downto 0));
end mcu;
architecture one of mcu is
    signal data_address:std_logic_vector(1 downto 0);
    signal mdr_out:std_logic_vector(3 downto 0);
    signal rs_out,rd_out,alu_s,alu_d,alu_out,mdr_in:std_logic_vector(3 downto 0);
    signal c,notc:std_logic;
```

```
        signal pc:std-logic-vector(3 downto 0);
        signal instr:std-logic-vector(7 downto 0);
        signal instr-high:std-logic-vector(5 downto 0);
        signal instr-low:std-logic-vector(3 downto 0);
            signal cpi,cps,cpd,s,rw,pld,es,pc-enable,a2,cpf,sm,ci,rr,cp:std-logic;
    begin
        u1:mux3
            port map(instr-low,s,data-address);
        u2:mdr
            port map(mdr-in,data-address,rw,mdr-out,cp);
        u3:rs
            port map(mdr-out,cps,rr,rs-out);
        u4:rd
            port map(mdr-out,cpd,rd-out);
        u5:xorgate
            port map(rs-out,es,alu-s);
        u6:mux1      --mux2
            port map(ze,rd-out,a2,alu-d);
        u7:aluc
            port map(alu-s,alu-d,ci,cpf,alu-out,c,notc);
        u8:mux1
            port map(data-input,alu-out,sm,mdr-in);
        u9:pcc
            port map(cp,pc-enable,pld,reset,instr-low,pc);
        u10:iram
            port map(pc,rwi,instr);
        u11:ir
            port map(instr,cpi,instr-high,instr-low);
        u12:control
            port map(cp,start,c,notc,rwi,reset,instr_high,cpi,cps,cpd,s,rw,pld,es,pc-enable,a2,cpf,sm,ci,rr);
        u13:ssc
            port map(buttonl,clock,button2,cp);
        dlu-out<=alu-out;--the result;
        pc-out<=pc;       --pc
    end one;
```

在功能部件指令存储器(IRAM)中,直接由 VHDL 描述写入乘法运算程序,详见第 8 章实验 10。

6.8.6 系统功能仿真

完整的处理器 VHDL 输入文件经编译、模拟后,得到乘法运算正确的仿真波形如图 6-59 所示。从图中可见 $(5)_H \times (5)_H = (19)_H$,即 $(5)_{10} \times (5)_{10} = (25)_{10}$ 的完整过程。因计算有较多步骤,仿真波形分隔为前、后两张图来给出。

本课题 VHDL 描述的更详细讨论,将在后面第 8 章中的实验 10 进行,由读者共同参与设计。

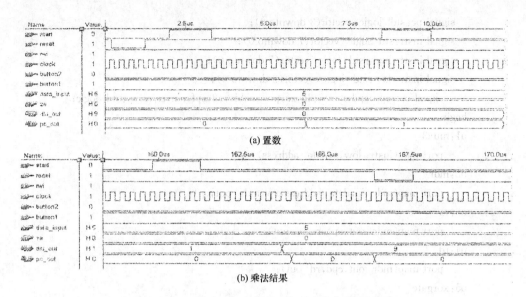

图 6-59 处理器实验乘法运算正确的仿真波形图

习 题 6

6.1 将 6.1 节带符号位的 4 位二进制乘法器输入文件改为 VHDL 或 Verilog HDL 文本输入文件。

6.2 试用 HDPLD 设计时序型的带符号位的 4 位二进制乘法器。要求：

(1) 算法与 6.1 节所述算法相同时，画出原理图输入文件；

(2) 编写相应的 VHDL 或 Verilog HDL 输入源文件；

(3) 上机运行，获得逻辑模拟波形图，证实设计的正确性。

6.3 试改变 6.2 节十字路口交通管理器的设计输入文件的类型。要求：

(1) 全部采用图形输入文件(可以分层次描述)；

(2) 全部采用 VHDL 或 Verilog HDL 文本输入文件(可以分层次描述)。

6.4 增加 6.2 节十字路口交通管理器设计要求，使之更加接近实用功能。具体要求是：若某条道路上有老人、儿童、残疾人举旗示意，需要横穿马路或者有国宾车、消防车、救护车等其他紧急情况时，值勤人员可按动特置的开关 S_1 和 S_2(分别针对甲道和乙道)，发出特殊请求信号。管理器应响应上述请求，指挥有关道路的红灯点亮、禁止该道车辆通行，允许人们安全穿越马路或让特殊车辆通行。在响应请求后，也有限定时间，一旦结束，又使道口交通恢复交替通行的正常状态。

具体做法是：每当一次通行-禁止情况结束时，就可响应特殊请求信号，也就是说，无论要求穿越的道路原先是通行状态还是禁止状态，现在应该禁止车辆通行(另一条道路通行)。设 S_1 和 S_2 分别为请求穿越甲道和乙道的控制开关，它们产生的请求信号也分别是 S_1 和 S_2，那么，响应 S_1 和 S_2 信号的时间，必定是在甲道通行、乙道禁止或者甲道禁止、乙道通行两种情况结束时，并规定不再经过黄灯的转换阶段。

特殊请求的限定时间允许调整。试求：

(1) 管理器系统的详细算法流程图；

(2) 数据处理单元的结构框图；

(3) 控制器的 ASM 图；

(4) 系统的图形输入文件；

(5) 系统的 VHDL 或 Verilog HDL 输入文件；

(6) 上机运行，给出仿真波形图。

6.5 试编写 6.3 节所述九九乘法表系统中除控制器以外的 8 个模块的 VHDL 或 Verilog HDL 描述文件。

6.6 改变九九乘法表系统中所述码制变换电路的设计方案,采用另一种途径来实现 8 位二进制码→2 位 BCD 码的变换。

6.7 给出九九乘法表系统中控制器的第二层次图形描述文件。

6.8 试编写 6.4 节所述 FIFO 控制器的 VHDL 描述文件。

6.9 试编写 FIFO 数据处理单元的 VHDL 源文件,并与图形输入文件相比较,说明它们各自的优缺点。

6.10 试用适当的 HDPLD 实现例 2.8 人体电子秤管理系统。要求:
(1) 给出分层次描述的图形描述文件;
(2) 给出分层次描述的 VHDL 或 Verilog HDL 输入源文件;
(3) 逻辑模拟波形。

6.11 试用适当的 HDPLD 芯片设计第 1 章例 1.10 所述发电机控制器。

6.12 采用 HDPLD 设计 1.4.2 节所述补码变换器。要求:
(1) 分层次描述的原理图输入文件;
(2) 分层次描述的 VHDL 或 Verilog HDL 输入文件;
(3) 上机运行后的功能模拟图形文件。

6.13 采用 HDPLD 设计例 2.2 五位串行码数字锁。要求:
(1) 数据处理单元的 VHDL 或 Verilog HDL 描述文件;
(2) 控制器的 VHDL 或 Verilog HDL 描述文件;
(3) 逻辑模拟图形文件。

6.14 参考附录 A 或查阅 Lattice 公司 Data Book,寻找具有 isp 编程特性的、且容量合适的 CPLD 芯片,设计例 2.7 倒数变换器。要求:
(1) 建立系统的图形描述文件;
(2) 应用 ispLEVER 开发系统,完成设计输入、设计处理,并经逻辑模拟,给出仿真结果。

6.15 参考附录 A 或查阅 XILINX 公司 Data Book,寻找具有 icr 编程特性且容量合适的 FPGA 芯片,设计例 2.8 题所述人体电子秤控制装置。要求:
(1) 建立系统的 VHDL 或 Verilog HDL 文本描述文件;
(2) 应用 ISE 开发系统,完成设计输入、设计处理,并给出逻辑模拟结果。

6.16 参考附录 A 或参阅 Altera 公司 Data Book,寻找容量合适的 CPLD 或 FPGA 芯片,设计例 1.6 题中所述最大公约数求解电路。要求:
(1) 建立输入描述文件(方式任选);
(2) 应用 Quartus Ⅱ 开发系统,上机运行并给出仿真波形图。

6.17 参考附录 A 或参阅 Actel 公司的 Data Book,寻找容量、性能合适的多路开关型 FPGA 芯片,设计本章 6.7 节讨论的 UART 接口。要求:
(1) 建立 VHDL 文本描述文件;
(2) 借助 Actel 公司有关 PLD 开发系统进行逻辑模拟,给出仿真波形。

6.18 参阅附录 B 中典型软件开发系统 Quartus Ⅱ 介绍,画出使用该软件的工作流程图。

6.19 试选用合适的 CPLD 或 FPGA 实现例 2.3 题中所述数据排队系统。要求:
(1) 系统图形输入文件;
(2) 系统 VHDL 或 Verilog HDL 文本输入文件。

6.20 试选用合适的 CPLD 或 FPGA 设计"求反加 1"型的带极性位的 16 位二进制数的补码变换器。要求:
(1) 系统算法流程图;
(2) 控制器 ASM 图;
(3) 系统设计输入描述文件(原理图输入文件或 VHDL 或 Verilog HDL 文本输入文件);
(4) 上机运行后的逻辑仿真波形文件。

第7章 可编程片上系统(SOPC)

7.1 概述

随着集成电路工艺水平的不断提高,单个芯片的集成度已达上亿只晶体管、上千万逻辑门的规模。在如此大规模下,通过单片集成电路已足以实现完整的数字系统乃至数模混合的电子系统。因此越来越多单片系统(System on Chip,SOC)应运而生。

前文已讨论过数字系统的实现方式有:通用集成电路、半定制集成电路(PLD)和全定制专用集成电路(ASIC)。随着SOC时代的到来,全定制ASIC的应用越来越广泛,对PLD技术产生了一定的冲击。另外,HDPLD特别是FPGA一直在跟踪集成电路最新的工艺水平,其单片规模也已达到了千万门的水平。因此为应对SOC的挑战,同时也是自身技术发展的必然,由Altera公司率先提出了一种灵活、高效的基于FPGA的实现SOC的方案——SOPC(System on a Programmable Chip)。

如同PLD与全定制ASIC对比一样,尽管SOPC相比于SOC,在最优性能方面还存在一定差距,但它以设计周期短、功能修改方便、小批量成本低等优点,得到了迅速的发展与广泛的应用。

SOPC的实现需要在FPGA内部嵌入微处理器,如MCU(典型的有51系列单片机和ARM处理器)和DSP,因此也属于嵌入式系统。

SOPC通常分为硬核与软核两种。硬核SOPC是指在FPGA内预先嵌入了硬件MCU,如Altera的一些器件嵌入了ARM处理器,而Xilinx的一些器件则嵌入了PowerPC处理器,这类SOPC的特点是MCU性能优异,但不能裁剪、价格也较高。

软核SOPC是指MCU不是预先就植于FPGA之中,而是通过可综合的HDL代码进行描述,通过FPGA内部可编程逻辑资源来搭建。如Altera的Nios II处理器、Xilinx的MicroBlaze处理器和Lattice的LatticeMico处理器等。这类SOPC的特点是可以根据需要对MCU进行裁剪、价格较低(软核一般可免费获取),但性能逊于硬核处理器。

本节将以Xilinx公司的MicroBlaze处理器和Altera公司的Nios II处理器为例介绍SOPC技术。

7.2 基于MicroBlaze软核的嵌入式系统

7.2.1 Xilinx的SOPC技术

Xilinx的SOPC技术主要有两种方案:PowerPC硬核处理器和MicroBlaze软核处理器。前者采用IBM PowerPC 440和405核,均为32位的RISC CPU,分别嵌入到Virtex-5 FXT、Virtex-4和Virtex-II Pro系列FPGA中,可以实现高性能嵌入式应用系统。

MicroBlaze 软核处理器是一种灵活的 32 位哈佛 RISC 结构,可以控制缓存大小、接口和执行单元,并且还可以按用户要求定制,在性能与成本之间进行平衡。MicroBlaze 还集成了一个低延时的浮点单元(Floating Point Unit,FPU)和一个能够支持嵌入式系统的存储器管理单元(Memory Management Unit,MMU)。

Xilinx 嵌入式开发工具(Embedded Development Kit,EDK),可以简化系统设计,加速嵌入式系统的开发进程,自动向导能在设计过程中给予设计人员全面的引导,以减少设计错误。

7.2.2 MicroBlaze 处理器结构

MicroBlaze 处理器是高度可配置的,允许用户根据设计需求选择一些特殊的功能。该处理器的组成如图 7-1 所示,图中阴影区为可选部件。控制器部分有指令计数器(Program Counter)、指令缓冲器(Instruction Buffer)、指令译码器(Instruction Decoder)和存储器管理单元(MMU)。寄存器分为通用寄存器组(Register File)和专用寄存器(Special Purpose Registers)两类。运算器除算术逻辑单元(ALU)和移位器(Shift)外,还有可选的桶形移位器(Barrel Shift)、乘法器(Multiplier)、除法器(Divider)和浮点单元(FPU)。此外,处理器中还有可选的指令缓存(I-Cache)和数据缓存(D-Cache)。

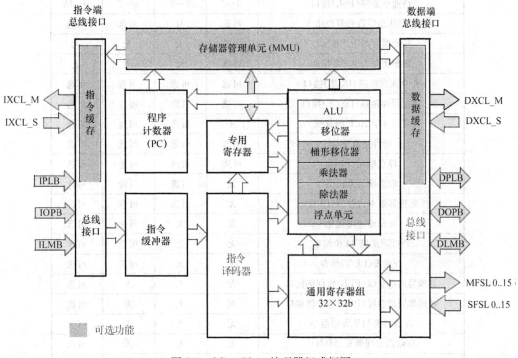

图 7-1 MicroBlaze 处理器组成框图

MicroBlaze 具有丰富的可选接口资源。处理器局部总线(Processor Local Bus,PLB)接口,分指令 PLB(IPLB)和数据 PLB(DPLB);片上外围总线(On-chip Peripheral Bus,OPB)接口,分指令 OPB(IOPB)和数据 OPB(DOPB);局部存储器总线(Local Memory Bus,LMB)接口,也分指令 LMB(ILMB)和数据 LMB(DLMB);Xilinx 缓存链路(Xilinx CacheLink,XCL)接口,分指令 XCL 主端口(IXCL_M)、指令 XCL 从端口(IXCL_S)、数据 XCL 主端口(DXCL_M)、数据 XCL 从端口(DXCL_S);快速单链路(Fast Simplex Link,FSL)接口,分 FSL 主端口(MFSL)和 FSL 从端口(SFSL)。

MicroBlaze 处理器固定的性能包括：32 个 32 位通用寄存器、32 位指令字(可以带 3 个操作数和两种寻址方式)、32 位地址总线。其他可选功能如表 7-1 所示。只有最新版的 V7.0 才支持所有功能，故推荐使用，其余老版本不推荐使用。

表 7-1 MicroBlaze 处理器可配置功能

功 能	MicroBlaze 版本			
	V4.00	V5.00	V6.00	V7.00
版本状态	不推荐	不推荐	不推荐	推荐
流水线级数	3	5	3/5	3/5
片上外围总线(OPB)数据侧接口	可选	可选	可选	可选
片上外围总线(OPB)指令侧接口	可选	可选	可选	可选
局部存储器总线(LMB)数据侧接口	可选	可选	可选	可选
局部存储器总线(LMB)指令侧接口	可选	可选	可选	可选
硬件桶形移位寄存器	可选	可选	可选	可选
硬件除法器	可选	可选	可选	可选
硬件调试逻辑	可选	可选	可选	可选
快速单链路(FSL)接口	0～7	0～7	0～7	0～15
机器状态设置和复位指令	可选	有	可选	可选
指令缓存与 IOPB 接口	可选	无	无	无
数据缓存与 IOPB 接口	可选	无	无	无
指令缓存链路(IXCL)接口	可选	可选	可选	可选
数据缓存链路(DXCL)接口	可选	可选	可选	可选
4 或 8 字 XCL 缓存线	4	可选	可选	可选
硬件异常支持	可选	可选	可选	可选
浮点单元(FPU)	可选	可选	可选	可选
取消硬件乘法器	无	可选	可选	可选
处理器版本寄存器(PVR)	无	可选	可选	可选
面积或速度优化	无	无	可选	可选
硬件乘法器 64 位结果	无	无	可选	可选
查找表(LUT)缓存	无	无	可选	可选
处理器局部总线(PLB)数据侧接口	无	无	无	可选
处理器局部总线(PLB)指令侧接口	无	无	无	可选
浮点转换与平方根指令	无	无	无	可选
存储器管理单元(MMU)	无	无	无	可选
扩展的快速单链路(FSL)接口	无	无	无	可选

由 MicroBlaze 构成的嵌入式系统如图 7-2 所示。

1. 数据类型

MicroBlaze 采用 Big-Endian 位倒序形式表示数据，即高字节存于低地址，如表 7-2 所示。这种形式便于一些数值处理(如 FFT)。MicroBlaze 支持的数据类型有字(32 位)、半字(16 位)和字节(8 位)。

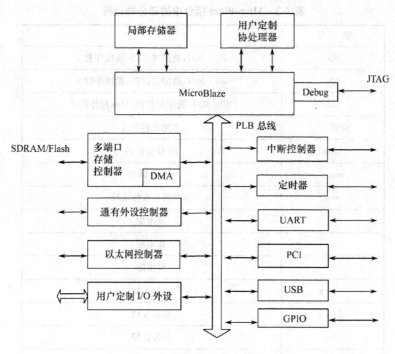

图 7-2 基于 PLB 的 MicroBlaze 片上系统

表 7-2 字的表示形式

字节地址	n	n+1	n+2	n+3
字节号	0	1	2	3
字节高低	MSByte			LSByte
位标号	0			31
位高低	MSBit			LSBit

2. 指令

MicroBlaze 中所有指令都是 32 位,且被分成 A 类和 B 类。A 类指令有多达 2 个源寄存器操作数和一个目标寄存器操作数,其构成如图 7-3(a)所示。而 B 类指令有一个源寄存器和一个 16 位的立即数(借助 IMM 指令可以扩展到 32 位),以及一个目标寄存器操作数,其构成如图 7-3(b)所示。

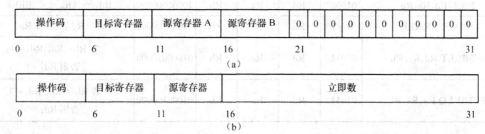

图 7-3 MicroBlaze 指令构成

指令按功能分为:算术指令、逻辑指令、分支指令、装载/存储指令、特殊指令等。表 7-3 列出了指令中的部分助记符。表 7-4 则给出了部分指令。

表 7-3 MicroBlaze 指令中的部分助记符

符 号	含 义
Ra	R0 - R31,通用寄存器,源操作数 a
Rb	R0 - R31,通用寄存器,源操作数 b
Rd	R0 - R31,通用寄存器,目标操作数 d
SPR[x]	专用寄存器 x
Imm	16 位立即数
Immx	x 位立即数
~x	寄存器 x 按位求反
+	算术加
*	算术乘
/	算术除
>> x	右移 x 位
<< x	左移 x 位
=	相等比较
<	小于比较
:=	赋值符
s(x)	将 x 扩展为 32 位数据

表 7-4 MicroBlaze 的部分指令

A 类指令	0-5	6-10	11-15	16-20	21-31	含 义
B 类指令	0-5	6-10	11-15	16-31		
ADD Rd,Ra,Rb	000000	Rd	Ra	Rb	00000000000	Rd := Rb + Ra
RSUB Rd,Ra,Rb	000001	Rd	Ra	Rb	00000000000	Rd := Rb +(~ Ra) + 1
ADDI Rd,Ra,Imm	001000	Rd	Ra	Imm		Rd := s(Imm) + Ra
RSUBI Rd,Ra,Imm	001001	Rd	Ra	Imm		Rd := s(Imm) +(~ Ra) + 1
MUL Rd,Ra,Rb	010000	Rd	Ra	Rb	00000000000	Rd := Ra * Rb
BSRA Rd,Ra,Rb	010001	Rd	Ra	Rb	01000000000	Rd := s(Ra >> Rb)
BSLL Rd,Ra,Rb	010001	Rd	Ra	Rb	10000000000	Rd := (Ra << Rb) & 0
IDIV Rd,Ra,Rb	010010	Rd	Ra	Rb	00000000000	Rd := Rb/Ra
FCMP. LT Rd,Ra,Rb	010110	Rd	Ra	Rb	01000010000	若 Rb<Ra, Rd:=1; 否则 Rd:=0
FCMP. EQ Rd,Ra,Rb	010110	Rd	Ra	Rb	01000100000	若 Rb=Ra, Rd:=1; 否则 Rd:=0

3. 寄存器

MicroBlaze 具有正交指令集结构,它含有 32 个 32 位通用寄存器(R0~R31)和最多 25 个 32 位专用寄存器。通用寄存器的作用如表 7-5 所示。

表 7-5 通用寄存器

名称	功能
R0	值始终为零
R1~R13	通用寄存器
R14	中断返回地址
R15	通用寄存器，推荐存放用户矢量
R16	暂停返回地址
R17	处理器若支持硬件异常，存放引起异常的下一条指令地址；否则，为通用寄存器
R18~R31	通用寄存器

常用的专用寄存器有程序计数器（PC）、机器状态寄存器（MSR）、异常地址寄存器（EAR）、异常状态寄存器（ESR）、分支目标寄存器（BTR）、浮点状态寄存器（FSR）、处理器版本寄存器（PVR）等。部分专用寄存器的功能如下：

- 程序计数器（PC）　存储待执行指令的 32 位地址。
- 机器状态寄存器（MSR）　包含处理器各控制位与状态位。
- 异常地址寄存器（EAR）　存有各异常事件处理程序的地址。
- 异常状态寄存器（ESR）　表示异常事件的类型，供处理器识别。
- 分支目标寄存器（BTR）　为分支指令的执行存储分支目标地址。
- 浮点状态寄存器（FSR）　存储浮点单元的状态位。
- 异常数据寄存器（EDR）　存储从 FSL 读取的引起 FSL 异常的数据。
- 进程标识寄存器（PID）　在 MMU 地址翻译时唯一的标识软件进程。
- 处理器版本寄存器（PVR）　用来表示 MicroBlaze 的配置情况，如有无硬件乘法器、浮点单元等。在配置 MicroBlaze 时可以选择不生成 PVR、生成 1 个 PVR 或生成 12 个 PVR（PVR0~PVR11）。

4. 流水线结构

MicroBlaze 的指令按流水线方式执行。对大多数指令而言，每级只需一个时钟周期就可以执行完毕。因此，执行一条特定的指令所需的时钟周期数等于流水线的级数，且每个时钟周期都会有一条指令执行完成。但有些指令需要几个周期才能完成某一级的执行。

当从较慢的存储器取指令时可能要花费多个周期。这些额外的延迟直接影响了流水线的效率。MicroBlaze 采用指令预取缓存以减少这种多周期指令存储器延迟的影响。当流水线被多周期指令拖延时，预取缓存继续装载顺序指令。一旦流水线继续执行时，则取指级可直接从预取缓存中取得新指令，而不必等待从指令存储器中取指。

（1）三级流水线

当对面积进行优化时，流水线就被分为三级：取指、指令译码、执行，以使硬件成本最小。

（2）五级流水线

当不对面积进行优化时，流水线则被分为五级：取指、指令译码、执行、存储器访问、写回（Write-back），以使性能最优。

（3）分支

当产生分支时，通常指令在预取和译码级（包括预取缓存）会被冲掉。而取指级从计算出的分支地址重新取一条新指令。在 MicroBlaze 中分支的执行需要 3 个时钟周期，其中 2 个周期用于重新装载流水线。为减小这一延迟开销,MicroBlaze 支持带延时片的分支。当执行一个带延时片的分支时,只有取指级被冲掉,译码级中的指令(处于分支延时片)允许完成。该技术有效地将分支所带来的影响从 2 个时钟周期减少到 1 个周期。

5. 存储器结构

MicroBlaze 采用哈佛存储器结构即指令与数据的访问位于不同的地址空间。每个空间都有 32 位的地址范围,指令与数据存储器最大可分别达到 4GB。指令与数据存储空间可以重叠,这样有利于软件调试。数据的访问一定要对齐,即字的访问要位于字的边缘、半字的访问要位于半字的边缘,除非在配置处理器时支持不对齐异常事件。所有指令的访问都必须字对齐。

MicroBlaze 对 I/O 采用数据存储器映像,即 I/O 与数据存储器采用同一地址空间。

处理器最多有三种存储器访问接口:局部存储器总线(LMB)、处理器局部总线(PLB)或片上外设总线(OPB)、Xilinx 缓存链路(XCL)。LMB 的地址空间不能与 PLB 或 OPB、XCL 相重叠。

MicroBlaze 的指令与数据缓存可以配置成采用 4 字或 8 字缓存线。采用较多的缓存线可以让较多的字节被预取,通常可以提高顺序访问型软件的性能。

6. 复位、中断及异常事件

MicroBlaze 支持复位(Reset)、硬件异常(Hardware Exceptions)、非屏蔽暂停(Non-maskable Break)、暂停(Break)、中断(Interrupt)、用户矢量(User Vector)等事件,其优先级按上述事件顺序由高至低。表 7-6 给出了这些事件的矢量地址和返回地址存放的位置。

表 7-6　事件矢量地址和返回地址存放位置

事　件	矢　量　地　址	返回地址存放位置
复位	0x00000000 - 0x00000004	
用户矢量	0x00000008 - 0x0000000C	Rx
中断	0x00000010 - 0x00000014	R14
非屏蔽暂停		
硬件暂停	0x00000018 - 0x0000001C	R16
软件暂停		
硬件异常	0x00000020 - 0x00000024	R17 或 BTR
保留	0x00000028 - 0x0000004F	

7. 指令缓存

当可执行代码存放的位置在 LMB 地址范围之外时,MicroBlaze 可以配置可选的指令缓存以提高性能。指令缓存具有如下特点:
- 直接映像;
- 用户可选缓存地址范围;
- 可配置缓存和标记(Tag)大小;
- 缓存链路(XCL)接口;

- 可选 4 或 8 字缓存线；
- 通过 MSR 中的一个控制位确定缓存是否启用。

当使用指令缓存时，指令存储地址空间被分为两段：可缓存段和不可缓存段，分别通过参数 C_ICACHE_BASEADDR 和 C_ICACHE_HIGHADDR 确定。可缓存的存储器大小为 64B～64KB。

每次取指时，缓存控制器都要检查指令地址是否处于可缓存区。若不处于可缓存区，则忽略该指令，而由 OPB 或 LMB 完成取指；若指令处于可缓存区，还要检查所需指令当前是否已被缓存。如果是，则从缓存取指；如果尚未缓存，则向外部存储器取指后再经缓存传递。

8. 数据缓存

MicroBlaze 可以配置可选的数据缓存以提高性能，但其地址必须在 LMB 地址范围之外。数据缓存除具有指令缓存所有特点外，还具有写通（Write-through）功能。

当使用数据缓存时，数据存储地址空间被分为两段：可缓存段和不可缓存段，分别通过参数 C_DCACHE_BASEADDR 和 C_DICACHE_HIGHADDR 确定。可缓存的存储器大小为 64B～64KB。

数据缓存采用写通（Write-through）方式。当向一个可缓存的地址存数时，在修改缓存数据的同时还将通过 DXCL 对外部存储器进行一次等效的写操作。

当从可缓存地址取数时，都要检查所需数据当前是否已被缓存。如果是，则从缓存取数；如果尚未缓存，则向外部存储器取数后再经缓存传递。

9. 浮点单元（FPU）

MicroBlaze 的浮点单元基于 IEEE 754 标准。其特性如下：
- 采用 IEEE 754 单精度浮点数形式，包括无穷大、非数和零的定义；
- 支持加、减、乘、除、比较指令；
- 采用最近舍入法（四舍五入）；
- 产生下溢、溢出（除零）、非正确运算的标志位。

为提高性能，浮点单元做了如下非标准的简化：
- 不支持去归一化运算数；
- 去归一化结果存为带符号零，并使 FSR 的下溢标志置位；
- 对非数进行运算，返回固定的非数 0xFFC00000；
- 运算结果溢出时总是带有符号的无穷大。

IEEE 754 单精度浮点数由 1 位的符号、8 位的偏移指数（阶码）和 23 位的小数（尾数）三个域组成。

10. 快速单链路（FSL）接口

MicroBlaze 可以配置多达 16 个快速单链路接口。每个接口有一个输入端口和一个输出端口组成，它是一种专门的单向点对点数据流接口。FSL 接口具有 32 位宽度，另有一位信号表示所传信息是控制字还是数据。在 MicroBlaze 指令集中"get"指令用来从 FSL 端口向通用寄存器传送信息。而"put"指令所传数据的方向正好相反。

每个 FSL 都为处理器流水线提供了低延迟的专用接口，因此最适合将处理器执行单元扩展到与用户定制的硬件加速器相连。图 7-4 是一个简单示例。图中右侧为硬件电路,左侧为相应的应用程序。

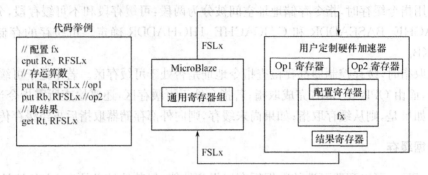

图 7-4　通过 FSL 将处理器执行单元扩展至用户定制的硬件加速器

11. 调试与跟踪

MicroBlaze 具有支持软件调试工具的 JTAG 接口(常称为 BDM 调试器)。调试接口与处理器调试模块(Xilinx Microprocessor Debug Module,MDM)核相连。一个 MDM 可以对多个 MicroBlaze 进行调试。调试功能有:
- 可配置若干硬件断点与观察点,可设置任意多的软件断点;
- 外部控制 MicroBlaze 的复位、停止和单步执行;
- 对存储器、通用寄存器和除 EAR、ESR、BTR、PVR0~PVR11 之外的专用寄存器进行读写,对 EAR、ESR、BTR、PVR0~PVR11 进行读;
- 支持多处理器;
- 支持对指令和数据缓存的写入。

跟踪接口可以输出许多内部状态信号用于性能监测和分析。Xilinx 建议用户通过 Xilinx 已开发的分析核使用跟踪接口。

12. MicroBlaze 支持的器件与性能

MicroBlaze 所支持的器件与性能如表 7-7 所示。

表 7-7　MicroBlaze 支持的器件与性能

性能与目标器件	MicroBlaze 版本			
	V4.00	V5.00	V6.00	V7.00
目标器件	Spartan3E Virtex4	Virtex5	Spartan3 Virtex5	Spartan3 Virtex5
DMIPS	166	240	240	240
MFLOPS	33	50	50	50

7.2.3　MicroBlaze 信号接口

MicroBlaze 采用哈佛结构,具有独立的数据总线接口单元和指令总线接口单元,支持三种存储器接口:局部存储器总线(LMB)、处理器局部总线(PLB)或片上外围总线(OPB)、Xilinx 的缓存链路(XCL)。LMB 提供了对片上双口块 RAM 的单周期访问。PLB 或 OPB 提供了对片上和片外外设和存储器的连接。XCL 用于特殊的外部存储器控制器。MicroBlaze 还支持最多 16 个 FSL 端口。

MicroBlaze 可以配置如下总线接口：
- 一个 32 位的 V4.6 PLB；
- 一个 32 位 V2.0 OPB；
- LMB（为有效的块 RAM 传输提供了简单的同步协议）；
- FSL（提供一种快速无仲裁流传输机制）；
- XCL（在缓存与外部存储器的控制器之间提供一种快速从端仲裁流接口）；
- 调试接口（与处理器调试模块核协同使用）；
- 跟踪接口（用于性能分析）。

1. OPB 总线

OPB 总线是 IBM 提出的一种总线方式，Xilinx 在其嵌入式系统中采用了 V2.0 版的 OPB（即 OPB_V20）。为简便起见，本文均简称 OPB。

OPB 总线是一种分布式多路选择器，主、从端口驱动总线用"与"逻辑实现，多驱动源合并到单总线时按"或"逻辑实现。其特性如下：
- 参数化的仲裁器；
- 参数化的 I/O 信号以支持最多 16 个主端口和任意多个从端口（Xilinx 推荐最多 16 个）；
- "或"逻辑可以单独用查找表（LUT）实现，或辅以快速进位加法器以节省 LUT 的数量；
- 上电总线复位和外部总线复位（可设置高电平或低电平有效）；
- 来自看门狗定时器的复位输入。

OPB 总线包含一个仲裁器。设计者可对 OPB 及其仲裁器进行裁减以适应应用系统的需要，方法是设置特定参数选择某些特性。

（1）总线互连

一个 OPB 系统由主端口、从端口、总线互连和仲裁器组成，如图 7-5 所示。在 Xilinx FPGA 中，采用简单的"或"逻辑来实现 OPB。将驱动总线的多个信号相"或"便得到了总线信号。在传输期间要求无效的 OPB 部件提供'0'给"或"门。这样便形成了分布式的多路选择器，特别适合用 FPGA 来实现。

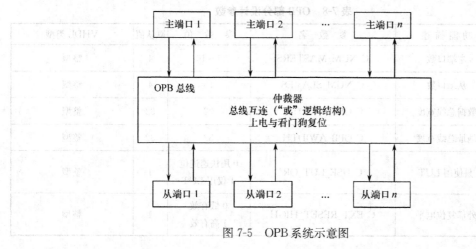

图 7-5　OPB 系统示意图

总线仲裁信号,如 M_Request 和 OPB_MGrant 等直接与每个 OPB 主部件相连。图 7-6 为多主/多从端口的 OPB 总线框图。

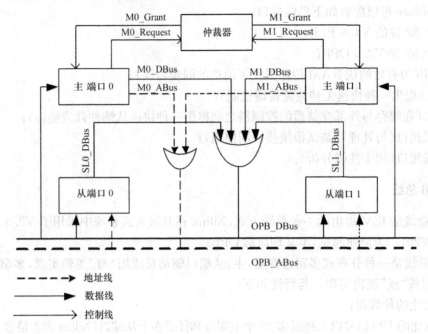

图 7-6　多主/多从端口的 OPB 总线框图

(2)仲裁协议

1)一个 OPB 主端口将其总线申请(Request)信号置有效。

2)OPB 仲裁器收到该请求信号后,根据每个主端口的优先级和其他申请线的状态,给相应主端口输出一个授权(Grant)信号。

3)一个 OPB 主端口在 OPB 时钟上升沿检测其授权信号。若有效则在下一个时钟周期启动数据传输。

(3)OPB 设计参数

为了对 OPB 总线进行裁剪,只使用系统需要的总线功能,提高设计质量,OPB 的一些特定功能可以通过参数进行设置,如表 7-8 所示。

表 7-8　OPB 部分设计参数

序号	组别	功能描述	参 数 名	参　数　值	默认值	VHDL 类型
1	总线功能	主端口数	C_NUM_MASTERS	1～16	4	整型
2		从端口数	C_NUM_SLAVES	16	4	整型
3		数据总线宽度	C_OPB_DWIDTH	32	32	整型
4		地址总线宽度	C_OPB_AWIDTH	32	32	整型
5		只使用 LUT	C_USE_LUT_OR	0 用快速进位 1 仅用 LUT	1	整型
6		外部复位电平	C_EXT_RESET_HIGH	0 低有效 1 高有效	1	整型

(续表)

序号	组别	功能描述	参数名	参数值	默认值	VHDL 类型
7	仲裁器功能	优先级模式	C_DYNAM_PRIORITY	0 固定 1 动态	0	整型
8		带寄存的 Grant 输出	C_REG_GRANTS	0 组合输出 1 寄存输出	1	整型
9		总线驻留	C_PARK	0 不支持 1 支持	0	整型
10		从端口中断	C_PROC_INTRFCE	0 不支持 1 支持	0	整型
11	仲裁器从端口	仲裁器基地址	C_BASEADDR	正确地址范围	无	Std_Logic_Vector
12		仲裁器高地址	C_HIGHADDR	范围为 2 的幂 且≥0x1FF	无	整型
13		部件块标识	C_DEV_BLK_ID	0~255	0	整型
14		模块标识寄存器使能	C_DEV_MIR_ENABLE	0 不使能 1 使能	0	整型

2. PLB 总线

PLB 总线也是 IBM 提出的一种总线方式，Xilinx 在其 MicroBlaze 嵌入式系统中采用 PLB 的目的是为了替代 OPB 以简化系统设计。

MicroBlaze 所用 PLB 是 V4.6 的简化版。为方便起见，本文均简称 PLB。

PLB 支持的特性包括：

- 32 位寻址；
- 32、64 或 128 位数据宽度；
- 可选择共享总线或点对点互连拓扑结构。一主一从配置时可优化成点对点方式，点对点方式无需仲裁，支持零周期延迟；
- 可选地址流水线（只支持 2 级）；
- 以看门狗定时器产生地址请求超时；
- 基于仲裁的动态主端口请求优先级；
- 矢量复位和 Address/Qualifier 寄存器。

PLB 的系统组成类似于图 7-5。PLB 的功能配置也通过参数设置来进行，如表 7-9 所示。

表 7-9 PLB 部分设计参数

序号	适用性	功能描述	参数名	参数值
1	从端口	主端口数	C_总线名_NUM_MASTERS	
2	从端口	主端口标识位数	C_总线名_MID_WIDTH	
3	主/从端口	数据总线宽度	C_总线名_DWIDTH	32、64、128
4	主/从端口	外设内部数据线宽	C_总线名_NATIVE_DWIDTH	32、64、128
5	主/从端口	是否支持点对点	C_总线名_P2P	0 共享总线，1 点对点
6	从端口	主端口最小数据宽度	C_总线名_SMALLEST_MASTER	32、64、128
7	主端口	从端口最小数据宽度	C_总线名_SMALLEST_SLAVE	32、64、128
8	主/从端口	时钟周期	C_总线名_CLK_PERIOD_PS	单位：皮秒

3. LMB 总线

局部存储器总线(LMB)用于 Xilinx 基于 FPGA 的嵌入式系统中,是一种用来连接 MicroBlaze处理器指令/数据端口与高速外围部件,主要是片上块 RAM(BRAM)的快速局部总线。其特性如下:
- 高效,单主端口无需仲裁;
- 独立的读数据线和写数据线;
- 占用 FPGA 资源少;
- 125 MHz 工作速度。

(1)LMB 总线组成

一个典型的 MicroBlaze 系统一般采用两个 LMB 总线,分别用于取指和数据读写,如图 7-7 所示。显然这两个 LMB 分别通过各自的接口控制器与双口 BRAM 相连。

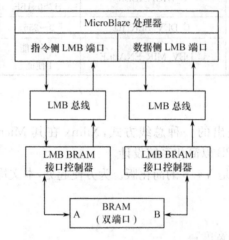

图 7-7 LMB 在 MicroBlaze 系统中的典型应用

(2)参数设置

可以通过参数设置对 LMB 总线进行裁剪,只使用系统需要的总线功能,提高设计质量,LMB 的可设置参数如表 7-10 所示。

表 7-10 LMB 的部分参数设置

参 数 名	功能描述	允 许 值	默 认 值	VHDL 类型
C_LMB_NUM_SLAVES	LMB 从端口个数	1~16	4	整型
C_LMB_AWIDTH	LMB 地址总线宽度	32	32	整型
C_LMB_DWIDTH	LMB 数据总线宽度	32	32	整型
C_EXT_RESET_HIGH	外部复位电平	0 低有效 1 高有效	1	整型

7.2.4 MicroBlaze 软硬件设计流程

1. 设计工具

MicroBlaze 软硬件系统的开发需要借助 Xilinx 的 ISE 和 EDK 两个工具。ISE(Integrated Software Environment)是一个集成的完整的逻辑设计平台,支持 Xilinx 所有的 FPGA 和 CPLD 产品。嵌入式开发套件(Embedded Development Kit,EDK)则是用 Xilinx 的 FPGA 设计嵌入式系统的完整的工具与 IP 平台,它也支持 PowerPC 硬核系统的开发。EDK 主要包括 Xilinx 平台工作室(Xilinx Platform Studio,XPS)和软件开发套件(Software Development Kit,SDK)。需要注意的是,只有安装了 ISE,才能正常运行 EDK,且二者的版本要一致。

XPS 是设计嵌入式系统硬件部分的开发环境或 GUI。而 SDK 基于 Eclipse 开放源码架构,是 C/C++ 嵌入式软件应用程序开发和验证的集成环境。EDK 还包括其他一些功能,如:用于嵌入式处理器的硬件 IP 核、用于嵌入式软件开发的驱动和库、在 MicroBlaze 和 PowerPC 处理器上用于 C/C++ 软件开发的 GNU 编译器和调试器、文档和一些工程样例等。

应用 EDK 可以进行 MicroBlaze IP 核的开发。工具包中集成了硬件平台生成器、软件平台产生器、仿真模型生成器、软件编译器和软件调试工具等。EDK 中还带有一些外设接口的 IP 核,如 LMB、PLB、OPB 总线接口、外部存储控制器、SDRAM 控制器、UART、中断控制器、定时器等。利用这些资源,可以构建一个较为完善的嵌入式微处理器系统。

在 FPGA 上设计的嵌入式系统层次结构为 5 级。硬件开发包括在最底层硬件资源上开发 IP 核、用已开发的 IP 核搭建嵌入式系统 2 个层次;软件开发包括开发 IP 核的设备驱动、应用接口(API)和应用层(算法)3 个层次。

EDK 中提供的 IP 核均有相应的设备驱动和应用接口,使用者只需利用相应的函数库,就可以编写自己的应用软件和算法程序。对于用户自己开发的 IP 核,需要自己编写相应的驱动和接口函数。

2. 设计流程

嵌入式系统的设计流程包括硬件设计与调试、软件设计与调试,其主要步骤如图 7-8 所示。ISE 软件一般在后台运行,XPS 通过函数调用方式使用 ISE 软件。XPS 主要用于嵌入式处理器硬件系统的开发,设置微处理器、各种外设、部件之间的连接,以及各部件的属性等。简单的软件开发可以直接在 XPS 中完成,但对于较为复杂的应用程序开发与调试,建议采用 SDK。

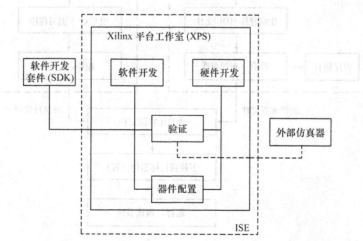

图 7-8 MicroBlaze 嵌入式系统开发主要步骤

硬件平台的功能验证可以通过 HDL 仿真器进行,XPS 提供了行为仿真、结构仿真和精确的时序仿真三种方式。行为仿真和结构仿真分别在设计综合前、后进行,而时序仿真只能在布局布线后进行。

XPS 自动建立验证的过程,包括 HDL 仿真文件,用户只需输入时钟时序、设置仿真信息即可。

完成设计后可以在 XPS 中将硬件比特流和连接后的可执行程序文件一同下载到 FPGA 中,完成对目标器件的配置。

详细的设计过程如图 7-9 所示,共分成如下十个步骤:

(1)分析系统需求;
(2)创建嵌入式系统硬件平台;
(3)添加 IP 核和用户定制外设;
(4)生成仿真文件,对硬件系统进行功能仿真;
(5)综合、布局布线、生成硬件的配置文件(比特流);
(6)生成时序仿真文件,对硬件系统进行时序仿真;
(7)开发软件系统,确定库、外设驱动(操作系统)等属性,编写程序,编译、连接,生成可执行文件;
(8)将硬件配置文件和软件可执行文件合并成最终的二进制比特流;
(9)将比特流下载到 FPGA 或非易失性存储器中(如 E^2PROM、Flash 等);
(10)通过 JTAG 进行调试、运行。

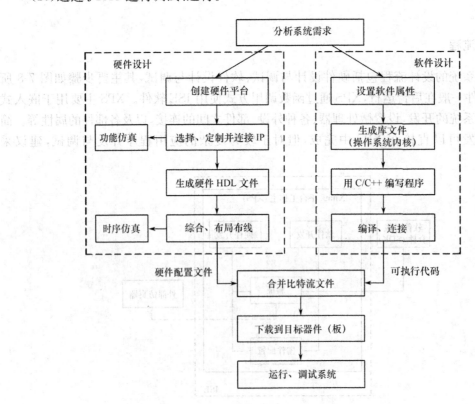

图 7-9 MicroBlaze 嵌入式系统详细开发过程

7.3 基于 Nios Ⅱ 软核的 SOPC

7.3.1 Altera 的 SOPC 技术

Altera 有三种 SOPC 解决方案：硬核 ARM 系列处理器、软核 Nios Ⅱ 系列处理器和 HardCopy 技术。所谓 HardCopy 技术，指在特定 FPGA 上利用可编程技术实现的 SOPC 系统可以无缝直接转换成 ASIC(SOC)芯片。

Nios Ⅱ 是目前 SOPC 中应用最为广泛的处理器之一。采用 Nios Ⅱ 不仅成本较低，可以任意裁减节省硬件资源，而且可以在一片 FPGA 中嵌入多个 MCU 核，从而构成片上多处理器系统，进而实现片上网络(Network On Chip,NOC)。

2000 年，Altera 发布了第一代 Nios 处理器，采用 16 位指令集、16/32 位数据通道、5 级流水线结构，可在 Excalibur 系列 FPGA 上实现。

2003 年，Altera 又推出了 Nios 的升级版 Nios3.0，有 16 位和 32 位两个版本，但均采用 16 位的指令集，其差别主要在系统总线宽度。Nios3.0 可在高性能的 Stratix 和低成本的 Cyclone 系列 FPGA 上实现。

2004 年 Altera 在推出 Stratix Ⅱ 和 Cyclone Ⅱ 两个新的 FPGA 器件系列后，又推出了支持这些新款器件的第二代 Nios 处理器——Nios Ⅱ。Nios Ⅱ 采用 32 位指令集、32 位数据通道、6 级流水线结构(取指、指令译码、执行、存储器访问、对齐、写回)，其整体性能比 Nios 提高 3 倍。

7.3.2 Nios Ⅱ 处理器

Nios Ⅱ 是一个通用的精简指令集(RISC)CPU 核。其特点如下：
- 全 32 位指令集、数据通路和地址空间；
- 32 个通用寄存器；
- 32 个外部中断源；
- 单指令 32×32 位乘法器和除法器，提供 32 位的运算结果；
- 可计算 64 位和 128 位乘积的专门指令；
- 用于单精度浮点运算的浮点指令；
- 多种连接片内外设和片外存储器与外设的接口；
- 单指令桶形移位寄存器；
- 在 200MHz 时钟下运行速度高达 250 DMIPS。

Nios Ⅱ 类似于一个单片机，包含了处理器、存储器、一组外设和用于访问片外存储器的接口。图 7-10 是以 Nios Ⅱ 为核心构成的典型系统。在具体应用中，可以对系统进行裁减或增加新的逻辑模块。甚至可以在 ALU 中添加新的运算器并自定义相应的指令。

Nios Ⅱ 系列包含 3 种内核：Nios Ⅱ/f(快速)——性能最优，但占用逻辑资源最多；Nios Ⅱ/e(经济)——占用逻辑资源最少，但性能最低；Nios Ⅱ/s(标准)——性能与占用资源都较适中，介于前两种类型之间。

1. Nios Ⅱ 处理器组成结构

Nios Ⅱ 处理器核的内部组成如图 7-11 所示。Nios Ⅱ 采用哈佛结构，数据总线与指令总

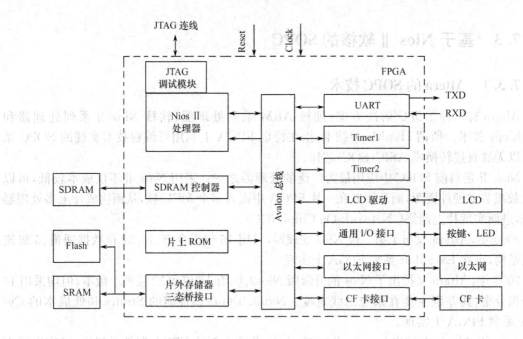

图 7-10 Nios Ⅱ 典型系统

线分开。为便于调试,处理器中集成了一个 JTAG 调试模块,通过 Nios Ⅱ 的软件开发环境 IDE,可进行在线调试。

数据处理由算术逻辑单元(ALU)完成,用户可以定制逻辑电路扩展 ALU。

Nios Ⅱ 处理器中除了有指令与数据缓存外,还带有紧耦合存储器(TCM)接口,连接片上存储器,以提高处理器性能。所谓紧耦合存储器接口,是指通过专门的 Avalon 通道与块 RAM 连接,起到高速系统总线的作用。

异常控制器和中断控制器分别处理异常事件和外部硬件中断。

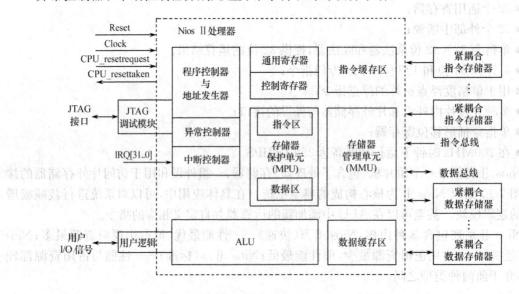

图 7-11 Nios Ⅱ 处理器的组成

2. 寄存器组

Nios Ⅱ 处理器中的内部寄存器包括通用寄存器组、控制寄存器组和一个程序计数器等，均为32位。通用寄存器组中有32个寄存器，其作用见表7-11。

表7-11 通用寄存器组

寄存器	用 途	寄存器	用 途
R0	清0	R25	为程序断点保留
R1	临时变量	R26	全局指针
R2、R3	函数返回值(低32位+高32位)	R27	堆栈指针
R4~R7	传给函数的参数	R28	帧指针
R8~R15	函数调用者要保护的寄存器	R29	异常处理返回地址
R16~R23	函数要保护的寄存器	R30	断点返回地址
R24	为异常处理保留	R31	函数返回地址

Nios Ⅱ 中含有6个独立的控制寄存器，它们的读/写访问只能在超级用户状态下由专用的控制寄存器读/写指令(rdctl 和 wrctl)实现。控制寄存器的作用如表7-12所示。

表7-12 控制寄存器组

寄存器	名 称	用 途
CTL0	Status	保留
CTL1	Estatus	保留
CTL2	Bstatus	保留
CTL3	Ienable	中断允许位
CTL4	Ipending	中断发生标志位
CTL5	Cpuid	唯一的CPU序列号

3. 算术逻辑单元(ALU)

Nios Ⅱ 处理器中的 ALU 对存储在寄存器中的数据进行运算，并将结果存入某个寄存器。ALU 支持的运算如表7-13所示。由表中的基本运算可以组合成各种其他运算。

表7-13 Nios Ⅱ 中 ALU 所支持的运算

类别	运 算
算术运算	有符号和无符号的加、减、乘、除
关系运算	有符号和无符号的相等、不等、大于等于、小于
逻辑运算	与、或、或非、异或
移位运算	算术右移、逻辑左/右移、左/右循环移位

ALU 中的乘法器和除法器是可选的。有些情况下，处理器中未提供这些运算电路，相应的运算指令称为未实现的指令。但是，未实现的指令仍然可以通过软件来实现。处理器执行到未实现的指令时，会产生一个异常，而异常服务程序将调用一个子程序来实现这一运算。因此，未实现的指令对编程者而言是完全透明的。

另外，ALU 与用户自定义逻辑相连，通过自定义指令来执行相应的运算，这些运算的使用同预定义的指令完全相同。

4. 处理器工作模式

Nios Ⅱ处理器有 3 种工作模式：调试模式（Debug Mode）、超级用户模式（Supervisor Mode）和用户模式（User Mode）。调试模式权限最大，可以无限制的访问所有的功能模块；超级用户模式除不能访问与调试有关的寄存器外，无其他访问限制；用户模式权限最小，不能访问控制寄存器和部分通用寄存器。

5. 复位信号

Nios Ⅱ有 2 个复位信号。Reset 和 CPU_resetrequest。前者是一个全局硬件复位信号，强制处理器进入复位状态。而后者是一个局部复位信号，仅使 CPU 复位但不影响系统中的外设。

6. 异常与中断控制器

Nios Ⅱ中设置了一个异常情况处理器用来处理各种异常情况。异常情况按优先顺序包括硬件中断、软件陷阱、未定义指令和其他异常情况。出现异常情况时，程序跳转到特定的地址，分析异常情况出现的原因，进而分配适当的处理程序进行处理。

Nios Ⅱ 支持 32 个外部硬件中断，含有 32 个电平敏感的中断申请（IRQ0～IRQ31）输入，其优先级由软件确定，并可以通过中断使能控制寄存器（Ienable）分别设定各中断申请输入是否使能。

7. 存储器与 I/O 结构

由于是可配置的软核，Nios Ⅱ 与传统的 MCU 相比具有灵活的存储器与 I/O 结构。Nios Ⅱ 可以采用如下一种方式或多种方式访问存储器与 I/O：

- 指令主端口——通过系统互连线连接指令存储器的 Avalon 总线主端口；
- 指令缓存——Nios Ⅱ 内部快速缓冲存储器；
- 数据主端口——通过系统互连线连接数据存储器和外设的 Avalon 总线主端口；
- 数据缓存——Nios Ⅱ 内部快速缓冲存储器；
- 紧耦合指令或数据存储器端口——Nios Ⅱ 外部快速片上存储器接口。

相应的结构如图 7-12 所示。

Nios Ⅱ 的指令总线作为 32 位 Avalon 的一个主端口，只执行从程序存储器取指的功能。不执行任何写操作。

数据总线也是 Avalon 的一个主端口，但它既能从数据存储器和外设中读数，也能向它们写数。

当出现指令和数据共享的存储器时，处理器内部使用独立的指令总线和数据总线，而处理器对外则呈现单一共用的指令/数据总线。

高速缓存是可选的。指令缓存常用于存放循环执行的、关键性能的指令序列，数据缓存常用于存放反复访问的数据，以提高执行速度。高速缓存的容量较小，若需要较大空间存放关键指令和数据时，可以选择紧耦合存储器（Tightly Coupled Memory，TCM）。

紧耦合存储器也是可选的，它是一种紧邻处理器内核的片上快速 SRAM，它能保证装载指令和存取数据的时间较短且是确定的，从而改善系统性能。例如，在中断频繁的应用场合，可以将中断服务程序放在 TCM 中；而在数字信号处理场合则可以将 TCM 指定为数据缓冲区。

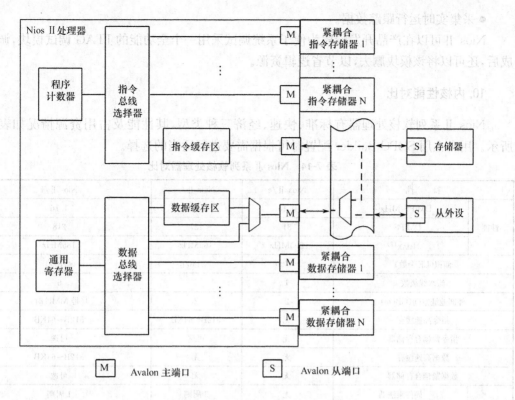

图 7-12　存储器及 I/O 结构

8. 存储器和外设访问

Nios Ⅱ 具有 32 位地址,在带有存储器管理单元(MMU)的情况下寻址空间可达 4GB。尽管数据总线是 32 位的,但指令集中提供了字节(8 位),半字(16 位)和字(32 位)的读/写指令。Nios Ⅱ 支持的寻址方式有:

- 寄存器寻址——所有操作数均存于寄存器,结果也存于寄存器;
- 寄存器间接寻址——操作数的地址存于寄存器;
- 带偏移的寄存器间接寻址——寄存器与 16 位立即数相加的结果作为操作数地址;
- 立即数寻址——操作数(常量)包含在指令中;
- 绝对寻址——以范围受限的绝对地址作为操作数地址。

需要注意的是,I/O 外设地址映射到数据存储器空间。高速指令和数据缓存有专门的指令进行访问。

9. JTAG 调试模块

Nios Ⅱ 支持 JTAG 调试模块,提供片上仿真功能,通过 PC 主机遥控处理器。PC 上的调试软件工具(Nios Ⅱ IDE)与 JTAG 调试模块进行通信,具有如下功能:

- 下载程序到存储器;
- 启动和终止程序的执行;
- 设置断点和观察点;
- 分析寄存器和存储器;

● 采集实时运行跟踪数据。

Nios Ⅱ可以在产品开发阶段为便于系统调试采用一个全功能的JTAG调试模块,调试完成后,还可以将该模块删去,以节省逻辑资源。

10. 内核性能对比

Nios Ⅱ系列软核处理器有标准、快速、经济三种类型,其性能及占用资源情况如表7-14所示。用户在用SOPC Builder配置时可根据需要进行适当的选择。

表7-14 Nios Ⅱ系列软核处理器对比

特 性		Nios Ⅱ/e	Nios Ⅱ/s	Nios Ⅱ/f
性能	DMIPS/MHz[1]	0.15	0.74	1.16
	DMIPS[2]	31	127	218
	f_{MAX}[2]	200MHz	165MHz	185MHz
	面积(LE个数)	<700	<1400	<1800
	流水线级数	1	5	6
	外部地址空间(GByte)	2	2	4(带MMU时)
	指令高速缓存	无	512B~64KB	512B~64KB
	指令紧耦合存储器	无	可选	可选
	数据高速缓存	无	无	512B~64KB
	数据紧耦合存储器	无	无	可选
ALU	硬件乘法器	无	3周期	1周期
	硬件除法器	无	可选	可选
	硬件移位寄存器	1周期/位	3周期(桶形)	1周期(桶形)
	JTAG硬件断点支持	否	是	是
	片外跟综缓冲区支持	否	是	是
	存储器管理模块	无	无	可选
	存储器保护模块	无	无	可选

注:(1) 该性能依赖于硬件乘法器。
(2) 采用最快硬件乘法器并以Stratix Ⅱ FPGA为目标器件工作于最快模式下。

11. Nios Ⅱ支持的器件

表7-15列出了目前Nios Ⅱ支持的器件,完全支持指Nios Ⅱ满足所有的功能与时序要求,可以用于产品设计。而基本支持则意味着Nios Ⅱ满足所有的功能要求,但需要进行时序分析,可以谨慎地用于产品设计。

表7-15 Nios Ⅱ支持的器件

器件系列	支持情况	器件系列	支持情况
ArriaGX	完全支持	Hardcopy Ⅱ	完全支持
Stratix Ⅳ	基本支持	HardCopy	完全支持
Stratix Ⅲ	完全支持	Cyclone Ⅲ	完全支持
Stratix Ⅱ	完全支持	Cyclone Ⅱ	完全支持
Stratix Ⅱ GX	完全支持	Cyclone	完全支持
Stratix GX	完全支持	其他系列	不支持
Stratix	完全支持		

7.3.3 Avalon 总线架构

Nios Ⅱ 采用 Avalon 内部总线,这是一种参数化的开关式连线结构,通过提供一组预定义信号类型的方式将处理器同外围模块连通。SOPC Builder 开发工具可以自动生成 Avalon 总线逻辑,包括数据通道的多路选择、地址译码、等待状态生成、动态总线对齐、中断优先级分配和开关结构转换。Avalon 总线只占用很少的 FPGA 资源,并提供了全面的同步操作。在 SOPC Builder 中用户可以根据向导方便地设置 Avalon 总线。

1. 并发多主端口

传统的处理器总线结构如图 7-13(a)所示。CPU 与存储器及外设之间仅通过一条系统总线相连,多对主、从端口间无法同时传送数据,形成瓶颈。

Avalon 总线结构如图 7-13(b)所示,不同主、从端口之间可以并行传递数据。同时,Avalon 总线还支持 DMA 功能。

图 7-13(c)是 Avalon 总线的一个实例,通过 DMA 控制器,以太网与 SDRAM 间可以直接传输数据,而不中断 CPU 的工作。

2. 地址空间与内建地址译码

Avalon 总线中的地址线有 32 根,因此其对存储器和外设的寻址空间高达 4GB。

在用 SOPC Builder 创建 Avalon 总线时,会自动为所有外设(包括用户自定义的外设)生成片选信号。

3. 同步与动态对齐接口

所有的 Avalon 总线信号都对 Avalon 主时钟同步,简化了 Avalon 总线与高速外设的集成。

Avalon 的动态总线对齐功能指,如果参与数据传输的双方总线宽度不一致,自动调整数据传输的具体过程,正确完成数据传递。从而使开发者能在 32 位的 Nios Ⅱ 系统中采用低成本的窄存储器(小于 32 位宽),如 8 位的 Flash 存储器。

当 32 位主端口读取 8 位从端口时,Avalon 总线将连续读取从端口的 4 个字节的有效数据,然后返回 32 位的字。

如果 16 位主端口与 32 位从端口相连,Avalon 总线由从端口读取一个 32 位的字后,自动向主端口传送 2 个半字。

7.3.4 Nios Ⅱ 软硬件开发流程

基于 Nios Ⅱ 处理器的 SOPC 设计流程主要包括硬件设计和软件设计两个方面,其设计流程如图 7-14 所示。

硬件设计采用 Quartus Ⅱ 及其内嵌的 SOPC Builder 设计工具对以 Nios Ⅱ 处理器为核心的嵌入式系统进行硬件配置、硬件设计和硬件仿真。其中,SOPC Builder 用于配置 Nios Ⅱ 处理器、Avalon 总线和外围电路,并生成 HDL 源代码,交 Quartus Ⅱ 与其他逻辑电路一道进行编译、综合、仿真。

软件设计则是采用 Nios Ⅱ IDE 集成设计平台进行程序设计和调试。当 SOPC Builder

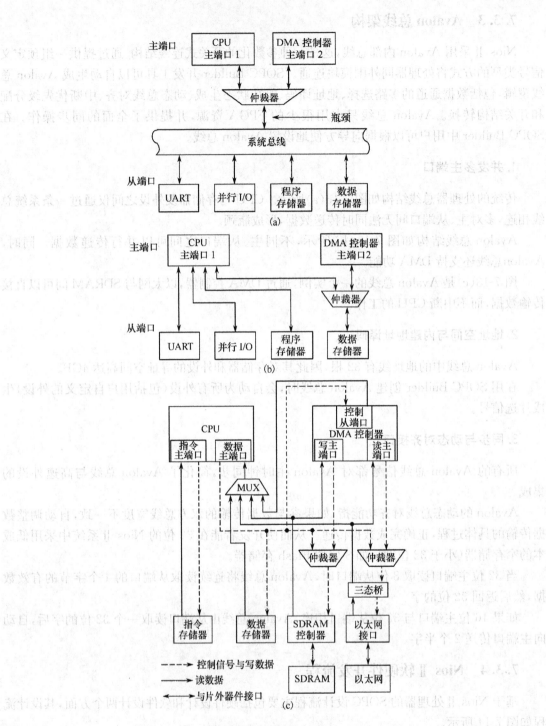

图 7-13 传统总线与 Avalon 总线对比

生成 Nios Ⅱ 处理器时,会建立一个定制的软件开发包(Software Development Kit,SDK),包含了软件设计所必需的头文件、库文件,提供了硬件映像地址和一些基本的硬件访问(驱动)子程序。

· 328 ·

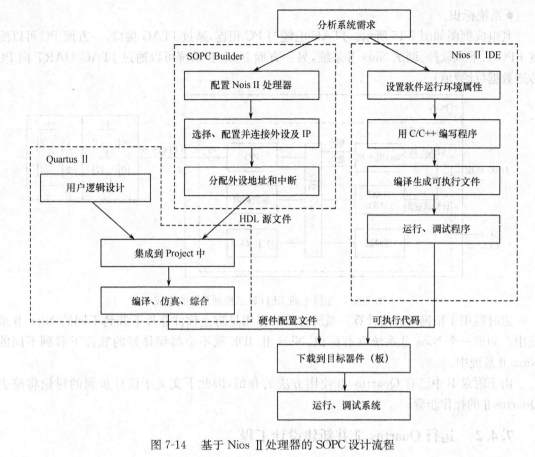

图 7-14　基于 Nios Ⅱ 处理器的 SOPC 设计流程

7.4　设计实例

本节将采用 Altera 的 SOPC 技术,通过一个简单实例说明 Nios Ⅱ 系统软硬件的具体开发过程。

7.4.1　设计要求

从入门角度出发,实例的内容应简单、易学,既能通过 FPGA 硬件(开发板)实现,也便于软件模拟实现。为此利用 Nios Ⅱ IDE 自带的一个示例软件,将系统功能确定为"八位二进制加法计数与显示传输"。计数规模为 256,能通过 JTAG 接口传送至 PC,且可以通过两个七段 LED 数码管显示十六进制数。七段数码管的控制信号为低电平有效,即 PIO 某位输出 0 时,对应的 LED 笔画点亮。

对上述功能要求进行分析,该系统需要具备如下组成:
● Nios Ⅱ 处理器;
● 片上存储器;
● 定时器;
● JTAG UART,用于向 PC 传送计数值;
● 16 位并行 I/O(PIO)口,用于七段 LED 数码管控制;

● 系统标识。

其组成框图如图 7-15 所示。JTAG 电缆与 PC 相连,通过 JTAG 接口,一方面 PC 可以配置 FPGA、下载软件、调试 Nios Ⅱ 系统,另一方面 Nios Ⅱ 系统可以通过 JTAG UART 向 PC 传送数据(计数值)。

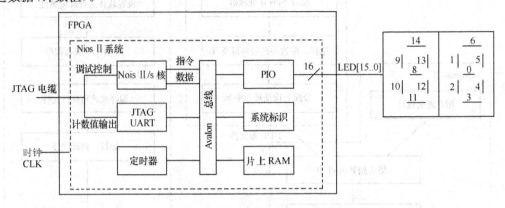

图 7-15　字符七段 LED 显示控制系统的组成

定时器用于精确的时间计算。系统标识的作用是防止软件意外下载到不同的 Nios Ⅱ 系统中。如果一个 Nios Ⅱ 系统含有标识,Nios Ⅱ IDE 就不会将编译好的软件下载到不同的 Nios Ⅱ 系统中。

由于附录 B 中已有 Quartus Ⅱ 使用方法的介绍,因此下文关于设计步骤的讨论将略去 Quartus Ⅱ 的操作步骤。

7.4.2　运行 Quartus Ⅱ 并新建设计工程

(1)运行 Quartus Ⅱ,创建新的工程 sopcexp。

(2)选择 Cyclone Ⅱ 系列的 EP2C50F484C6 作为目标器件(或根据所用开发板及 FPGA 选择器件)。

(3)打开图形编辑器,创建顶层模块文件 sopcexp.bdf,加入输入引脚 CLK 和 16 个输出引脚 LED[15..0],如图 7-16 所示。

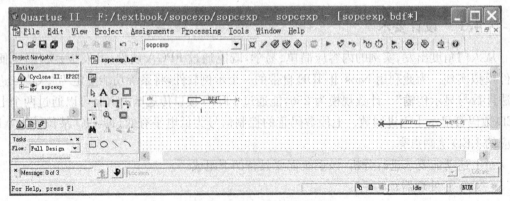

图 7-16　顶层模块文件

7.4.3　创建一个新的 SOPC Builder 系统

(1)选择菜单"Tools"→"SOPC Builder",SOPC Builder 被启动,并显示"Create New System"对话框。

(2) 输入文件系统名,如"nios2_system_exp"。
(3) 选择"Verilog"或"VHDL"作为"Target HDL"。
(4) 单击"OK"按钮,则 SOPC Builder GUI 出现,显示"System Contents"标签页。
图 7-17 为初始状态的 SOPC Builder GUI。

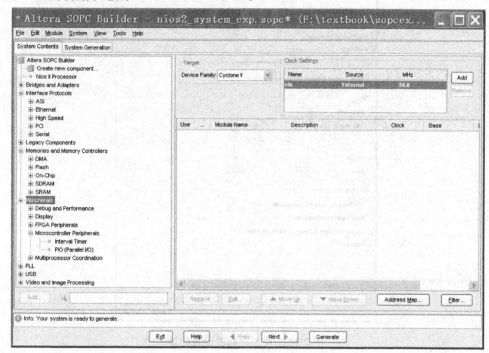

图 7-17　SOPC Builder GUI

7.4.4　在 SOPC Builder 中定义 Nios Ⅱ 系统

1. 确定目标 FPGA,设置时钟

在"Target"和"Clock Settings"项中分别选择器件系列和时钟频率。

2. 添加片上存储器

在可选部件列表中点开"Memories and Memory Controllers",进而点开"On-Chip",单击"On-Chip Memory (RAM or ROM)",再单击"Add"按钮,通过宏模块向导,选择存储器类型和容量(20KByte)。如图 7-18 所示。

不改变任何其他默认设置,最后单击"Finish"按钮,回到"System Contents"标签页。

3. 添加 Nios Ⅱ 处理器核

在可选部件列表中选择"Nios Ⅱ Processor",单击"Add"按钮,通过处理器设置向导,选择处理器核的类型(Nios Ⅱ/s)、硬件乘法器(None)、硬件除法器(Off)、复位矢量(Memory:onchip_mem Offset:0x0,位于片上存储器,偏移 0x0)、异常矢量(Memory:onchip_mem Offset:0x20,位于片上存储器,偏移 0x20),如图 7-19 所示。

· 331 ·

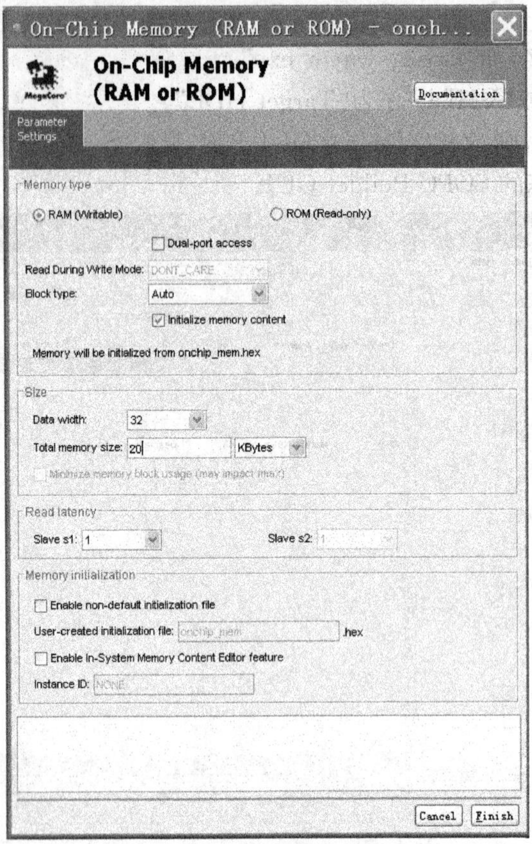

图 7-18　片上存储器设置向导

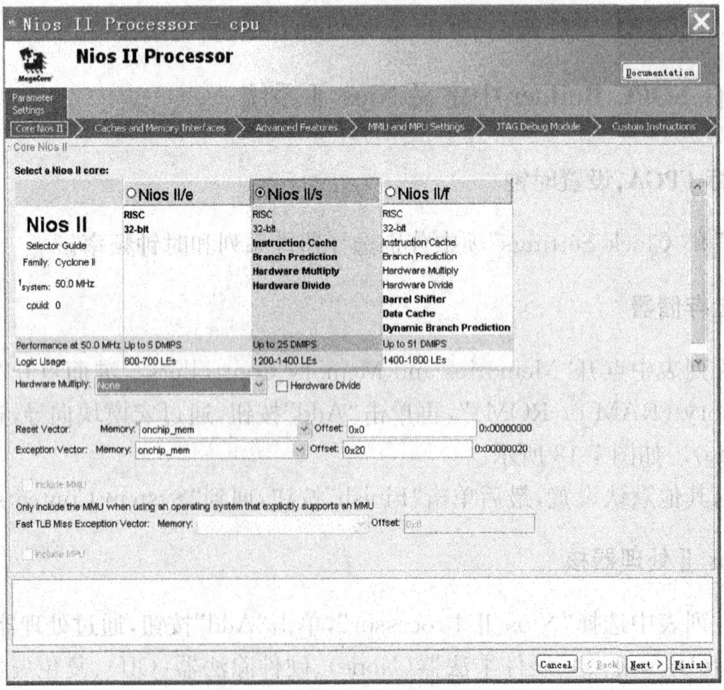

图 7-19　Nios Ⅱ处理器设置向导

然后，单击"Caches and Memory Interfaces"选择指令缓存(2 Kbytes)、是否使能突发功能(Off)、是否包含紧耦合指令主端口(Off)。不改变"Advanced Features"、"JTAG Debug Module"、"Custom Instructions"的默认设置，最后单击"Finish"按钮，回到"System Contents"标签页。

4. 添加 JTAG UART

在可选部件列表中点开"Interface Protocols"，进而点开"Serial"，单击"JTAG UART"，再单击"Add"按钮，打开宏模块向导，如图 7-20 所示。不改变任何默认设置（读写 FIFO 均为 64 字节，中断申请阈值均为 8)，单击"Finish"按钮，回到"System Contents"标签页。

图 7-20　JTAG UART 设置向导

5. 添加内部定时器

在可选部件列表中点开"Peripherals"，再点开"Microcontroller Peripherals"。然后，单击"Interval Timer"，再单击"Add"按钮，打开设置向导。

接下来，在"Presets"列表中，选择"Full-featured"（其他选项还有"Custom"、"Simple Periodic Interrupt"和"Watchdog"），如图 7-21 所示。不改变任何其他默认设置（定时时间 1ms，定时计数器 32 位），最后单击"Finish"按钮，回到"System Contents"标签页。

最后，可以右击"timer"，再单击"Rename"，修改该模块的名称。

6. 添加系统标识

在可选部件列表中点开"Peripherals"，再点开"Debug and Performance"，然后单击"System ID Peripheral"，再单击"Add"按钮，打开设置向导。

向导中没有需要用户设置的内容，如图 7-22 所示。因此，单击"Finish"按钮，回到"System Contents"标签页。

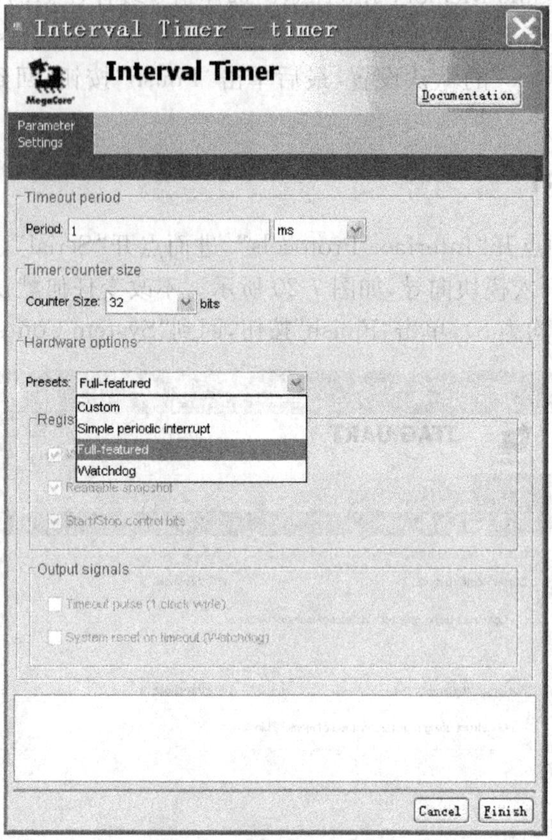

图 7-21　内部定时器设置向导

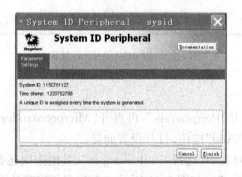

图 7-22　系统标识设置向导

7. 添加 PIO

在可选部件列表中点开"Peripherals",再点开"Microcontroller Peripherals"。然后,单击"PIO (Parallel I/O)",再单击"Add"按钮,打开设置向导。

只需将宽度(Width)设为 16 位,不改变其他默认设置(默认是输出口),如图 7-23 所示。最后单击"Finish"按钮,回到"System Contents"标签页。

最后,可以右击"pio",再单击"Rename",修改该模块的名称为"seven_seg_pio"。

· 334 ·

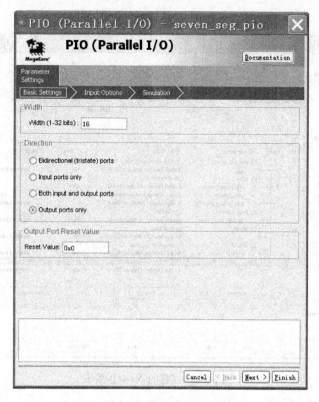

图 7-23　PIO 设置向导

8. 确定基地址和中断申请优先级

至此,已添加了 Nios Ⅱ 系统所需的全部硬件。现在需要确定各部件之间的关系,为从部件分配基地址,并为 JTAG UART 和定时器指定中断申请优先级。

可以用 SOPC Builder 的"Auto-Assign Base Addresses"命令方便地进行基地址分配。Nios Ⅱ/s 处理器可以寻址 31 位的地址空间。所分配的基地址必须介于 0x00000000 到 0x7FFFFFFF 之间。不同部件地址之间如果能通过 1 位地址区分,将提高硬件的效率。反之,若考虑地址空间的利用率,则势必降低硬件的效率。

鉴于此,不会给不同存储器分配连续的地址空间。如果要分配连续空间,就需要手动分配。

SOPC Builder 也提供了"Auto-Assign IRQs"命令指定中断申请的优先级。Nios Ⅱ 中 IRQ 值小的优先级高,定时器一般要具有最高的优先级以保证系统时钟的精度。

在"System"菜单中,单击"Auto-Assign Base Addresses",则相关部件的"Base"和"End"值会发生改变,反映地址分配后的结果。

然后,在"System"菜单中,单击"Auto-Assign IRQs"为 JTAG UART 和定时器指定中断申请优先级。可以双击 jtag_uart 部件的"IRQ"值,输入一个新的值(如 16),以改变部件的中断优先级。

通过上述步骤后,已添加了所需的所有部件,在"System Contents"标签页可以看到整个系统的组成,如图 7-24 所示。

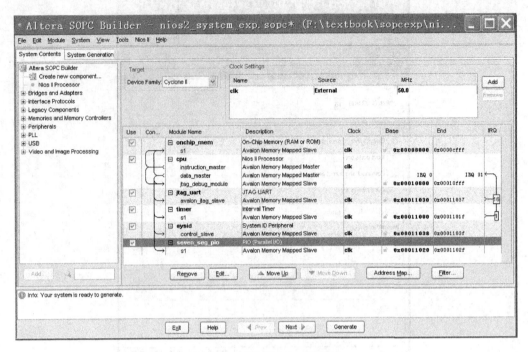

图 7-24 完整的 Nios II 系统

7.4.5 在 SOPC Biulder 中生成 Nios II 系统

(1) 单击"System Generation"标签。

(2) 单击"Generate"按钮。

系统生成过程可能要花费几分钟的时间,结束时会显示"Info: System generation was successful.",如图 7-25 所示。

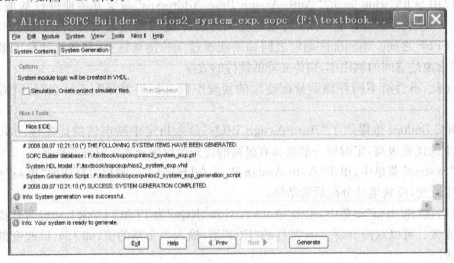

图 7-25 Nios II 系统生成页面

(3) 单击"Exit"按钮返回 Quartus II 界面。

7.4.6 将 Nios Ⅱ 系统集成到 Quartus Ⅱ 工程中

这部分只说明处理步骤,不介绍具体操作方法。(详见附录 B 的 Quartus Ⅱ 简介)

(1)在 Quartus Ⅱ 工程中例化 SOPC Builder 生成的系统模块。

SOPC Builder 输出一个系统模块的设计实体,在此采用"Block Diagram File"设计输入方法,因此要将系统模块 nios2_system_exp 例化到原理图文件中。如果用 Verilog HDL 作为设计输入,则是对 nios2_system_exp.v 进行例化,而如果采用 VHDL 作为设计输入,则是对 nios2_system_exp.vhd 进行例化。

采用"Block Diagram File"设计输入方法对已生成的 Nios Ⅱ 系统例化的结果如图 7-26 所示。

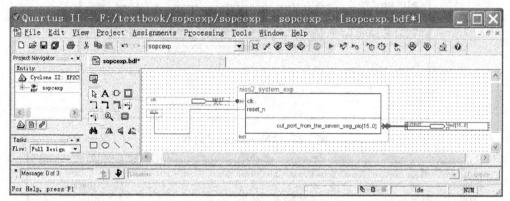

图 7-26 Nios Ⅱ 在 Quartus Ⅱ 框图文件中的例化

(2)根据所用的开发板选择器件,并进行引脚分配。
(3)编译该工程,并进行时序分析与仿真。
(4)将硬件设计下载到 FPGA 中。

7.4.7 用 Nios Ⅱ IDE 开发软件

1. 创建新的 Nios Ⅱ 的 C/C++ 应用程序工程

启动 Nios Ⅱ IDE,在"File"菜单中,将鼠标指向"New",然后单击"Nios Ⅱ C/C++ Application",打开"New Project"向导。

在"Select Target Hardware"栏中单击"Browse",打开"Select Target Hardware"对话框,从设计文件目录中找到并选择"nios2_system_exp.ptf"(在 SOPC Builder 中生成 Nios Ⅱ 处理器时自动生成的文件),单击"Open"后返回"New Project"向导,所选内容被填入"SOPC Builder System PTF File:"和"CPU"域。

然后,在"Select Project Template"列表中选择"Count Binary","Name"域自动更新为"count_binary_0",如图 7-27 所示。

最后,单击"Finish"按钮,新创建的工程就会出现在 Nios Ⅱ IDE 中,如图 7-28 所示。在左边工作区可以看到:

- count_binary_0:C/C++ 应用程序工程;
- count_binary_0_syslib:屏蔽了 Nios Ⅱ 系统硬件细节的支持包(库函数);

图 7-27 "New Project"向导

图 7-28 创建工程后的 Nios Ⅱ IDE 界面

● altera.components：对 Altera 提供的所有部件的源代码的链接。

可以在文本编辑框中编写或修改 C 源程序。"count_binary.c"源文件中与显示相关的程序如下：

```
static void sevenseg_set_hex(int hex)
{
    static alt_u8 segments[16] = {
        0x81, 0xCF, 0x92, 0x86, 0xCC, 0xA4, 0xA0, 0x8F, 0x80, 0x84, /* 0-9 七段字形 */
```

```
                0x88,0xE0,0xF2,0xC2,0xB0,0xB8 };              /* a-f 七段字形 */
        unsigned int data = segments[hex & 15] | (segments[(hex >> 4) & 15] << 8);
                                              /* 八位计数值分高、低四位分别转换成七段码 */
        IOWR_ALTERA_AVALON_PIO_DATA(SEVEN_SEG_PIO_BASE, data);
                                              /* 从 PIO 输出 2 组七段码 */
}
```

可以修改源程序 count_binary.c 中 main()函数,改变计数规律。

2. 编译工程

右击"count_binary_0",然后单击"System Library Properties",将出现关于 count_binary_0_syslib 的"Properties"对话框。点"System Library"页,其中包含了与底层硬件交互有关的所有设置。

为减小编译后可执行代码的长度,应将"Program never exits"和"Small C library"设为 ON,"Support C++"和"Clean exit (flush buffers)"置为 OFF,如图 7-29 所示。

单击"OK"按钮返回 IDE 工作区。然后右击"count_binary_0"工程,再单击"Build Project",IDE 开始对工程进行编译。编译结束时,会显示"Build completed"。

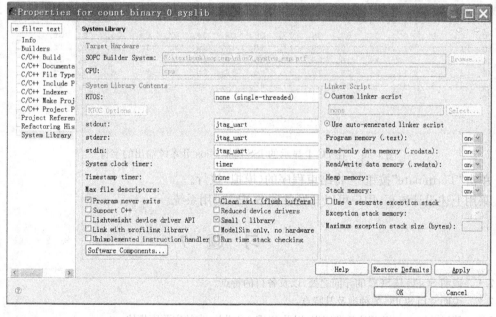

图 7-29 系统库特性设置

3. 在目标器件上运行程序

编译后得到的可执行代码既可以在目标硬件上运行,也可以在 Nios Ⅱ 指令集模拟器(Instruction Set Simulator,ISS)上仿真执行。

在目标硬件上运行步骤如下:

右击"count_binary_0"工程,将鼠标指向"Run As",然后单击"Nios Ⅱ Hardware"。IDE 将程序下载到目标板的 FPGA 中,并开始执行。此时可以在 PC 显示器上看到 Nios Ⅱ 通过 JTAG UART 传送来的计数值(00、01、02…),而目标板上的 LED 将同时显示。

单击"Terminate"按钮,IDE 与目标硬件断开连接,而让 Nios Ⅱ 系统独自运行,PC 上不显示,但 LED 仍按二进制计数序不停地显示。

4. 在 ISS 上运行程序

此时不需要目标板和 FPGA 器件。

右击"count_binary_0"工程,将鼠标指向"Run As",然后单击"Nios Ⅱ Instruction Set Simulator"。

当 ISS 执行程序时,同样会在显示器上显示计数值,如图 7-30 所示。但由于是软件模拟,所以速度要比硬件执行慢得多。

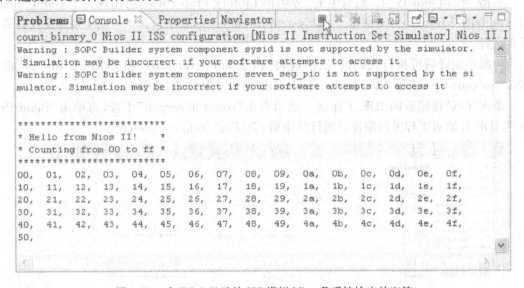

图 7-30　在 PC 上显示的 ISS 模拟 Nios Ⅱ 系统输出的字符

单击"Terminate"按钮　将结束程序的(模拟)执行。

采用上述设计流程,用户可以开发各种 SOPC 应用系统。

习　题　7

7.1　说明 SOPC 与 SOC 的异同之处,以及各自的特点。

7.2　说明常用 SOPC 的种类及其特点。

7.3　简述 Altera 的 SOPC 开发流程,以及 SOPC Builder 中的主要库模块。

7.4　选择适当的 Altera 的 SOPC 开发实验板,对 7.4 节的实例重新进行设计,选择相应的器件,分配适当的引脚,将设计结果下载到实验板中运行,并与 ISS 模拟运行进行对比。

7.5　采用 Xilinx 的 MicroBlaze 或 Lattice 的 LatticeMico 设计 7.4 节的实例。

7.6　将 7.4 节的实例改用 8 个 LED 二极管来显示,重新进行设计,将设计结果下载到适当的 Altera 的 SOPC 开发实验板中运行,并与 ISS 模拟运行进行对比。

7.7　采用 Xilinx 的 MicroBlaze 或 Lattice 的 LatticeMico 设计题 7.6。

7.8　采用 Altera 的 Nios Ⅱ 或 Xilinx 的 MicroBlaze 或 Lattice 的 LatticeMico 设计一个十字路口交通管理器,如图 E7-1 所示。要求:

(1)通过红(R)、黄(Y)、绿(G)灯控制甲、乙两道交叉路口的交通。正常情况下,甲道与乙道轮流通行,通行状态转换时中间插入一段缓冲时间(备行,黄灯)。甲道通行时间、乙道通行时间和公共备行时间均可任意设定(最长 99s)。当甲、乙道通行时间还剩 10s 时,通过 LED 数码管倒计时显示剩余通行时间。

(2)响应行人的过街请求,AREQ 表示行人要横过甲道,BREQ 表示行人要横过乙道。AREQ 只在甲道通行状态下有效,此时若剩余通行时间大于 10s,则预置成 10s(缩短通行时间),继续倒计时。BREQ 的作用与 AREQ 类似,只在乙道通行状态下有效。

(3)复位状态下(RESET 有效),路口状态为甲道通行乙道禁止。

提示:时间预置、交通灯控制及 LED 数码管显示均可通过 PIO 接口模块与 MCU 进行连接。

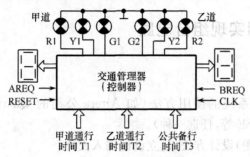

图 E7-1 十字路口交通控制器示意图

7.9 采用 Altera 的 Nios Ⅱ 或 Xilinx 的 MicroBlaze 或 Lattice 的 LatticeMico 设计一个逻辑分析仪。要求:

(1)数据位数 8 位,存储深度 1K。

(2)数据采样速率 100kHz。

(3)触发字一级,通过按键输入。

(4)通过 LED 二极管(8 个)或数码管(2 只)逐字显示所采集的数据。

(5)可以通过按键控制所采集数据的显示方向:正向显示(由前至后)、逆向显示(由后至前)。

提示:触发字设置、数据采集、结果显示均可通过 PIO 接口控制。

第8章 上机实验

实验1 逻辑门实现组合电路

一、实验目的

(1) 学习 PLD 开发系统的使用方法(如 Altera 公司的 Quartus Ⅱ, Lattice 公司的 ispLEVER, Xilinx 公司的 ISE 等,任选一种)。

(2) 掌握图形(原理图)设计方法,建立设计输入文件。

(3) 通过实践,了解编译、功能仿真等 CAD, CAS 等过程,获得逻辑功能模拟结果,验证设计正确性。

二、实验内容

1. 举重裁判电路

详见例1.1中举重比赛裁判控制系统的动态模型,即表1-1给出的举重裁判电路真值表,如图1-6所示卡诺图和式(1-4)所示逻辑表达式。

运行选定的 PLD 开发系统后,建立一个举重裁判电路的输入文件,采用原理图、即逻辑电路图来表达。采用不同厂商的软件系统会有不同的库函数,其内部的图元和宏功能符号也不尽相同,这里以 Altera 公司的 Quartus Ⅱ 为例进行介绍,以下相同。

调用 Quartus Ⅱ 库函数中的符号,用两级与非门实现最简与或式

$$L=AB+AC$$

图 8-1 给出了在图形编辑器窗口的图形输入文件。该图不仅完整给出了实现举重裁判功能的两级与非门电路,而且所有输入、输出端均有端口符号和相应的名称。

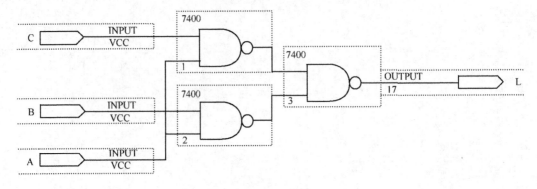

图 8-1 举重裁判电路的图形输入文件

对输入文件编译、仿真后,得到完整且正确的模拟波形,也就是说,波形激励输入应包括变量 ABC 从 000~111 的所有输入组合,且有对应的正确输出。

2. 原码/反码变换器

用异或门组成原码、反码变换器的电路图如图 8-2 所示。图中 $A_3A_2A_1A_0$ 为 4 位输入二进制码，$F_3F_2F_1F_0$ 为 4 位输出码，S 是控制信号。当 S=0 时，$F_3F_2F_1F_0$ 输出 $A_3A_2A_1A_0$ 的原码，因为任何变量与 0 异或则输出原变量；当 S=1 时，$F_3F_2F_1F_0$ 输出 $A_3A_2A_1A_0$ 的反码，因为变量与 1 异或输出反变量。

选择 4 只异或门或者直接选用 74LS86 四异或门芯片均可构成图形输入文件。

三、注意事项

(1) QuartusⅡ使用方法详见附录 B。采用其他公司软件系统可查阅相关资料。

(2) 图中输入、输出端口应正确，并标注名称。

(3) 两个电路亦可采用其他不同功能的门电路实现，请实验者自行考虑。

(4) 应给出上述电路完整且正确的仿真波形。

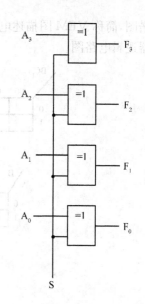

图 8-2 用异或门组成原码/反码变换器的电路图

实验 2 数据选择器或译码器实现组合电路

一、实验目的

(1) 分别用 MSI 数据选择器或 MSI 译码器实现一位全加器。
(2) 学习调用软件系统中的 74 系列元件库，从库中选择所需器件，构成待设计电路。
(3) 采用图形描述方式建立设计输入文件。

二、实验原理

1 位全加器的示意图如图 8-3 所示，其真值表如表 8-1 所示。其中 A，B 分别为输入被加数和加数，C_I 是低位对本位的进位，S 是输出本位和，C_{OUT} 是本位对高位的进位。

表 8-1 全加器真值表

A	B	C_I	C_{OUT}	S
0	0	0	0	0
0	0	1	0	1
0	1	0	0	1
0	1	1	1	0
1	0	0	0	1
1	0	1	1	0
1	1	0	1	0
1	1	1	1	1

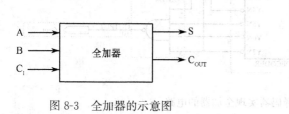

图 8-3 全加器的示意图

由真值表写出该电路的标准与/或式为

$$C_{OUT}=\sum m(3,5,6,7)$$
$$S=\sum m(1,2,4,7)$$

用两个 4 选 1 MUX 可以实现全加器。具体方法是：首先用降维卡诺图（即若干变量进入卡诺图,简称 VEM 图描述电路,如图 8-4 所示。然后用两个 4 选 1MUX 构成如图 8-5 所示全加器逻辑电路图。

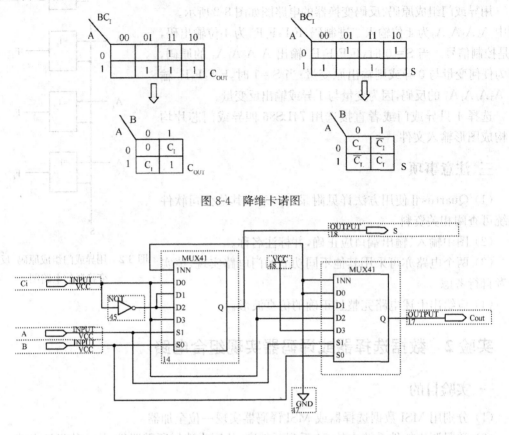

图 8-4 降维卡诺图

图 8-5 4 选 1 MUX 实现全加器的电路

用一片 3-8 译码器,并辅以 SSI 门,也可方便地实现全加器,电路如图 8-6 所示。

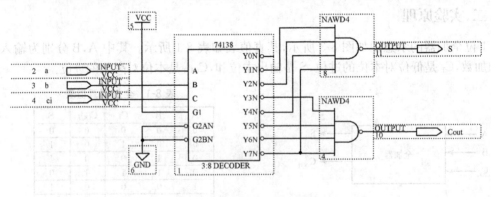

图 8-6 3-8 译码器实现全加器的电路

三、实验内容

(1) 分别建立两个图形输入文件。从 74 系列标准元件库中调用双 4 选 1 MUX 74LS153 构成原理图输入文件。再调用 3-8 译码器 74LS138 和与非门,建立另一个原理图输入文件。每个文件均应有正确的连线,配置输入、输出端口、标注名称等。

(2) 上述两个文件分别编译,正确无误后,经逻辑模拟,获得仿真波形,并对照比较。

四、注意事项

(1) 本设计也可以采用两片 8 选 1 MUX 实现,请实验者自行设计。
(2) 标准系列元件和宏功能符号可在输入图形文件中混合使用。
(3) 上述图形输入文件中,Vcc 即逻辑 1,GND(或⊥)即逻辑 0,这在逻辑电路图形文件中是常用的符号。

实验 3 码制变换器

一、实验目的

(1) 用组合电路设计二进制码至 BCD 码和几种 BCD 编码之间的变换电路。
(2) 掌握用 MSI 多位比较器、多位加法器和 MUX 等实现码制变换器的方法。
(3) 熟练掌握逻辑功能模拟的方法和过程。

二、实验内容

1. 设计 1 位 8421 BCD 码～5421 BCD 码的变换器

8421 BCD～5421 BCD 码变换器的真值表如表 8-2 所示。输入 $b_3b_2b_1b_0$ 为 8421 BCD 码的 4 个码元,输出 $F_3F_2F_1F_0$ 是 5421 BCD 码的 4 个码元。从表 8-2 可以看出,这两种编码在表示十进制数 N 时,有以下情况:

当 N≤4 时,各位代码相同;
当 N>4 时,5421 BCD 码各位码元按二进制权位相加之和比 8421 BCD 码各位相加固定大 3。

表 8-2 变换器真值表

十进制	输入				输出			
N	b_3	b_2	b_1	b_0	F_3	F_2	F_1	F_0
0	0	0	0	0	0	0	0	0
1	0	0	0	1	0	0	0	1
2	0	0	1	0	0	0	1	0
3	0	0	1	1	0	0	1	1
4	0	1	0	0	0	1	0	0
5	0	1	0	1	1	0	0	0
6	0	1	1	0	1	0	0	1
7	0	1	1	1	1	0	1	0
8	1	0	0	0	1	0	1	1
9	1	0	0	1	1	1	0	0

为此,只要采用 MSI 4 位比较器来判别 $b_3b_2b_1b_0$ 代表的十进制数是否大于 4。不满足大于 4 时,则 $F_3F_2F_1F_0=b_3b_2b_1b_0$;而满足大于 4 时,用 MSI 4 位加法器固定加 3 即可。图 8-7 给出采用一片 74LS85 和一片 74LS83 组成变换器的电路图。

2. 设计 1 位 8421 BCD～2421 BCD 码的变换器

8421 BCD～2421 BCD 码变换器的真值表如表 8-3 所示。从表中不难看出,这两种编码在表示十进制数 N 时,有以下情况:

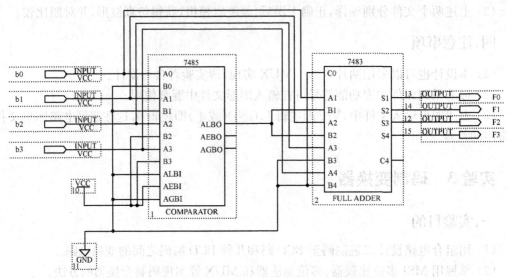

图 8-7 实现 8421 BCD～5421 BCD 码变换器的电路图

表 8-3 变换器真值表(8421 BCD～2421 BCD)

十进制 N	输入				输出			
	b_3	b_2	b_1	b_0	F_3	F_2	F_1	F_0
0	0	0	0	0	0	0	0	0
1	0	0	0	1	0	0	0	1
2	0	0	1	0	0	0	1	0
3	0	0	1	1	0	0	1	1
4	0	1	0	0	0	1	0	0
5	0	1	0	1	1	0	1	1
6	0	1	1	0	1	1	0	0
7	0	1	1	1	1	1	0	1
8	1	0	0	0	1	1	1	0
9	1	0	0	1	1	1	1	1

当 $N\leqslant 4$ 时，各位代码相同；

当 $N>4$ 时，2421 BCD 码各位码元按二进制权位相加之和比 8421 BCD 码各位相加固定大 6。

为此用 4 位比较器和 4 位加法器可以实现。而这里介绍一种用 4 位加法器和 4 选 1 MUX 构成的变换器电路如图 8-8 所示，其原理不难理解。

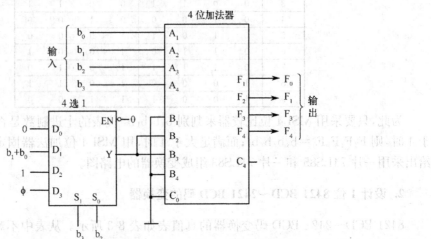

图 8-8 实现 8421 BCD～2421 BCD 码变换器的电路图

3. 设计 4 位二进制码到两位 8421 BCD 码变换器

变换器的真值表如表 8-4 所示。请实验者根据此表设计图形输入文件。要求找出方法，应用 MSI 组合器件实现。

表 8-4 4 位二进制码到 2 位 8421 BCD 码变换器真值表

十进制 N	输入				输出				
	b_3	b_2	b_1	b_0	高位 F_0'	低位 F_3	F_2	F_1	F_0
0	0	0	0	0	0	0	0	0	0
1	0	0	0	1	0	0	0	0	1
2	0	0	1	0	0	0	0	1	0
3	0	0	1	1	0	0	0	1	1
4	0	1	0	0	0	0	1	0	0
5	0	1	0	1	0	0	1	0	1
6	0	1	1	0	0	0	1	1	0
7	0	1	1	1	0	0	1	1	1
8	1	0	0	0	0	1	0	0	0
9	1	0	0	1	0	1	0	0	1
10	1	0	1	0	1	0	0	0	0
11	1	0	1	1	1	0	0	0	1
12	1	1	0	0	1	0	0	1	0
13	1	1	0	1	1	0	0	1	1
14	1	1	1	0	1	0	1	0	0
15	1	1	1	1	1	0	1	0	1

三、注意事项

（1）用原理图输入法分别实现 3 种码制变换器，并编译、模拟，给出正确仿真波形。

（2）根据上述原理，但用第 3 章介绍的 VHDL 或 Verilog HDL 语言建立描述文件，并编译、模拟，给出正确仿真波形图。

（3）试比较两种方法的结果和特点。

实验 4 序列发生器

一、实验目的

（1）构思一种用计数器和数据选择器实现的序列发生器。
（2）用图形输入法进行设计。
（3）用状态机设计方法实现序列发生器。

二、实验原理

序列发生器是一种常用的时序部件，它产生一定长度的周期性的串行输出序列。例如长度 P=7 的 1100101 序列的发生器等。

序列发生器可以用多种方法实施,这里介绍其中的两种。

1. 用计数器和数据选择器实现

如果序列发生器所需序列长度 $P=n$,则可用模数 $M=n$ 的计数器(加、减均可)和输入通道数大于等于 n 的 MUX 来实现,计数器的状态变量输出端直接控制 MUX 的地址输入,而 MUX 的通道输入按所需序列置 0 或 1,在连续 CP 信号作用下,MUX 输出相应序列,示意图如图 8-9 所示。图中 $L=\lfloor \log_2 n \rfloor$(注 $L=\lfloor X \rfloor$ 表示取大于 X 的最小整数)。

图 8-10 给出 $P=7$ 的 1100101 序列发生器逻辑框图。从元件库中调出所需计数器和 MUX 就可组成该电路,画出相应的图形输入文件。

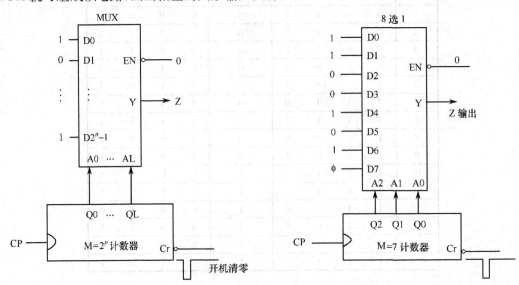

图 8-9　序列发生器示意图　　图 8-10　$P=7$ 的 1100107 序列发生器逻辑框图

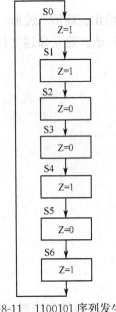

图 8-11　1100101 序列发生器的流程图

2. 采用状态机方法设计序列发生器

长度为 P 的序列发生器可以用状态数为 P 的状态机来描述,每个状态的输出对应相应的数码。例如 1100101 序列发生器的流程图如图 8-11 所示,该流程图运行,周而复始地产生所需输出序列。

实现上述流程图的逻辑电路多种多样,读者可独立选择并实验。若运用硬件描述语言 VHDL 来建立文本输入文件(即 VHDL 源程序),则更加方便有效,本书第 3 章已详细介绍 VHDL 语言及其应用,VHDL 的状态分支语句,即 CASE 语句,为描述状态机提供便利。

三、实验内容

(1) 建立如图 8-10 所示图形输入文件,并给出模拟结果。

(2) 建立如图 8-11 所示流程图的 VHDL 描述文件,并给出模拟结果。

(3) 比较两种描述方法的特点和差别。

四、注意事项

(1) CASE 语句是顺序语句,只能在进程(PROCESS)内部采用。
(2) 状态输出应在 PROCESS 语句之外,用并行赋值语句来表示。

实验 5 序列检测器

一、实验目的

(1) 了解用状态机的方法设计序列检测器。
(2) 实现一个 11010 串行序列检测器,用 VHDL 语言描述该电路。

二、实验原理

序列检测器是一种重要的时序功能部件,它在数据通信、雷达和遥测等领域中用于检测同步识别标志。更具体地说,它是一种用来检测一组一定长度的序列信号的电路。例如本实验要求设计长度 P=5 的 11010 序列检测器,其含义是电路收到一组串行的 $(11010)_2$ 信息后,输出标志 Z 在最后一位有效码到来时输出为 1,否则 Z 输出为 0,且序列可以重复使用。序列检测器的示意图如图 8-12 所示。

11010 序列检测器的状态转换图如图 8-13 所示。图中设定:状态 S_0 表示未收到过 X=1, S_1 表示收到过一个 1,S_2 表示收到过两个 1,S_3 表示收到 110,S_4 表示收到 1101。

图 8-12 序列检测器的示意图

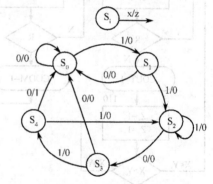

图 8-13 序列检测器状态转换图

长度为 5 的序列,需要 5 个状态。读者不难看出,图 8-13 是一个米勒型(Mealy)时序电路的状态转换图。

三、实验内容

(1) 用 VHDL 语言编写 11010 序列检测器源程序。给出正确仿真波形图。
(2) 用 VHDL 设计一个包含 $(11010)_2$ 的序列发生器和另一个不包含 $(11010)_2$ 的任意序列发生器。
(3) 将上述两个序列发生器分别和序列检测器结合成一个文件(级联),并编译、模拟,获得正确功能仿真波形。
(4) 运用某种 HDPLD 的演示系统,将设计结果下载于特定的器件中,演示设计电路的逻辑功能。

实验 6 控制器的设计

一、实验目的

(1) 掌握控制器的 ASM 图描述。
(2) 熟练理解控制器的 VHDL 或 Verilog HDL 文本文件的建立。

二、实验原理

本书第 1、2 章已详述控制器的设计,第 3 章介绍了状态机的 VHDL 和 Verilog HDL 源文件的编写方法。控制器是个典型的状态机(同步时序电路),它含有状态转换和状态分支,又含有信号输入和对数据处理单元和系统外部的输出。用 VHDL 语言描述控制器时,可采用 PROCESS 语句中的 CASE 语句表达状态转换和状态分支,而用 PROCESS 外的并行语句描述各个状态输出和条件输出。作为 ASM 图中的状态,在结构体中可用枚举类型的 state_type 定义信号,从而不必对状态进行编码,描述十分方便。

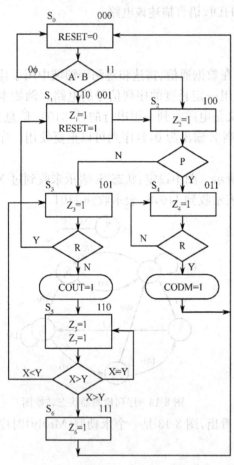

图 8-14 某系统控制器的 ASM 图

三、实验内容

(1) 编写如图 8-14 所示某系统控制器 ASM 图的 VHDL 或 Verilog HDL 源程序。该图表明,此控制器有 7 个状态,5 个输入信号和 9 个输出信号,而输出信号中的 CODM 和 COUT 是两个条件输出。

(2) 经输入、编译、模拟等过程,获得正确的仿真波形。请读者注意,为验证状态机整个工作流程是否满足预期要求,逻辑模拟时的输入激励波形应考虑所有可能的情况,以便检查到流程中所有状态转换、状态分支,流程中所有的分支路径,以及输出情况,由此判别设计正确与否,从而体会和掌握验证状态机所有可能情况的方法和思路。

实验 7 脉冲分配器

一、实验目的

(1) 学习脉冲分配器的设计方法。

(2) 掌握用 VHDL 或 Verilog HDL 语言描述脉冲分配器。
(3) 熟练掌握设计后的下载、演示方法和过程。

二、实验原理

脉冲分配器是数字系统中定时部件的组成部分，是一种重要的时序功能电路。

脉冲分配器是在时钟脉冲信号 CLK(有一定宽度和周期的矩形脉冲信号)的作用下，顺序地使每个输出端输出节拍脉冲，用以协调系统各部分的工作。图 8-15 为一个由 3-8 译码器和模 8 计数器构成的脉冲分配器。模 8 计数器的输出 $Q_2Q_1Q_0$ 在 000~111 之间循环变化，从而在译码器输出端 $\overline{Y}_0 \sim \overline{Y}_7$，分别得到如图 8-16 所示的负脉冲序列。

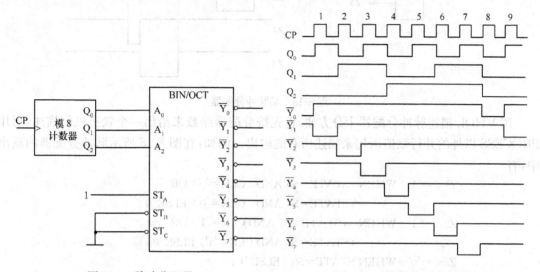

图 8-15 脉冲分配器　　　　　　　　图 8-16 负脉冲序列波形图

根据上述原理可以构成各种长度，各种输出脉冲极性、宽度的脉冲分配器。并可由此建立图形输入文件。

图 8-17 给出另一个脉冲分配器的示意图和输出波形图。

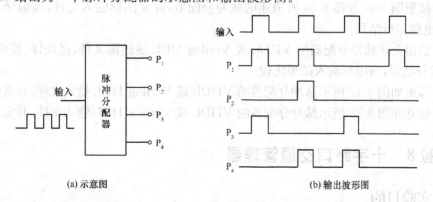

(a) 示意图　　　　　　　　　　　　　(b) 输出波形图

图 8-17 脉冲分配器

图中表明了该脉冲分配器分配路数为 4，即每逢 4 个 CP 脉冲，重复分配一次，但 P_1、P_2、P_3、P_4 每路输出不再是简单的轮流一次输出一个脉冲，而是输出多个，且脉冲宽度与 CP 的脉宽相一致。该设计比图 8-15 所示脉冲分配器较复杂些，但设计者仍可用相应的电路实现。

该脉冲分配器可用 VHDL 语言来描述，若分配器路数为 n，则用具有 n 个状态的状态机来表示,由此导出 VHDL 源程序。

图 8-18 给出一个更为复杂的脉冲分配器,其输出波形多样。但仍属脉冲分配的范畴。请设计者自行理解和设计。

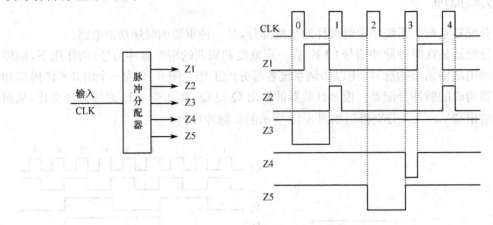

图 8-18 某脉冲分配器

用 VHDL 描述脉冲分配器十分方便,首先按分配器路数来给出一个状态机的描述,再用 PROCESS 以外的并行赋值语句来描述所有的输出。例如:在图 8-18 所示脉冲分配器的输出中,有

Z1<='1' WHEN (STATE=S0 AND CLK='0') OR
　　　　　　　(STATE=S3 AND CLK='0') ELSE '0';
Z2<='1' WHEN (STATE=S1 AND CLK='1') OR
　　　　　　　(STATE=S4 AND CLK='1') ELSE '0';
Z3<='0' WHEN STATE=S0 ELSE '1';

其余输出的描述类似。

三、实验内容

(1) 按照图 8-15 和图 8-16 所描述的脉冲分配器,建立图形输入文件,经编译、模拟并下载,观测电路运行结果。

(2) 给出上述脉冲分配器的 VHDL 或 Verilog HDL 描述源文件,经编译、模拟、下载,观察电路运行结果,与图形输入结果比较。

(3) 写出如图 8-17 所示脉冲分配器的 VHDL 或 Verilog HDL 输入文件,并实验。

(4) 建立如图 8-18 所示脉冲分配器的 VHDL 或 Verilog HDL 输入文件,并实验。

实验 8　十字路口交通管理器

一、实验目的

(1) 运用 6.2 节中十字路口交通管理器的设计指标和成果,将设计输入改为全部用 VHDL 语言进行层次化设计。

(2) 深入理解用 VHDL 语言进行层次化描述的基本要领,掌握程序包(PACKAGE)、元件(COMPONENT)、端口映射(PORT MAP)等的应用。

二、实验内容

在 6.2 节的设计中,已给出十字路口交通管理器的 ASM 图,并采用了图形输入和文本输入混合方式建立描述文件,顶层用图形输入,而第二层次功能部件用 VHDL 描述。

本实验中,ASM 图相同,而顶层和第二层描述均用 VHDL 语言。其顶层的示意图详见图 6-8,它表明了控制器与外部、控制器与数据处理单元(包括 3 个不同模数的计数器)之间的互联关系。且对 3 个定时计数器用模块化方法表示,只是具体的模数不同,分别为 36,10 和 50。

用 VHDL 描述交通管理器的参考文件如下:

```
LIBRARY IEEE;
USE IEEE.STD_LOGIC_1164.ALL;
PACKAGE TRAF_LIB IS
    COMPONENT TRAFFICCONTROL
    PORT(
        CLK                 :IN STD_LOGIC;
        C1,C2,C3            :OUT STD_LOGIC;
        W1,W2,W3            :IN STD_LOGIC;
        R1,R2               :OUT STD_LOGIC;
        Y1,Y2               :OUT STD_LOGIC;
        G1,G2               :OUT STD_LOGIC;
        RESET               :IN STD_LOGIC);
    END COMPONENT;
    COMPONENT COUNT36
    PORT(
      CLK;IN STD_LOGIC;
      ENABLE:IN STD_LOGIC;
      C   :OUT STD_LOGIC);
    END COMPONENT;
    COMPONENT COUNT10
    PORT(
      CLK  :IN STD_LOGIC;
      ENABLE:IN STD_LOGIC;
      C   :OUT STD_LOGIC);
    END COMPONENT;
    COMPONENT COUNT50
    PORT(
      CLK  :IN STD_LOGIC;
      ENABLE:IN STD_LOGIC;
      C   :OUT STD_LOGIC);
    END COMPONENT;
END TRAF_LIB;

LIBRARY IEEE;
USE IEEE.STD_LOGIC_1164.ALL;
```

```vhdl
USE WORK.TRAF_LIB.ALL;
ENTITY TRAFFIC IS
    PORT(
        CLK;IN STD_LOGIC;
        RESET           :IN STD_LOGIC;
        R1,R2           :OUT STD_LOGIC;
        Y1,Y2           :OUT STD_LOGIC;
        G1,G2           :OUT STD_LOGIC);
END TRAFFIC;
ARCHITECTURE A OF TRAFFIC IS
    SIGNAL C1,C2,C3 :STD_LOGIC;
    SIGNAL W1,W2,W3:STD_LOGIC;
BEGIN
CONTROL:TRAFFICCONTROL
    PORT MAP(CLK,C1,C2,C3,W1,W2,W3,R1,R2,Y1,Y2,G1,G2,RESET);
COUT1:COUNT36
    PORT MAP(CLK,C1,W1);
COUT2:COUNT50
    PORT MAP(CLK,C3,W3);
COUT3:COUNT10
    PORT MAP(CLK,C2,W2);
END A;


LIBRARY IEEE;
USE IEEE.STD_LOGIC_1164.ALL;
ENTITY TRAFFICCONTROL IS
    PORT(
        CLK             ;IN STD_LOGIC;
        C1,C2,C3        ;OUT STD_LOGIC;
        W1,W2,W3        ;IN STD LOGIC;
        R1,R2           ;OUT STD_LOGIC;
        Y1,Y2           ;OUT STD_LOGIC;
        G1,G2           ;OUT STD_LOGIC;
        RESET           ;IN STD_LOGIC);
END TRAFFICCONTROL;

ARCHITECTURE A OF TRAFFICCONTROL IS
        TYPE STATE_SPACE IS (S0,S1,S2,S3);
        SIGNAL STATE            ;STATE_SPACE;
BEGIN
        PROCESS(RESET,CLK)
        BEGIN
            IF RESET='1' THEN
                STATE<=S0;
```

```vhdl
            ELSIF(CLK 'EVENT AND CLK='1') THEN
                CASE STATE IS
                    WHEN S0=>
                        IF W1='1'THEN
                            STATE<=S1;
                        END IF;
                    WHEN S1=>
                        IF W2='1'THEN
                            STATE<=S2;
                        END IF;
                    WHEN S2=>
                        IF W3='1'THEN
                            STATE<=S3;
                        END IF;
                    WHEN S3=>
                        IF W2='1'THEN
                            STATE<=S0;
                        END IF;
                END CASE;
            END IF;
        END PROCESS;
        C1<='1' WHEN STATE=S0 ELSE '0';
        C2<='1' WHEN STATE=S1 OR STATE=S3 ELSE '0';
        C3<='1' WHEN STATE=S2 ELSE '0';
        R1<='1' WHEN STATE=S1 OR STATE=S0 ELSE '0';
        Y1<='1' WHEN STATE=S3 ELSE '0';
        G1<='1' WHEN STATE=S2 ELSE '0';
        R2<='1' WHEN STATE=S2 OR STATE=S3 ELSE '0';
        Y2<='1' WHEN STATE=S1 ELSE '0';
        G2<='1' WHEN STATE=S0 ELSE '0';
END A;

LIBRARY IEEE;
USE IEEE.STD_LOGIC_1164.ALL;
ENTITY COUNT36 IS
PORT(
        CLK:IN STD_LOGIC;
        ENABLE:IN STD_LOGIC;
        C :OUT STD_LOGIC);
END COUNT30;
ARCHITECTURE A OF COUNT30 IS
BEGIN
        PROCESS(CLK)
            VARIABLE CNT :INTEGER RANGE 36 DOWNTO 0;
```

```vhdl
            BEGIN
              IF(CLK 'EVENT AND CLK='1')THEN
                IF ENABLE='1'AND CNT<36 THEN
                  CNT:=CNT+1;
                ELSE
                  CNT:=0;
                END IF;
              END IF;
              IF CNT=36 THEN
                C<='1';
              ELSE
                C<='0';
              END IF;
            END PROCESS;
END A;
LIBRARY IEEE;
USE IEEE.STD_LOGIC_1164.ALL;
ENTITY COUNT10 IS
PORT(
          CLK ;IN STD_LOGIC;
          ENABLE ;IN STD_LOGIC;
          C ;OUT STD_LOGIC);
END COUNT05;
ARCHITECTURE A OF COUNT05 IS
BEGIN
            PROCESS(CLK)
              VARIABLE    CNT   ;INTEGER RANGE 05 DOWNTO 0;
            BEGIN
              IF (CLK 'EVENT AND CLK='1')THEN
                IF ENABLE='1'AND CNT<10 THEN
                  CNT:=CNT+1;
                ELSE
                  CNT:=0;
                END IF;
              END IF;
              IF CNT=10 THEN
                C<='1';
              ELSE
                C<='0';
              END IF;
            END PROCESS;
END A;
LIBRARY IEEE;
USE IEEE.STD_LOGIC_1164.ALL;
```

```
ENTITY COUNT50 IS
    PORT(
        CLK: IN STD_LOGIC;
        ENABLE  : IN STD_LOGIC;
        C   : OUT STD_LOGIC);
END COUNT50;
ARCHITECTURE A OF COUNT26 IS
BEGIN
    PROCESS(CLK)
        VARIABLE   CNT  : INTEGER RANGE 26 DOWNTO 0;
    BEGIN
        IF (CLK'EVENT AND CLK='1')THEN
            IF ENABLE='1'AND CNT<50 THEN
                CNT:=CNT+1;
            ELSE
                CNT:=0;
            END IF;
        END IF;
        IF CNT=50 THEN
            C<='1';
        ELSE
            C<='0';
        END IF;
    END PROCESS;
END A;
```

三、实验要求

（1）建立交通管理器完整的 VHDL 源文件，经编译、模拟并下载演示。
（2）建立交通管理器图形输入文件，经编译、模拟并下载。
（3）比较上述两种设计输入方法，体会 VHDL 描述法的优越性。

实验 9 UART 接口设计

一、实验目的

（1）在 6.7 节讨论的基础上，完成发送模块（txmit）和接收模块（rxcver）的 Verilog HDL 设计。
（2）熟练掌握单元电路和较复杂系统的 Verilog HDL 设计方法。

二、实验内容

1. UART 发送模块设计

根据图 6-45 系统组成结构示意图和图 6-46 发送模块流程图，写出相应的 Verilog HDL

代码。
```verilog
module txmit (clk16, write, reset, tx, txrdy, data);
    input    clk16, write, reset;
    output   tx, txrdy;
    reg      tx;
    input    [7:0] data;
    reg      [7:0] thr;              //发送保持寄存器
    reg      [7:0] tsr;              //发送移位寄存器
    wire     paritymode = 1'b1;      //校验方式,初值为1奇校验,为0偶校验
    reg      txparity;               //校验位寄存器
    reg      txclk;                  //发送时钟
    reg      txdatardy;              //发送保持寄存器中数据已准备好
    reg      [2:0] cnt;              //用于产生txclk的计数器
    reg      [3:0] txcnt;            //记录发送数据位数的计数器
    reg      write1, write2;         //为检测write的跳变而设置的2个变量
//对clk16分频,产生txclk
always @(posedge clk16 or posedge reset)
    if (reset)
    begin
        txclk <= 1'b0;
        cnt <= 3'b000;
    end
    else
    begin
        if (cnt == 3'b000)
            txclk <= ! txclk;
        cnt <= cnt + 1;
    end
//在write下降沿将data上数据存入thr
always @(write or data)
    if (~write)
        thr = data;
// tsr寄存器与tx输出
always @(posedge txclk or posedge reset)
    if (reset)
    begin
        tsr <= 8'h00;
        txparity <= 1'b0;
        tx <= 1'b1;
        txcnt <= 4'b0000;
    end
    else
    begin
        if ((txcnt == 0) && txdatardy)
```

```
                begin
                    tsr <= thr;
                    txparity <= paritymode;
                    tx <= 1'b0;                    //设置起始位为低
                    txcnt <= 4'b0001;
                end
            else
                begin
                    tsr <= tsr >> 1;               //数据右移一位
                    txparity <= txparity ^ tsr[0]; //计算校验位
//输出校验位、终止位/空闲位或数据位
                    if(txcnt==10 || txcnt==0)
                        tx <= 1'b1;                //输出终止位/空闲位
                    else if(txcnt==9)
                        tx <= txparity;            //输出校验位
                    else
                        tx <= tsr[0];              //输出数据位
                    if(txcnt!=10 && txdatardy)
                        txcnt <= txcnt+1;          //数据未发完,计数值加1
                    else
                        txcnt <= 0;                //数据已发完,计数值回0
                end
        end
//对一些辅助控制信号赋值
always @(posedge clk16 or posedge reset)
    if(reset)
        begin
            txdatardy <= 1'b0;
            write2 <= 1'b1;
            write1 <= 1'b1;
        end
    else
        begin
            if(write1 &&! write2)
                txdatardy <= 1'b1;                 //在write上升沿,新数据已存入thr,将txdatardy置有效
            else if(txcnt==10)
                txdatardy <= 1'b0;                 //数据发送完,txdatardy置无效
//为检测write上升沿,对滞后的write1和write2赋值
            write2 <= write1;
            write1 <= write;
        end
//当thr中数据已发送,则可以准备写入新数据
assign    txrdy = ! txdatardy;
endmodule
```

上述代码分 5 个部分,第一部分采用 always 语句通过 clk16 产生 txclk。第二部分采用 always 语句描述 thr 的锁存器功能。第三部分采用 always 语句通过 txclk 触发 tsr 产生 tx 输出。第四部分采用 always 语句通过 clk16 产生一些辅助控制信号。其中,write1 滞后 write 一个 clk16 时钟周期,write2 又滞后 write1 一个 clk16 时钟周期。因此,当 write1 为 1 且 write2 为 0 时,表示 write 刚出现了一个上升沿。第五部分则采用 assign 连续赋值语句描述状态信号 txrdy。

2. UART 接收模块设计

根据图 6-45 系统组成结构示意图和图 6-47 接收模块流程,写出相应的 Verilog HDL 代码。

```
module rxcver (clk16, read, rx, reset, rxrdy, parityerr, framingerr, overrun, rxdata);
input        clk16, read, rx, reset;
output       rxrdy, parityerr, framingerr, overrun;
reg          parityerr, framingerr, overrun;
output       [7:0] rxdata;
reg          [7:0] rxdata;
reg          [3:0] cnt;                     //用于产生 rxclk 的计数器
reg          rxclk;
reg          idle;                          //空闲态
reg          hunt;                          //捕获态(起始位)
reg          [7:0] rhr;
reg          [7:0] rsr;
wire         paritymode = 1'b1;             //校验方式,初值为 1 奇校验,为 0 偶校验
reg          rxparity;                      //校验结果
reg          paritygen;                     //校验位寄存器
reg          rxstop;                        //结束位寄存器
reg          rxdatardy;                     //数据准备好可读出标志
reg          rx1, read1, read2, idle1;      //辅助控制信号
//确定空闲状态
always @(posedge rxclk)
    idle <= ! idle && ! rsr[0];
// 将 rxclk 同步在低起始位的中点
always @(posedge clk16)
begin
    if (reset)
        hunt <= 1'b0;
    else if (idle && ! rx && rx1 )
        hunt <= 1'b1;                       // rx 首次出现下降沿时,开始捕获
    else if (! idle || rx )
        hunt <= 1'b0;
    if (! idle || hunt)
        cnt <= cnt + 1;                     // 捕获或数据接收过程中
    else
```

```verilog
            cnt <= 4'b0001;                              // 捕获前
            rx1 <= rx;                                   //rx1 比 rx 滞后一个 clk16 周期,用于判断 rx 下降沿
            rxclk <= cnt[3];                             //每 8 个 clk16 周期 rxclk 变化一次,实现 16 分频
    end                                                  //且 rxclk 上升沿正好位于数据位的中点
//接收数据并计算校验位
always @(posedge rxclk)
    begin
        if (idle)
            begin
                rsr <= 8'b11111111;                      // 初始化
                rxparity <= 1'b1;
                paritygen <= paritymode;
                rxstop <= 1'b0;
            end
        else
            begin
                rsr <= rsr >> 1;
                rsr[7] <= rxparity;
                rxparity <= rxstop;
                rxstop <= rx;                            //按图 8-19 的方式移位
                paritygen <= paritygen ^ rxstop;         // 计算校验位
            end
    end
// 确定各控制信号和状态及错误标志
always @(posedge clk16 or posedge reset)
    if (reset)
    begin
        rhr <= 8'h00;
        rxdatardy <= 1'b0;
        overrun <= 1'b0;
        parityerr <= 1'b0;
        framingerr <= 1'b0;
        idle1 <= 1'b1;
        read2 <= 1'b1;
        read1 <= 1'b1;
    end
    else
    begin
        if (idle && ! idle1)                             // idle 上升沿
            begin
                if (rxdatardy)
                    overrun <= 1'b1;                     // rhr 前一数据未读出,发生溢出
                else
                begin
```

```
                overrun <= 1'b0;
                rhr <= rsr;                    //将 rsh 中接收的数据存入 rhr
                parityerr <= paritygen;        //若 paritygen 为 1,则校验错
                framingerr <= ! rxstop;        //终止位不为 1,帧错误
                rxdatardy <= 1'b1;             //数据可读出标志有效
            end
        end
        if (! read2 && read1)                   //read 由低变高,表示 rhr 中数据已读出,清除标志位
            begin
                rxdatardy <= 1'b0;
                parityerr <= 1'b0;
                framingerr <= 1'b0;
                overrun <= 1'b0;
            end
        idle1 <= idle;                          //idle1 滞后于 idle,用于对 idle 边沿检测
        read2 <= read1;
        read1 <= read;                          //read1 和 read2 滞后于 read,用于对 read 边沿检测
    end
//数据接收好后发 rxrdy 信号
assign rxrdy = rxdatardy;
//当 read 变低时读出 rhr 中的数据
always @(read or rhr)
    if (~read)
        rxdata = rhr;
endmodule
```

上述代码分 6 个部分。第一部分采用 always 语句确定 idle 状态变量,当 idle=1 时,接收模块处于空闲状态,当 rx 出现低电平时,idle 由 1 变为 0,直到连续移入 8 个数据位、1 个校验位和 1 个终止位为止。由于将变量 rxstop 和 rxparity 与 8 位的 rsr 寄存器串接成 10 位的右移移位寄存器(如图 8-19 所示),而 rsr 初始化为全 1、rxparity 初始化为 1、rxstop 初始化为 0,故当 rsr[0]首次为 0 时表明从 rx 上已移入了 9 位数据,再移入一位则移位流程将结束,此时 idle 由 0 变为 1,图 8-19(b)中的 x 表示接收到的校验位。

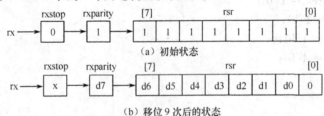

图 8-19 移位流程示意图

第二部分采用 always 语句确定 rxclk。在这个进程中,rx 第一次出现下降沿且 idle 为 1 时,表示 rx 出现起始位,电路进入 hunt 状态,对 clk16 进行 16 分频,使 rxclk 上升沿正对数据位的中点。捕捉到 rx 的起始位后,hunt 无效,但 idle 也进入无效状态,表示模块处于接收数据状态,继续对 clk16 进行 16 分频,产生 rxclk 脉冲,直到一帧数据接收完毕后(idle 回到有效

状态 1,cnt 不计数),rxclk 将保持固定电平。

第三部分采用 always 语句通过 rxclk 的触发,先进行初始化,按图 8-19(a)设置相关的寄存器。然后,按图 8-19(b)的方式移位,接收 rx 上的串行数据并计算校验位。

第四部分采用 always 语句通过 clk16 的触发,确定各控制信号和状态与错误标志。

第五部分采用 assign 连续赋值语句,在数据接收好,存入 rhr 后(此时 rxdatardy 有效),将 rxrdy 输出置为有效。

第六部分采用 always 语句,当 read 变低时从 rhr 中读出数据到 rxdata 上。

3. 仿真验证

分别对发送模块和接收模块进行编译、仿真,分析设计是否正确(可与图 6-49 对照)。

4. 下载检查

将完整的 UART 设计进行编译、综合、下载,然后将 rx 与 tx 短接,通过开关(按键)在发送端加适当的控制信号与数据,通过 LED 或数码管在接收端观察 UART 接口工作是否正常,所收数据是否正确。

实验 10 简单处理器 VHDL 设计的完成

一、实验目的

(1) 在 6.8 节中简单处理器设计的基础上,进而完成第二层次各功能元件的 VHDL 描述。熟练掌握较复杂系统的 VHDL 层次化设计方法。

(2) 使处理器能够实现两个不带符号位的 4 位二进制数原码相除运算,理解处理器功能扩展的要点。

二、实验内容

1. VHDL 内部程序

根据 6.8 节处理器 VHDL 顶层描述文件可知,其内部程序包中包括 12 个功能元件,分别是:

① 双 4 选 1 数据选择器 MUX3

② 数据缓冲寄存器 MDR

③ 操作数寄存器 RS

④ 操作数寄存器 RD

⑤ 四异或门 XORGATE

⑥ 四位 2 选 1 MUX1

⑦ 运算器和进位触发器 ALUC

⑧ 指令计数器 PCC1

⑨ 指令存储器 IRAM1

⑩ 指令寄存器 IR

⑪ 节拍发生器 SSC

⑫ 系统控制器 CONTROL1

关于系统控制器,这里要说明的是,在图 6-55 所示的流程图中,把算法流程图和控制器 ASM 图合二为一,即算法流程图中的一个工作块对应控制器中的一个状态块。则处理器控制器状态恰好也为 16 个,以便只选用一片模 16 的 74LS161 计数器作为状态寄存器,使硬件实现较为简单。但实践表明,某些情况下,控制器用两个状态块完成一个工作块的功能,或者增加若干空转状态,工作更可靠和稳定。

对于用 VHDL 编程来说,增加状态而增加的描述量甚微,这正是 VHDL 描述的优越性。为此可用如图 8-20 所示控制器 ASM 图来编写相应 VHDL 源程序。图 8-20 和前述图 6-55 原

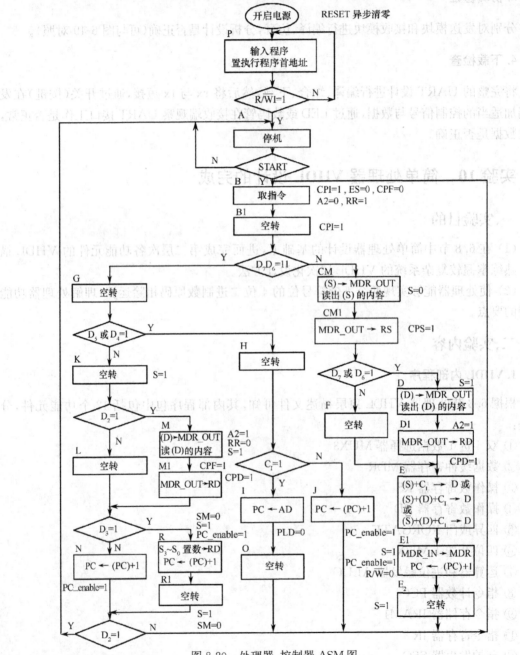

图 8-20 处理器、控制器 ASM 图

理相同,功能相同,差别是增加若干空转状态,有些工作块分解为两个状态块,以便使前一个状态实现状态转换,后一个状态执行相应功能操作。

例如,在图 6-55 中原 M 状态分解为图 8-20 中的 M 和 M1 两个状态等,其他变化不再详述,请读者自行理解。

按照如图 8-20 所示 ASM 图编写控制器的 VHDL 描述源文件(供参考)如下:

```
----control.vhd  控制器
library ieee;
use ieee.std_logic_1164.all;
entity control is
    port(
        cp,start,c,notc,rwi,reset:in std_logic;
        instr_high:in std_logic_vector(5 downto 0);
        cpi,cps,cpd,s,rw,pld,es,pc_enable,a2,cpf,sm,ci,rr:out std_logic);
end control;
architecture a of control is
    type state_space is (a,b,cm,d,e,f,g,h,i,j,k,l,m,n,p,r,o,cm1,d1,e1,e2,m1,r1,b1);
    signal state:state_space:=p;
    begin
        process(cp,reset)
            variable ci_tem:std_logic;
            begin
                if reset='0' then state<=p;
                elsif(cp'event and cp='1') then
                    CASE instr_high(3 downto 2) IS
                        WHEN "00" =>
                            ci_tem:='0';
                        WHEN "01" =>
                            ci_tem:='1';
                        when "10" =>
                            ci_tem:=c;
                        WHEN OTHERS =>
                            ci_tem:=notc;
                    END CASE;

                    case state is
                        when p =>
                            if rwi='1' then
```

```vhdl
                    state<=a;
                end if;

            when a =>
              if start='1' then
                      state<=b;
                  end if;

            when b=>
              a2<='0';
              es<='0';
              cpi<='1';
              rr<='1';
              cpf<='0';
              state<=b1;

            when b1=>
              cpi<='0';
              if instr_high(5 downto 4)="11" then
                      state<=g;
                  else state<=cm;
              end if;

            when k =>
              if instr_high(0)='1' then state<=m;
                  else state<=l;
                  end if;
            when l =>
              if instr_high(1)='1' then state<=r;
                else state<=n;
                end if;
            when g =>
              if (instr_high(3) or instr_high(2))='1' then
                      state<=h;
              else state<=k;
              end if;
            when n =>
              if instr_high(0)='1' then state<=a;
                else state<=b;
              end if;
            when  m =>
               a2<='1';
               rr<='0';
               state<=m1;
            when  h =>
              if ci_tem='1' then state<=i;
              else state<=j;
              end if;
            when  i =>
                state<=o;
```

· 366 ·

```vhdl
        when r =>
            state<=r1;
         when  j =>
            state<=b;
         when  o=>
            state<=b;
         when  cm =>
             state<=cm1;
         when  f =>
            state<=e;
         when  d =>
            state<=d1;
         when  e =>
            cpf<='1';
        state<=e1;
         when m1 =>
            cpf<='1';
         if instr_high(1)='1' then state<=r;
            else state<=n;
            end if;
        when cm1=>
            if (instr_high(5) or instr_high(4))='1' then state<=d;
            else state<=f;
            end if;
        when d1=>
            a2<='1';
            if instr_high(5)='1' then es<='1';
            end if;
            state<=e;
        when e1 =>
            state<=e2;
     when e2 =>
            state<=b;
   when  r1 =>
            if instr_high(0)='1' then state<=a;
            else state<=b;
            end if;
end case;

    end if;
    ci<=ci_tem;
end process;
pc_enable<='1' when state=n or state=r or  state=j or state=e1   else '0';
cps<='1' when state=cm1 else '0';
cpd<='1' when state=d1 or state=m1 else '0';
rw<='0' when state=r or state=e1 else '1';
s<='1' when state=d or state=e or state=r or state=e1 or state=e2 or state=r1 or state=m else '0';
pld<='0' when state=i else '1';
sm<='0' when state=r1 or state=r else '1';
end a;
```

关于实现乘法功能的描述，只要把乘法程序指令表直接用 VHDL 描述写入指令存储器 IRAM 即可。

各功能元件的 VHDL 参考文件如下。

iram. vhd

```
library ieee;
use ieee.std_logic_1164.all;

entity iram is
  port(
    instruction_address:in std_logic_vector(3 downto 0);
    s:in std_logic; --enable;
    instruction_out:out std_logic_vector(7 downto 0));
  end iram;
architecture a of iram is
  begin
    instruction_out<= "11001101" WHEN instruction_address="0000" ELSE
                      "10010000" WHEN instruction_address="0001" and s='1' ELSE
                      "10000100" WHEN instruction_address="0010" and s='1' ELSE
                      "11001001" WHEN instruction_address="0011" and s='1' ELSE
                      "10011010" WHEN instruction_address="0100" and s='1' ELSE
                      "10011111" WHEN instruction_address="0101" and  s='1' ELSE
                      "00010000" WHEN instruction_address="0110" and s='1' ELSE
                      "11101011" WHEN instruction_address="0111" and s='1' ELSE
                      "01000110" WHEN instruction_address="1000" and s='1'   ELSE
                      "00101111" WHEN instruction_address="1001" and s='1'   ELSE
                      "11010110" WHEN instruction_address="1010" and s='1' ELSE
                      "11000111" WHEN instruction_address="1011" and s='1' ELSE
                      "11000110" WHEN instruction_address="1100" and s='1' ELSE
                      "11010000" WHEN instruction_address="1101" and s='1'ELSE
                      "00000000";
  end a;
```

aluc. vhd

```
--alu and the c-ff;
library ieee;
use ieee.std_logic_1164.all;
use ieee.std_logic_unsigned.all;

ENTITY aluc IS
  PORT(
    alu_s: IN STD_LOGIC_vector(3 downto 0);-- inputs from rs;
    alu_d: IN STD_LOGIC_VECTOR(3 downto 0);--inputs from ds;
    ci: in std_logic;-- ci from the control;
    cpf: in std_logic;-- clock from the control;
    alu_out:out std_logic_vector(3 downto 0);--the result of the adding;
    c:out std_logic;--carry output;
    notc:out std_logic);--the opposite of carry output;
  END aluc;
```

```vhdl
ARCHITECTURE a OF aluc IS
    signal result_tem:std_logic_vector(4 downto 0);
BEGIN
    PROCESS (cpf)
        VARIABLE alu_s_tem: STD_LOGIC_vector(4 downto 0);
        VARIABLE alu_d_tem:std_logic_vector(4 downto 0);
        variable ci_tem:std_logic_vector(4 downto 0);
    BEGIN
        IF (cpf'event and cpf='1')  THEN
            alu_s_tem:='0'&alu_s;
            alu_d_tem:='0'&alu_d;
            ci_tem:="0000"&ci;
            result_tem<=alu_s_tem+alu_d_tem+ci_tem;

        END IF;

    END PROCESS ;
    alu_out<=result_tem(3 downto 0);
    c<=result_tem(4);
    notc<=not result_tem(4);
end a;
```

ir.vhd
```vhdl
library ieee;
use ieee.std_logic_1164.all;
entity ir is
    port(instr:in std_logic_vector(7 downto 0);
         cpi:in std_logic;
         instr_high:out std_logic_vector(5 downto 0);
         instr_low:out std_logic_vector(3 downto 0));
end ir;
architecture one of ir is
  begin
    process(cpi)
      begin
        if (cpi'event and cpi='1') then
            instr_high<=instr(7 downto 2);
            instr_low<=instr(3 downto 0);
        end if;
    end process;
end one;
```

mdr. vhd
```vhdl
library ieee;
use ieee.std_logic_1164.all;

PACKAGE mdr_pack IS
    subtype mdr_word is std_logic_vector(3 downto 0);
    type mem is array(0 to 3) of mdr_word;
    function address_find(data_address:std_logic_vector(1 downto 0)) return integer;
END mdr_pack;
```

```vhdl
package body mdr_pack is

function address_find(      --change the input to the sequence number of the array
    data_address:std_logic_vector(1 downto 0))
return integer is
    variable b:integer range 0 to 3;
    begin
        if data_address="00" then b:=0;
        elsif data_address="01" then b:=1;
        elsif data_address="10" then b:=2;

        else b:=3;
        end if;
    return b;
end;
end;


library ieee;
use ieee.std_logic_1164.all;
use work.mdr_pack.all;

entity mdr is
    port(
    mdr_in:in std_logic_vector(3 downto 0);
    data_address:in std_logic_vector(1 downto 0);
    rw:in std_logic;
    mdr_out:out std_logic_vector(3 downto 0);
    mdr_clk:in std_logic);
end mdr;
ARCHITECTURE a OF mdr IS
    signal ram:mem;
    BEGIN
    process(mdr_clk)

        begin
            if (mdr_clk'event and mdr_clk='0') then
                if(rw='1') then mdr_out<=ram(address_find(data_address)) ;

                else ram(address_find(data_address))<=mdr_in;
                end if;
            end if;

        end process;
end a;
```

mux1. vhd

```vhdl
library ieee;
use ieee.std_logic_1164.all;
entity mux1 is
```

```vhdl
        port(
           input,result:in std_logic_vector(3 downto 0);
           sm:in std_logic;
           mux1_out:out std_logic_vector(3 downto 0));
        end mux1;

        architecture a of mux1 is
          begin
          mux1_out<=input when sm='0' else result;
        end a;
```

mux3. vhd

```vhdl
        library ieee;
        use ieee.std_logic_1164.all;

        entity mux3 is
           port(
              source:in std_logic_vector(3 downto 0);
              s:in std_logic;
              address:out std_logic_vector(1 downto 0));
        end mux3;
        architecture a of mux3 is
           begin
              address<=source(1 downto 0) when s='1' else source(3 downto 2);
        end a;
```

pcc. vhd

```vhdl
        library ieee;
        use ieee.std_logic_1164.all;
        use ieee.std_logic_unsigned.all;

        entity pcc is
           port(
              cp,pc_enable:in std_logic;
              pld,reset:in std_logic;
              address_ld:in std_logic_vector(3 downto 0);
              pc_out:buffer std_logic_vector(3 downto 0));
        end pcc;

        architecture a of pcc is

           begin
           process(cp,reset)
              begin
                 if(reset='0') then pc_out<="0000";
                 elsif(cp'event and cp='0') then
                    if (pld='0') then pc_out<=address_ld;
```

```vhdl
              elsif pc_enable='1' then pc_out<=pc_out
              end if;
           end if;
         end process;

       end a;

rd. vhd

         library ieee;
         use ieee.std_logic_1164.all;
         entity rd is
           port(
             rd_in:in std_logic_vector(3 downto 0);
             cpd:in std_logic;
             rd_out:out std_logic_vector(3 downto 0));
         end rd;
         architecture a of rd is
           begin
           process(cpd)
             begin

                if (cpd'event and cpd='1') then
                    rd_out<=rd_in;
                end if;
             end process;
         end a;

rs. vhd

                            library ieee;
                            use ieee.std_logic_1164.all;

                            entity rs is
                              port(
                                 rs_in:in std_logic_vector(3 downto 0);
                                 cps:in std_logic;
                                 rr:in std_logic;
                                 rs_out:out std_logic_vector(3 downto 0));
                            end rs;
                            architecture a of rs is
                               begin
                               process(cps,rr)
                                 begin
                                    if rr='0' then
                                       rs_out<="0000";
                                    elsif (cps'event and cps='1') then
                                       rs_out<=rs_in;
                                    end if;
                                 end process;
                               end a;
```

ssc. vhd
--多稳态触发模块
```
library ieee;
use ieee.std_logic_1164.all;
entity ssc is
  port(
    button1:in std_logic; --when button1 is pressed('1'), the system runs continuously
    clock:in std_logic;
    button2:in std_logic;---when button1 is unpressed('0'),one step goes for each press of button2;
    cp:out std_logic);
end ssc;
architecture one of ssc is
  type state_space is (s0,s1,s2,s3);
  signal state:state_space;
begin
    process(clock)
      begin
      if (clock'event and clock='1') then
        case state is
          when s0=>
            cp<='0';
            if button1='1' then state<=s1;
            else    state<=s2;
            end if;
          when s1=>
            cp<='1';
            state<=s0;
          when s2=>
            cp<='0';
            if button2='1' then state<=s3;
            else state<=s0;
            end if;
          when s3=>
            cp<='1';
            if button2='0' then state<=s0;
            else state<=s3;
            end if;
        end case;
      end if;
    end process;
  end one;
```

xorgate. vhd
--4-bit xor gate
```
library ieee;
use ieee.std_logic_1164.all;
entity xorgate is
  port(rs_out:in std_logic_vector(3 downto 0);
```

```
        es:in std_logic;
         alu_s:out std_logic_vector(3 downto 0));
end xorgate;

architecture a of xorgate is
  begin
        alu_s(3)<=(rs_out(3) xor es);
        alu_s(2)<=(rs_out(2) xor es);
        alu_s(1)<=(rs_out(1) xor es);
        alu_s(0)<=(rs_out(0) xor es);
  end a;
```

2. 处理器实现除法运算功能

这里提供一种两个不带符号位的二进制数原码相除运算的程序流程图如图 8-21 所示。由于存储器容量的限制，规定除数不为零。除法过程遵循被除数减除数、够减的次数为商，剩余不够减的即为余数。

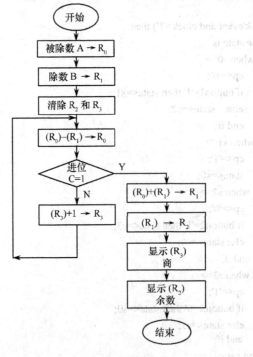

图 8-21 除法运算流程图

除法程序明细表如表 8-5 所示。

表 8-5 除法程序明细表

序号 （十进制数）	PC 显示 （十六进制数）	指令号（二进制） IRAM 地址	指令码	操作功能	说　明
0		0000	11001100	$(S_3 \sim S_0) \rightarrow R_0$,停机	被除数 $A \rightarrow R_0$
1		0001	11001101	$(S_3 \sim S_0) \rightarrow R_1$	除数 $B \rightarrow R_1$
2		0010	10011010	$(R_2)-(R_2) \rightarrow R_2$	清除 R_2

(续表)

序号 (十进制数)	PC 显示 (十六进制数)	指令号(二进制) IRAM 地址	指令码	操作功能	说 明
3	三	0011	10011111	$(R_3)-(R_3) \to R_3$	清除 R_3
4	四	0100	10010100	$(R_0)-(R_1) \to R_0$	被除数中减去一次除数
5	五	0101	11111000	C=0 则跳至 PC←1000	判别是否除完
6	六	0110	00011111	$(R_3)+1 \to R_3$	$(R_3)+1$ 累积商
7	七	0111	11010100	PC←0100	转回循环
8	八	1000	01000001	$(R_0)+(R_1) \to R_1$	产生余数
9	九	1001	00000110	$(R_1) \to R_2$	余数送 R_2
10	十	1010	11000111	(R_3) 显示,停机	显示商
11	十一	1011	11000110	(R_2) 显示,停机	显示余数
12	十二	1100	11010000	PC←0000	再启动
13	十三	1101	/	/	/
14	十四	1110	/	/	/
15	十五	1111	/	/	/

处理器实现除法功能时的指令存储器 VHDL 描述源文件如下。

iraml. vhd 除法

```
library ieee;
use ieee.std_logic_1164.all;

entity iram1 is
  port(
    instruction_address:in std_logic_vector(3 downto 0);
    s:in std_logic; --enable;
    instruction_out:out std_logic_vector(7 downto 0));
  end iram1;

architecture a of iram1 is
  begin
    instruction_out<= "11001100" WHEN instruction_address="0000" ELSE
              "11001101" WHEN instruction_address="0001" and s='1' ELSE
              "10011010" WHEN instruction_address="0010" and s='1' ELSE
              "10011111" WHEN instruction_address="0011" and s='1' ELSE
              "10010100" WHEN instruction_address="0100" and s='1' ELSE
              "11111000" WHEN instruction_address="0101" and s='1' ELSE
              "00011111" WHEN instruction_address="0110" and s='1' ELSE
              "11010100" WHEN instruction_address="0111" and s='1' ELSE
              "01000001" WHEN instruction_address="1000" and s='1' ELSE
              "00000110" WHEN instruction_address="1001" and s='1' ELSE
              "11000111" WHEN instruction_address="1010" and s='1' ELSE
              "11000110" WHEN instruction_address="1011" and s='1' ELSE
              "11010000" WHEN instruction_address="1100" and s='1' ELSE
              "00000000";
  end ai
```

这里提供除法运算仿真波形图如图 8-22 所示。仅供参考。

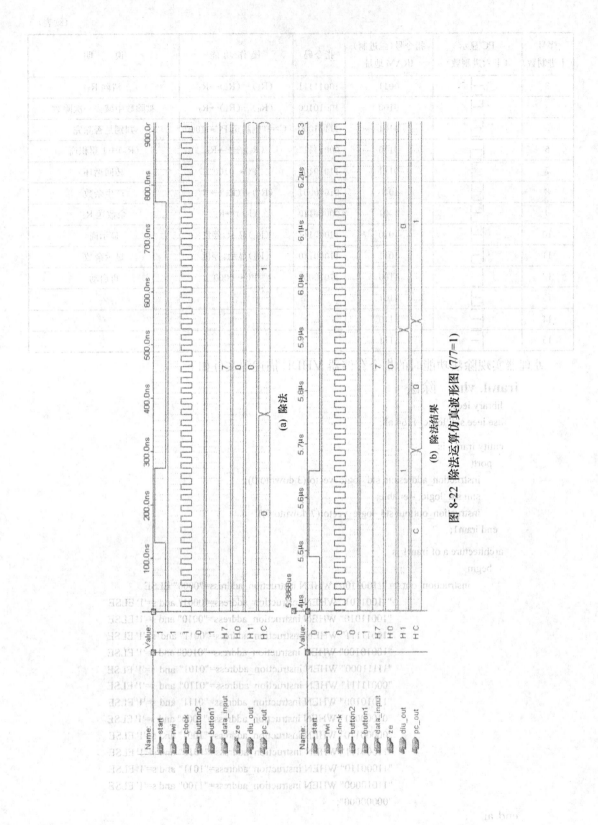

图 8-22 除法运算仿真波形图 (7/7=1)

由此读者不难推想,其他算术运算等功能的实现,只要按规定写出相关运算的指令表,并用 VHDL 写入 IRAM 即可完成。因此,处理器执行功能的算法也是可编程的。这是处理器系统区别于其他系统的主要方面。

三、实验要求

(1)建立处理器完整的 VHDL 源文件(能进行乘法运算),经编译、模拟,获得控制器和乘法运算正确的仿真波形图,并下载演示。

(2)把上述源文件改变为实现除法运算的功能,编译无误后模拟且下载演示。

(3)试设计用处理器完成十进制数 1~9 的乘方运算功能,给出流程图,指令表,VHDL 源文件,并进行实验。给出乘方运算仿真波形图,下载演示结果。

附录 A HDPLD 典型器件介绍

A.1 器件封装形式说明

(1) BGA(Ball Grid Array)
球状格栅阵列封装
(2) CCGA(Ceramic Column Grid Array)
陶瓷柱栅阵列封装
(3) CPGA(Ceramic Pin Grid Array)
陶瓷引脚格栅阵列封装
(4) CQFP(Ceramic Quad Flat Pack)
陶瓷四方扁平封装
(5) CSBGA(Chip Size BGA)
芯片尺寸球栅阵列封装
(6) CSP(Chip Size Package)
芯片尺寸封装
(7) DIP(Dual In-line Package)
双列直插式封装
(8) EQFP(plastic Enhanced Quad Flat Package)
塑料增强四方扁平封装
(9) FBGA(Fineline or Fine-pitch BGA)
精细球栅阵列封装
(10) FCBGA(Flip-Chip BGA)
倒焊芯片球栅阵列封装
(11) HQFP(Heat enhanced Quad Flat Package)
热增强四方扁平封装
(12) JLCC(ceramic J-Lead Chip Carrier)
陶瓷 J 型引线片式载体封装
(13) LGA(Land Grid Array)
基板栅格阵列封装
(14) MBGA(Micro fineline BGA)
微型细球栅阵列封装
(15) MQFP(Metal Quad Flat Pack)
金属四方扁平封装
(16) PBGA(Plastic Ball Grid Array)
塑料球状格栅阵列封装
(17) PDIP(Plastic Dual In-line Package)
塑料双列直插封装
(18) PGA(Pin-Grid Array)

(19) PLCC(Plastic Leaded Chip Carrier)
塑料引线片式载体封装
(20) PQFP(Plastic Quad Flat Pack)
塑料四方扁平封装
(21) QFN(Quad Fine-pitch No-lead)
四方细间距无铅封装
(22) RQFP(Power Quad Flat Pack)
功率型四方扁平封装
(23) SOIC(Small Outline Integrated Circuit)
小外型集成电路封装
(24) TQFP(Thin Quad Flat Pack)
细型四方扁平封装
(25) TSOP(Thin Small Outline Package)
薄小外形封装
(26) TSSOP(Thin Shrink Small Outline Package)
薄的缩小型封装
(27) UBGA(Ultra fineline BGA)
超精细球栅阵列封装
(28) VQFP(Very thin Quad Flat Pack)
超细型四方扁平封装

A.2 Altera 公司典型器件

1. 成熟产品

成熟产品指早期推出的一些经典系列器件。Altera 成熟器件包括 Classic、MAX9000、MAX7000 CPLD 和 FLEX8000、FLEX6000、FLEX10K、APEX20K、APEX Ⅱ、ACEX1K、Mercury、Excalibur 等 FPGA。

MAX7000 有 7000S、7000AE 和 7000B 三种,内核电压依次为 5V、3.3V 和 2.5V。

特 性	成熟的 CPLD 器件系列		
	Classic	MAX9000	MAX7000
可用门	300～900	6000～12000	600～10000
宏单元	16～48	320～560	32～512
t_{PD}(ns)	10～20	10～15	3.5～7.5
f_{CNT}(MHz)	50～100	118～144	116.3～303
最大用户 I/O 引脚	22～64	168～216	36～212

FLEX 10K 系列 FPGA 包括 5V 的 FLEX 10K、3.3 V 的 FLEX 10KA 和 2.5V 的 FLEX 10KE 三个子系列。

APEX 20K 系列 FPGA 支持 SOPC,包括 APEX 20K、APEX 20KE、APEX 20KC 三个子系列。APEX 20KE 和 APEX 20KC 还支持由 FPGA 到 ASIC 的 HardCopy。

Excalibur 作为系统级 FPGA,嵌入了工业标准的 ARM922T 32 位 RISC 处理器硬核,工作频率可达 200 MHz。

特 性	成熟的 FPGA 器件							
	FLEX 6000	FLEX 8000	FLEX 10K	ACEX 1K	APEX Ⅱ	APEX 20K	Mercury	Excalibur
逻辑单元(LE)	880～1960	208～1296	576～12160	576～4992	16640～67200	1200～51840	4800～14400	4160～38400
典型门(万门)	1～2.4	0.25～1.6	1～25	1～10	60～300	3～150	12～35	10～100
最大系统门(门)			31000～310000	56000～257000	1900000～5250000	122704～2391184	48K～384K (SRAM)	163000～1772000
总 RAM(b)		282～1500	6144～40960	12288～49152	425984～1146880	106496～442368	49152～114688	
最大用户 I/O 引脚	102～218	78～208	150～470	136～333	492～1060	128～808	303～486	246～711

2. MAX3000A CPLD

MAX 3000A 器件基于 Altera MAX 架构,为大批量应用进行了成本优化。采用 0.30μm CMOS 工艺,基于电可擦除可编程只读存储器(E^2PROM),密度范围从 32 到 512 个宏单元。

特 性	器 件				
	EPM3032A	EPM3064A	EPM3128A	EPM3256A	EPM3512A
可用门	600	1250	2500	5000	10000
宏单元	32	64	128	256	512
最大用户 I/O 引脚	34	66	96	158	208
t_{PD}(ns)	4.5	4.5	5.0	7.5	7.5
t_{SU}(ns)	2.9	2.8	3.3	5.2	5.6
t_{CO}(ns)	3.0	3.1	3.4	4.8	4.7
f_{CNT}(MHz)	227.3	222.2	192.3	126.6	116.3
封装	PLCC、TQFP	PLCC、TQFP	TQFP、FBGA	TQFP、PQFP、FBGA	PQFP、FBGA

3. MAX Ⅱ CPLD

MAX Ⅱ 系列是低功耗、低成本的 CPLD,使用了查找表(LUT)技术,提高了逻辑容量。

特 性	器 件					
	EPM240/G	EPM570/G	EPM1270/G	EPM2210/G	EPM240Z	EPM570Z
逻辑单元(LE)	240	570	1270	2210	240	570
典型等效宏单元	192	440	980	1700	192	440
等效宏单元范围	128～240	240～570	570～1270	1270～2210	128～240	240～570
UFM 大小(b)	8192	8192	8192	8192	8192	8192
最大用户 I/O 引脚	80	160	212	272	80	160
t_{PD}(ns)	4.7	5.4	6.2	7.0	7.5	9.0
t_{SU}(ns)	1.7	1.2	1.2	1.2	2.3	2.2
t_{CO}(ns)	4.3	4.5	4.6	4.6	6.5	6.7
f_{CNT}(MHz)	304	304	304	304	152	152
封装	TQFP、MBGA、FBGA	TQFP、MBGA、FBGA	TQFP、MBGA、FBGA	FBGA	MBGA	MBGA

4. Cyclone FPGA

Cyclone FPGA 属低成本器件,可嵌入存储器、外部存储器接口和时钟管理电路等,具备大批量应用特性。

Cyclone FPGA 基于成本优化的全铜 1.5V SRAM 工艺,容量从 2910 至 20060 个逻辑单元,具有多达 294912bit 嵌入式 RAM,支持各种单端 I/O 标准如 LVTTL、LVCMOS、PCI 和 SSTL-2/3。通过 LVDS 和 RS-DS 标准提供多达 129 个通道的差分 I/O 支持。每个 LVDS 通道高达 640Mbps。

Cyclone 器件具有双数据速率(DDR)SDRAM 和 FCRAM 接口的专用电路。Cyclone FPGA 中有两个锁相环(PLL)提供六个输出和分层时钟结构,以及时钟管理电路。

特性	器件				
	EP1C3	EP1C4	EP1C6	EP1C12	EP1C20
逻辑单元(LE)	2910	4000	5980	12060	20060
M4K RAM 块(128×36 bit)	13	17	20	52	64
总 RAM(b)	59504	78336	92160	239616	294912
PLL	1	2	2	2	2
最大用户 I/O 引脚	104	301	185	249	301
差分通道	34	129	72	103	129
封装	TQFP	FBGA	PQFP、TQFP、FBGA	PQFP、FBGA	FBGA

5. Cyclone II PFGA

Altera Cyclone II 采用全铜层、低 K 值、1.2V SRAM 工艺设计。采用 300mm 晶圆,以台积电(TSMC)90nm 工艺技术为基础,Cyclone II 器件提供了 4608 到 68416 个逻辑单元(LE)、嵌入式 18×18 位乘法器、专用外部存储器接口电路、4Kbit 嵌入式存储器块、锁相环(PLL)和高速差分 I/O 能力。

Cyclone II 器件扩展了 FPGA 在成本敏感、大批量应用领域的影响力,延续了第一代 Cyclone 器件系列的成功。

特性	器件						
	EP2C5	EP2C8	EP2C15	EP2C20	EP2C35	EP2C50	EP2C70
逻辑单元(LE)	4608	8256	14448	18752	33216	50528	68416
M4K RAM 块 (4Kb+校验位)	26	36	52	52	105	129	250
总 RAM(b)	119808	165888	239616	239616	483840	594432	1152000
嵌入式 18×18 位乘法器	13	18	26	26	35	86	150
PLL	2	2	4	4	4	4	4
最大用户 I/O 引脚	158	182	315	315	475	450	622
差分通道	58	77	132	132	205	193	262
封装	PQFP、TQFP FBGA	PQFP、TQFP FBGA	FBGA	PQFP、FBGA	UBGA、FBGA	UBGA、FBGA	FBGA

6. Cyclone III FPGA

低成本 Cyclone III FPGA 是 Cyclone 系列的第三代产品。Cyclone III FPGA 系列同时实现了低功耗、低成本和高性能,进一步扩展了 FPGA 在成本敏感、大批量领域中的应用。

采用 TSMC 的 65 nm 低功耗工艺技术，Cyclone Ⅲ器件对芯片和软件采取了更多的优化措施，适宜宽带并行处理的应用。

Cyclone Ⅲ 系列的容量在 5～120K 逻辑单元之间，最多 534 个用户 I/O 引脚，具有 4-Mbit 嵌入式存储器、嵌入式 18×18 位乘法器、专用外部存储器接口电路、锁相环（PLL）以及高速差分 I/O 等。

特 性	器 件							
	EP3C5	EP3C10	EP3C16	EP3C25	EP3C40	EP3C55	EP3C80	EP3C120
逻辑单元(LE)	5136	10320	15408	24624	39600	55856	81264	119088
M9K RAM 块	46	46	56	66	126	260	305	432
总 RAM(Kb)	424	424	516	608	1161	2396	2811	3981
嵌入式 18×18 位乘法器	23	23	56	66	126	156	244	288
PLL	2	2	4	4	4	4	4	4
最大用户 I/O 引脚	181	181	345	214	534	376	428	530
差分通道	70	70	140	83	227	163	181	233
封装	EQFP MBGA FBGA UBGA	EQFP MBGA FBGA UBGA	EQFP MBGA FBGA UBGA PQFP	EQFP FBGA UBGA PQFP	FBGA UBGA PQFP	FBGA UBGA	FBGA UBGA	FBGA UBGA

7. Arria GX FPGA

Arria GX FPGA 属中端 FPGA 系列，采用了与成熟的 Stratix Ⅱ GX 系列相同的收发器技术。通过改进收发器，开发高效的 I/O 单元，Arria GX FPGA 为当今的主流高速协议连接提供了高性价比解决方案，包括 SDI（SD、HD、3G）、PCI Express、Serial RapidIO、SerialLite、千兆以太网等。

特 性	器 件				
	EP1AGX20C	EP1AGX35C/D	EP1AGX50C/D	EP1AGX60C/D/E	EP1AGX90E
自适应逻辑模块(ALM)	8632	13408	20064	24040	36088
等效逻辑单元	21580	33520	50160	60100	90220
收发通道	4	4/8	4/8	4/8/12	12
收发数据速率(Gbps)	0.6～3.125				
源同步接收通道	31	31	31/31、42	31/31/42	47
源同步发射通道	29	29	29/29、42	29/29/42	45
M512 RAM 块(32×18 bit)	166	197	313	326	478
M4K RAM 块(128×36 bit)	118	140	242	252	400
M-RAM 块(4096×144 bit)	1	1	2	2	4
总 RAM(b)	1229184	1348416	2475072	2528640	4477824
嵌入式 18×18 位乘法器	40	56	104	128	176
DSP 块	10	14	26	32	44
PLL	4	4	4/4、8	4/4/8	8
最大用户 I/O 引脚	341	230/341	229/350、514	229/350/514	538
封装	FBGA	FBGA	FBGA	FBGA	FBGA

8. Stratix FPGA

Stratix 器件采用 1.5V、0.13um 全铜 SRAM 工艺,容量为 10570～79040 个逻辑单元,RAM 多达 7Mbit。Stratix 器件具有多达 22 个 DSP 模块和多达 176 个(9×9 位)嵌入式乘法器,针对大数据吞吐量的复杂应用而进行了优化。Stratix 器件还具有 True-LVDS 电路,支持 LVDS、LVPECL、PCML 和 HyperTransport 差分 I/O 电气标准及高速通信接口,包括 10G 以太网 XSBI、SFI-4、POS-PHY Level 4(SPI-4 Phase 2)、HyperTransport、RapidIO 和 UTOPIA IV 标准。Stratix 系列提供了具有层次时钟结构和多达 12 个锁相环(PLL)的完整的时钟管理方案。

特 性	器 件						
	EP1S10	EP1S20	EP1S25	EP1S30	EP1S40	EP1S60	EP1S80
逻辑单元(LE)	10570	18460	25660	32470	41250	57120	79040
M512 RAM 块(512b+校验位)	94	194	224	295	384	574	767
M4K RAM 块(4Kb+校验位)	60	82	138	171	183	292	364
M-RAM 块(512 Kb+校验位)	1	2	2	4	4	6	9
总 RAM(b)	920448	1669248	1944576	3317184	3423744	5215104	7427520
DSP 块	6	10	10	12	14	18	22
嵌入式 18×18 位乘法器	48	80	80	96	112	144	176
PLL	6	6	6	10	12	12	12
最大用户 I/O 引脚	426	586	706	726	822	1022	1203
封装	BGA FBGA	BGA FBGA	BGA FBGA	BGA FBGA	BGA FBGA	BGA FBGA	BGA FBGA

9. Stratix GX FPGA

Stratix GX FPGA 为系统设计师提供了 3.125Gbps 收发器应用的低风险设计方案。Stratix GX 器件基于 Altera 的 Stratix 体系,融合了快速的 FPGA 架构和高性能的数千兆位收发器技术。Stratix GX 器件具有多达 20 个高达 3.125Gbps 的全双工收发器通道,满足了高速背板和芯片至芯片通信的需求。Stratix GX 器件还提供了高达 1Gbps 的带动态相位调整(DPA)电路的源同步差分信号。

Stratix GX 器件采用 1.5V、0.13um 全铜 SRAM 工艺,容量从 10570～41250 个逻辑单元和 3Mbit 的 RAM,支持 LVDS、LVPECL、3.3V PCML 和 HyperTransport 差分 I/O 电气标准,还支持不同的高速协议——包括 SeriaiLite、10Gbit 以太网(XAUI 和 XSBI)、SONET/SDH、千兆以太网、1G、2G 和 10Gbps 光纤通道、串行 RapidIO、SFI-4、POS-PHY Level 4(SPI-4 Phase 2)、HyperTransport、RapidIO、PCI Express、HD-SDI 和 UTOPIA IV 标准。Stratix GX 器件也提供完整的时钟管理方案,它具有层次时钟结构和多达八个锁相环(PLL)。Stratix GX 器件还具有多达 112 个(9×9 位)嵌入乘法器的 DSP 块。

需要低风险、低成本、大批量产品方案的系统设计能够将 Stratix GX 器件无缝地移植到掩膜编程引脚兼容的 Hardcopy Stratix GX 器件上。因为 HardCopy Stratix GX 器件保留了 Stratix GX FPGA 的大容量和高性能体系,包括 3.125Gbps 高性能收发器。当从 Stratix GX FPGA 移植到 HardCopy Stratix GX 器件时,无需重新进行板级设计。

特 性	器 件		
	EP1SGX10C/D	EP1SGX25C/D/F	EP1SGX40D/G
逻辑单元(LE)	10570	25660	41250
全双工收发器	4/8	4/8/16	8/20
源同步通道	22	39	45
M512 RAM 块(512b+校验位)	94	224	384
M4K RAM 块(4Kb+校验位)	60	138	183
M-RAM 块(512Kb+校验位)	1	2	4
总 RAM(b)	920448	1944576	3423744
DSP 块	6	10	14
嵌入式 18×18 位乘法器	48	80	112
PLL	4	4	8
最大用户 I/O 引脚	330	426/542/542	548
封装	FBGA	FBGA	FBGA

10. Stratix II FPGA

Stratix II 器件建立在 1.2V、90nm SRAM 工艺之上,能够为用户提供多种选择,以达到高性能、高密度逻辑的要求。该系列器件具有最多 179400 个等价逻辑单元、9 Mbit 的片内 RAM、1170 个用户 I/O 引脚、384 个(18×18 位)嵌入式乘法器,并支持 Hardcopy II 结构化 ASIC。

特 性	器 件					
	EP2S15	EP2S30	EP2S60	EP2S90	EP2S120	EP2S180
自适应逻辑模块	6240	13552	24176	36384	53016	71760
等效逻辑单元	15600	33880	60440	90960	132540	179400
M512 RAM 块	104	202	329	488	699	930
M4K RAM 块	78	144	255	408	609	768
M-RAM 块	0	1	2	4	6	8
总 RAM(b)	419328	1369728	2544192	4520448	6747840	9383040
嵌入式 18×18 位乘法器	48	64	144	192	252	384
DSP 块	12	16	36	48	63	96
PLL	6	6	12	12	12	12
最大用户 I/O 引脚	366	500	718	902	1126	1170
封装	FBGA	FBGA	FBGA	FBGA	FBGA	FBGA

11. Stratix II GX FPGA

Stratix II GX FPGA 经过特殊设计的体系结构可满足系统对电流和串行 I/O 应用的全面要求。

Stratix II GX 器件融合了 20 个全双工高性能数千兆比特收发器,并对收发器进行了优化,可提供低功耗解决方案,特别适合散热困难的背板应用。

Stratix Ⅱ GX 器件在收发器模块中含有特定的硬件 IP,支持多种主要协议,包括 PCI Express、通用电气接口 6 Gbps(CEI-6G)、串行数字接口(SDI)、XAUI、SONET、千兆以太网、Serial RapidIO 和 SerialLite Ⅱ 标准。也可以旁路模块,为定制收发器应用提供解决方案。

特 性	器 件			
	EP2SGX30C/D	EP2SGX60C/D/E	EP2SGX90E/F	EP2SGX130G
自适应逻辑模块	13552	24176	36384	53016
等效逻辑单元	33880	60440	90960	132540
LVDS 通道	29	29	45	78
收发数据速率(Gbps)	0.622~6.375			
M512 RAM 块	202	329	488	699
M4K RAM 块	114	255	408	609
M- RAM 块	1	2	4	6
总 RAM(b)	1369728	2544192	4520448	6747840
嵌入式 18×18 位乘法器	64	144	192	252
DSP 块	16	36	48	63
PLL	4	8	8	8
最大用户 I/O 引脚	361	364/364/534	558/650	734
封装	FBGA	FBGA	FBGA	FBGA

12. Stratix Ⅲ FPGA

Stratix Ⅲ系列 FPGA 采用 65nm 工艺,是新一代高端系统设计的理想解决方案。Stratix Ⅲ的关键增强特性包括:功耗低(比 Stratix Ⅱ低 50%,没有热沉或者强制空气散热带来的可靠性风险)、性能高(比 Stratix Ⅱ提高了 25%)、容量大(是 Stratix Ⅱ的两倍)。Stratix Ⅲ支持纵向移植,在每一系列型号中都能灵活地选择器件。

特 性	器 件					
	EP3SL50	EP3SL70	EP3SL110	EP3SL150	EP3SL200	EP3SL340
自适应逻辑模块	19000	27000	42600	56800	79560	135200
等效逻辑单元	47500	67500	106500	142000	198900	338000
寄存器	38000	54000	85200	113600	159120	270400
M9K RAM 块	108	150	275	355	468	1144
M144K RAM 块	6	6	12	16	24	48
嵌入式存储器(Kb)	1836	2214	4203	5499	7668	17208
MLAB(Kb)	594	844	1331	1775	2486	4225
18×18 位乘法器	216	288	288	384	576	576
最大用户 I/O 引脚	480	480	736	736	864	1104
封装	FBGA	FBGA	FBGA	FBGA	FBGA	FBGA

特性	器件			
	EP3SE50	EP3SE80	EP3SE110	EP3SE260
自适应逻辑模块	19000	32000	42600	101760
等效逻辑单元	47500	80000	106500	254400
寄存器	38000	64000	85200	203520
M9K RAM 块	400	495	639	864
M144K RAM 块	12	12	16	48
嵌入式存储器(b)	5328	6183	8055	14688
MLAB(Kb)	594	1000	1331	3180
18×18 位乘法器	384	672	896	768
最大用户 I/O 引脚	480	736	736	960
封装	FBGA	FBGA	FBGA	FBGA

13. Stratix Ⅳ FPGA

Stratix Ⅳ FPGA 系列包括以下两种器件型号：

Stratix Ⅳ GX(基于收发器)FPGA：具有 530K 逻辑单元(LE)和 48 个全双工基于 CDR 的收发器，速率达到 8.5Gbps。

Stratix Ⅳ E(增强型器件)FPGA：具有 680K LE、22.4 Mbit RAM、1360 个 18×18 位乘法器。

Stratix Ⅳ FPGA 支持纵向移植，在每一系列型号中都能灵活地进行器件选择。而且，Stratix Ⅲ和 Stratix Ⅳ E 器件之间有纵向移植途径，因此，用户可以在 Stratix Ⅲ器件上启动设计，不需要改动 PCB 就能够转到容量更大的 Stratix Ⅳ E 器件上。

特性	器件					
	EP4SGX70	EP4SGX110	EP4SGX230	EP4SGX290	EP4SGX360	EP4SGX530
自适应逻辑模块	29040	42240	91200	116480	141440	212480
等效逻辑单元	76200	105600	228000	291200	353600	531200
寄存器	58080	84480	182400	232960	282880	424960
M9K RAM 块	462	660	1235	936	1248	1280
M144K RAM 块	16	16	22	36	48	64
嵌入式存储器(Kb)	6462	8244	14283	13608	18144	20736
MLAB(Kb)	908	1320	2850	3640	4420	6640
18×18 位乘法器	384	512	1288	832	1040	1024
PCI Express 硬核	1	2	2	2	2	4
最大全双工 LVDS 通道(收/发)	28	28	88	88	88	98
最大用户 I/O 引脚	368	368	736	864	864	904
封装	FBGA	FBGA	FBGA	FBGA	FBGA	FBGA

特 性	器 件					
	EP4SE110	EP4SE230	EP4SE290	EP4SE360	EP4SE530	EP4SE680
自适应逻辑模块	42240	91200	116480	141440	212480	272440
等效逻辑单元	105600	228000	291200	353600	531200	681100
寄存器	84480	182400	232960	282880	424960	544880
M9K RAM 块	660	1235	936	1248	1280	1529
M144K RAM 块	16	22	36	48	64	64
嵌入式存储器(Kb)	8244	14283	13608	18144	20736	22977
MLAB(Kb)	1320	2850	3640	4420	6640	8514
18×18 位乘法器	512	1288	832	1040	1024	1360
最大全双工 LVDS 通道(收/发)	56	56	88	88	112	132
最大用户 I/O 引脚	480	480	864	864	960	1104
封装	FBGA	FBGA	FBGA	FBGA	FBGA	FBGA

14. 专用配置器件

Altera 的配置器件有三种:标准配置器件、增强型配置器件和串行配置器件,可为所有的 FPGA 器件系列提供理想的配置方案。标准配置器件为低密度的 FPGA 提供了方便易用的解决方案。增强型配置器件为高密度的FPGA提供单器件一站式的解决方案。对于那些在电路板上使用了 Cyclone、Cyclone Ⅱ 或 Stratix Ⅱ 器件的用户来说,串行配置器件则是大批量和对价格较敏感的各种应用方案的理想选择。

标准配置器件	封　　装	容量(b)	电源电压(V)	支持的 FPGA
EPC1064	8 脚 PDIP 20 脚 PLCC 32 脚 TQFP	64K	5	FLEX 8000
EPC1064V	8 脚 PDIP 20 脚 PLCC 32 脚 TQFP	64K	3.3	FLEX 8000
EPC1213	8 脚 PDIP 20 脚 PLCC	208K	5	FLEX 8000
EPC1441	8 脚 PDIP 20 脚 PLCC 32 脚 TQFP	430K	5 或 3.3	FLEX 10K、FLEX 8000、FLEX 6000、ACEX
EPC1	8 脚 PDIP 20 脚 PLCC	1M	5 或 3.3	Cyclone Ⅱ、Cyclone、APEX 20K、FLEX 10K、FLEX 8000、FLEX 6000、ACEX
EPC2	20 脚 PLCC 32 脚 TQFP	1.6M	5 或 3.3	Stratix Ⅱ、Stratix、Stratix GX、Cyclone Ⅱ、Cyclone、Mercury、Excalibur、APEX Ⅱ、APEX 20K、FLEX 10K、ACEX

增强型配置器件	封装	容量(Mb)	电源电压(V)	支持的 FPGA
EPC4	100 脚 PQFP	4	3.3	Stratix II 到 EP2S15 Stratix 到 EP1S20 Stratix GX 到 EP1SGX10 Cyclone II 到 EPCY3 Cyclone 全部 Mercury 到 EPXA4 Excalibur 到 EP2A25 APEX II 到 EP20K600C APEX 20K 全部 FLEX 10K 全部 ACEX 全部
EPC8	100 脚 PQFP	8	3.3	Stratix II 到 EP2S30 Stratix 到 EP1S40 Stratix GX 全部 Cyclone II 到 EPCY5 Cyclone 全部 Mercury 全部 Excalibur 到 EP2A40 APEX II 全部 APEX 20K 全部 FLEX 10K 全部 ACEX 全部
EPC16	88 脚 UBGA 100 脚 PQFP	16	3.3	Stratix II 到 EP2S60 Stratix 全部 Stratix GX 全部 Cyclone II 全部 Cyclone 全部 Mercury 全部 Excalibur 全部 APEX II 全部 APEX 20K 全部 FLEX 10K 全部 ACEX 全部

串行配置器件	封装	容量(Mb)	电源电压(V)	支持的 FPGA
EPCS1	8 脚 SOIC	1	3.3	Cyclone II 到 EP2C5 Cyclone 到 EP1C6
EPCS4	8 脚 SOIC	4	3.3	Stratix II 到 EP2S15 Cyclone III 到 EP3C25 Cyclone II 到 EP2C20 Cyclone 全部
EPCS16	16 脚 SOIC	16	3.3	Stratix III 到 EP3SL70 Stratix II GX 到 EP2SGX60 Stratix II 到 EP2S60 Cyclone III 全部 Cyclone II 全部 Cyclone 全部

(续表)

串行配置器件	封 装	容量(Mb)	电源电压(V)	支持的 FPGA
EPCS64	16脚 SOIC	64	3.3	Stratix Ⅳ 到 EP4SGX110 Stratix Ⅲ 到 EP3SE260 Stratix Ⅱ GX 全部 Stratix Ⅱ 全部 Cyclone Ⅲ 全部 Cyclone Ⅱ 全部 Cyclone 全部
EPCS128	16脚 SOIC	128	3.3	Stratix Ⅳ 到 EP4SGX360 Stratix Ⅲ 全部 Stratix Ⅱ GX 全部 Stratix Ⅱ 全部 Cyclone Ⅲ 全部 Cyclone Ⅱ 全部 Cyclone 全部

A.3 Xilinx 公司典型器件

1. 成熟产品

Xilinx 成熟产品包括 XC3000、XC4000、XC5200 三大系列,均为 FPGA。

XC3000 有 3000A、3100A、3000L 和 3100L 四个子系列,前两种 5V 供电,后两种为低电压(3.3V)。

XC4000 包括 4000E、4000EX、4000XL、4000XLA 和 4000XV 五个子系列。前两种 5V 供电,后三种为低电压(3.3V),而 4000XV 还需要 2.5V 的内核电压。

特 性	器件系列		
	XC3000	XC4000	XC5200
最大逻辑门	1500~7500	1600~250000	3000~23000
可配置逻辑模块(CLB)	64~484	64~8464	64~484
触发器	256~1320	256~18400	256~1936
最大用户 I/O 引脚	64~176	64~448	84~244

2. XC9500 CPLD

XC9500 系列 CPLD 采用快闪存储技术(FastFlash),比 E^2CMOS 工艺的速度快、功耗低。XC9500 系列包括 5V 的 XC9500、3.3V 的 XC9500XL 和 2.5V 的 XC9500XV 三个子系列。

特 性	器 件					
	XC9536/ XL/XV	XC9572/ XL/XV	XC95108	XC95144/ XL/XV	XC95216	XC95288/ XL/XV
可用门	800	1600	2400	3200	4800	6400
宏单元	36	72	108	144	216	288
最大用户 I/O 引脚	34	72	108	133/117/117	166	192
t_{PD}(ns)	5.0	7.5/5.0/5.0	7.5	7.5/5.0/5.0	10.0	15.0/6.0/6.0
封装	PLCC,PQFP CSP	PLCC,PQFP	PLCC,PQFP	PQFP	PQFP,HQFP BGA	HQFP,BGA

3. CoolRunner CPLD

CoolRunner 是低功耗、高性能 CPLD，包括 3.3V 的 CoolRunner XPLA3 和 1.8V 的 CoolRunner Ⅱ 两个子系列。

特　性	器　件					
	XCR3032XL/ XC2C32A	XCR3064XL/ XC2C64A	XCR3128XL/ XC2C128A	XCR3256XL/ XC2C256A	XCR3384XL/ XC2C384A	XCR3512XL/ XC2C512A
可用门	750	1500	3000	6000	9000	12000
宏单元	36	64	128	256	384	512
最大用户 I/O 引脚	36	64	100	184	240	270
t_{PD}(ns)	5.0/4.0	6.0/5.0	6.0	7.0/6.0	7.0	7.0
封装	PLCC、VQFP CSP	PLCC、VQFP CSP	TQFP、VQFP CSP	TQFP、PQFP BGA	TQFP、PQFP BGA	PQFP BGA

4. Spartan 与 Spartan-XL FPGA

Spartan 全系列均为低成本的 FPGA。Spartan 系列为 5V 供电，而 Spartan-XL 则工作于 3.3V。

特　性	器　件				
	XCS05/XL	XCS10/XL	XCS20/XL	XCS30/XL	XCS40/XL
最多系统门	5000	10000	20000	30000	40000
宏单元	238	466	950	1368	1862
可配置逻辑模块	100	196	400	576	784
触发器	360	616	1120	1536	2016
总 RAM(b)	3200	6272	12800	18432	25088
最大用户 I/O 引脚	77	112	160	192	224
封装	PLCC、VQFP	PLCC、VQFP TQFP	VQFP、TQFP PQFP	VQFP、TQFP PQFP、BGA	PQFP、BGA

5. Spartan-Ⅱ FPGA

Spartan-Ⅱ 系列为 2.5V 供电。

特　性	器　件					
	XC2S15	XC2S30	XC2S50	XC2S100	XC2S150	XC2S200
系统门	15000	30000	50000	100000	150000	200000
逻辑单元	432	972	1728	2700	3888	5292
可配置逻辑模块	96	216	384	600	864	1176
分布式 RAM(b)	6144	13824	24576	38400	55296	75264
块 RAM(Kb)	16	24	32	40	48	56
最大用户 I/O 引脚	86	92	176	176	260	284
封装	PQFP、CSP	PQFP、CSP	PQFP、FBGA	PQFP、FBGA	PQFP、FBGA	PQFP、FBGA

6. Spartan-3 FPGA

Spartan-3 FPGA 系列适用于高逻辑密度和大量引脚的设计与应用。

特 性	器 件							
	XC3S50	XC3S200	XC3S400	XC3S1000	XC3S1500	XC3S2000	XC3S4000	XC3S5000
系统门	50K	200K	400K	1M	1.5M	2M	4M	5M
等效逻辑单元	1728	4320	8064	17280	29952	46080	62208	74880
可配置逻辑模块	192	480	896	1920	3328	5120	6912	8320
分布式 RAM(Kb)	12	30	56	120	208	320	432	520
块 RAM(Kb)	72	216	288	432	576	720	1728	1872
专用乘法器	4	12	16	24	32	40	96	104
最多差分 I/O 对	56	76	116	175	221	270	312	312
最大用户 I/O 引脚	124	173	264	391	487	565	712	712
封装	CSP PQFP	PQFP FBGA	PQFP FBGA	FBGA	FBGA	FBGA	FBGA	FBGA

7. Spartan-3E FPGA

Spartan-3E 平台满足了大批量、成本敏感型消费类电子应用(如宽带接入、家庭网络、显示/投影与数字电视设备)的需要,从而实现了以门电路或逻辑为核心的设计。

特 性	器 件				
	XC3S100E	XC3S250E	XC3S500E	XC3S1200E	XC3S1600E
系统门	100K	250K	500K	1200K	1600K
等效逻辑单元	2160	5508	10476	19512	33192
可配置逻辑模块	240	612	1164	2168	3688
分布式 RAM(Kb)	15	38	73	136	231
块 RAM(Kb)	72	216	360	504	648
专用乘法器	4	12	20	28	36
最多差分 I/O 对	40	68	92	124	156
最大用户 I/O 引脚	108	172	232	304	376
封装	CSP、PQFP	CSP、PQFP FBGA	CSP、PQFP FBGA	FBGA	FBGA

8. Extended Spartan-3A FPGA

Extended Spartan-3A FPGA 为系统设计提供了最低的总成本。对这些器件进行了优化,从而能够用于大批量、成本敏感型应用,如消费类、有线和无线通信、网络与其他应用。

Extended Spartan-3A 系列还可以通过大量专门用于实现复杂算法的 DSP48A 模块来提升器件性能,并能嵌入 MicroBlaze 软核处理器。

特 性	器 件						
	XC3S50A/ AN	XC3S200A/ AN	XC3S400A/ AN	XC3S700A/ AN	XC3S1400A/ AN	XC3S1800A	XC3S3400A
系统门	50K	200K	400K	700K	1400K	1800K	3400K
等效逻辑单元	1584	4032	8064	13248	25344	37440	53712
可配置逻辑模块	176	448	896	1472	2816	4160	5968
分布式 RAM(Kb)	11	28	56	92	176	260	373
块 RAM(Kb)	54	288	360	360	576	1512	2268
在系统 Flash(Mb)	1	4	4	8	16		

(续表)

特性	器件						
	XC3S50A/AN	XC3S200A/AN	XC3S400A/AN	XC3S700A/AN	XC3S1400A/AN	XC3S1800A	XC3S3400A
专用乘法器	3	16	20	20	32		
DSP48A						84	126
最大用户 I/O 引脚	144	248	311	372	502	519	469
封装	PQFP,FBGA	PQFP,FBGA	FBGA	FBGA	FBGA	CSP,FBGA	CSP,FBGA

9. Virtex-E/EM FPGA

Virtex-E/EM 工作电压为 1.8V,采用 0.18μm 工艺制造而成。其中,Virtex-EM FPGA 系列针对高容量缓冲的应用(如 160Gbps 网络转换和高分辨率视频应用)扩展了存储容量。

特性	器件	
	XCV405E/EM	XCV812E/EM
逻辑门	129600	254016
逻辑单元	10800	21168
可配置逻辑模块	2400	4704
分布式 RAM(b)	153600	301056
块 RAM(b)	573440	1146880
差分 I/O 对	183	201
最大用户 I/O 引脚	404	556
封装	BGA,FBGA	BGA,FBGA

10. Virtex-Ⅱ FPGA

特性	器件									
	XC2V40	XC2V80	XC2V250	XC2V500	XC2V1000	XC2V1500	XC2V2000	XC2V3000	XC2V4000	XC2V6000	XC2V8000
系统门	40K	80K	250K	500K	1M	1.5M	2M	3M	4M	6M	8M
可配置逻辑模块	64	128	384	768	1280	1920	2688	3584	5760	8448	11648
分布式 RAM(Kb)	8	16	48	96	160	240	336	448	720	1056	1456
乘法器	4	8	24	32	40	48	56	96	120	144	168
数字时钟管理器(DCM)	4	4	8	8	8	8	8	12	12	12	12
最大用户 I/O 引脚	88	120	200	264	432	528	624	720	912	1104	1108
封装	CSP FBGA	CSP FBGA	CSP FBGA	FBGA	FBGA FCBGA BGA	FBGA FCBGA BGA	FBGA FCBGA FCBGA	FBGA BGA FCBGA	FCBGA	FCBGA	FCBGA

11. Virtex-II Pro FPGA

Virtex-II Pro FPGA 采用 0.13μm、1.5V 工艺技术制造而成,整合了嵌入式 PowerPC 处理器和 3.125Gbps RocketIO 串行收发器。

特 性	器 件										
	XC2VP2	XC2VP4	XC2VP7	XC2VP20	XC2VPX20	XC2VP30	XC2VP40	XC2VP50	XC2VP70	XC2VPX70	XC2VP100
RocketIO 收发块	4	4	8	8	8	8	12	16	20	20	20
PowerPC 处理器	0	1	1	2	1	2	2	2	2	2	2
逻辑单元	3168	6768	11088	20880	22032	30816	43632	53136	74448	74448	99216
可配置逻辑模块	352	752	1232	2320	2448	3424	4848	5904	8272	8272	11024
最大块 RAM(Kb)	216	504	792	1584	1584	2448	3456	4176	5904	5544	7992
18×18 位乘法器	12	28	44	88	88	136	192	232	328	308	444
数字时钟管理器	4	4	4	8	8	8	8	8	8	8	12
最大用户 I/O 引脚	204	348	396	564	552	644	804	852	996	992	1164
封装	FBGA FCBGA	FBGA FCBGA	FBGA FCBGA	FBGA FCBGA	FCBGA	FBGA FCBGA	FBGA FCBGA	FCBGA	FCBGA	FCBGA	FCBGA

12. Virtex-4 FPGA

Virtex-4 FPGA 器件整合了多达 200000 个逻辑单元,速度高达 500MHz。Virtex-4 系列提供了 3 个平台,共包含 17 种器件,专为满足不同应用领域的需求而量身定制。Virtex-4 LX 用于高性能逻辑设计;Virtex-4 SX 用于高性能数字信号处理(DSP);Virtex-4 FX 用于高性能嵌入式系统。

特 性	器 件							
	XC4VLX15	XC4VLX25	XC4VLX40	XC4VLX60	XC4VLX80	XC4VLX100	XC4VLX160	XC4VLX200
逻辑单元	13824	24192	41472	59904	80640	110592	152064	200448
可配置逻辑模块	1536	2688	4608	6656	8960	12288	16896	22272
最大分布式 RAM(Kb)	96	168	288	416	560	768	1056	1392
最大块 RAM(Kb)	864	1296	1728	2880	3600	4320	5184	6048
XtremeDSP	32	48	64	64	80	96	96	96
数字时钟管理器	4	8	8	8	12	12	12	12
最大用户 I/O 引脚	320	448	640	640	768	960	960	960
封装	FCBGA	FCBGA	FCBGA	FCBGA	FCBGA	FCBGA	FCBGA	FCBGA

特 性	器 件		
	XC4VSX25	XC4VSX35	XC4VSX55
逻辑单元	23040	34560	55296
可配置逻辑模块	2560	3840	6144
最大分布式 RAM(Kb)	160	240	384
最大块 RAM(Kb)	2304	3456	5760
XtremeDSP	128	192	320
数字时钟管理器	4	8	8
最大用户 I/O 引脚	320	448	640
封装	FCBGA	FCBGA	FCBGA

特性	器件					
	XC4VFX12	XC4VFX20	XC4VFX40	XC4VFX60	XC4VFX100	XC4VFX140
逻辑单元	12312	19224	41904	56880	94896	142128
可配置逻辑模块	1536	2304	4992	6656	10880	16128
最大分布式 RAM(Kb)	86	134	291	395	659	987
最大块 RAM(Kb)	648	1224	2592	4176	6768	9936
XtremeDSP	32	32	48	128	160	192
数字时钟管理器	4	4	8	12	12	20
PowerPC 处理器块	1	1	2	2	2	2
RocketIO 收发块	0	8	12	16	20	24
以太网 MAC 模块	2	2	4	4	4	4
最大用户 I/O 引脚	320	320	448	576	768	896
封装	FCBGA	FCBGA	FCBGA	FCBGA	FCBGA	FCBGA

13. Virtex-5 FPGA

Virtex-5 FPGA 提供了集成式系统级性能，可以缩短设计周期，降低系统成本。Virtex-5 系列的逻辑单元多达 330000 个，I/O 引脚多达 1200 个(可实现高带宽存储器/网络接口)、低功耗收发器多达 24 个(可实现高速串行接口)。此外，还内置 PowerPC440 模块、PCI Express 和以太网 MAC 模块，以及其他增强型 IP 核。Virtex-5 可以取代 ASIC 和 ASSP 在网络、电信、存储器、服务器、计算、无线、广播、视频、成像、医疗、工业和军用产品中得到广泛应用。

Virtex-5 系列提供了 4 个优化平台选项：Virtex-5 LX：高性能逻辑设计，Virtex-5 LXT：具有低功耗串行连接功能的高性能逻辑设计，Virtex-5 SXT：具有低功耗串行连接功能的 DSP 和存储器密集型应用，Virtex-5 FXT：具有高速串行连接功能的嵌入式处理和存储器密集型应用。

Virtex-5 系列实现了比 Virtex-4 FPGA 更高的性能、更低的功耗和更低的系统成本。

特性	器件						
	XC5VLX30	XC5VLX50	XC5VLX85	XC5VLX110	XC5VLX155	XC5VLX220	XC5VLX330
可配置逻辑模块	2400	3600	6480	8640	12160	17280	25920
最大分布式 RAM(Kb)	320	480	840	1120	1640	2280	3420
最大块 RAM(Kb)	1152	1728	3456	4608	6912	6912	10368
DSP48E	32	48	48	64	128	128	192
时钟管理块(CMT,含 2 个 DCM 和 1 个 PLL)	2	6	6	6	6	6	6
最大用户 I/O 引脚	400	560	560	800	800	800	1200
封装	FCBGA	FCBGA	FCBGA	FCBGA	FCBGA	FCBGA	FCBGA

特性	器件						
	XC5VLX20T	XC5VLX30T	XC5VLX50T	XC5VLX85T	XC5VLX110T	XC5VLX155T	XC5VLX220T	XC5VLX330T
可配置逻辑模块	1560	2400	3600	6480	8640	12160	17280	25920
最大分布式 RAM(Kb)	210	320	480	840	1120	1640	2280	3420
最大块 RAM(Kb)	936	1296	2160	3888	5328	7632	7632	11664
DSP48E	24	32	48	48	64	128	128	192

(续表)

特 性	器 件							
	XC5VLX20T	XC5VLX30T	XC5VLX50T	XC5VLX85T	XC5VLX110T	XC5VLX155T	XC5VLX220T	XC5VLX330T
时钟管理块	1	2	6	6	6	6	6	6
PCI Express 端点模块	1	1	1	1	1	1	1	1
以太网 MAC 模块	2	4	4	4	4	4	4	4
RocketIO 收发块	4	8	12	12	16	16	16	24
最大用户 I/O 引脚	172	360	480	480	680	680	680	960
封装	FCBGA	FCBGA	FCBGA	FCBGA	FCBGA	FCBGA	FCBGA	FCBGA

特 性	器 件			
	XC5VSX35T	XC5VSX50T	XC5VSX95T	XC5VSX240T
可配置逻辑模块	2720	4080	7360	18720
最大分布式 RAM(Kb)	520	780	1520	4200
最大块 RAM(Kb)	3024	4752	8784	18576
DSP48E	192	288	640	1056
时钟管理块	2	6	6	6
PCI Express 端点模块	1	1	1	1
以太网 MAC 模块	4	4	4	4
RocketIO 收发块	8	12	16	24
最大用户 I/O 引脚	360	480	640	960
封装	FCBGA	FCBGA	FCBGA	FCBGA

特 性	器 件				
	XC5VFX30T	XC5VFX70T	XC5VFX100T	XC5VFX130T	XC5VFX200T
可配置逻辑模块	3040	6080	8960	11200	16320
最大分布式 RAM(Kb)	380	820	1240	1580	2280
最大块 RAM(Kb)	2448	5328	8208	10728	16416
DSP48E	64	128	256	320	384
时钟管理块	2	6	6	6	6
PowerPC 处理器	1	1	2	2	2
PCI Express 端点模块	1	3	3	3	4
以太网 MAC 模块	4	4	4	6	8
RocketIO 收发块	8	16	16	20	24
最大用户 I/O 引脚	360	640	680	840	960
封装	FCBGA	FCBGA	FCBGA	FCBGA	FCBGA

14. FPGA 配置器件

Xilinx 为配置所有的 Xilinx FPGA 提供了多种一次性可编程 PROM 和在系统可编程 PROM。在系统可编程的 XC18V××系列和一次性可编程的 XC17××系列是早期使用的配置器件,支持全部 XC3000、XC4000 和 XC5200 系列 FPGA 及部分 Spartan 和 Virtex 系列 FPGA。

Platform Flash PROM 和 Platform Flash XL 是新型的配置器件。前者的价格极具竞争力,缩小了配置所需的板空间,可以将基于 Virtex 和 Spartan FPGA 的系统的灵活性最大化,并且还能够极大地减少设计工作量和加快面市时间。后者则专门针对高性能 Virtex-5 FPGA 的配置在灵活性与简便易用性上进行了优化。

此外,System ACE(System Advanced Configuration Environment)是一种系统级配置器件,可以在一个系统内,甚至在多个板上,对 Xilinx 的所有 FPGA 进行配置。它包含一个内置式微处理器接口,并且支持大多数 CompactFlash 卡,包括 Microdrive 存储技术。

下表中所列为单个配置器件所能支持的各系列中容量最大的 FPGA,可以将多个配置器件组合起来以支持更大容量的 FPGA,例如,对目前规模最大的 XC5VLX330T(配置流容量 82696192 位),既可以采用 Platform Flash XL 器件 XCF128X(容量 128M),也可以采用 Platform Flash PROM 系列的 XCF32P+XCF32P+XCF16P,即 2 片 XCF32P(单片容量 32M)加 1 片 XCF16P(容量 16M)对其进行配置。

早期的在系统可编程配置器件	封装	容量(b)	电源电压(V)	支持的 FPGA
XC18V512	20 脚 PLCC 20 脚 SOIC 44 脚 PLCC 44 脚 VQFP	512K	3.3	Virtex Ⅱ 到 XC2V40 Spartan-3 到 XC3S50 Spartan-Ⅱ 到 XC2S30
XC18V01	20 脚 PLCC 20 脚 SOIC 44 脚 PLCC 44 脚 VQFP	1M	3.3	Virtex Ⅱ 到 XC2V80 Virtex 到 XCV150 Spartan-3 到 XC3S200 Spartan-Ⅱ 到 XC2S150
XC18V02	44 脚 PLCC 44 脚 VQFP	2M	3.3	Virtex Ⅱ 到 XC2V250 Virtex 到 XCV300 Spartan-3 到 XC3S400 Spartan-Ⅱ 到 XC2S300
XC18V04	44 脚 PLCC 44 脚 VQFP	3M	3.3	Virtex Ⅱ 到 XC2V1000 Virtex 到 XCV600 Spartan-3 到 XC3S1000 Spartan-Ⅱ 到 XC2S600

早期的一次性配置器件	封装	容量(b)	电源电压(V)	支持的 FPGA
XC17V01	8 脚 DIP 20 脚 PLCC 20 脚 SOIC	1679360	3.3	Virtex Ⅱ 到 XC2V80 Virtex 到 XCV200E Spartan-3 到 XC3S200
XC17V02	20 脚 PLCC 44 脚 PLCC 44 脚 VQFP	2097152	3.3	Virtex Ⅱ 到 XC2V250 Virtex 到 XCV300E Spartan-3 到 XC3S400
XC17V04	20 脚 PLCC 44 脚 PLCC 44 脚 VQFP	4194304	3.3	Virtex Ⅱ 到 XC2V1000 Virtex 到 XCV600E Spartan-3 到 XC3S1000
XC17V08	44 脚 PLCC 44 脚 VQFP	8388608	3.3	Virtex Ⅱ 到 XC2V2000 Virtex 到 XCV1600E Spartan-3 到 XC3S2000
XC17V16	44 脚 PLCC 44 脚 VQFP	16777216	3.3	Virtex Ⅱ 到 XC2V4000 Virtex 到 XCV3200E Spartan-3 到 XC3S5000

Platform flash PROM 配置器件	封　装	容量(Mb)	内核电压(V)	支持的 FPGA
XCF01S	20 脚 TSSOP	1	3.3	Virtex Ⅱ 到 XC2V80 Virtex 到 XCV150 Spartan-3 到 XC3S200 Spartan Ⅱ 到 XC2S150
XCF02S	20 脚 TSSOP	2	3.3	Virtex Ⅱ PRO 到 XC2VP2 Virtex Ⅱ 到 XC2V250 Virtex 到 XCV300E Spartan-3 到 XC3S400A Spartan Ⅱ 到 XC2S300E
XCF04S	20 脚 TSSOP	4	3.3	Virtex Ⅱ PRO 到 XC2VP4 Virtex Ⅱ 到 XC2V1000 Virtex 到 XCV600E Spartan-3 到 XC3S1200E Spartan Ⅱ 全部
XCF08P	48 脚 TSOP 48 脚 CSP	8	1.8	Virtex -5 到 XC5VLX30 Virtex-4 到 XC4VLX25 Virtex Ⅱ PRO 到 XC2VP20 Virtex Ⅱ 到 XC2V2000 Virtex 到 XCV1600E Spartan-3 到 XC3S2000 Spartan Ⅱ 全部
XCF16P	48 脚 TSOP 48 脚 CSP	16	1.8	Virtex -5 到 XC5VLX50T Virtex-4 到 XC4VFX40 Virtex Ⅱ PRO 到 XC2VP40 Virtex Ⅱ 到 XC2V4000 Virtex 全部 Spartan-3 全部 Spartan Ⅱ 全部
XCF32P	48 脚 TSOP 48 脚 CSP	32	1.8	Virtex -5 到 XC5VLX110T Virtex-4 到 XC4VFX100 Virtex Ⅱ PRO 全部 Virtex Ⅱ 全部 Virtex 全部 Spartan-3 全部 Spartan Ⅱ 全部

A.4 Lattice 公司典型器件

Lattice 成熟器件包括 ispLSI1000、ispLSI2000、ispLSI5000、ispMACH4000、isp MACH5000、ispXPLD5000M 等 CPLD 和 ORCA 及 ORCA FPSC 等 FPGA。

Lattice 当前常用的 CPLD 包括超低功耗 ispMACH 4000ZE、零功耗 ispMACH 4000Z、主流 ispMACH4000V/B/C 和 5V 架构 ispMACH 4A5。常用的 FPGA 包括高性能系统级 LatticeSC/M，低成本 LatticeEC/ECP2/ECP2M/ECP-DSP,其中 LatticeECP-DSP 可以嵌入 DSP。

Lattice 最具特色的 HDPLD 当属采用扩展在系统可编程技术的 ispXPLD 5000MV/MB/MC 和非易失性的 ispXPGA、LatticeXP/XP2、MachXO 系列 FPGA。

1. ispXPLD 5000MV/MB/MC 系列 CPLD

ispXPLD 5000M×系列代表了 Lattice 全新的 XPLD(eXpanded Programmable Logic Devices)器件系列。这类器件采用了新的构建模块——多功能块(Multi-Function Block,MFB)。这些 MFB 可以根据用户的应用需要,被分别配置成 SuperWIDE 超宽(136 个输入)逻辑、单口或双口存储器、先入先出堆栈或内容可寻址存储器(Content Addressable Memory,CAM)。ispXPLD 5000M×器件将 PLD 出色的灵活性与 sysIO 接口结合了起来,能够支持 LVDS、HSTL 和 SSTL 等最先进的接口标准,以及 LVCMOS 标准。sysCLOCK PLL 电路简化了时钟管理。ispXPLD 5000M×器件采用扩展在系统编程技术,也就是 ispXP 技术,因而具有非易失性和无限可重构性。编程可以通过 IEEE 1532 业界标准接口进行,配置可以通过 Lattice 的 sysCONFIG 微处理器接口进行。该系列器件有 3.3V、2.5V 和 1.8V 供电电压的产品可供选择。

特 性	ispXPLD 5000M×器件			
	5256MC/MB/MV	5512/MC/MB/MV	5768MC/MB/MV	51024MC/MB
VCC	3.3/2.5/1.8	3.3/2.5/1.8	3.3/2.5/1.8	3.3/2.5
系统门 (K)	75	150	225	300
宏单元	256	512	768	1024
t_{PD}(ns)	4.0	4.5	5.0	5.2
f_{max}(MHz)	300	275	250	250
最大存储器(Kb)	128	256	384	512
CAM(Kb)	48	96	144	192
PLL	2	2	2	2
最大用户 I/O 引脚	141	253	317	381
封装	FBGA	FBGA、PQFP	FBGA	FBGA

2. ispXPGA 系列 FPGA

ispXPGA 系列器件能够实现同时具有非易失性和无限可重构性的高性能逻辑设计。其他的 FPGA 解决方案都只能在可编程性、可重构性和非易失性之间寻求妥协,而 ispXPGA 却以一个主流型的器件结构提供了以上所有性能。该结构具备了当今的系统级设计所需的特性。

ispXPGA 系列有两种选择:标准的器件支持用于超高速串行通信的 sysHSI 功能,而高性能、低成本的 FPGA 器件—"E-系列"则不含 sysHSI 功能。

特 性	ispXPGA 器件			
	ispXPGA125/E	ispXPGA200/E	ispXPGA500/E	ispXPGA1200/E
系统门 (K)	139	210	476	1250
LUT-4	1936	2704	7056	15376
逻辑触发器(Kb)	3.8	5.4	14.1	30.7
块 RAM(Kb)	92	111	184	414
分布式 RAM(Kb)	30	43	112	246
sysHSI 通道	4/0	8/0	12/0	20/0
PLL	8	8	8	8
最大用户 I/O 引脚	176	208	336	496
封装	FBGA	FBGA	FBGA	FBGA

3. LatticeXP 系列 FPGA

LatticeXP 器件将非易失的 Flash 单元和 SRAM 技术组合在一起,提供了支持"瞬间"启动和无限可重复配置的单芯片解决方案。在上电时,配置数据在 1ms 内从 Flash 存储器传送到配置 SRAM 中,提供了瞬时上电的 FPGA。与 ispXPGA 一样,LatticeXP 器件无需外部配置器件,直接具有非易失的安全特性。

特 性	LatticeXP 器件				
	LFXP3	LFXP6	LFXP10	LFXP15	LFXP20
VCC	3.3/2.5/1.8/1.2	3.3/2.5/1.8/1.2	3.3/2.5/1.8/1.2	3.3/2.5/1.8/1.2	3.3/2.5/1.8/1.2
高性能逻辑块(PFU)	384	720	1216	1932	2464
LUT (K)	3.1	5.8	9.7	15.4	19.7
分布式 RAM (Kb)	12	23	39	61	79
EBR SRAM (Kb)	54	72	216	324	396
EBR SRAM 块	6	8	24	36	44
PLL	2	2	4	4	4
最大用户 I/O 引脚	136	188	244	300	340
封装	TQFP、PQFP	TQFP、PQFP FBGA	FBGA	FBGA	FBGA

4. LatticeXP2 系列 FPGA

LatticeXP2 器件将基于 FPGA 结构的查找表(LUT)与闪存非易失单元组合在一个被称为 flexiFLASH 的结构中。flexiFLASH 方式提供了许多便利,诸如:瞬时上电、小的芯片面积、采用 FlashBAK 存储器块的片上存储器、串行 TAG 存储器、设计安全性等。该器件还支持采用 TransFR 的现场升级(Live Updates)、128位的 AES 加密以及双引导技术。LatticeXP2 采用了 LatticeECP2 的基本结构,以高性能和低成本为出发点进行了优化。LatticeXP2 器件包括了基于查找表的逻辑、分布式和嵌入式的存储器、锁相环(PLL)、工程预制的源同步 I/O 以及增强的 sysDSP 块。

特 性	LatticeXP2 器件				
	XP2-5	XP2-8	XP2-17	XP2-30	XP2-40
LUT (K)	5	8	17	29	40
分布式 RAM(Kb)	10	18	35	56	83
EBR SRAM(Kb)	166	221	276	387	885
EBR SRAM 块	9	12	15	21	48
sysDSP 块	3	4	5	7	8
18×18 位乘法器	12	16	20	28	32
PLL	2	2	4	4	4
最大用户 I/O 引脚	172	201	358	472	540
封装	TQFP、PQFP CSBGA、FBGA	PQFP、FBGA	PQFP、CSBGA FBGA	FBGA	FBGA

5. MachXO 系列 CPLD/FPGA

MachXO 系列将 CPLD 和 FPGA 的特性组合在一起,为诸如总线桥接、总线接口和控制等应用提供了最佳的服务。传统上,这些应用采用 CPLD 或者低容量的 FPGA 来实现。MachXO 包含 PLL 和嵌入式存储器以及用户所期望的 CPLD 所拥有的特性,因而既可归入 CPLD 又可作为 FPGA。

特性	器件			
	LCMXO256	LCMXO640	LCMXO1200	LCMXO2280
VCC	3.3/2.5/1.8/1.2	3.3/2.5/1.8/1.2	3.3/2.5/1.8/1.2	3.3/2.5/1.8/1.2
LUT	256	640	1200	2280
宏单元	128	320	600	1140
t_{PD}(ns)	3.5	3.5	3.6	3.6
f_{max}(MHz)	388	388	388	388
分布式 RAM(Kb)	2.0	6.0	6.25	7.5
嵌入式 SRAM(Kb)	0	0	9.2	27.6
嵌入式 SRAM 块	0	0	1	3
PLL	0	0	1	2
最大用户 I/O 引脚	78	159	211	271
封装	TQFP、CSBGA	TQFP、CSBGA FBGA	TQFP、CSBGA FBGA	TQFP、CSBGA FBGA

A.5 Actel 公司典型器件

Actel 发明了多路开关型、反熔丝编程的 FPGA。如早期的传统产品 SX、ACT3、ACT2、ACT 系列。目前,Actel 的特色 FPGA 中,除反熔丝编程的 Axcelerator、SX-A、eX、MX 外,还有 Fusion 系列的混合信号 FPGA、耐辐射的 RTAX-S、RTSX-SU 系列 FPGA、和基于 Flash 编程的 FPGA。在此仅介绍反熔丝编程的 MX、eX、SX-A、Axcelerator 系列和混合信号的 Fusion 系列 FPGA。

1. MX 系列 FPGA

特性	器件					
	A40MX02	A40MX04	A42MX09	A42MX16	A42MX24	A42MX36
系统门(K)	3	6	14	24	36	54
典型门						2560
组合单元	295	547	336	608	912	1184
时序单元			348	624	954	1230
译码器					24	24
SRAM 块 (64×4 或 32×8)						10
专用触发器			348	624	954	1230
最多触发器	147	273	516	928	1410	1822
时钟	1	1	2	2	2	6
最大用户 I/O 引脚	57	69	104	140	176	202
封装	PLCC、PQFP VQFP	PLCC、PQFP VQFP	PLCC、VQFP TQFP	PLCC、PQFP VQFP、TQFP	PLCC、PQFP TQFP	PQFP、CQFP PBGA

2. eX 系列 FPGA

eX 系列 FPGA 可以全面满足用户在功耗、速度、封装、价格等方面的需求。为有线和无线应用提供了优化，用户采用灵活的单片 FPGA 就可以满足传统的低密度 ASIC 的要求。

特性	器件		
	eX64	eX128	eX256
系统门(k)	3	6	12
典型门(k)	2	4	8
专用触发器	64	128	256
最多触发器	128	256	512
组合单元	128	256	512
最大用户 I/O 引脚	84	100	132
硬连线全局时钟	1	1	1
布线全局时钟	2	2	2
封装	TQFP、CSP	TQFP、CSP	TQFP、CSP

3. SX-A 系列 FPGA

SX-A 系列 FPGA 的速度与性能可与 ASIC 相匹配，实现单片系统集成。SX-A 具有高性能、高可靠和低功耗的特点。

器件	A54SX08A	A54SX16A	A54SX32A	A54SX72A
系统门(K)	12	24	48	108
典型门(K)	8	16	32	72
逻辑模块	768	1452	2880	6036
组合单元	512	924	1800	4024
专用触发器	256	528	1080	2012
最多触发器	512	990	1980	4024
全局时钟	3	3	3	3
最大用户 I/O 引脚	130	180	249	360
封装	PQFP、TQFP、FBGA	PQFP、TQFP、FBGA	PQFP、TQFP、PBGA、FBGA、CQFP	PQFP、FBGA、CQFP

4. Axcelerator 系列 FPGA

Axcelerator 采用 0.15μm、七层金属 CMOS 反熔丝工艺。作为最新的反熔丝 FPGA 系列，Axcelerator 提供了高性能与高可靠性，其密度最高达 200 万等效系统门。

特 性	器 件				
	AX125	AX250	AX500	AX1000	AX2000
等效系统门(K)	125	250	500	1000	2000
典型门(K)	82	154	286	612	1060
寄存器单元	672	1408	2688	6048	10752
组合单元	1344	2816	5376	12096	21504
最多触发器	1344	2816	5376	12096	21504
RAM块	4	12	16	36	64
总RAM(b)	18432	55296	73728	165888	294912
硬连线时钟	4	4	4	4	4
布线时钟	4	4	4	4	4
PLL	8	8	8	8	8
I/O组	8	8	8	8	8
最大用户I/O引脚	168	248	336	516	684
最大LVDS通道	84	124	168	258	342
总的I/O寄存器	504	744	1008	1548	2052
封装	CSP、FBGA	PQFP、FBGA CQFP	PQFP、FBGA CQFP	BGA、FBGA CQFP CCGA/LGA	FBGA、CQFP CCGA/LGA

5. Fusion系列FPGA

Fusion是混合信号FPGA,它将可配置模拟部件、大容量Flash内存构件、全局时钟生成和管理电路,以及基于Flash的高性能可编程逻辑集成在单片器件中。Actel创新的Fusion架构可与Actel软MCU内核及高性能的32位ARM Cortex-M1和CoreMP7内核同用,扩展出M1 Fusion和M7 Fusion两个子系列。

Fusion器件	AFS090	AFS250	AFS600	AFS1500
具ARM功能的 Fusion器件	CoreMP71			M7AFS600	
	Cortex-M12		M1AFS250	M1AFS600	M1AFS1500
通用规格				
系统门密度(K)	90	250	600	1500
逻辑单元/触发器	2304	6144	13824	38400
配置CoreMP7S的可用逻辑单元			7500	32000
配置CoreMP7Sd的可用逻辑单元			5237	29878
安全的(AES) ISP	有	有	有	有
锁相环电路(PLL)	1	1	2	2
全局时钟	18	18	18	18

(续表)

Fusion 器件	AFS090	AFS250	AFS600	AFS1500
存储器				
Flash 内存块(2Mb)	1	1	2	4
总 Flash 内存位数(Mb)	2	2	4	8
FlashROM 位数(Kb)	1	1	1	1
RAM 模块(4608 bit)	6	8	24	60
RAM 容量(Kb)	27	36	108	270
模拟部件和 I/O				
模拟 Quad	5	6	10	10
模拟部件输入通道数量	15	18	30	30
栅极驱动输出数量	5	6	10	10
I/O 组数量(带 JTAG 接口)	4	4	5	5
最多数字 I/O 数量	75	114	172	252
模拟 I/O 数量	20	24	40	40
I/O:单/双端口数量(模拟)				
QFN108	37/9 (16)			
QFN180	60/16 (20)	65/15 (24)		
PQFP208		93/26 (24)	95/46 (40)	
FBGA256	75/22 (20)	114/37 (24)	119/58 (40)	119/58 (40)
FBGA484			172/86 (40)	223/109 (40)
FBGA676				252/126 (40)

附录 B PLD 开发软件 Quartus Ⅱ 8.0 简介

B.1 概述

Altera 公司的 QuartusⅡ设计软件提供完整的多平台设计环境,能够全方位满足各种设计需要,除逻辑设计外,还为可编程单片系统(SOPC)提供全面的设计环境。QuartusⅡ软件提供了 FPGA 和 CPLD 各设计阶段的解决方案。它集设计输入、综合、仿真、编程(配置)于一体,带有丰富的设计库,并有详细的联机帮助功能,且许多操作(如元件复制、删除和文件操作等)与 Windows 的操作方法完全一样。此外,QuartusⅡ软件为设计流程的每个阶段提供 QuartusⅡ图形用户界面、EDA 工具界面以及命令行界面。可以在整个流程中只使用这些界面中的一个,也可以在设计流程的不同阶段使用不同界面。

本附录将简要介绍 Altera 于 2008 年 5 月推出的 QuartusⅡ8.0 设计软件。

QuartusⅡ8.0 支持全部 CPLD 和 FPGA 产品,包括 40 nm Stratix Ⅳ FPGA 和 HardCopy ASIC。增强的高级布局布线算法、TimeQuest 时序分析器和 PowerPlay 功耗技术结合 Stratix Ⅳ FPGA 体系结构,大大缩短了编译时间、提高了逻辑利用率、降低了成本。即便是设计 65nm Stratix Ⅲ FPGA,与 7.2 版相比,8.0 版的编译时间最多缩短了 50%,平均缩短 22%。

QuartusⅡ8.0 的其他增强特性:
- 扩展的 SOPC Builder:完全支持渐进式编译和 TimeQuest 时序分析,提供更快的时序逼近和设计迭代,新增的 JTAG 和 SPI 桥接组件实现了与其他 FPGA 或主处理器的外部通信和调试。
- 增强的 TimeQuest 时序分析:改进了报告和交叉检测功能,更快地完成分析与调试。
- 增强的 FPGA I/O 规划:在引脚规划器(Pin Planner)中增加引脚交换功能,加速电路板开发。
- 新的 IP 向导:为成功地使用 Altera PCI Express 和 DDR3 IP 提供专门的设计指南和建议。
- IP MegaCore 库集成:将 IP MegaCore 库集成在 QuartusⅡ软件中,使用户更方便地使用 Altera 的 IP 核。新增的 IP 包括 PCI Express Gen2 硬核 IP、5 个新的视频和图像处理内核,并且对已有的许多 IP 进行了改进。
- DSP Builder:新的高级模块库提高了时序逼近的效果,用户不必手动进行流水线和折叠操作,就可将大量的数字信号处理(DSP)性能提高 30%~50%。

B.2 用 QuartusⅡ进行设计的一般过程

用 QuartusⅡ开发 CPLD 和 FPGA 的流程如图 B-1 所示,分为设计输入、综合、适配(布局布线)、时序分析、仿真和下载(编程、配置)六个步骤。

1. 设计输入

输入方式有:原理图(模块框图)、波形图、VHDL、Verilog HDL、Altera HDL、网表等。QuartusⅡ支持层次化设计,可以将下层设计细节抽象成一个符号(Symbol),供上层设计使用。

QuartusⅡ提供了丰富的库资源,以提高设计的效率。Primitives 库提供了基本的逻辑元件。Megafunctions 库为参数化的模块库,具有很大的灵活性。Others 库提供了 74 系列器件。此外,还可设计 IP 核。

2. 编译

编译包括分析和综合模块(Analysis & Synthesis)、适配器(Fitter)、时序分析器(Timing Analyzer)、编程

数据汇编器(Assembler)等。

分析和综合模块分析设计文件,建立工程数据库。适配器对设计进行布局布线,使用由分析和综合步骤建立的数据库,将工程的逻辑和时序要求与器件的可用资源相匹配。时序分析器计算给定设计在器件上的延时,并标注在网表文件中,进而完成对所设计的逻辑电路的时序分析与性能评估。编程数据汇编器生成编程文件,通过 Quartus Ⅱ 中的编程器(Programmer)可以对器件进行编程或配置。

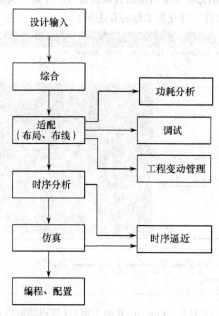

图 B-1 用 Quartus Ⅱ 开发 PLD 的流程

3. 仿真验证

通过仿真可以检查设计中的错误和问题。Quartus Ⅱ 软件可以仿真整个设计,也可以仿真设计的任何部分。可以指定工程中的任何设计实体为顶层设计实体,并仿真顶层实体及其所有附属设计实体。

仿真有两种方式:功能仿真和时序仿真。根据设计者所需的信息类型,既可以进行功能仿真以测试设计的逻辑功能,也可以进行时序仿真,针对目标器件验证设计的逻辑功能和最坏情况下的时序。

4. 下载

经编译后生成的编程数据,可以通过 Quartus Ⅱ 中的 Programmer 和下载电缆直接由 PC 写入 FPGA 或 CPLD。常用的下载电缆有:MasterBlaster、ByteBlasterMV、ByteBlaster Ⅱ、USB-Blaster 和 Ethernet Blaster。其中,MasterBlaster 电缆既可用于串口也可用于 USB 口,ByteBlasterMV 仅用于并口,两者功能相同。ByteBlaster Ⅱ、USB-Blaster 和 Ethernet Blaster 电缆增加了对串行配置器件提供编程支持的功能。ByteBlaster Ⅱ 使用并口,USB-Blaster 使用 USB 口,Ethernet Blaster 使用以太网口。

对 FPGA 而言,直接用 PC 进行配置,属于被动串行配置方式。实际上,在编译阶段 Quartus Ⅱ 还产生了专门用于 FPGA 主动配置所需的数据文件,将这些数据写入与 FPGA 配套的配置用 PROM 中,就可以用于 FPGA 的主动配置。

B.3 设计输入

Quartus Ⅱ 所能接受的输入方式有:原理图(*.bdf 文件)、波形图(*.vwf 文件)、VHDL(*.vhd 文件)、Verilog HDL(*.v 文件)、Altera HDL(*.tdf 文件)、符号图(*.sym 文件)、EDIF 网表(*.edf 文件)、Verilog Quartus 映射文件(*.vqf 文件)等。EDIF 是一种标准的网表格式文件,因此,EDIF 网表输入方式可以接受来

自许多第三方 EDA 软件(Synopsys、Viewlogic、Mentor Graphics 等)所生成的设计输入。在上述众多的输入方式中,最常用的是原理图、HDL 文本和层次化设计时要用的符号图。

1. 指定工程名称

启动 Quartus Ⅱ 后首先出现的是图 B-2 所示的管理器窗口。开始一项新设计的第一步是创建一个工程,以便管理属于该工程的数据和文件。建立新工程的方法如下:

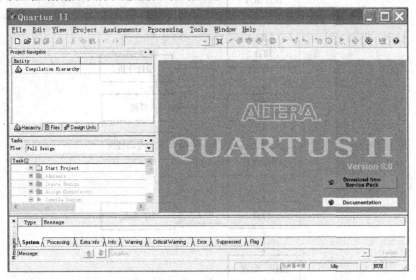

图 B-2　Quartus Ⅱ 的主窗口(管理器窗口)

1)选择菜单"File"→"New Project Wizard…",打开"New Project Wizard"对话框。
2)选择适当的驱动器和目录,然后输入工程名,单击"Next"按钮。
3)选择需要添加进工程的文件以及需要的非默认库,单击"Next"按钮。
4)选择目标器件,单击"Next"按钮。
5)选择需要附加的 EDA 工具,如图 B-3 所示,然后单击"Next"按钮。这一步主要是选用 Quartus Ⅱ 之外的 EDA 工具,也可以选择菜单"Assignments"→"Settings"→"EDA Tool Settings"进行设置。
6)单击"Finish"按钮。

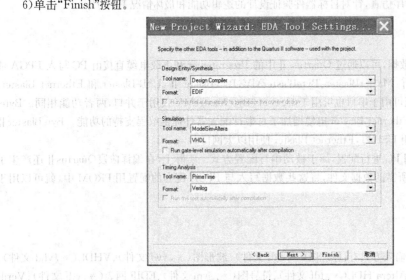

图 B-3　添加 EDA 工具

2. 建立图形设计文件

(1) 打开图形编辑器

1) 在管理器窗口选择菜单"File"→"New..."或直接在工具栏上单击 ▯ 按钮,打开"New"列表框。
2) 点开"Design Files",选中"Block Diagram/Schematic File"项。
3) 单击"OK"按钮。

此时便会出现一个图形编辑窗口。

(2) 输入元件和模块

1) 在图形编辑窗口空白处双击鼠标左键或选择菜单"Edit"→"Insert Symbol…",也可直接在工具栏上单击 ▯ 按钮,便打开了"Symbol"对话框,如图 B-4 所示。
2) 选择适当的库及所需的元件(模块)。
3) 单击"OK"按钮。

这样所选元件(模块)就会出现在编辑窗口中。重复这一步,选择需要的所有模块。相同的模块可以采用复制的方法产生。用鼠标左键选中器件并按住左键拖动,可以将模块放到适当的位置。

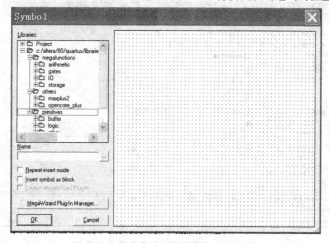

图 B-4 "Symbol"对话框

(3) 放置输入、输出引脚

输入、输出引脚的处理方法与元件一样。

1) 打开"Symbol"对话框。
2) 在"Name"框中输入 input、output 或 bidir,分别代表输入、输出和双向 I/O。
3) 单击"OK"按钮。

输入或输出引脚便会出现在编辑窗口中。重复这一步产生所有的输入和输出引脚,也可以通过复制的方法得到所有引脚。还可以勾选图 B-4 中的"Repeat-insert mode"在编辑窗口中重复产生引脚(每点一次左键产生一个引脚,直到点右键在弹出菜单中点"Cancel"结束)。模块也能以此方式重复输入。

电源和地与输入、输出引脚类似,也作为特殊元件,采用上述方法在"Name"框中输入 VCC(电源)或 GND (地),即可使它们出现在编辑窗口中。

(4) 连线

将电路图中的两个端口相连的方法如下:

1) 将鼠标指向一个端口,鼠标箭头会自动变成十字"+";
2) 一直按住鼠标左键拖至另一端口;
3) 放开鼠标左键,则会在两个端口间产生一根连线。

连线时若需要转弯,则在转折处松一下左键,再按住继续移动。连线的属性通过单击鼠标右键在弹出菜单中的管道"Conduit Line"(含多条信号线)、总线"Bus Line"、信号线"Node Line"中选择。

(5)输入/输出引脚和内部连线命名

输入/输出引脚命名的方法是在引脚的"PIN-NAME"位置双击鼠标左键,然后输入信号名。内部连线的命名方法是:选中连线,然后输入信号名。总线的信号名一般用 X[n-1..0]表示,其中的单个信号名为 X_{n-1}、X_{n-2}、…、X_0。

(6)保存文件

选择菜单"File"→"Save As..."或"Save",或在工具栏单击 按钮,如是第一次保存,需输入文件名。

(7)建立一个默认的符号文件

在层次化设计中,如果当前编辑的文件不是顶层文件,则往往需要为其产生一个符号,将其打包成一个模块,以便在上层电路设计时加以引用。建立符号文件的方法是,选择菜单"File"→"Create /Update"→"Create Symbol Files For Current File"即可。

图 B-5 是以原理图方式设计的一个 BCD 码模 6 计数器 counter6。主要器件是一个四位二进制计数器 74161(Others 库中的元件)和与非门(Primitives 库中的元件),采用异步复位的方法将计数的规模改为了六进制。

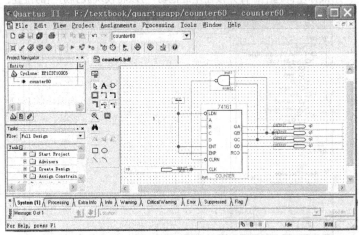

图 B-5　用原理图描述的模 6 计数器

3. 建立 HDL 设计文件

(1)打开文本编辑器

1)在管理器窗口中选择菜单"File"→"New...",或直接在工具栏上单击 按钮,打开"New"列表框。

2)点开"Design Files",然后选择"AHDL File"、"Verilog HDL File"或"VHDL File",单击"OK"按钮,便打开文本编辑器。

(2)输入 HDL 源码

(3)保存文件

选择菜单"File"→"Save",或在工具栏单击 按钮,保存输入的 HDL 源码。

(4)建立一个默认的符号文件

与由原理图生成符号文件的方法一样。但会自动地先对 HDL 文件进行编译,成功后才会生成符号文件。

图 B-6 是用 VHDL 描述的一个 BCD 码十进制计数器 counter10。cr 为同步复位信号,低电平有效,oc 为进位输出。

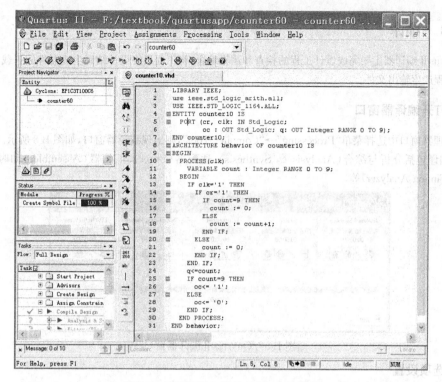

图 B-6 用 VHDL 描述的模 10 计数器

4. 层次化设计

若设计项目较大,无法用一个文件把电路的设计细节全部描述出来的话,就必须采用层次化的设计方法。HDL 不仅可以在不同的层次上对设计进行描述,而且还可以方便地描述模块间的嵌套关系(通过元件引用)。但在图形输入方式和原理图与 HDL 混合输入方式下进行层次化设计就必须借助符号(Symbol)来描述嵌套关系。

前面已分别用原理图方式和 VHDL 方式描述了一个六进制计数器和一个十进制计数器。现用这两个模块来设计一个模 60 计数器。这就需要建立一个顶层的原理图文件。方法同前,在编辑窗口中调入 counter6 和 counter10。然后,辅以一个非门,加上适当的连线构成一个模 60 计数器,如图 B-7 所示。十进制计数器 counter10 作 BCD 码个位,六进制计数器 counter6 作 BCD 码十位。

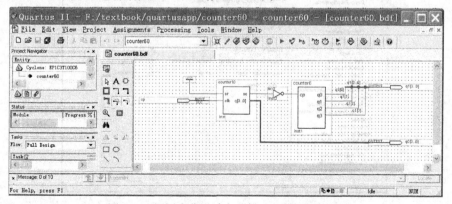

图 B-7 用层次化设计方法描述的模 60 计数器

B.4 编译

QuartusⅡ编译器主要完成设计工程的检查和逻辑综合,将工程最终设计结果生成器件的下载文件,并为仿真和编程产生输出文件。

1. 打开编译器窗口

在管理器窗口中选择菜单"Processing"→"Compiler Tool",则出现编译器窗口,如图 B-8 所示。从图中可以看出,编译包括分析与综合(Analysis & Synthesis)、适配器(Fitter)、汇编器(Assembler)和时序分析器(Classic Timing Analyzer)等。

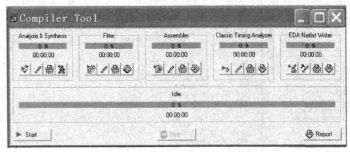

图 B-8 QuartusⅡ编译器窗口

2. 选项设置

编译器有很多选项设置,但并不是每一项都需要用户去设置,有些设置编译器可自动选择(如器件选择、引脚分配等),而其他的设置往往有默认值。

在管理器窗口中选菜单"Assignments"→"Settings...",或直接在工具栏中单击 按钮,打开"Settings"对话框,如图 B-9 所示。

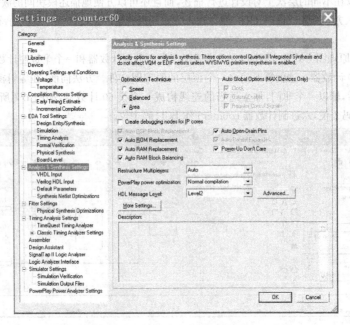

图 B-9 "Settings"对话框

(1)器件选择

在"Settings"对话框左侧"Category"栏内选择"Device",然后选择器件的系列和型号,型号可设为"Auto",

编译器自动选择。如果不选择器件的系列和型号,编译器会自动选择。

器件的选择也可以在建立工程时进行。

对于前述的计数器,选择 Cyclone 系列的 EP1C3T100C6 器件作为后续综合与仿真的目标器件。

(2)编译过程设置

在"Settings"对话框左侧"Category"栏内选择"Compilation Process Settings",在"Compilation Process Settings"页面根据需要选择相应的选项。例如,若需要使重编译的速度加快,可以打开"Use Smart compilation";若编译的时候运行编程数据汇编器,打开"Run Assembler during compilation"。

(3)分析和综合设置

在"Settings"对话框左侧"Category"栏内选择"Analysis & Synthesis Settings",在 "Analysis & Synthesis Settings"页面可以指定编译器应该执行速度优化(Speed)、面积优化(Area),还是执行平衡优化(Balanced)。平衡优化折中考虑速度和资源占用情况。单击"More Settings…"按钮,可以设置更多影响分析和综合的选项,如删除重复或冗余逻辑、状态机编码方式等。

此外,可以选择 VHDL 的版本(1987 或 1993)、Verilog HDL 的版本(1995、2001 或 SystemVerilog-2005)。在默认情况下,使用 VHDL-1993 和 Verilog-2001。

还可以设置如下选项实现综合网表优化("Synthesis Netlist Optimizations")

● 对所见即所得 WYSIWYG 基本单元再综合;
● 进行逻辑门级寄存器再定时,允许在组合逻辑间移动寄存器以平衡时序。
● 允许门级寄存器再定时后还可以进一步为平衡 Tco/Tsu 与 Fmax 对寄存器再定时。

(4)适配设置

在"Settings"对话框左侧"Category"栏内选择"Fitter Settings",在"Fitter Settings"页面中可以对时序驱动编译(Timing-driven compilation)和适配器效果(Fitter effort)进行设置。

需指出,选择"Fitter Settings"下"Physical Synthesis Optimization",可以在适配期间实现:

● 对组合逻辑进行物理综合优化(Perform physical synthesis for combinational logic)
● 自动插入异步清零或置位信号(Perform automatic asynchronous signal pipeline)
● 使用寄存器复制对寄存器进行物理综合优化(Perform register duplication)
● 使用寄存器再定时对寄存器进行物理综合优化(Perform register retiming)

(5)器件引脚分配

在"Complier Tool"编译器窗口中单击"Analysis & Synthesis"下 按钮,或直接在工具栏中单击 按钮,完成设计的分析和综合,再进行引脚分配。引脚分配有多种方法:

● 选菜单"Assignments"→"Pins"或"Pin Planner"项,或直接单击工具栏 按钮,在底层编辑窗口中分配引脚。通过拖动信号名到引脚、在引脚域选择或直接输入引脚号等方式给输入、输出信号分配引脚,如图 B-10 所示。

● 选菜单"Assignments"→"Assignment Editor",或直接单击工具栏 按钮,然后在"To"域键入输入或输出信号名、在"Assignment Name"域选择"Location"并在"Value"域输入引脚号,如图 B-11 所示。

● 在图 B-7 的图形编辑窗口中,选中某个输入或输出信号,按鼠标右键,在弹出菜单中选"Locate"→"Locate in Pin Planner"或"Locate in Assignment Editor",然后用类似前二种方法指定引脚号。

● 由编译器自动分配。若未选择具体的器件系列和型号,则只能采用这种方法。

引脚分配好后,可选菜单"Processing"→"Start"→"Start I/O Assignment Analysis",对 I/O 分配结果进行分析。

3. 启动编译器

编译器的各模块可以独立运行,也可以依次完整的运行(称为全编译)。

选择菜单"Processing"→"Start Compilation",或直接单击工具栏 按钮,或在"Complier Tool"编译器窗

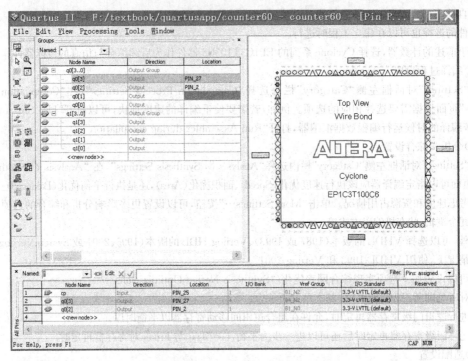

图 B-10 通过"Pin Planner"分配引脚

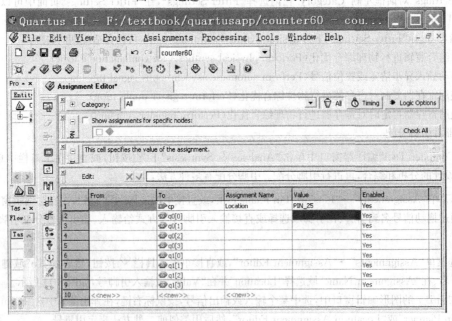

图 B-11 通过"Assignment Editor"分配引脚

□ 单击"Start"按钮,启动全编译过程。编译结果可在编译报告中查看。

B.5 仿真验证

仿真分功能仿真和时序仿真两种。仿真过程分三步。首先要建立波形文件,确定需要观察的信号,设计输入波形,设定一些时间和显示参数。其次才是运行仿真程序。最后是根据仿真结果(波形)分析电路功能正确与否。

• 412 •

1. 建立波形文件

(1) 打开波形图编辑器

1) 在管理器窗口中选择菜单"File"→"New..."或直接在工具栏上单击 ▯ 按钮,打开"New"列表框。

2) 点开"Verification/Debugging Files",选中"Vector Waveform File"项,单击"OK"按钮。

此时便会出现一个波形图编辑窗口。

(2) 设定时间参数

1) 选择菜单"Edit"→"End Time..."项,输入仿真结束时间,单击"OK"按钮。

2) 选择菜单"Edit"→"Grid Size..."项,输入显示网格间距的时间,单击"OK"按钮。

(3) 确定需观察的信号

1) 在"Edit"菜单中,或在波形图编辑窗口左侧"Name"栏空白处单击鼠标右键,选择"Insert"→"Insert Node or Bus..."项,还可以在"Name"栏空白处双击鼠标左键,打开"Insert Node or Bus…"对话框。

2) 单击"Node Finder…"按钮,打开"Node Finder"对话框。在"Filter"下拉框中选择信号类别,如选"Pins:all",表示选择所有引脚(信号)。

3) 单击"List"按钮,将所选类别的所有信号均列于"Nodes Found"框中。

4) 从"Nodes Found"框中选择信号,然后按"≥"箭头,使所选信号名进入"Selected Nodes"框。如按">>"箭头,则"Nodes Found"框中所有信号全部进入"Selected Nodes"框。

5) 单击"OK"按钮,返回"Insert Node or Bus…"对话框,再单击该框中"OK"按钮,所选信号将出现在波形图编辑窗口中。

6) 根据需要编辑输入波形。编辑窗口左侧的按钮(见图 B-12)由上至下依次为:取波形窗口 ▯、选择工具 ▯、文本工具 A、波形编辑工具 ▯、缩放 ▯ (单击左键放大,单击右键缩小)、全屏 ▯、查找 ▯、替换 ▯、未初始化 ▯、强制未知 ▯、强 0 ▯、强 1 ▯、高阻 ▯、设为相反逻辑 ▯、设置时钟波形 ▯、设置计数值 ▯ 等。

7) 将波形存盘。选择菜单"File"→"Save As..."或"Save",或在工具栏单击 ▯ 按钮,如是第一次保存,需输入文件名。

2. 运行仿真程序

1) 在管理器窗口中选择菜单"Assignments"→"Settings…",或直接在工具栏中单击 ▯ 按钮,出现"Settings"对话框。

2) 在"Settings"对话框左侧"Category"栏内选"Simulator Settings",对仿真进行设置,包括仿真的模式、仿真的输入文件以及仿真结果是否覆盖原文件等,然后单击"OK"按钮。

3) 若要进行功能仿真,则仿真开始前在管理器窗口中选择菜单"Processing"→"Generate Function Simulation Netlist"生成功能仿真网表;若进行时序仿真,则仿真前必须对设计进行编译,产生时序仿真的网表文件。

4) 在管理器窗口中选择菜单"Processing"→"Start Simulation"或直接单击工具栏 ▯ 按钮,开始仿真。

5) 仿真结束后,在仿真器报告窗口中将显示出仿真结果(波形)。

3. 时序仿真结果分析

以图 B-7 所示的模 60 计数器为例,设置 Grad Size=10ns,End Time=$2\mu s$,cp 周期为 20ns,则仿真结果如图 B-12 所示。图中只给出了整个仿真波形的一段。由图中 1.2us 的时间标尺处可见,该电路确实实现了模 60 计数(59→00),但可从图中清楚地看出三个现象。一是 q0 的状态变化相对于 cp 上升沿有一个延迟,这是由计数器电路的延时造成的;二是 q1 的状态变化相对于 q0 又有一个延迟,这是由于个位计数器与十位计数器之间采用异步扩展方法造成的,由此说明异步扩展会影响电路的工作速度;三是计数器状态由 59→00 的过程中 q1 出现了毛刺,这是由于十位计数器使用了 74161 的异步复位功能造成的,由此说明异步复位的设计方法会引起毛刺。

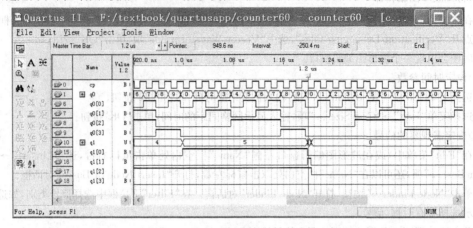

图 B-12　模 60 计数器的时序仿真波形

关于十位的模 6 计数器因使用异步复位而出现的毛刺,可以通过对图 B-5 电路单独仿真看得更为清楚。

图 B-12 是以 counter60 作为顶层实体进行编译后仿真得到的结果。Quartus Ⅱ 中可以在不改变工程的情况下,指定工程中的任何设计实体为顶层设计实体,并仿真顶层实体及其所有附属设计实体。方法是打开"Settings"对话框,在左侧"Category"栏内选"General",然后就可以选择新的顶层设计实体。

选择 counter6 作为顶层实体,进行编译后,新建波形文件并将其指定为仿真输入文件,然后运行仿真器,就可以得到图 B-13 的结果。当计数器状态由 0101 变为 0110 时,引起 74161 的复位端(CLRN)有效,计数器被立即清零,于是在 q1 端出现了毛刺(险象)。在某些场合,险象可能会引起电路工作不正常,需加以消除,如可采用同步复位方式改变计数规模。

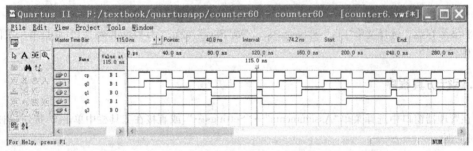

图 B-13　模 6 计数器中的毛刺现象

B.6　时序分析

时序分析器(Timing Analyzer)是编译中的一个步骤,在全编译期间自动对设计进行时序分析,可用于分析设计中的所有逻辑,并有助于指导适配器达到设计中的时序要求。

1. 指定时序要求

时序要求允许为整个工程、特定的设计实体或个别实体、节点和引脚指定所需的速度性能。

1)使用 Timing 向导为工程建立初始的全局时序设置。选择菜单"Assignments"→"Classic Timing Analyzer Wizard…",启动时序向导,完成相应设置。指定初始时序设置之后,可以再次使用 Timing 向导或使用"Settings"对话框的"Timing Analysis Settings"页面修改设置。

2)使用 Assignment Editor 对个别时序进行设置。选择菜单"Assignments"→"Assignment Editor",在

"Assignment Editor"窗口中单击"Timing"按钮,即可进行时序设置。

3)如果未设置时序要求或选项,Timing Analyzer 将使用默认设置进行分析。

2. 进行时序分析

指定时序设置和约束之后,就可以通过全编译运行 Timing Analyzer。

完成编译之后,可以进行以下操作:

1)在管理器窗口中选择菜单"Processing"→"Start"→"Start Classic Timing Analyzer",或直接单击工具栏 按钮,重新单独运行时序分析。

若选择菜单"Processing"→"Start"→"Start Classic Timing Analyzer (Fast Timing Model)",则运行快速时序模型的时序分析。

2)选择菜单"Processing"→"Classic Timing Analyzer Tool",打开时序分析器工具窗口,从中可以查看时钟最高频率、建立时间(tsu)、保持时间(th)、时钟至输出延时(tco)和引脚至引脚传输延时(tpd)等信息,如图 B-14 所示。图中分析出的时钟最高频率为 405MHz。

3. 查看时序分析结果

运行时序分析之后,可以在图 B-14 下部单击"Report"按钮,查看时序分析结果。

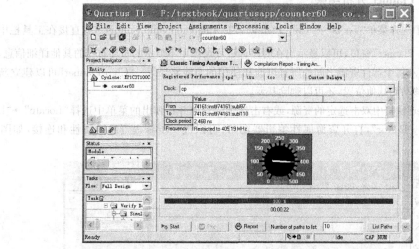

图 B-14 模 60 计数器的时序分析

B.7 底层图编辑

通过底层图编辑器可以观察和控制底层(物理)设计的细节。细节包括两个内容:引脚分配和逻辑单元分配。

底层图编辑有"Timing Closure Floorplan"和"Chip Planner"两种方式,前者用于成熟产品(如 MAX3000A、FLEX 等系列),后者用于较新的主流产品(如 MAX Ⅱ、Cyclone 等系列)。

1. 使用时序逼近底层图分析结果

在管理器窗口中选择菜单"Assignments"→"Timing Closure Floorplan",打开时序逼近底层图"Timing Closure Floorplan"窗口,图中用不同色彩显示资源使用情况。可以从中查看布线拥塞情况、路径的布线延时信息、与指定节点连接的个数,如图 B-15 所示。

时序逼近底层图还允许查看特定结构的节点扇出和节点扇入,以及特定节点之间的路径。如有必要,还可以更改或删除资源分配,重新编译。

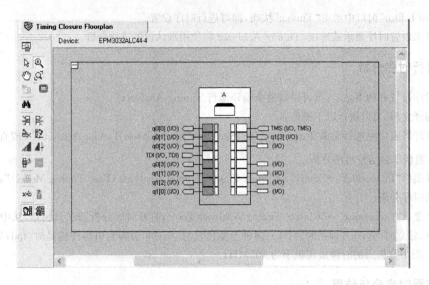

图 B-15 "Timing Closure Floorplan"窗口

2. 使用 Chip Planner 分析结果

在管理器窗口中选择菜单"Tools"→"Chip Planner(Floorplan and Chip Editor)",或直接在工具栏中单击 按钮,打开"Chip Planner"窗口,可以显示出在时序逼近底层图中不显示的布局布线的其他详细信息,包括完整的布线信息,显示每个器件资源之间的所有可能和使用的布线路径等。"Chip Planner"可以建立新的基元或者将现有基元移动到其他位置,还可以删除基元。

在"Chip Planner"窗口中双击选定的资源,或右击选定的资源并在弹出的菜单中选择"Locate"→"Locate in Resource Property Editor",打开资源属性编辑器窗口,可以进一步修改资源的属性和连接,如图 B-16 所示。

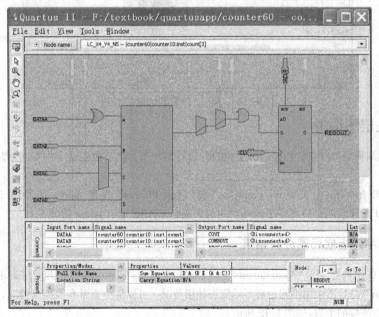

图 B-16 "Resource Property Editor"窗口

B.8 下载

对 CPLD 和 FPGA 的编程通过编程器(Programmer)软件和 Altera 编程硬件来完成。编程硬件包括 MasterBlaster、ByteBlaster、USB-Blaster 等下载电缆和 Altera 编程单元(APU)。

1. 编程文件选择

经过编译后会生成两个不同用途的编程文件：*.POF 和 *.SOF。*.POF 文件用于 CPLD 的编程，以及对用于 FPGA 主动配置的 EPROM 进行编程。*.SOF 文件用于对 FPGA 进行直接配置(被动配置)。
对 CPLD 编译仅产生 *.POF 文件；而对 FPGA 编译则既生成 *.POF 文件又生成 *.SOF 文件。
在编程界面下，选择菜单"File"→"Create/Update"可生成其他格式编程文件。

2. 编程模式

编程器具有四种编程模式：被动串行(Passive Serial)、JTAG、主动串行编程(Active Serial Programming)、套接字内编程(In-Socket Programming)。
编程器允许建立包含设计所用器件名称和选项的链描述文件(Chain Description File, CDF)。对于允许对多个器件进行编程或配置的一些编程模式，CDF 指定了链中器件的顺序。
被动串行和 JTAG 模式可以对单个或多个器件进行编程。主动串行编程模式用于对单个 EPCS1 或 EPCS4 串行配置器件进行编程。套接字内编程模式用于通过 Altera 编程单元对单个 CPLD 或配置器件进行编程。

3. 下载步骤

(1) 打开编程窗口

1) 在管理器窗口中选择菜单"Tools"→"Programmer"，或直接在工具栏中单击 按钮，打开编程窗口，并自动打开一个 CDF 文件，显示当前编程文件和所选目标器件等信息。
2) 在编程窗口上部的"Mode"选择框中选定编程模式，如"JTAG"，如图 B-17 所示。

(2) 硬件连接

1) 在编程窗口中单击"Hardware Setup..."。
2) 在"Hardware Setup"对话框中，根据编程模式和硬件的不同，选择相应的电缆类型，如"ByteBlaster"，如图 B-17 所示。
3) 用下载电缆将 PC 并口与电路板上的 FPGA 连接起来(通过接插件)。请注意：这一步工作最好在关断电路板电源的情况下进行，可以在开机前预先接好。

(3) 选择编程文件

默认情况下，编程文件已根据当前项目名选好，并显示在编程窗口中。图 B-17 中的编程窗口中显示：编程文件为 counter60.sof，器件为 EP1C3T100。
如果发现编程文件名不对，可单击"Change File..."按钮进行选择。

(4) 下载

在编程窗口中单击"Start"按钮，对所选 FPGA 器件进行配置。

B.9 "Settings"对话框

Quartus Ⅱ 中几乎所有功能的设置都可以通过"Settings"对话框来进行。上文已有若干介绍，在此做一个归纳。
单击"Assignments"菜单中的"Settings"，可以设置一般的工程选项以及综合、适配、仿真、和时序分析选项等。在"Settings"对话框中可以执行以下类型的任务：

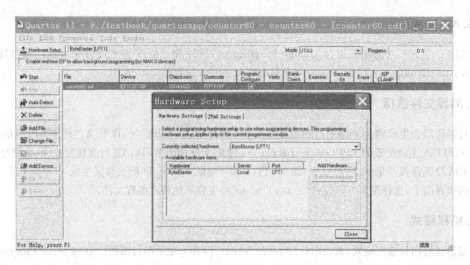

图 B-17　编程窗口与硬件设置对话框

● 修改工程设置：为工程指定和查看当前顶层实体；从工程中添加和删除文件；指定自定义的用户库；指定封装、引脚数量和速度等级；指定移植器件。

● 指定 EDA 工具设置：为设计输入、综合、仿真、时序分析、板级验证、形式验证、物理综合以及相关工具选项指定 EDA 工具。

● 指定分析和综合设置：用于分析和综合、Verilog HDL 和 VHDL 输入设置、默认设计参数和综合网表优化选项等设置。

● 指定编译过程设置：智能编译选项，在编译过程中保留节点名称，运行汇编器，以及渐进式编译或综合，并且保存节点级的网表，导出版本兼容数据库，显示实体名称，使能或者禁止 OpenCore Plus 评估功能。此外，还为生成早期时序估算提供选项。

● 指定适配设置：时序驱动编译选项、Fitter 等级、Fitter 逻辑选项分配，以及物理综合网表优化。

● 为时序分析器指定时序要求：为工程设置默认频率，定义各时钟的设置、延时要求和路径切割选项以及时序分析报告选项。

● 指定仿真器设置：模式（功能或时序）、源向量文件、仿真周期以及仿真检测选项。

● 指定 PowerPlay 功耗分析器设置：输入文件类型、输出文件类型和默认触发速率，以及散热方案要求、器件特性等工作条件。

● 指定设计助手、SignalTap II 和 SignalProbe 设置：打开设计助手并选择规则；启动 SignalTap II 逻辑分析器，指定 SignalTap II 文件名(.stp)；设置自动布线 SignalProbe 信号选项。

以上对 Quartus II 的使用方法做了简要的介绍，更多更详尽的使用细节可查阅 Quartus II 使用手册或"联机帮助"。

B.10　Quartus II 中的库元件

在进行数字系统设计时，为提高设计效率，用户不必从最底层的模块开始设计，而往往是直接引用 Quartus II 所提供的库元件（或模块）。

1. 图形输入方式

图形输入方式下，打开"Enter Symbol"对话框后，可以从三种不同的符号库中调用元件（模块），如表 B-1 所示。这些符号库位于 Quartus II 安装目录下的 libraries 子目录中。

表 B-1 图形输入方式下的库元件

库名(子目录名)	库单元性质	库单元举例	库单元说明
PRIMITIVES	逻辑单元库	nand2	2 输入与非门
		dff	D 触发器
		tri	三态门
OTHERS	74 系列器件库	7400	四-2 输入与非门(只给出一个门)
		7474	双 D 触发器
		74161	四位二进制计数器
MEGAFUNCTIONS	参数化的宏模块	lpm_ram_io	单口 RAM
		lpm_dff	多 D 触发器
		lpm_counter	多位二进制计数器

PRIMITIVES 库和 OTHERS 库中的元件是固定不变的,选中后可直接使用。而 MEGAFUNCTIONS 库中的某些模块中的信号及其极性和位数需由用户根据需要加以设定才能使用,也称其为参数化的宏模块。

在图 B-4"Symbol"对话框中选中 megafunctions 库中的某个模块(如 arithmetic 类中的计数器 lpm_counter)后,会弹出一个"MegaWizard Plug-In Manager"对话框,如图 B-18 所示。根据提示选择输出 HDL 文件的类型、名称以及文件保存目录,然后单击"Next"按钮,打开"PLM_COUNTER"对话框。进而设置计数器的位数、计数方式(加、减、可逆)、选择控制信号(是否需要复位端和预置端等)、控制信号的控制方式(同步或异步)等。在"LPM_COUNTER"对话框中,可以单击"Documentation"按钮获得该模块端口及参数的解释与说明,帮助用户进行参数设置。

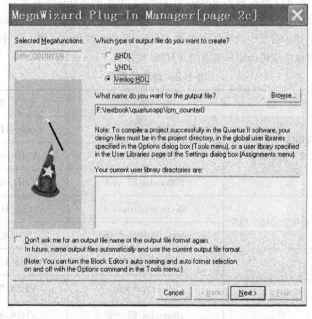

图 B-18 "MegaWizard Plug-In Manager"对话框

在图 B-4 的"Symbol"对话框中,也可以单击"MegaWizard Plug_In Manager"按钮,然后,选择"Create a new custom megafunction variation",打开图 B-19 所示对话框,从各类 IP MegaCore 中选择所需模块,通过宏

模块生成向导定制参数。

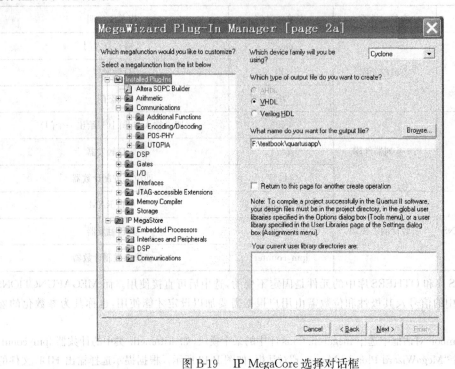

图 B-19　IP MegaCore 选择对话框

2. HDL 输入方式

　　Quartus Ⅱ 为 VHDL 和 Verilog HDL 提供了丰富的库资源,位于 Quartus Ⅱ 安装目录下的 libraries 子目录和 eda 子目录中,VHDL 的文件扩展名为 vhd,而 Verilog HDL 的文件扩展名为 v。表 B-2 列出了 eda\sim_lib\下的部分功能仿真库,表 B-3 给出了 libraries\VHDL\下的部分程序包。限于篇幅,其他库单元不一一列举,读者可以直接查看上述子目录中的文件或参见 Quartus Ⅱ 的在线帮助文档。此外,通过图 B-19 的宏模块生成向导设置参数,也可以生成符合用户要求的 VHDL 实体和 Verilog HDL 模块。

表 B-2　功能仿真库

功　　能	文　件　名	说　　明
参数化模块(LPM)V2.2.0 版的仿真模型库	220model. v	Verilog HDL
	220model. vhd	VHDL-93
	220model_87. vhd	VHDL-87
Altera 专用宏模块原型库	altera_primitives. v	Verilog HDL
	altera_primitives. vhd	VHDL
Altera 专用宏模块仿真模型库	altera_mf. v	Verilog HDL
	altera_mf. vhd	VHDL-93
	altera_mf_87. vhd	VHDL-87

表 B-3　VHDL 程序包

库　名	文　件　名	程序包名	Contents：
altera	maxplus2.vhd	maxplus2	VHDL 支持的基本元件（含 74 系列器件）
	megacore.vhd	megacore	经过测试的宏模块
altera_mf	altera_mf_components.vhd	altera_mf_components	VHDL 支持的宏模块
lpm	lpm_pack.vhd	lpm_components	VHDL 支持的参数化宏模块（LPM）
ieee	Std_1164.vhd	std_logic_1164	标准数据类型 Std_Logic 及其矢量定义
	numeric_std.vhd	numeric_std	VHDL 可综合包（IEEE Std 1076.3-1997）中定义的、可对 STD_LOGIC 矢量进行数值运算的函数
	numeric_bit.vhd	numeric_bit	VHDL 可综合包（IEEE Std 1076.3-1997）中定义的、可对 BIT 矢量进行数值运算的函数
	real_math.vhd	real_math	实数基本运算函数
	syn_arit.vhd	std_logic_arith	SIGNED、UNSIGNED 类型及其算术和相关函数，以及类型转换函数
	syn_sign.vhd	std_logic_signed	允许将 STD_LOGIC_VECTOR 作 SIGNED 类型使用的函数
	syn_unsi.vhd	std_logic_unsigned	允许将 STD_LOGIC_VECTOR 作 UNSIGNED 类型使用的函数

参 考 文 献

1. 沈嗣昌,蒋璇,臧春华. 数字系统设计基础(第二版). 北京:航空工业出版社,1996
2. 沈嗣昌,臧春华,蒋璇. 数字设计引论. 北京:高等教育出版社,2000
3. IEEE Computer Society. IEEE Standard VHDL Language Reference Manual. The Institute of Electrical and Electronics Engineers, Inc, New York, NY 10016-5997, USA,2002
4. 王小军. VHDL 简明教程. 北京:清华大学出版社,1997
5. IEEE Computer Society. IEEE Standard Verilog Hardware Description Language. The Institute of Electrical and Electronics Engineers, Inc, New York, NY 10016-5997, USA,2001
6. (美)J. Bhasker 著. 徐振林等译. Verilog HDL 硬件描述语言. 北京:机械工业出版社,2000
7. 夏宇闻. Verilog 数字系统设计教程. 北京:北京航空航天大学出版社,2003
8. 黄正瑾. 在系统可编程技术及其应用. 南京:东南大学出版社,1997
9. 宋万杰等. CPLD 技术及其应用. 西安:西安电子科技大学出版社,1999
10. 刘宝琴等. ALTERA 可编程逻辑器件及其应用. 北京:清华大学出版社,1995
11. Michael John Sebastian Smith. Application-Specific Integrated Circuits. Addison-Wesley Publishing Company,1997
12. Xilinx, Inc. MicroBlaze Processor Reference Guide(V8.0). http://www.xilinx.com,2007
13. Xilinx, Inc. PLBV46 Interface Simplifications. http://www.xilinx.com,2007
14. Xilinx, Inc. On-Chip Peripheral Bus V2.0 with OPB Arbiter (v1.10c). http://www.xilinx.com,2005
15. Xilinx, Inc. Local Memory Bus (LMB) v1.0 (v1.00a). http://www.xilinx.com,2005
16. Altera Corporation. Nios II Processor Reference Handbook. http://www.altera.com,2008
17. Altera Corporation. Nios II Hardware Development Tutorial. http://www.altera.com,2008
18. 任爱锋,初秀琴,常存,孙肖子. 基于 FPGA 的嵌入式系统设计. 西安:西安电子科技大学出版社,2004
19. 彭澄廉主编. 挑战 SOC——基于 NIOS 的 SOPC 设计与实践. 北京:清华大学出版社,2004
20. Thomas Oelsner. Digital UART Design in HDL. QuickLogic Application Note:QAN20,2002
21. 路而红等. 电子设计自动化应用技术. 北京:北京希望电子出版社,1999
22. Thomas L. Floyd. Digital Fundamentals. Prentice Hall,6th Ed,1997
23. 蒋璇. 数字电路与逻辑设计课程设计. 北京:高等教育出版社,1992
24. 朱程明. XILINX 数字系统现场集成技术. 南京:东南大学出版社,2001
25. 曾繁泰,陈美金. VHDL 程序设计. 北京:清华大学出版社,2001
26. (美)John M. Yarbrough 著,李书浩等译. Digital Logic Applications and Design. 数字逻辑应用与设计. 北京:机械工业出版社,2001
27. Xilinx, Inc. Device Package User Guide. http://www.xilinx.com,2007
28. Altera Corporation. Altera 产品目录 2007,http://www.altera.com.cn,2007
29. Altera Corporation. Device Handbook. http://www.altera.com,2008
30. Xilinx, Inc. Device Data Sheets. http://www.xilinx.com,2008
31. Lattice Semiconductor Corp. Device Data Sheets. http://www.latticesemi.com,2008
32. Actel Corporation. Device Datasheets. http://www.actel.com,2008
33. Altera Corporation. Quartus II Development Software Handbook v8.0. http://www.altera.com,2008